BWL für Ingenieurstudium und -praxis

Andreas Daum · Wolfgang Greife ·
Rainer Przywara

BWL für Ingenieurstudium und -praxis

3., überarbeitete und erweiterte Auflage

Andreas Daum
Fak. IV Wirtschaft und Informatik
Hochschule Hannover
Hannover, Deutschland

Rainer Przywara
Duale Hochschule Baden-Württemberg
Heidenheim
Heidenheim, Deutschland

Wolfgang Greife
Fak. II Maschinenbau
Hochschule Hannover
Hannover, Deutschland

ISBN 978-3-658-20466-2   ISBN 978-3-658-20467-9 (eBook)
https://doi.org/10.1007/978-3-658-20467-9

Die Deutsche Nationalbibliothek verzeichnet diese Publikation in der Deutschen Nationalbibliografie;
detaillierte bibliografische Daten sind im Internet über http://dnb.d-nb.de abrufbar.

Springer Vieweg
© Springer Fachmedien Wiesbaden GmbH 2010, 2014, 2018

Verantwortlich im Verlag: Thomas Zipsner

Gedruckt auf säurefreiem und chlorfrei gebleichtem Papier

Springer Vieweg ist Teil von Springer Nature
Die eingetragene Gesellschaft ist Springer Fachmedien Wiesbaden GmbH
Die Anschrift der Gesellschaft ist: Abraham-Lincoln-Str. 46, 65189 Wiesbaden, Germany

Vorwort

Betriebswirtschaftliche Kenntnisse sind heute für fast alle Ingenieure/innen unverzichtbar. Der internationale Warenverkehr hat sich im Zeitalter der Globalisierung vervielfacht, und Wertschöpfungsketten sind oft weltumspannend. Der Einkauf spielt, ebenso wie sein Marktpendant, der technische Vertrieb, eine wichtige und zunehmend strategische Rolle. Beide Bereiche sind mehr und mehr zu einem Tätigkeitsfeld von Ingenieuren (w/m) geworden: Ein zweistelliger Prozentsatz der deutschen Ingenieure/innen arbeitet bereits in diesen Berufsfeldern an der Schnittstelle von Technik und kaufmännischer Tätigkeit. Nicht nur hier, sondern in allen betrieblichen Bereichen, gerade auch in der Konstruktion und Produktion, muss genau kalkuliert und streng auf (Folge-)Kosten geachtet werden. Für jede Führungskraft ist betriebswirtschaftliches Wissen, beispielsweise in der Personalführung und Strategiefindung, unerlässlich.

Dieses Lehrbuch vermittelt Studierenden der Ingenieurwissenschaften wie in der Praxis tätigen Ingenieuren (w/m) auf anschauliche Art die notwendige betriebswirtschaftliche Kompetenz. Neben soliden allgemeinen Grundlagen (Unternehmensstrategien und Marketing, Controlling, Rechnungswesen, Investition und Finanzierung, Personalmanagement) werden Bereiche genauer dargestellt, in denen sich Ingenieure/innen besonders intensiv mit betriebswirtschaftlichen Fragestellungen befassen (globale Produktion und Beschaffung, technischer Vertrieb, Qualitäts- und Umweltmanagement).

Wir freuen uns, die dritte Auflage dieses Buches vorzulegen. Jedes Kapitel wurde gründlich durchgesehen und aktualisiert. Wir danken dem Verlagsteam um Herrn Zipsner für das Vertrauen und sorgfältige Lektorat.

Hannover, im Januar 2018

Andreas Daum,
Wolfgang Greife,
Rainer Przywara

Inhaltsverzeichnis

1

Deutschland verdankt seine starke wirtschaftliche Stellung insbesondere den Exporterfolgen seiner in technischen Bereichen tätigen Unternehmen. Sie haben sich an die Wettbewerbsbedingungen einer mehr und mehr zusammenwachsenden Weltwirtschaft angepasst. Zu den unter dem Schlagwort Globalisierung zusammengefassten Veränderungen gehören:

- weltweite Firmennetzwerke und -strategien,
- Integration der weltweiten Kapital-, Güter und Personalmärkte,
- Mobilität der Produktionsfaktoren,
- weltweit ähnlicheres Konsumentenverhalten.

International tätige Unternehmen haben jetzt die Möglichkeit, ihre Wertschöpfungskette weltweit aufzuteilen. Ihre Kunden kommen aus allen Kontinenten, aber auch der internationale Konkurrenzdruck ist enorm gestiegen. Für Ingenieurinnen und Ingenieure[1] haben sich die Arbeitsinhalte in den vergangenen Jahren sehr stark gewandelt. Einige Beispiele entlang der Wertschöpfungskette mögen das illustrieren:

- Marketing und Vertrieb erfolgen weltweit, müssen aber auf spezielle regionale und Kundenbedürfnisse zugeschnitten werden.
- Konstruktionen müssen demzufolge an weltweite Kundenbedürfnisse angepasst werden.

---

[1] Im Folgenden wird aus stilistischen Gründen oftmals nur eine, vielfach die gebräuchlichere Form gewählt. Gemeint sind stets beide, Frauen und Männer.
Die Rolle der Frau ist ein zentraler Indikator für den Entwicklungszustand einer Gesellschaft. Rückständige Nationen weisen ein besonders großes Bildungs- und Ausbildungsgefälle zwischen den Geschlechtern auf. Es wäre ein begrüßenswerter Nebeneffekt der Anreicherung der Ingenieurdisziplinen mit betriebswirtschaftlichen, also originär geisteswissenschaftlichen Inhalten, wenn sich dadurch mehr Frauen in die Ingenieurwissenschaften wagen würden.

© Springer Fachmedien Wiesbaden GmbH 2018
A. Daum, W. Greife und R. Przywara, *BWL für Ingenieurstudium und -praxis*,
https://doi.org/10.1007/978-3-658-20467-9_1

- Die Produktion wird häufig in Niedrigkostenländer verlagert. Dort müssen Werke errichtet und betrieben werden.
- Entwicklungsingenieure arbeiten mit externen Büros zusammen, die oftmals im Ausland sitzen (z. B. indische IT-Entwickler).
- Der Einkauf ist weltweit tätig und hat eine herausragende Rolle, da der Eigenanteil der Wertschöpfung am Gesamtprodukt immer mehr sinkt.
- Der Einkauf kann nicht mehr durch Betriebswirte geleistet werden, da die technischen Anforderungen durch das verstärkte Outsourcing immer mehr steigen.[2]

Zu den Schlüsselfähigkeiten, die heute für beinahe selbstverständlich gehalten werden, gehören neben kommunikativer und (fremd-)sprachlicher Kompetenz auch betriebswirtschaftliche Kenntnisse:

- Schon in der Konstruktion ist ein intensives Kostenbewusstsein nötig, denn dort werden bereits mehr als zwei Drittel der späteren Kosten eines Produkts unwiderruflich festgelegt.
- Die Produktion bestimmt die Kostenseite naturgemäß in starkem Maße.
- Marketing und Vertrieb prägen die Erlösseite.

Damit wächst mehr und mehr zusammen, was eigentlich schon immer zusammengehört hat. Die Betriebswirtschaft als Disziplin entwickelte sich in den Vereinigten Staaten zum Ende des 19. Jahrhunderts aus dem Maschinenbau heraus und wurde maßgeblich von *Frederick Winslow Taylor* – ein Ingenieur, der immerhin auch den Schnellarbeitsstahl erfand – geprägt.

Integriertes Denken ist nötig, um nicht nur Teiloptimierungen durchzuführen, sondern das Gesamtunternehmen zur Blüte zu bringen. Auch hat die Betriebswirtschaft immer zwei Seiten, nämlich die der Kosten und die der Erlöse. Nur sparen hilft nicht, denn, so weiß es jeder gute Landwirt, man darf die Kuh nicht nur melken, sondern muss ihr gelegentlich auch etwas zu fressen geben! Neben einem intensiven Kostenbewusstsein ist gerade in einem Hochlohnland wie Deutschland die Produktqualität von entscheidender Bedeutung. Qualitätsmanagement gehört ebenfalls zu den Aufgaben an der Nahtstelle von Betriebs- und Ingenieurwissenschaft. Auch hier gilt ein landwirtschaftlicher Grundsatz, nämlich: „Vom Wiegen wird die Sau nicht fett!" Das bedeutet, dass Qualität grundsätzlich nicht ermessen, sondern nur erzeugt werden kann. Dennoch: Gerade in Zeiten der weltweiten Kooperation ist eine lückenlose Dokumentation der Prozesskette schon aus Produkthaftungsgründen für jedes Unternehmen überlebensnotwendig.

Wettbewerbsvorteile, und um die geht es in einer Marktwirtschaft immer wieder, entstehen insbesondere durch neue Produkte und Prozesse, heute meist als Innovationen bezeichnet. Hier gilt es, Rahmenbedingungen zu schaffen, die kreatives Denken zum Blühen bringen. Es geht nicht immer nur um Quantensprünge. Gerade der klassische

---

[2] So setzt ein großer niedersächsischer Autohersteller nur noch Ingenieure im technischen Einkauf ein, am liebsten solche mit gutem betriebswirtschaftlichem Wissen, bspw. Wirtschaftsingenieure.

Maschinenbau zeichnet sich durch viele inkrementelle Verbesserungen aus. Richtig und systematisch auf allen Ebenen des Unternehmens betrieben, so wie es das japanische Kaizen-Prinzip vorgibt, wird nach und nach aus vielen kleinen Verbesserungen ein massiver Wettbewerbsvorteil erwachsen.

Auch die hier vorgelegte dritte Auflage dieses Buches zielt darauf ab, Ingenieurinnen und Ingenieuren betriebswirtschaftliche Grundlagen so zu vermitteln, dass sie in allen betrieblichen Belangen eines international tätigen Unternehmens mitreden können. Die Darstellung erfolgt in abgeschlossenen Unterkapiteln, die einen Überblick über den jeweiligen Bereich vermitteln. Das Buch ist für Menschen im Berufsleben und für Studierende aller ingenieurwissenschaftlichen Fakultäten geschrieben. Es eignet sich, so hoffen wir, sowohl für das Selbststudium wie auch den Einsatz als Lehrbuch an Hochschulen.

Unternehmensstrategien und Marketing 2

2.1 Märkte

Ein Markt im volkswirtschaftswissenschaftlichen Sinn besteht aus Gruppen potenzieller Käufer und Verkäufer einer bestimmten Ware oder Dienstleistung.[1]

In einem Markt mit sehr vielen Anbietern und Käufern gleichartiger Produkte, beispielsweise Brötchen, weiß jeder einzelne Käufer, dass es eine Vielzahl von Bäckereien gibt, und jeder Bäcker weiß, dass es andere Bäcker mit relativ ähnlichen Produkten gibt. Der Preis und die verkaufte Menge an Brötchen werden nur in einem verschwindend kleinen Maße unmittelbar von einem einzelnen Käufer oder Verkäufer beeinflusst. Sie ergeben sich aus dem Zusammenspiel aller Käufer und Verkäufer auf dem Markt. Man spricht von einem **Wettbewerbs- oder Konkurrenzmarkt**. Auf Märkten mit vollkommener Konkurrenz (**Polypol**) gilt:

(1) Die angebotenen Güter sind gleich.
(2) Anbieter und Nachfrager sind zahlreich und daher als einzelne strategieunfähig.

Die Bildung des Marktpreises und der Marktmenge zeigt Abb. 2.1. Es würden mehr Brötchen verkauft, wenn ihr Preis geringer wäre (Nachfrage). Umgekehrt würden die Bäcker mehr Brötchen anbieten (und möglicherweise mehr Bäckereien bestehen), wenn sie diese teurer verkaufen könnten (Angebot). Die sich ergebenden Funktionen schneiden sich in einem Punkt, dem **Marktgleichgewicht**. Hier können die Bäcker all ihre unter der Vorstellung des Preises angebotenen Brötchen vollständig an Kunden mit einer entsprechenden Preisbereitschaft verkaufen.

Im Polypol auf dem vollkommenen Markt verhalten sich demnach Anbieter wie Nachfrager als **Mengenanpasser** bzw. **Preisnehmer**.

Die meisten Märkte, gerade im Industriegüterbereich, sind jedoch nicht vollkommen, d. h. mindestens eine der beiden genannten Bedingungen ist nicht gegeben. Auf unvoll-

---

[1] Vgl. Mankiw/Taylor (2008), S. 73.

© Springer Fachmedien Wiesbaden GmbH 2018
A. Daum, W. Greife und R. Przywara, *BWL für Ingenieurstudium und -praxis*,
https://doi.org/10.1007/978-3-658-20467-9_2

Abb. 2.1 Bildung des Marktgleichgewichts aus Angebots- und Nachfrage-funktion

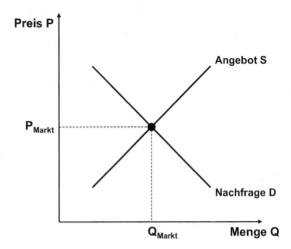

kommenen Märkten gibt es entweder (1) keine gleichartigen Güter bzw. persönliche, räumliche und zeitliche Unterschiede bei Anbietern und Nachfragern sowie fehlende Marktübersicht der Teilnehmer, oder (2) die unvollständige Konkurrenz rührt aus einer geringen Anzahl von Anbietern und/oder Nachfragern her.

Im Extremfall gibt es auf einer Marktseite nur einen Teilnehmer, der den Preis setzen kann. Ein solches sogenanntes **Monopol** hatte die Deutsche Bundespost lange als Anbieter im Telefonbereich. Ein zeitlich befristetes Monopol entsteht bei einer echten Produkt-innovation. Die gewonnene Monopolstellung ermöglicht es Unternehmen, sogenannte **Pioniergewinne** einzufahren und so die Entwicklungskosten rasch wieder einzuspielen.

Bei wenigen Anbietern, aber vielen Nachfragern spricht man vom (Angebots-)**Oli-gopol**, welches beispielsweise Automobilhersteller gegenüber den Endkunden besitzen. Solche Unternehmen sind zu eigenständigen Preisstrategien fähig, allerdings auch ihre Konkurrenten. Gerade in Produktbereichen, in denen besonders viele Kunden vorhanden sind, wird intensiv um Marktanteile gerungen. Vom entstandenen Preisdruck profitieren die Endkunden trotz ihrer eigentlich schwachen Marktstellung.

Große Bedeutung gerade im Industriegüterbereich hat die Marktform der **monopolis-tischen Konkurrenz**. Zwar gibt es eine Vielzahl von Anbietern und Nachfragern, doch die Güter unterscheiden sich so stark, dass der einzelne Anbieter Spielräume für eigene Preissetzungen hat. Dies gilt z. B. oft für Software im PC-Bereich.[2]

Eine wesentliche Funktion des Marketings in Unternehmen ist es, solche Märkte auf-zuspüren oder zu schaffen, in denen dem Unternehmen preisliche Spielräume eröffnet werden. Das sind Märkte, in denen es nur wenige Anbieter gibt und/oder besondere Güter hergestellt werden.[3] Dieses geschieht insbesondere durch die so genannte **Markt-**

---

[2] Mankiw/Taylor (2008), S. 74 f.
[3] Etwas überspitzt formuliert: Aus der Sicht jeder Unternehmung wäre der Idealzustand ihrer Märkte ein gesundes, von ihr preislich festgelegtes Monopol!

segmentierung. Auf diese wird im Folgenden, im Anschluss an eine Charakterisierung unterschiedlicher Märkte, näher eingegangen.

2.1.1 Marktbeschreibung

Der Begriff Markt wird benutzt, um sichtbare Orte des Güteraustauschs (Wochenmarkt, Flohmarkt etc.) und den Internet-Güteraustausch (virtuelle Märkte) zu charakterisieren, ferner verkürzt als Sammelbegriff für Angebotskategorien (z. B. Reisemarkt) und Kundenzielgruppen (z. B. Seniorenmarkt).

Aus der Sicht eines spezifischen Unternehmens befinden sich die Marktteilnehmer in einem strategischen Dreieck (Abb. 2.2). Im Markt gibt es konkurrierende Unternehmen, mit denen sie um die Gunst der Kunden wetteifern, und möglicherweise Absatzmittler (z. B. Handelsketten im Lebensmittelbereich).

Märkte können durch sieben W-Fragen der Marktbeschreibung charakterisiert werden:

(1) Wer bildet den Markt?
Die Frage zielt auf die Marktteilnehmer ab, also alle Anbieter und Nachfrager.
(2) Was wird verkauft bzw. gekauft?
Dieses können bestimmte Produkte und/oder Dienstleistungen sein.
(3) Wie groß ist der Markt?
Hier wird nicht nur nach der tatsächlichen aktuellen Marktgröße gefragt, sondern nach dem gesamten Marktpotenzial.
(4) Wer verkauft bzw. kauft?
Diese Frage zielt nicht auf Institutionen ab, sondern auf die handelnden Personen, also die Kaufakteure.
(5) Warum wird gekauft?
Kaufziel kann die Stillung eines Bedarf, Bedürfnisses oder Wunsches sein. Im Geschäftsleben werden damit zumeist Interessen verfolgt, bei Privatkunden eine unterschwellig vorhanden persönliche Motivation befriedigt.

Abb. 2.2 Marktteilnehmer im strategischen Dreieck. (Nach Winkelmann (2013), S. 11)

(6) Wo findet der Kaufvorgang statt?

Der Kaufort (point of sale POS) soll benannt werden. Das kann ein schickes Geschäft sein; im Maschinen- und Anlagenbau mag auch ein anonymes Büro in einem Flughafenhotel zweckdienlich sein, um die Kaufverhandlungen zum Abschluss zu bringen.

(7) Wie läuft der Kaufvorgang ab?

In den meisten Branchen haben sich gewisse Marktspielregeln herausgebildet, also ungeschriebene Regeln, wie ein Geschäft abgewickelt wird. Häufig gibt es dabei sehr starke regionale Unterschiede, die gerade im internationalen Geschäftsleben zu beachten sind.

Märkte werden ganz wesentlich von Umweltbedingungen beeinflusst, also von Gesetzen, verfügbaren Ressourcen, internationalen Regeln (Zölle, Einfuhrbeschränkungen etc.), dem technologischen Fortschritt, der öffentlichen Meinung usw. Diese Einflüsse werden in Marketingüberlegungen einbezogen.[4]

2.1.2 Kundengruppenbezogene Marktdifferenzierung

In Märkten werden Sachgüter (materielle Güter) und/oder Dienstleistungen (immaterielle Güter wie Dienste, Rechte, Ideen) verkauft. Service wird mitunter nicht direkt veräußert, sondern scheinbar unentgeltlich mitgeliefert. Einige Autoren nehmen eine inhaltliche Aufteilung in Service (unentgeltlich) und Dienstleistung (entgeltlich) vor. Dem wird hier nicht gefolgt, sondern beide Begriffe synonym verwendet, wie das umgangssprachlich ohnehin geschieht. Das ist auch sachlich gerechtfertigt, denn letztlich müssen aber die verursachten Kosten immer auf die fakturierten Preise umgelegt werden. Schon dem amerikanischen Vizepräsidenten Wallace, der 1942 soziale Mindeststandards in den USA für die Zeit nach dem Krieg forderte, wurde entgegengehalten: *„There is no such thing as a free lunch!"* Auch die Apotheken-Umschau zahlt nicht, wie die Fernsehwerbung behauptet, Ihr Apotheker für Sie, sondern letztlich seine beglückte Kundschaft.[5]

Sachgüter werden je nach Kundengruppen in Konsumgüter, Investitionsgüter und Öffentliche Güter unterteilt. Alle Gütergruppen können, wie Abb. 2.3 zeigt, noch weiter untergliedert werden, wobei im Investitions- oder Industriegüterbereich unterschiedliche Charakterisierungsschemata angewendet werden.[6]

Folgende angelsächsische Kurzbezeichnungen haben sich mittlerweile eingebürgert:

- B2C = *business to consumer*, d. h. Verkauf von Konsumgütern an private Endverbraucher;

---

[4] Vgl. Winkelmann (2013), S. 11.
[5] Zur Herkunft des Zitats: http://www.phrases.org.uk/meanings/tanstaafl.html. Manche Billigapotheken werben damit, ihren Kunden diese Kosten zu ersparen, indem sie das Blatt nicht auslegen.
[6] Vgl. Winkelmann (2013), S. 4 ff. einschließlich dort gemachter Quellenangaben.

Kunde		
Verbraucher (B2C)	**Unternehmen (B2B)**	**Allgemeinheit (B2G)**
Konsumgüter	**Investitionsgüter**	**Öffentliche Güter**
• **Güter des täglichen Bedarfs** *(convenience goods)* z. B. Butter, Milch	• **Rohstoffgüter** z. B. Kakao, Kaffee, Aluminium	• z. B. Straßen, Kanalisation
• **Güter des gehobenen Bedarfs** *(shopping goods)* z. B. Radio, Uhr	• **Energiegüter** z. B. Strom, Wasser	nach *Backhaus*:
• **Güter des Einmalbedarfs** *(speciality goods)* z. B. Haus, Auto	• **Produktionsgüter** z. B. Maschinen und Anlagen	• **Produktgeschäft** Ersatzteile, Komponenten, Einzelaggregate
	gemäß Produktkomplexität:	• **Systemgeschäft** Erweiterungs-, Verkettungssysteme
	• *Commodities* Standardisierte Massenartikel	• **Anlagengeschäft** Güterbündel mit komplexen Sach- und Dienstleistungen
	• *Design-in Products* Anpassung an Kundenbedarf	
	• *Customized Products* Kundenindividuelle Problemlösungen	

Abb. 2.3 Einteilung der Sachgüter nach Kundengruppen. (Winkelmann (2013), S. 11)

- B2B = *business to business*, d. h. Verkauf an dem Endverbrauch vorgelagerte Wertschöpfungsstufen (Unternehmen);
- B2G = *business to government*, d. h. Verkauf an öffentliche Auftraggeber, oft auch als B2A = *business to administration* bezeichnet.

Um komplexe Produkte wie beispielsweise Flugzeuge anbieten zu können, sind mehrere Stufen der Wertschöpfung zu durchlaufen, in die eine Vielzahl internationaler Unternehmen eingebunden sind.

Beispiel

Am Ende jeder Wertschöpfungskette steht ein B2C-Verkauf, was am Beispiel Flugzeug verdeutlicht werden kann. Eine Wertschöpfungskette könnte lauten: Rohstoff → Stahlherstellung → Tragwerkbau → Flugzeugmontage → Verkauf an Fluggesellschaft → Charterflug von Urlaubern.

2.1.3 Marktsegmentierung

If you're not thinking segments, you're not thinking.
Theodore Levitt[7]

---

[7] Levitt (1983), Kap. 7.

Marktsegmentierung bedeutet, zwei oder mehr annähernd homogene Kundengruppen mit einem unterschiedlichen Kaufverhalten zu erkennen, diese Gruppen anhand bestimmter Eigenschaften zu beschreiben, um den Kundensegmenten schließlich möglichst maßgeschneiderte Produkte zuzuordnen. Der Segmentierungsprozess verläuft wie folgt (vgl. Abb. 2.4):

(1) Käufer mit ähnlichen Merkmalen werden zu Gruppen, den Marktsegmenten, zusammengefasst. Möglichst exakte Profile dieser Segmente werden erstellt.
(2) Die Attraktivität der einzelnen Segmente (z. B. Segmentgröße, Preisbereitschaft der Kunden) wird bewertet und verglichen. Zielsegmente werden ausgewählt.
(3) Das Angebot und die Kundenansprache werden möglichst genau auf die jeweiligen Zielsegmente ausgerichtet.[8]

Vorteile der Marksegmentierung liegen hauptsächlich darin, statt eines Massenmarktes mit hohem Marktdruck und Preiswettkämpfen einen zwar kleineren, aber durch eine geringere Konkurrenz dennoch profitableren Bereich vorzufinden. Marktsegmentierung trägt auch zu einem tieferen Verständnis des Käuferverhaltens bei.

Ein Beispiel für die anhaltende Segmentierung eines Marktes gibt der Automobilmarkt. Noch in den 1960er Jahren gab es meist nur ein Auto je Familie, welches dann entweder eine Limousine oder Kombi war, daneben noch die Variante Sportwagen für kühne Individualisten. Mit steigender Erwerbstätigkeit von Frauen und gleichzeitig steigendem Durchschnittsverdienst wurden Zweitwagen in großer Zahl benötigt und erschwinglich. Nach und nach erkannte man immer neue Marktchancen, so dass heute eine komplexe Segmentlandschaft entstanden ist.

Abb. 2.4 Marktsegmentierung. (Nach Bruner et al. (1998), S. 109)

---

[8] Vgl. Bruner et al. (1998), S. 109 ff., und Winkelmann (2013), S. 20.

		Pkw (33 Marken, 231 Modelle)						49% | 51%	Kleinlaster (34 Marken, 137 Modelle)			
		Fließ-heck (717')	MPV (331')	Limou-sine (5.820')	Kombi (178')	Coupé (716')	Cabrio (333')	Pick-up (2.928')	SUV (2.041')	Kom-pakt-Van (2.158')	Klein-trans-porter (1.326')
Oberklasse	Obere Oberklasse (205')										
	Mittlere Oberklasse (851')									(VW)	
12%	Untere Oberklasse (890')										
88%	Obere Mittelklasse (4.553')			X					X		
Nicht-Oberklasse	Mittelklasse (5.319')			(VW)	(VW)		(VW)	X			
	Kompakt-klasse (3.591')	(VW)		(VW)	(VW)						
	Kleinwagen (345')										
	Sportwagen (793')	(VW)(VW)					(VW)				

☐ = Umsatzstarke Segmente   ☒ = Schlechte Passung für die Marke Volkswagen

Abb. 2.5 Segmente des amerikanischen Kraftfahrzeugmarktes: Verkaufszahlen im Jahr 2007 (in Tsd.), Tätigkeitsbereiche der Marke VW. (Quellen: Daten bis 2001: Milz, T.: Volkswagen Group North America. Vortrag an der Southern Illinois University of Edwardsville, 10.07.2008; Daten J.D. Power and Associates, Auto Pacific.)

Abb. 2.5 zeigt die Segmentierung des amerikanischen Automobilmarkts. Auffällig ist, dass gut die Hälfte der privaten Kunden Kleinlaster erwirbt. Das im Vergleich zu Deutschland nahezu komplett andere Kaufverhalten wird durch die geringe Bevölkerungsdichte und damit große zu überwindende Entfernungen und auch das nach wie vor vergleichsweise günstige Benzin geprägt.

Beispiel

Noch ein Beispiel für Segmentierung ist zwischen den Zeilen der Grafik zu erkennen. Während VW in Europa der umsatzstärkste Hersteller ist, führte die Marke in den USA lange Zeit ein Nischendasein mit lediglich 1,4 % Gesamtmarktanteil und war lange Zeit mit nur wenigen Modellen wie dem Jetta und dem Beetle lediglich in gut einem Viertel des Marktes überhaupt vertreten.

Hat VW in Deutschland ein eher konservatives Image, so stand die Marke in Amerika seit den legendären Käfer- und Bully-Zeiten der Hippie-Ära für ein freies jugendliches Lebensgefühl. Amerikanische VW-Käufer waren im Jahr 2007

- mehrheitlich weiblich (zu 52 %),
- jung (mit 42 Jahren Durchschnittsalter der Käufer ist VW die „zweitjüngste" Automobilmarke Amerikas),
- gut ausgebildet (63 % Hochschulabsolventen) und
- relativ wohlhabend (ca. 10 % reicher als der amerikanische Durchschnitt).[9]

Durch den Aufbau eines großen amerikanischen Werkes und auf den lokalen Markt zielende Produkte versucht VW mittlerweile mit wachsendem Erfolg, auf breiterer Basis Fuß zu fassen. Der Dieselskandal hat in jüngster Zeit die besonderen Tücken eines fremden Marktes mit eigenem Konsumentenverhalten und eigenen Rahmenbedingungen (hier: US-Gesetzen) gezeigt.

2.2 Einführung und Definition des Marketingbegriffs

Schon in prähistorischer Zeit haben Menschen Güter untereinander ausgetauscht und dabei weder weite Wege noch sonstige große Mühen gescheut, um an nützliche oder schöne Dinge zu gelangen. Im antiken Griechenland wurden Waren zu Marktplätzen gebracht und gegen Naturalien, aber auch schon gegen Münzgeld getauscht. Auch damals kamen bereits elementare Prinzipien dessen, was wir heute unter dem Begriff Marketing verstehen, zum Tragen:

- Der Güteraustausch kommt nur dann zustande, wenn er für beide Seiten vorteilhaft ist. Der Vorteil muss sowohl absolut sein – der Nachfrager möchte ein Bedürfnis befriedigen, der Verkäufer einen Gewinn erzielen – als auch relativ, indem das vergleichsweise günstigste bzw. nutzbringendste Erzeugnis unter mehreren ge- bzw. verkauft wird. Man nennt diese grundlegende Bedingung das **Gratifikationsprinzip**.
- Anbieter und Nachfrager haben nur begrenzte Ressourcen (Zeit, Geld, Rohstoffe, Produktionsmittel etc.) zur Verfügung. Im dadurch gesetzten Rahmen werden sie danach streben, ihren jeweiligen Nutzen zu maximieren. Hier kommt das **Knappheitsprinzip** zum Tragen.[10]

Zu einer regelrechten Wissenschaft wurde Marketing im Zuge des industriellen Wandels der Welt. Bis zum Ende des 19. Jahrhunderts gab es, auch in Europa, einen erheblichen Mangel an Gegenständen des täglichen Bedarfs (teilweise auch noch an Nahrungsmitteln). Durch die fortschreitende Industrialisierung wurden immer mehr Dinge kostengünstig erzeugt und für immer mehr Menschen verfügbar. Zunächst wurden die Gegenstände den Produzenten förmlich aus den Händen gerissen. Heute, im Zeichen weit-

---

[9] Quellen wie in Abb. 2.5 unter Verwendung von Daten der Firma Moonraker/Strategic Vision aus dem Jahr 2006.

[10] Vgl. Meffert/Burmann/Kirchgeorg (2012), S. 4 f.

gehend gesättigter Märkte, kommt der Schaffung und Erschließung neuer Märkte zentrale Bedeutung für jedes Unternehmen zu.

2.2.1 Historische Entwicklung des Marketings

Markcting findet nicht im luftleeren Raum statt, sondern nimmt stets Bezug auf jeweils herrschende politisch-gesellschaftliche Rahmenbedingungen, die auch durch technische Entwicklungen geprägt werden. Erst die Massenherstellung von Gütern schuf die notwendigen Voraussetzungen für die Entwicklung einer Marketingwissenschaft. Die Massenfertigung gelang auf der Grundlage im späten 18. Jahrhundert vorwiegend in England gemachter bahnbrechender technischer Erfindungen der Hüttentechnik (Stahlherstellung), Metallbearbeitung (Werkzeugmaschine) und der Energienutzung (Dampfmaschine). Der auf der Großserienfertigung gleicher Teile und der arbeitsteiligen Produktion basierende Austauschbau wurde in Amerika im frühen 19. Jahrhundert erstmalig in großem Stil für die Waffenherstellung eingesetzt, wobei bereits Fräs- und andere Werkzeugmaschinen zum Einsatz kamen.[11] Das Fertigungsprinzip wurde dann auf zivile Nutzungsbereiche übertragen und ermöglichte die massenweise Herstellung hochwertiger Güter, z. B. von Nähmaschinen (ab 1850)[12], Schreibmaschinen (ab 1874), Fahrrädern (ab 1880), schließlich Kraftfahrzeugen (ab 1900).[13]

Mit der stürmischen technischen und wirtschaftlichen Entwicklung ging auch eine wissenschaftliche Durchdringung und Verbesserung der technischen und organisatorischen Bedingungen einher. Zum Pionier der Betriebswirtschaftslehre wurde der Ingenieur *Frederick W. Taylor* (1856–1915), der frühzeitig erkannte, dass größere Betriebe und Massenfertigung nur mit neuen Organisationsstrukturen wirklich effizient gehandhabt werden konnten.[14]

Im Bereich des Güterabsatzes gab es noch vor dem Ersten Weltkrieg bereits umfangreiche Publikationen in Deutschland, in denen der Begriff „Marketing" allerdings noch nicht auftauchte. Er wurde in den USA erstmals im Jahre 1906 schriftlich verwendet und setzte sich dort bereits in den 1920er Jahren durch. Erst in den 1960er Jahren wurden die traditionellen Begriffe „Absatzpolitik" bzw. „Absatzwirtschaft" nach und nach auch im deutschen Sprachraum durch „Marketing" verdrängt.[15]

Bereits in der Zeit vor dem Ersten Weltkrieg wurden Güter in großer Zahl ex- bzw. importiert. Die entsprechenden Quoten lagen im Weltdurchschnitt schon bei ca. 10 %. Dieser Wert sollte erst in den frühen 70er-Jahren des 20. Jahrhunderts wieder erreicht werden. Deutschland besaß im Jahr 1913 bereits eine Exportquote von 19 %.[16] Globalisierung ist

---

[11] Vgl. Przywara (2006), S. 25 ff.
[12] Ebda., S. 78.
[13] Ebda., S. 118.
[14] Ebda., S. 115 f.
[15] Vgl. Winkelmann (2013), S. 31.
[16] Vgl. Przywara (2006), S. 151.

also kein plötzlich aufgetretenes Phänomen unserer Tage, ebenso wenig die Erschließung weltweiter Märkte. Sie wurde jedoch durch die großen kriegerischen Konflikte der ersten Hälfte des 20. Jahrhunderts vorübergehend zurückgedrängt und durch die nach 1945 bis 1989 erfolgte weitgehende wirtschaftliche Trennung von Amerika und Russland beherrschter Hemisphären stark gehemmt.

Durch die politische Entwicklung bis in die 1940er Jahre, vorwiegend gekennzeichnet durch Weltkriege und Weltwirtschaftskrise, ergab sich in den folgenden Nachkriegsjahren ein enormer Aufholbedarf der Konsumenten. Marketing konnte sich überwiegend auf eine Warenverteilfunktion beschränken (Abb. 2.6); es bestand demnach bis in die 1950er Jahre in erster Linie aus Distribution bzw. Logistik.

Nach dem Wirtschaftswunder folgten in den 1960er Jahren erste Krisenanzeichen, in denen nunmehr versucht wurde, den Käufer durch Werbung zu beeinflussen.

In den 1970er Jahren gewann der Handel mehr und mehr Bedeutung. Im Zuge von Krisenerscheinungen und Marktsättigungstendenzen stand die systematische Suche nach neuen Geschäftsfeldern mehr und mehr im Unternehmensfokus. Das Marketing erweiterte seine Kompetenzen nach und nach auf die strategische Unternehmensplanung.

Nachdem neue Märkte immer weniger zu erkennen waren, konnte ein Wachstum in erster Linie nur noch auf Kosten der Wettbewerber erzielt werden. In den 80er-Jahren standen daher Wettbewerbsvorteile im Mittelpunkt der Überlegungen.

Mit Öffnung der Märkte im Osten ab 1990 veränderte sich die Wertschöpfungskette in vielen Bereichen. Die globale Arbeitsteilung wie die weltweiten Märkte stellten die Un-

Jahr	1950	1960	1970	1980	1990	2000
Politischer Rahmen	Kalter Krieg		Ölkrise		Mauerfall Marktöffnung	
Markt-trend	Befriedigung von Grund-bedürfnissen	Entwicklung von Wohl-stand	Sättigungs-tendenzen	Gesättigte Märkte	Weltweiter Kostendruck	
Operativer Trend	Kapazitäts-ausbau	Kapazitäts-management, Distribution	Neue Märkte (expandieren, diversifizieren)	Verdrängung	Konzentration, Verschlankung	Verstärkte Kooperation
Strategische Ausrichtung			Diversifikation	Wettbewerb Zielgruppe	Alleinstellung Wertschöpfung	Integration Kooperation
Paradigma	**Verteilen**	**Verkaufen**	**Marketing**	**Strategie**		

Abb. 2.6 Zusammenhang der gesellschaftlichen Rahmenbedingungen und der Wettbewerbssituation

ternehmen vor große und insbesondere kapitalintensive Anforderungen. Folglich mussten Aktivitäten stärker fokussiert und Nebentätigkeiten ausgegliedert werden.

Ganz neue Möglichkeiten des Ein- und Verkaufs, aber auch der internationalen Kooperation wurden auch durch die Entwicklungen der Informations- und Kommunikationstechnologie geschaffen, die das industrielle Bild spätestens seit der Jahrtausendwende prägen.[17]

2.2.2   Marketing als duales Führungskonzept

Im Laufe der letzten Jahrzehnte hat sich die Bedeutung des Begriffs Marketing mehrfach gewandelt. Heute wird darunter im Sinne einer marktorientierten Unternehmensführung zweierlei parallel verstanden:

- Marketing ist, genau wie Produktion, eine Unternehmensfunktion mit spezifischen Kompetenzen, z. B. Marktforschung, Markenführung.
- Marketing ist ein Leitbild, welches auf die Ausrichtung aller Unternehmensaktivitäten auf den Kundennutzen abzielt.[18]

Im Fokus stehen nicht, wie noch bis in die 1970er Jahre, der Entwicklung nachgeschaltete Einzelaktivitäten wie Verkaufsunterstützung oder Werbung, sondern eine prozessorientierte Denkweise, die den Kundennutzen von Anfang an berücksichtigt (Abb. 2.7).

Damit stehen auch nicht mehr nur operativ-taktische Überlegungen im Vordergrund, bei denen nach unabhängig vom Marketing erfolgter Produktentwicklung ein Produkt in einen vorher nicht genau definierten Markt gedrückt wird, sondern Produkte werden auf erkannte Marktbedürfnisse abgestimmt. Manchmal werden sogar Marktbedürfnisse nicht nur erkannt, sondern auch beeinflusst oder erst geweckt. Gerade bei echten Innovationen ist das meist unumgänglich; der Prozess ist dann dem traditionellen wieder ähnlich.

Modernes Marketing zielt nicht mehr nur auf Märkte ab (*market based view*), sondern berücksichtigt auch die verfügbaren Unternehmensressourcen wie F&E und Produktion (*competence based view*). Es bildet damit einen wesentlichen Teil des unternehmerischen Zielsystems.[19]

2.2.3   Das Marketing-Zielsystem (Zielpyramide)

In einem gut funktionierenden Unternehmen sind die Tätigkeiten einzelner Bereiche aufeinander abgestimmt und dienen dem Wohl der Gesamtunternehmung. Kurzfristige taktische Überlegungen richten sich, zumindest unterschwellig, auch nach eher langfristigen

---

[17] Vgl. Meffert/Burmann/Kirchgeorg (2012), S. 7 ff.
[18] Ebda., S. 13.
[19] Ebda., S. 230; siehe dazu Abschn. 2.4.1, S. 32.

Abb. 2.7 Kundenorientierte Wertschöpfung. (In Anlehnung an Kotler (1999), S. 89)

strategischen Erfordernissen aus. Ein anschauliches Bild dieser Überlegungen vermittelt die unternehmerische Zielpyramide (Abb. 2.8). Ihre Elemente werden im Folgenden erläutert.[20]

Unternehmensvision, Geschäftsidee

Auch wenn Altbundeskanzler *Helmut Schmidt* einmal bemerkte: „Wer Visionen hat, soll zum Arzt gehen!" – eine angemessene Unternehmensvision kann zu einer Kraftquelle und Inspiration einer Unternehmung werden. Eine solche Vision ist eben keine Utopie, sondern ein ehrgeiziges, glaubwürdiges und einprägsames Leitbild. Bekannt ist die heute nahezu reale Vision von Microsoft: Ein Computer sollte in jedem Haushalt stehen. Als diese Vision formuliert wurde, erschien sie nahezu utopisch, jedenfalls völlig unrealistisch.

Etwas bescheidener kommt der Begriff **Geschäftsidee** daher. Unternehmer, gerade auch Unternehmensgründer, sollten mindestens benennen können, wie ihr Produkt bzw. ihre Dienstleistung einem genau zu beschreibenden Kundenkreis nützt und wie es sich vom Wettbewerb abhebt.

Kernkompetenzen, Eckpfeiler des Leistungsangebots

Hier kommt der *competence based view*, also eine Betrachtung des eigenen Könnens, ins Spiel. Auch für Unternehmen reicht es nicht, etwas zu wollen, beispielsweise eine Marktlücke zu füllen – sie müssen es auch können. Kernkompetenzen sind Schlüsselfähigkeiten, auf deren Basis eine Vielzahl von Produkten mit von Kunden für wichtig erachteten

---

[20] Zu den Ausführungen dieses Abschnitts vgl. Winkelmann (2013), S. 62 ff.

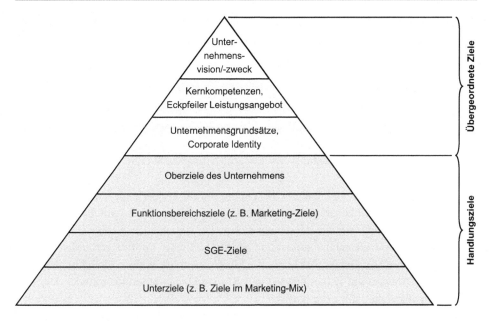

Abb. 2.8 Unternehmerische Zielpyramide. (Vgl. Meffert/Burmann/Kirchgeorg (2012), S. 244, und Winkelmann (2013), S. 62 ff.)

Merkmalen gestaltet werden können. Kernkompetenzen sind schwer imitierbar, dauerhaft vorhanden und eröffnen den Zugang zu ganz unterschiedlichen Geschäftsfeldern.

Beispiel

Beispielhaft für Kernkompetenzen seien die Felder Kautschuktechnologie und Elektronik der Continental AG genannt. Einzeln oder in Kombination eingesetzt entstehen vielfältige Produkte wie Reifen, Dämpfungselemente, ABS- und ESP-Systeme, Motorsteuerungen, Transportbänder. Die Kunden entstammen vornehmlich dem Automotive-Bereich, aber auch anderen industriellen Sektoren.

Unternehmensgrundsätze, Corporate Identity

Die **Corporate Identity** ist ein Oberbegriff für das Verhalten, die Kommunikation, das Erscheinungsbild und das Selbstverständnis eines Unternehmens. Dieses durch Tradition und gegenwärtiges Management geprägte Selbstbild wirkt nach innen auf die Mitarbeiter, aber auch nach außen. Es produziert in der Öffentlichkeit ein Image des Unternehmens, welches zum Leistungsangebot des Unternehmens passen sollte.

Beispiel

Häufig werden Unternehmensgrundsätze und -leitlinien formuliert, mit denen die Firmenidentität konkretisiert wird. So hat die Continental AG den Bezug auf Grundwerte, also ethischen Normen wie Integrität, Ehrlichkeit sowie Gesetzestreue, in einem Verhaltenskodex festgehalten, an dem sich – nach eigener Aussage – die Unternehmenskultur orientiert.

Oberziele des Unternehmens

Auf der Basis der langfristigen Vorgaben müssen nun konkrete Markthandlungen erfolgen. Die Gesamtunternehmung sollte, um ihren Bestand zu sichern, gewisse Rentabilitätsziele erreichen. Voraussetzung dafür ist ein gesunder Gewinn. Dazu tragen Marktleistungsziele (z. B. Produkt- und Servicequalität) sowie Marktstellungsziele (z. B. Umsatz, Marktanteile) bei.

Heute setzt sich mehr und mehr die Erkenntnis durch, dass gesunde Unternehmen auch soziale und Umweltschutzziele nicht vernachlässigen sollten, da die weltweiten Ressourcen erkennbar knapper werden. Geschieht dies nicht, werden auch eventuelle Macht- und Prestigeoberziele wie Unabhängigkeit und gesellschaftlicher Einfluss gefährdet. Die Automobilindustrie läuft Gefahr, das leidvoll erfahren, wenn sie in ihrer Modellpolitik keine rechtzeitige Antwort auf hohe Ölpreise und Klimaschutzanforderungen findet. Die Dieselproblematik steht dafür exemplarisch.

Ziele der Funktionsbereiche

Die gefundenen Oberziele werden jetzt in Teilziele einzelner Planungseinheiten heruntergebrochen. Diese Planungseinheiten sind einerseits übergeordnete Funktionsbereiche, andererseits einzelne strategische Geschäftseinheiten mit klar umrissenem Produkt- und Kundenkreis.

Auf Ebene der Funktionsbereiche werden den umsatzverantwortlichen Abteilungen Erfolgs- und Kostenziele zugeordnet, den nicht umsatzverantwortlichen Ressorts dagegen nur Kosten- und Effizienzziele. Viele Unternehmen bemühen sich, so viele Unternehmensteile wie möglich in die kundenbezogenen Leistungsbereiche einzubinden, ihnen also Erfolgsziele zuzuordnen. Dies geschieht durch Bildung funktionsübergreifender strategischer Geschäftseinheiten.

Ziele strategischer Geschäftseinheiten

Strategische Geschäftseinheiten sind handhabbare marktbezogene Planungseinheiten (vgl. Abschn. 2.4). Sie können sehr unterschiedlicher Natur sein, beispielsweise:

- organisatorische Unternehmenseinheiten (*business units*) wie Konzernteile, Tochtergesellschaften, Vertriebsabteilungen o. Ä.,
- anwendungsbezogene Planungseinheiten wie Produkt-Markt-Segmente,
- Kundengruppen,
- Vertriebskanäle.

Planungen werden oftmals auch parallel durchgeführt, beispielsweise nach rechtlichen und marktbezogenen Kriterien. Die Felder können durchaus überlappend sein; bei der

Konsolidierung (= Summenbildung) der quantifizierten Einzelziele ergibt sich auf alternativen Wegen aber stets dasselbe Oberziel der Gesamtunternehmung.

Unterziele

Die Unterziele, vielfach auch **Instrumentalziele** genannt, dienen als Bezugsgröße der Zielerreichung einer Planungseinheit. Um Unterziele zu realisieren, werden ihnen einzelne Maßnahmen zugeordnet. So erhalten im Marketingsektor einzelne Bereiche wie Außendienst und Werbung Erfolgs- und Budgetziele. Ein Werbeetat wird vorgegeben, mit dessen Hilfe das Unterziel einer gewissen Markenbekanntheit erreicht werden soll.

Alle unter dem Begriff **Marketing-Mix** zusammengefassten operativen Marketingmaßnahmen können mit Unterzielen verknüpft werden.

2.2.4   Unternehmerische Planungsprozesse

Die unternehmerische Planung bezieht die unternehmerische Zielpyramide ein, folgt ihren Ebenen jedoch nicht exakt. Vielmehr wird, unter Berücksichtigung bestimmter vorab zu analysierender Rahmenbedingungen, den Bezugsebenen

- Unternehmen,
- Geschäftsfeld,
- Funktionsebene

gefolgt. Dabei werden im jeweiligen Geschäftsfeld strategische Marketingentscheidungen getroffen, so dass sich die in Abb. 2.9 dargestellte Vorgehensweise ergibt.

Auf der Ebene der strategischen Unternehmensplanung werden Entscheidungen für das Gesamtunternehmen getroffen. Dazu gehört es, kleinere schlagkräftige operative Einheiten zu bilden, die strategischen Geschäftseinheiten (SGE), welche in bestimmten Geschäftsfeldern tätig sind. Die Geschäftseinheiten leiten ihre jeweiligen Strategien aus der der Gesamtunternehmung ab. Das bedeutet nun aber nicht, dass alle SGEs immer einheitlich agieren, meist ist es sogar ganz anders:

- Wie die einzelnen Organe eines Körpers spielen die SGE unterschiedliche Rollen im unternehmerischen Organismus. Einige müssen möglicherweise im laufenden Geschäft hohe Gewinne erbringen (*cash cows*), andere sind eher zukunftsgerichtet und werden quersubventioniert (*question marks*).
- Die vom Kunden spürbaren Nutzenvorteile einzelner SGEs können unterschiedlicher Natur sein, z. B. überlegene Qualität, Preis etc. Dementsprechend muss das Vorgehen angepasst werden.

Die Darstellung in den folgenden Unterkapiteln folgt dem Ablauf der Marketingplanung von der Analyse bis zur operativen Planung. Sie gliedert sich demnach in

Analyse der Umwelt und des Unternehmens				
Planungsprozesse				
Ebene	**Horizont**	**verantwortlich**	**Aufgaben**	**Problematik**
Strategische Unternehmensplanung	ca. 10 Jahre	Oberes Management	Definition strategischer Geschäftsfelder (Zielmärkte, Produktprogramm), Bestimmung der strategischen Stoßrichtung (Kostenführerschaft, Differenzierung), Ressourcenzuordnung auf SGE	Prognose
Strategische Marketingplanung	ca. 1-3 Jahre	Oberes/ Mittleres Management	Festlegung von SGE-Zielen, Entwicklung von SGE-Strategien (Markt-, Wettbewerbsstrategien), Ableitung von Instrumentalzielen, Festlegung des Marketingbudgets	Exakte Festlegung von Werten
Operative Marketingplanung	max. 1 Jahr	Mittleres/ Unteres Management	Festlegung der Instrumentalziele, Bestimmung der Maßnahmen, Festlegung der Maßnahmenbudgets	Optimale Koordination der Maßnahmen
Ausführung				
Kontrolle				

Feedback

Abb. 2.9 Unternehmens- und Marketingplanung. (In Anlehnung an Meffert/Burmann/Kirchgeorg (2012), S. 264)

- Analyse der Ausgangssituation des Unternehmens,
- strategische Unternehmensplanung,
- strategische Marketingplanung,
- operative Marketingplanung.

2.3 Analyse der Ausgangssituation des Unternehmens

Heute hat sich das System der Marktwirtschaft nahezu weltweit durchgesetzt. Der Austausch von Gütern und Dienstleistungen erfolgt in (mehr oder weniger) freien Märkten; die Koordination von Angebot und Nachfrage gelingt durch den Preismechanismus, die „goldene Hand des Marktes" (*Adam Smith*).

Konkurrenz belebt sprichwörtlich das Geschäft. Sie hält jedes Unternehmen zu ständigen Verbesserungen an, um im unbarmherzigen Wettbewerb um die Kundengunst die Nase vorn zu haben. Kein Wunder, dass Unternehmen danach trachten, diesem Druck wenigstens zeitweise zu entkommen: Keine Firma würde sich über eine Alleinstellung im Markt, also ein Monopol, beklagen. Innovationen helfen, die durch Konkurrenz geprägten

Marktbedingungen wenigstens zeitweise außer Kraft zu setzen, indem sie klare Alleinstellungsmerkmale schaffen.

Marketing stellt Methoden bereit, um die Situation von Unternehmen im Wettbewerbsumfeld zu analysieren und durch geeignete Maßnahmen zu verbessern. Dabei werden die in Abb. 2.10 aufgezeigten Ebenen einbezogen:

- **Makroumfeld** (globale Umwelt),
- **Mikroumfeld** (Wettbewerbsumfeld),
- **Unternehmensstruktur** (Stärken/Schwächen der Unternehmung).

Die Ebenen sind auf vielfältige Art miteinander verknüpft. So beeinflussen bspw. die weltweite Ressourcenverteilung (z. B. Verfügbarkeit von Öl) und die politische und gesellschaftliche Entwicklung (z. B. Gewährung von Freiheitsrechten in China) das Verhalten von Produzenten und Konsumenten im Automobilweltmarkt. Die sich verändernden Konsumentenwünsche werden von Fahrzeugherstellern in ihrer Modellpolitik unterschiedlich gut verstanden, was die Marktstellung der Hersteller verändert.

Das grafisch dargestellte Beispiel (Abb. 2.11) zeigt, wie sich wandelnde Rahmenbedingungen die strategische Ausgangsposition und den Markterfolg von Unternehmen verändern können. Die jahrzehntelang ungefährdete Stellung der amerikanischen Hersteller im Heimatmarkt wurde seit Beginn der achtziger Jahre durch die relativ preisgünstigen, dabei dennoch qualitativ überlegenen japanischen Hersteller mehr und mehr erodiert.

Technisch hat die amerikanische Automobilindustrie einen enormen Nachholbedarf, der sie spätestens Ende 2008 zum Sanierungsfall machte. Die *Big Three* waren nicht mehr in der Lage, aus eigener Kraft auf die insbesondere durch steigende Ölpreise (Makroumfeld) und die Innovationskraft japanischer Hersteller (Mikroumfeld) zu reagieren.

Abb. 2.10 Betrachtungsebenen der Unternehmensanalyse

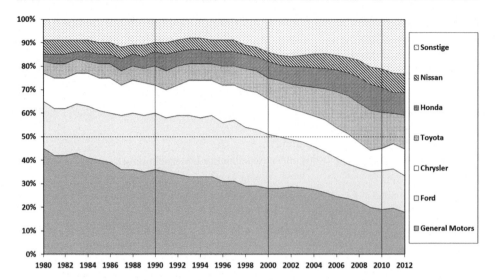

Abb. 2.11 Marktanteile im US-Automarkt. (Datenbasis: Bear Stearns, Firmenberichte)

Vermutlich auf der Grundlage unzureichender Analysen wurden durch die amerika-nischen Autobauer spätestens seit 1995 ihre den weltweiten Veränderungen nicht mehr angemessen Rechnung tragende Strategien fortgesetzt – mit den späteren fatalen Folgen und der notwendigen Rettung durch den amerikanischen Staat.

Bevor strategische Analysewerkzeuge genauer vorgestellt und Unternehmensstrategien abgeleitet werden, erscheint es hilfreich, zwei für die Unternehmensführung elementare Zusammenhänge näher zu beleuchten, nämlich

- die Bedeutung von Innovationen (Neuerungen) und
- die Bedeutung der Ausbringungsmenge (Stückzahl) eines Produkts.

2.3.1 Bedeutung von Innovationen

Um die Bedeutung von Innovationen zu verstehen, ist das 1966 von *R. Vernon* in Harvard vorgestellte Modell des **Produktzyklus** hilfreich (Abb. 2.12). Darin werden die Auswir-kungen allmählich aufkommenden Wettbewerbs auf die Fertigung und den Absatz eines innovativen High-Tech-Produkts in mehreren typischen Phasen zeitlich dargestellt.

(1) Anfangs (I) produziert und vermarktet das innovative Unternehmen sein neuartiges Produkt nur im Binnenmarkt. Der Preis hoch, da noch keine Konkurrenz vorhanden ist. Außerdem müssen sich die Entwicklungskosten rasch amortisieren.
(2) Später (II) wird, um den Umsatz zu steigern, das Produkt im Ausland vermarktet. Dieses geschieht zunächst durch Exporte aus dem Heimatland.

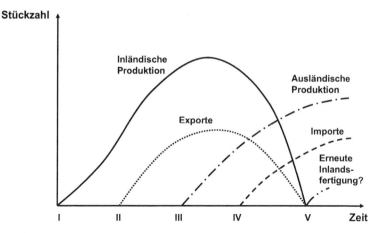

Abb. 2.12   Modell des Produktzyklus. (Nach Vernon (1966))

(3) Nach und nach (III) wird, um Kosten zu sparen, die Produktion auch in Ländern mit
     großen Binnenmärkten aufgebaut.
(4) Allmählich treten Konkurrenten nachahmend in den Markt ein. Damit steht dann nicht
     mehr die Produktentwicklung im Vordergrund, sondern eine Verbesserung der Pro-
     duktionsverfahren, um Kosten zu senken. Schließlich ist der Markt vollständig mit
     Konkurrenten gesättigt. Unternehmen können sich nur mit geringeren Preisen Wettbe-
     werbsvorteile verschaffen. Da auch die Produktionsverfahren nicht mehr wesentlich
     verbessert werden können, gelingt es Unternehmen nur dann, einen Wettbewerbs-
     vorteil zu gewinnen, wenn sie die Produktion nach und nach (IV) vollständig in
     Niedrigkostenländer verschieben. Der Heimatlandmarkt wird schließlich vollständig
     durch Importe versorgt.
(5) Eine Produktion im Heimatland (V) kommt nur dann wieder in Frage, wenn es dem
     Unternehmen dadurch gelingen sollte, Wettbewerbsvorteile zu erzielen, beispiels-
     weise durch geringe Lieferzeiten oder erkennbar höhere Qualität. Denkbar wäre es
     auch, einen Teil der Wertschöpfung, insbesondere die abschließende Montage, im
     Hochlohnland durchzuführen, um den Vorteil der Kundennähe zu besitzen, aber die
     Kostennachteile nur in sehr geringem Maße in Kauf nehmen zu müssen.

Der reale Verlauf der Internationalisierung hängt sehr stark vom Lohnanteil in der
Fertigung ab. Ein hoher Anteil manueller Tätigkeit begünstigt Verlagerungsbestrebungen
in Niedrigkostenländer, deren Lohnniveau bei einem Bruchteil des deutschen liegt. Der
Markteintritt osteuropäischer und asiatischer Niedriglohnländer hat die Fertigungsstruk-
turen ganzer Branchen vollkommen verändert, indem plötzlich sehr billige Arbeitskräfte
mit den Arbeitskräften und Maschinen westlicher Industrienationen konkurrierten. Mittlerweile ist der Lebensstandard in vielen Schwellenländern deutlich gestiegen. Das höhere
Lohnniveau sorgt dafür, dass der Kostendruck im Westen produzierender Unternehmen

geringer wird und mögliche Liefer- bzw. Qualitätsunsicherheit eine Verlagerung verhindert.

Andererseits werden mittlerweile innovative Produkte nicht zwangsläufig zunächst in Hochlohnstandorten entwickelt und angeboten, um sie dann nach und nach ins Ausland zu verlagern. Multinationale Unternehmen entwickeln durchaus auch in Standorten mit relativ niedrigem Lohnniveau, und neue Produkte werden parallel und sogar exklusiv zunächst in Schwellenländern in den Markt eingeführt. Gerade China hat sich durch sein rasant gestiegenes Bruttoinlandsprodukt mehr und mehr zu einem Schlüsselmarkt entwickelt.

Innovationen haben eine hohe betriebliche Bedeutung. Durch neuartige Produkte kann es Unternehmen gelingen, sich dem hohen Kostendruck globaler Märkte wenigstens zeitweise zu entziehen (Abb. 2.13). Während der internationale Wettbewerb eine Differenzierung nach und nach nur noch über den Preis ermöglicht und damit Unternehmen in eine Abwärtsspirale treibt (vollständiger Wettbewerb), können innovative Unternehmen immer wieder zeitweise ein Angebotsmonopol errichten und für hohe Gewinne, so genannte **Pionier-** oder **Vorsprungsgewinne**, ausnutzen. Technologieorientierte Unternehmen nutzen diese Gewinne, um ihre Forschungs- und Entwicklungstätigkeit zu forcieren.

Aus den Betrachtungen ergibt sich eine volkswirtschaftliche Konsequenz für hoch entwickelte Länder: Nur durch ständig erfolgende Innovationen kann ein Hochlohnland dauerhaft in nennenswertem Maße Produktionsstandort bleiben.

Abb. 2.13 Betriebswirtschaftliche Bedeutung von Innovationen

2.3.2   Bedeutung der Stückzahl

Ende der sechziger Jahre untersuchte die Unternehmensberatung *Boston Consulting Group* die Stückkosten in verschiedenen Branchen. Dabei stellte man fest, dass die Stückkosten im Durchschnitt um 20 bis 30 % geringer waren, wenn die Produktionsmenge sich verdoppelte (Abb. 2.14). Dieser zwar branchenabhängige, aber dennoch statistisch gut bestätigte sog. **Erfahrungskurveneffekt** hat folgende Gründe:

- Fixkostendegression, d. h. die anteiligen Fixkosten verteilen sich auf größere Stückzahlen,
- Lerneffekte in Fertigung und Vertrieb,
- Synergieeffekte durch größenbedingte Verbundeffekte (Kooperationen, Allianzen),
- Machteffekte (steigende Markt- und Einkaufsmacht).[21]

Daraus ergeben sich weitreichende strategische Konsequenzen: Nur wer in der Lage ist, relativ große Stückzahlen herzustellen und zu verkaufen, kann in der Regel wirklich kostengünstig sein. Aus Kostensicht bedeutet das für das Unternehmen: *Big is beautiful!* Nur relativ große Unternehmen schaffen hohe Stückzahlen und haben die Möglichkeit, viel Kapital einzusetzen, um Fertigungslinien aufbauen und automatisieren zu können.

Die Kostenreduktion erfolgt allerdings nicht automatisch, sondern ist lediglich ein Potenzial. So hatten die amerikanischen Automobilhersteller (s. o.) offenbar zu sehr auf den durch Größenvorteile bewirkten Erfahrungskurveneffekt vertraut, dabei aber andere Faktoren übersehen. Zu diesen gehört insbesondere, dass heute in vielen Branchen, so auch der Automobilindustrie, kein Einheitslook mehr gefragt ist wie noch zu Zeiten des seligen

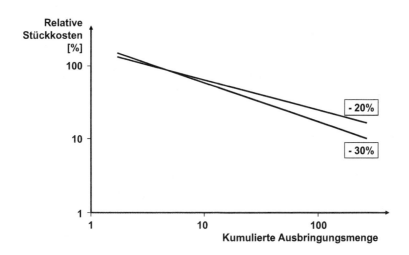

Abb. 2.14 Erfahrungskurveneffekt. (Vgl. Homburg/Krohmer (2006), S. 447)

---

[21] Vgl. Winkelmann (2013), S. 93 f.

Henry Ford, sondern Kunden ihr Fahrzeug individuell ausgestattet haben wollen.[22] Dieser Umstand setzt dem reinen Kostendenken marktbedingte Grenzen, indem er statt extrem hoher Stückzahlen des immer Gleichen ein hohes Maß an Flexibilität der Fertigung erforderlich macht.

Zusammenfassend lässt sich also Folgendes feststellen:

- Normalerweise müssen kostengünstige Unternehmen vergleichsweise groß sein.
- Hohe Stückzahlen sind eine notwendige, aber keine hinreichende Voraussetzung niedriger Stückkosten.
- Kundenwünsche gehen vielfach in Richtung Individualisierung, also niedriger Stückzahlen bzw. variantenreicher Fertigung.

2.3.3 Situationsanalyse des Unternehmens im Wettbewerb

Unternehmen haben in Märkten gewisse Chancen, aber auch Risiken, um ihre Ziele zu erreichen. Dafür stehen ihnen bestimmte Ressourcen zur Verfügung, die sich im Vergleich zu den Marktanforderungen als Stärken, aber auch als Schwächen erweisen können.

Um die Situation eines Unternehmens im Wettbewerb zu analysieren und vor allem übersichtlich darzustellen, haben sich insbesondere drei Werkzeuge bewährt:

- **Ressourcenprofil** zur Darstellung der Stärken und Schwächen,
- **SWOT-Analyse** zur Ermittlung interner und externer Einflussfaktoren,
- **Five-Forces-Modell** nach Michael Porter, um die Wettbewerbssituation ganzheitlich zu erfassen.

Ressourcenprofil

Geht es darum, die Stärken und Schwächen eines Unternehmens im Vergleich zum Wettbewerb darzustellen, so kann durch Selbsteinschätzung und Expertenbefragung ein Unternehmensprofil herausgearbeitet werden. Durch Vergleich mit den Hauptkonkurrenten erkennt man auf einen Blick, wo das Unternehmen über- bzw. unterlegen ist, und kann daraus strategische Schlüsse ziehen. Im in Abb. 2.15 gezeigten Beispiel wird die Marketing- und Vertriebskompetenz dreier Hersteller technischer Güter verglichen, die unterschiedliche Stärken und Schwächen aufweisen.

SWOT-Analyse

Die SWOT-Analyse bezieht nicht nur unternehmensinterne Faktoren ein, also Stärken und Schwächen, und bezieht diese auf die Wettbewerber, sondern grenzt mithilfe außerdem

---

[22] Henry Ford sagte bekanntlich über das Ford-T-Modell: „*Any customer can have a car painted any colour that he wants so long as it is black.*" Quelle: Ford/Crowther (1922): My Life and Work, Kap. IV.

Abb. 2.15 Ressourcenprofil von drei Vergleichsunternehmen

aufgezeigter externer Faktoren, also Chancen und Risiken, die strategischen Möglichkeiten einer Unternehmung ein. Diese Faktoren können dem Mikro- und Makroumfeld der Unternehmung entstammen (Abb. 2.16).

Die SWOT-Analyse kann nicht nur zur Darstellung der Faktoren, sondern auch zur systematischen Ableitung von Unternehmensstrategien genutzt werden (Abb. 2.17). Die-

	Strengths (Stärken)	*Weaknesses* (Schwächen)
Unter-nehmens-interne Faktoren	• Starke Unternehmensphilosophie • Preiskriegserfahrung • Starker finanzieller Background • Innovativ und flexibel • Extreme Serviceorientierung • Gutes Vertriebs- und Logistiksystem	• Amerikanische Mentalität • Deutsche Mentalität passt nicht zur Firmenkultur • Keine Europa-Erfahrung • Keine gewachsene Infrastruktur
Unter-nehmens-externe Faktoren	• Größe des europäischen Marktes • Deutschland ist nicht Service-verwöhnt • Das Every-Day-Low-Prices-Prinzip funktioniert weltweit • Neue Konsumqualitäten durch Europa	• Stark gesättigter Markt • Stark regulierter Markt • Starke europäische Handelskonzerne • Fachgeschäfte beliebt • Wenig Raum für große Märkte • Hohes Lohnniveau • Wenig Zahlungsbereitschaft für Service
	Opportunities (Chancen)	*Threats* (Risiken)

Abb. 2.16 SWOT-Analyse der Firma Wal-Mart in Deutschland. (Nach Winkelmann (2013), S. 79)

Vorgehen: 1. SWOT auflisten 2. Strategien ableiten	*S = Strengths* (Stärken)	*W = Weaknesses* (Schwächen)
O = Opportunities (Chancen)	**SO-Strategien** Ausnutzung eigener Stärken zur Nutzung externer Chancen *Bsp. Wal-Mart: Europäischen* *Markt durch Preiskrieg erobern*	**WO-Strategien** Ausnutzung externer Chancen, um interne Schwächen abzubauen *Bsp. Wal-Mart: Auf Basis niedri-* *ger Preise in Europa Fuß fassen*
T = Threats (Risiken)	**ST-Strategien** Nutzen der eigenen Stärken zur Abwendung von Risiken *Bsp. Wal-Mart: Durch neues* *Konzept Fachmärkte verdrängen*	**WT-Strategien** Minimierung eigener Schwächen, Vermeidung von Risiken *Bsp. Wal-Mart: Deutsche Mentali-* *tät verstehen, Service überdenken*

Abb. 2.17 Systematische Ableitung von Strategien aus den Ergebnissen einer SWOT-Analyse. (Vgl. Michaeli (2006), S. 405)

ses geschieht durch Kombination jeweils eines internen und externen Faktors; so könnten beispielsweise eine bestimmte Stärke und Chance zu einer Strategie verbunden werden.

Beispiel

Im dargestellten Beispiel (Abb. 2.16) sind die enormen Stärken der Fa. Wal-Mart aufgezeigt. Diese veranlassten Wal-Mart dazu, die Chance eines Eintritts in den europäischen Binnenmarkt zu suchen und die damit verbundenen Risiken bzw. Bedrohungen zu ignorieren. Wal-Mart könnte demnach seine Preiskriegserfahrung (S) zur Eroberung des großen europäischen Marktes (O) nutzen (SO-Strategie). Das hat das Unternehmen auch so versucht. Es gelang dennoch nicht, in Europa Fuß zu fassen, da sich die Risiken als nicht beherrschbar erwiesen.[23]

Five-Forces-Modell nach Michael Porter

Ein nicht ganz einfaches, aber sehr aussagekräftiges Modell zur Analyse der Unternehmenssituation hat im Jahre 1979 der Harvard-Professor *Michael E. Porter* mit dem Modell

---

[23] Deutsche Gerichte verhinderten einen Preiskrieg gegen die etablierten europäischen Handelskonzerne, indem sie dauerhafte Dumpingpreise unterhalb der Einkaufskosten für unzulässig erklärten (Marktregulierung). Auch wurden durch Wal-Mart zu wenig geeignete Standorte gefunden, um in die Phalanx der etablierten europäischen Handelsketten einzudringen. Der gebotene Einpackservice wurde von deutschen Kunden nicht als Zusatznutzen gewürdigt.

der fünf Wettbewerbskräfte erdacht (Abb. 2.18). Mit diesem Modell beschreibt er, wie attraktiv es für ein Unternehmen ist, in einem bestimmten Markt tätig zu werden.

Sehr unattraktive Märkte sind solche, in denen reine Preiskämpfe dominieren und die Gewinne kontinuierlich sinken (vgl. Abb. 2.13, vollständiger Wettbewerb). Die Gesamtattraktivität eines industriellen Marktes lässt keine Aussage über einzelne am Markt teilnehmende Unternehmen zu, denn auch innerhalb tendenziell unattraktiver Branchen können Unternehmen durchaus Geschäftsmodelle finden, mit denen sie viel Geld verdienen. Als Beispiel seien Billigflieger genannt, die inmitten von Pleitewellen der Luftfahrtindustrie offenbar einen geschickten Weg zum Profit gefunden haben.

Die analysierten Kräfte beschreiben das Mikroumfeld der Umgebung. Sie beeinflussen die Fähigkeit eines Unternehmens, Kundennutzen zu generieren und Gewinne zu erzielen. Folgende Kräfte werden beschrieben:

Bedrohung durch Substitution des Produkts

Produkte, die in ihren Eigenschaften den bisher verwendeten ähnlich sind, machen es wahrscheinlicher, dass Kunden bei Preiserhöhungen den Anbieter wechseln. Ein Wechsel ist aber gerade im Industriebereich auch mit Nebenkosten verbunden. Beispielsweise wäre ein Wechsel der Steuerungstechnik einer Maschine mit erheblichem Schulungsaufwand für die Bediener und Servicetechniker verbunden.

Abb. 2.18 Five-Forces-Modell (fünf Wettbewerbskräfte) von Michael Porter. (Nach Porter (1985), S. 5)

Bedrohung durch Eintritt neuer Marktteilnehmer

Sehr profitable Märkte werden neue Firmen anziehen wie eine helle Lichtquelle neue Motten. Durch Markteintritte wird die Wettbewerbsintensität erhöht und Profite geschmälert, was die alten Marktteilnehmer nach Kräften zu verhindern versuchen, indem sie Markteintrittsbarrieren errichten. Dies kann im Industriebereich beispielsweise durch Patentschutz erfolgen. Auch der Aufbau attraktiver Marken kann aufkeimender Konkurrenz das Leben schwerer machen, da die Marke einen Vertrauensvorschuss der Kunden bewirkt.

Wettbewerbsintensität

Märkte können sehr unterschiedlicher Natur sein. In manchen liefern sich viele Wettbewerber erbitterte Preiswettkämpfe, in anderen, gerade im technischen Bereich, kommt es eher darauf an, innovativ zu sein (vgl. Abb. 2.8). Die Wettbewerbsintensität, überhaupt die Art des Wettbewerbs, prägt entscheidend die Rentabilität der Märkte.

Verhandlungsmacht der Kunden

Die Physik kennt die Hebelgesetze, und Märkte funktionieren ganz ähnlich. Die Marktseite (Anbieter oder Nachfrager), in der weniger Konkurrenz herrscht, ist bei einer Verhandlung tendenziell im Vorteil. Verhandelt beispielsweise ein Automobilzulieferer mit einem Fahrzeughersteller, sitzt der letztere, also der Kunde, meist am längeren Hebel. Warum ist das so? In der konkreten Verhandlungssituation ist das nachfragende Unternehmen ein Quasi-Nachfragemonopolist, da nur dieses Unternehmen gerade einen Auftrag zu vergeben hat. Um diesen bewerben sich mehrere Zulieferer, die gegeneinander ausgespielt werden können.

Verhandlungsmacht der Zulieferer

Lieferanten von Rohstoffen, Komponenten und Dienstleistungen stehen in einer Verhandlungssituation zum Unternehmen. Auch hier gelten, dann allerdings in umgekehrten Rollen, die gerade beschriebenen Gesetze der Verhandlungsmacht. Gerade für die Produktion wichtige Lieferanten können sehr unangenehme Verhandlungspartner sein, wenn sie um ihre Unentbehrlichkeit wissen.

Michael E. Porter kommt das Verdienst zu, die früher eher stiefmütterlich betrachteten Lieferanten (Motto: „Einkaufen kann jeder!") ins Bewusstsein der Unternehmen geholt zu haben. Die Globalisierung gibt ihm recht: Mit sinkender eigener Wertschöpfung – Konzentration auf Kernkompetenzen – steigt der Anteil der Zukäufe und damit der Einfluss der Zulieferer auf die Kosten.[24]

---

[24] Vgl. Bruner et al. (1998), S. 234 ff.

2.4   Strategische Unternehmensplanung

> Die Strategie muß mit Dir ins Feld ziehen, um das einzelne an Ort und Stelle einzuordnen und für das Ganze die Modifikationen zu treffen, die unaufhörlich erforderlich werden. Sie kann also ihre Hand in keinem Augenblick von dem Werke abziehen.
>   Carl v. Clausewitz: Vom Kriege (1832)

Der Begriff **Strategie** wurde aus dem Griechischen entlehnt: *stratos* bedeutet Heer; *ágein* heißt führen. Ein Stratege war im alten Griechenland ein gewählter Heerführer.[25] Dass der Strategiebegriff aus der Welt des Militärs stammt, ist kein Zufall: Viele Begriffe und Aktionen aus der Welt der Wirtschaft, insbesondere zum Umgang mit Wettbewerbern, sind militärischen Vorgehensweisen angelehnt.

Die strategische Unternehmensplanung dient der Festlegung, welche Produkte in welchen Märkten angeboten werden sollen und wie dieses geschehen soll. Gibt es deutliche Unterschiede der angebotenen Produkte bzw. der Zielmärkte, so bietet sich eine Grobeinteilung der Firmenaktivitäten in entsprechende **strategische Geschäftsfelder (SGF)** an. In diesen Geschäftsfeldern werden nun eine oder mehrere **strategische Geschäftseinheiten (SGE)** operativ tätig.

Eine **strategische Geschäftseinheit** zeichnet sich durch drei Eigenschaften aus:

- **Marktaufgabe**: Die SGE agiert von anderen Geschäftseinheiten unabhängig und wird im Markt als Konkurrent wahrgenommen.
- **Eigenständigkeit**: Die SGE erhält eine weitgehend eigenständige Strategie.
- **Erfolgsbeitrag**: Die SGE leistet einen eigenständigen Beitrag zum unternehmerischen Gesamterfolg.

Während die Wahl der strategischen Geschäftsfelder primär kundenbezogen erfolgt, berücksichtigt die Einteilung in strategische Geschäftseinheiten hauptsächlich unternehmensinterne organisatorische Erfordernisse (Abb. 2.19).

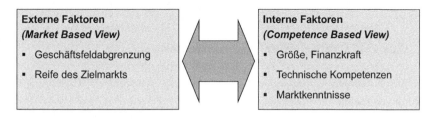

Abb. 2.19 Kernelemente der strategischen Unternehmensplanung

---

[25] Siehe dazu Duden (2001), S. 819.
Der schöne, leider zu Recht selten gewordene deutsche Vorname Rainer entstammt den germanischen Begriffen *ragin* (führen) und *her* (Heer), bedeutet also ebenfalls Heerführer. Der Autor dieser Zeilen erweist sich damit als geborener Stratege.

Dennoch sollte bereits bei der Auswahl geeigneter Geschäftsfelder berücksichtigt werden, in welchen Bereichen überhaupt Kompetenzen im Unternehmen vorliegen. Auch sollte bei der Definition strategischer Geschäftseinheiten die Kundensicht nicht völlig vernachlässigt werden. SGF und SGE können sich decken, müssen das aber nicht. Durchaus können mehrere SGE in einzelnen SGF tätig sein, einzelne SGE mehrere SGF bearbeiten.

Entsprechend den Ebenen der Unternehmensplanung (vgl. Abb. 2.9) ergeben sich drei strategische Ebenen:

- Portfoliostrategien
  Welche Arten von Geschäft werden betrieben, zugekauft, abgestoßen?
- Wettbewerbsstrategien
  Welche Wettbewerbsposition nimmt eine SGE in ihrem spezifischen Markt ein?
- Operative Strategien
  Wie gehen bestimmte Unternehmensbereiche vor, d. h. welches Marketing wird bspw. betrieben?

Wesentlich für strategische Betrachtungen ist insbesondere die in Abschn. 2.5 näher betrachtete Ebene der Wettbewerbsstrategien. Operative Strategien (Abschn. 2.6) dienen der Umsetzung der Wettbewerbsstrategie, werden also möglichst im Einklang mit dieser konzipiert. Beide Ebenen setzen das gewählte Portfolio als gegeben voraus.

Wesentliche interne Faktoren bei der Auswahl des Portfolios und geeigneter Unternehmensstrategien sind die vorhandene Größe bzw. Finanzkraft eines Unternehmens – nur wer groß ist, kann im Regelfall auch kostengünstig sein (vgl. Abschn. 2.3.2) – und die vorhandenen Kenntnisse und Fähigkeiten (Kompetenzen), die im Sinne eines Kundennutzens eingesetzt werden können.

Ein wesentlicher externer Aspekt, der bei der Geschäftsfeldauswahl unvermeidlich ins Spiel kommt, ist die Reife des Marktes. Wie in Abschn. 2.3.1 dargelegt, herrschen in jungen innovativen Märkten andere wirtschaftliche Rahmenbedingungen als in reifen Märkten. Dieses beeinflusst die möglichen Unternehmensstrategien und einzusetzenden Ressourcen in starkem Maße.

2.4.1 Auswahl strategischer Geschäftsfelder

Für technisch geprägte Unternehmen sind drei Aspekte von zentraler Bedeutung bei der Definition von Geschäftsfeldern:

- Zielgruppe (Kundengruppe),
- Funktion (Art der zu erfüllenden Kundenbedürfnisse),
- Technologie (Weg zur Kundenbedürfniserfüllung, eingesetzte Technologie).[26]

---

[26] Abell (1980), S. 30.

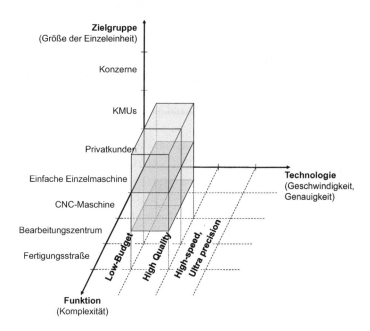

Abb. 2.20 Geschäftsfeldabgrenzung im Markt für Werkzeugmaschinen

Durch die aufgeführten Aspekte wird ein dreidimensionaler Suchraum aufgespannt, innerhalb dessen sich die Unternehmung mit einem SGF positioniert. Letztlich wird dabei die Frage geklärt, an wen was in welcher Form verkauft werden soll. Abb. 2.20 veranschaulicht das am Beispiel des Marktes für Werkzeugmaschinen. Das dargestellte Unternehmen hat sich dazu entschlossen, sich auf Bearbeitungszentren und Fertigungsstraßen für mittelständische und Großunternehmen zu konzentrieren. Diese sollen eine hohe Qualität aufweisen; es erfolgt aber keine Tätigkeit im Hochleistungssegment, welches anderen Spezialanbietern vorbehalten bleibt.

Die Art der Kundenbedürfnisse (Funktion) gibt die möglichen Tätigkeitsfelder innerhalb des Suchraums vor. Welche davon ausgewählt und wie diese bearbeitet werden, hängt von den Kompetenzen der Unternehmung ab. Es reicht für ein Unternehmen nicht, etwas zu wollen, weil ein lukrativer Absatzmarkt winkt – es muss die Technologie auch beherrschen.

Das Kompetenzerfordernis gilt auch bei der regionalen Auswahl der Kundengruppe. Mit den Besonderheiten weltweiter Märkte, beispielsweise den asiatischen, vertraut zu sein, ist eine eigene Kompetenz. Sie ist für den Markterfolg nicht weniger wichtig als beispielsweise technisches Know-how. Diese im Zusammenhang mit der Definition der Kundengruppe stehenden Vorgehensweisen werden gesondert im Kap. 6 dieses Buches behandelt. Dazu zählen insbesondere die Internationalisierungsstrategien.

2.4.2 Reife des Marktes

Das Alter eines Produkts spielt eine erhebliche Rolle bei der Strategiewahl. In reifen Märkten haben die Käufer bereits langjährige Erfahrungen mit den Produkten der Anbieter gemacht. Das Produktangebot ist transparent; aufgrund des Wettbewerbs haben sich die Produkte immer mehr angeglichen, so dass zum bestimmenden Unterschied mehr und mehr allein der Preis wird. In dieser Situation kann Wachstum nur noch durch Marktanteilsverluste der Wettbewerber erzielt werden (Tab. 2.1).

Der Verdrängungswettbewerb führt zu intensivem Preisdruck auf die Hersteller, die unbedingt ihre Kosten senken müssen, um überhaupt noch Gewinne zu erzielen. Insgesamt sinkt die Branchenrendite. Risiken entstehen nicht aus etwaiger mangelnder Beherrschung der Technologie, sondern allein aus den Marktverhältnissen.

Nahezu gegenteilige Verhältnisse herrschen in jungen, noch weitgehend ungeordneten Märkten. Hohe Investitionen müssen getätigt werden, um die winkenden Pioniergewinne und ehrgeizigen Ertragsziele zu erreichen. Große Chancen werden mit hohen Risiken erkauft: Unsicherheit herrscht sowohl über den Kundenerfolg als auch die technische Machbarkeit.[27]

Tab. 2.1 Marktcharakteristika in jungen und reifen Märkten. (In Anlehnung an Meffert/Burmann/Kirchgeorg (2012), S. 285)

	Innovationsmärkte	Reife Märkte
Strategie	• Qualitätssicherung • Technologiebeherrschung	• Kostensenkung • Outsourcing
Notwendige Finanzmittel	• Hohe F&E-Aufwendungen • Hohe Markterschließungskosten • Hoher Kapitalbedarf zum Wachstum	• Niedrige F&E-Aufwendungen • Kapitalfreisetzung durch Outsourcing und Marktschrumpfung
Gewinne, Rentabilität	• Pioniergewinne • Wenig Wettbewerber • Geringe Wettbewerbsintensität	• Geringe Preisbereitschaft • Viele Wettbewerber • Hohe Wettbewerbsintensität
Risiken	• Unsicherheit über Markterfolg • Unsicherheit über Technologie	• Unsicherheit über Marktanteil durch Verdrängungswettbewerb

---

[27] Vgl. Meffert/Burmann/Kirchgeorg (2012), S. 284 ff.

2.4.3   Größe (Marktanteil, Finanzkraft) einer Unternehmung

Im Rahmen der Geschäftsfeldauswahl und der SGE-Definition muss das Unternehmen sich realistische Ziele setzen, die zu seinen Ausgangsbedingungen (Marktanteil, Kapitalkraft) passen.

Es wurde bereits gezeigt, dass niedrige Stückkosten nur durch hohe Mengen erzielt werden können. Das setzt in der Regel eine gute Kapitalausstattung des Unternehmens voraus, um die notwendigen Produktionsanlagen zu beschaffen und zu unterhalten. Eine gesunde finanzielle Grundlage ist ebenfalls notwendig, um weltweit Märkte zu erschließen und zu versorgen. Ausschließlich in ihrer Branche großen Unternehmen sind damit die nachfolgend beschriebenen Strategien vorbehalten.

Marktführerschaft
Der Marktführer hat den höchsten Marktanteil. Sein Geschäftserfolg basiert auf Größenvorteilen, die er in Marktmacht umsetzt, sei es auf der Einkaufs- oder Verkaufsseite. Er kann die aus seiner Position erwachsende Kapitalkraft nutzen, um in Vertriebskanälen Lobbyarbeit zu leisten, bekannte Marken zu etablieren und Technologie- und Standortvorteile aufzubauen.

Kostenführerschaft
Der Kostenführer hat die tiefsten Selbstkosten und kann somit bei gleichen Marktpreisen rentabler als die Konkurrenz arbeiten.

Gesamtmarkt oder Teilmarkt?
Die Größe der Unternehmung wirkt sich auch auf die sinnvoll wählbaren Geschäftsfelder aus. Grundsätzlich könnten Unternehmen die Gesamtmarktabdeckung oder eine Spezialisierung wählen. Ein Beispiel für eine Gesamtmarktabdeckungsstrategie ist die Strategie des Unternehmens DaimlerChrysler:

> Wir haben eine klare Strategie. Wir werden das fortsetzen, was wir am besten können – aber wir werden es noch besser machen. Die Erfahrungen unserer hoch motivierten Mitarbeiterinnen und Mitarbeiter und das Potenzial unserer erfolgreichen Automobilmarken steht dafür.
>
> Gleichzeitig werden wir unsere globalen Möglichkeiten und Aktivitäten nutzen, um die weltbesten Personenwagen und Nutzfahrzeuge in allen Segmenten und allen Märkten anzubieten.
>
> Jürgen Schrempp, DaimlerChrysler Aktionärsbrief 2000/2001

Heute wissen wir, dass selbst für einen Riesen wie DaimlerChrysler der Gesamtmarkt zu groß war. Der Traum von der Welt-AG ist ausgeträumt; man ist wieder bescheiden geworden:

> In der Summe streben wir nicht danach, das größte Automobilunternehmen der Welt zu werden, aber eines der auf Dauer angesehensten. Wenn unsere Kunden an tolle Fahrzeuge

denken, sollte ihr erster Gedanke „Daimler" sein. Wenn die besten Talente ihren Wunsch-
Arbeitgeber wählen, sollte Daimler auf ihrer Liste ganz oben stehen. Wenn unsere Kinder
fragen, welche Unternehmen wirklich etwas für die Umwelt tun, dann müssen wir antworten
können.
    Dieter Zetsche, Daimler AG, Rede auf der Hauptversammlung 2008

Daimler ist kein Einzelfall. Mit der zunehmenden Integration der Weltwirtschaft steigt
die Zahl der Anbieter und die Wettbewerbsintensität, gleichzeitig die Zahl der Teilmärkte und damit die Herausforderung an ein Unternehmen, in sehr vielen unterschiedlichen
Märkten präsent zu sein. Auch sehr große Unternehmen sind dadurch überfordert. Mehr
denn je gilt es, die Unternehmenstätigkeiten auf ausgewählte Produkte und Zielgruppen
zu konzentrieren.

2.4.4 Technische und Marktkompetenzen

Letztlich können sich Unternehmen ihre Tätigkeitsfelder nicht frei aussuchen, sondern
sind auf die Bereiche beschränkt, in denen sie Kenntnisse und Erfahrungen vorzuweisen
haben. In Verbindung mit der aus begrenzten Ressourcen erwachsenden Notwendigkeit
zur Spezialisierung ergeben sich vier Abgrenzungsoptionen:[28]

Marktorientierte Geschäftsfeldabgrenzung
Das Unternehmen spezialisiert sich vorwiegend als Anbieter von bestimmten Produkt-
typen oder Dienstleistungstypen innerhalb des Marktsegments: Badewannen-Produzent,
Lebensversicherer, Hersteller von Abflussrohren.

Funktionsorientierte Geschäftsfeldabgrenzung (Produktspezialisierung)
Das Unternehmen spezialisiert sich vorwiegend als Anbieter von bestimmten Produkt-
typen oder Dienstleistungstypen, die sämtlichen Abnehmergruppen angeboten werden:
Duschkabinenproduzent, Lebensversicherer, Hersteller von Abflussrohren.

Technologieorientierte Geschäftsabgrenzung
Das Unternehmen ist Spezialist in der Anwendung einer bestimmten Technologie, die sie
dann für möglichst viele Abnehmergruppen nutzt.

Beispiel
Ein Beispiel dafür ist die VAUTID GmbH in Großfildern. Ihr Motto lautet: „Gegen
Verschleiß!" Auftragschweißwerkstoffe, vorgefertigte Verbundplatten und verschleiß-
beständige Gussprodukte werden in einer Vielzahl industrieller Sektoren wie Bergbau-,
Hütten-, Zementindustrie, aber auch im Umweltbereich (Glasrecycling, Müllverbren-
nung) vertrieben.

---

[28] Vgl. Meffert/Burmann/Kirchgeorg (2012), S. 270 ff.

Als Unterart der technologieorientierten kann die werkstofforientierte Geschäftsfeld-abgrenzung verstanden werden, z. B. der holz- oder metallverarbeitende Betrieb.

Kombinierte Geschäftsabgrenzung (Bsp. zielgruppen- und funktionsorientierte Spezialisierung)
Marktspezialisierung erfolgt mit einem sehr engen Produktprogramm (u. U. nur ein Produkt), welches nur einer Abnehmergruppe verkauft wird.

2.4.5   Unternehmerische Stoßrichtungen

Ein bereits in einem bestimmten Geschäftsfeld tätiges Unternehmen hat vier grundsätzliche Möglichkeiten, seine Umsätze zu steigern. *Ansoff* fasste diese Möglichkeiten bereits 1966 in einer Produkt-Markt-Matrix zusammen, wie sie in Abb. 2.21 dargestellt ist. Die unternehmerischen Stoßrichtungen werden im Folgenden näher erläutert.

Marktdurchdringung
Das Unternehmen könnte seine Marktbearbeitung intensivieren, beispielsweise vorher unbeachtete potentielle Kunden ansprechen oder seine Stammkunden intensiver betreuen.

Produktentwicklung
Sind die Möglichkeiten der Durchdringung nicht ausreichend, könnte das Unternehmen seinem bisherigen Kundenkreis neue Produkte zur Verfügung stellen, die das bisherige Spektrum erweitern.

Abb. 2.21 Produkt-Markt-Matrix. (Vgl. Ansoff (1966), S. 133 ff.)

Marktentwicklung

Ist der bestehende Abnehmerkreis nicht groß genug, um die wirtschaftlichen Ziele zu erreichen, so müssen eventuell neue Märkte erschlossen werden, von Europa ausgehend beispielsweise Märkte in Übersee und Fernost.

Diversifikation

Dies ist eine Variante für besonders kühne Unternehmer. Es wird in weitgehend unbekanntes Terrain vorgestoßen, denn sowohl das Produkt wie auch der damit verbundene Abnehmerkreis sind neu. Das Vorgehen der Diversifikation ist mit enormen Risiken verbunden, denn auch einem Marktneuling wird mangelnde Sachkenntnis oder Serienreife der Produkte nicht nachgesehen.[29]

Beispiel

Ein Beispiel für eine missglückte Diversifikationsstrategie war das Vordringen der Daimler-Benz AG in neue Technologiefelder wie die Luft- und Raumfahrt, wie sie unter dem Vorstandsvorsitzenden *Edzard Reuter* – wohl unter dem Eindruck der durch die Ölkrise nach 1970 ausgelösten Stagnation bisheriger Märkte – bis ca. 1985 verfolgt wurde. Letztlich musste der Technologieriese unter großen Verlusten den weitgehenden Rückzug aus den ihm fremd gebliebenen Bereichen antreten.[30]

Es ist zu betonen, dass beinahe jedes Unternehmen sich Gedanken zur strategischen Stoßrichtung machen muss, und zwar immer dann, wenn angestrebte Ziele und mit den gegebenen Produkten und Märkten nicht erreichbar sind. Mögliche Gründe dafür wurden bereits erläutert: Produkte gelangen irgendwann ins Reifestadium, was zu geringeren Gewinnen führt – es müssen neue Produkte entwickelt werden. Um echtes Wachstum zu erzielen, nicht nur den Status quo zu erhalten, muss in Zukunftsmärkte vorgedrungen werden. Viele Unternehmen, gerade auch des mittelständischen Maschinenbaus, verkaufen aber bereits weltweit, und weiteres Wachstum kann nicht mehr im angestammten Produkt- und Kundenbereich erzielt werden. Hier hilft nur noch eine Diversifizierung.

Die geschilderten Zusammenhänge können mithilfe der Lückenanalyse (gap analysis) aufgedeckt werden. Sie zeigt Unterschiede zwischen einer – in der Regel aus Finanzzielen abgeleiteten – Sollvorgabe und der – unter Beibehaltung der bisherigen Unternehmenspolitik – voraussichtlichen Entwicklung des Basisgeschäfts, die aus Vergangenheitswerten extrapoliert wird. Die Ansoff-Szenarien werden entworfen und durchgerechnet, bis sich die in Abb. 2.22 dargestellten Zusammenhänge ergeben.

Aus der Lückenanalyse wird deutlich, dass Unternehmen sich niemals auf den erreichten Lorbeeren ausruhen können, da diese rasch welken. Um eine Firma mittelfristig am Leben zu erhalten, braucht sie ständig neue Ideen und den Willen und die Fähigkeit zur Umsetzung. Ein beständiges großes Wachstum kann nur durch Nutzung sämtlicher verfügbarer Expansionspotenziale erzielt werden.

---

[29] Vgl. Winkelmann (2013), S. 83 f.
[30] Es folgte die „Ära Schrempp" mit einer Gesamtmarkt-Strategie (siehe 2.4.3, S. 28).

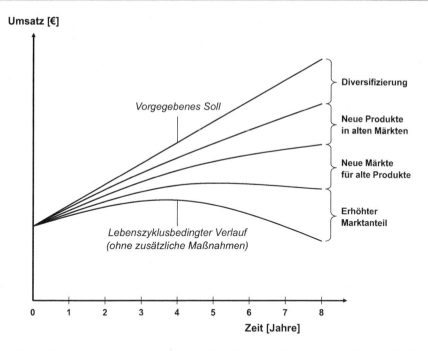

Abb. 2.22 Lückenanalyse. (In Anlehnung an Meffert/Burmann/Kirchgeorg (2012), S. 263–274)

2.4.6 Normstrategien gemäß Portfolio-Analyse

Der Begriff Portfolio entstammt dem Italienischen und bezeichnet eine Mappe mit Zeichnungen, aber auch einen Wertpapierbestand.[31] In der Betriebswirtschaftslehre wird unter Portfolio die Gesamtheit mehrerer geschäftlicher Tätigkeitsbereiche verstanden (z. B. Unternehmens-, Produkt-, Länder-, Kundenportfolios).

Mithilfe der Portfoliotechnik werden die Inhalte eines Portfolios verglichen. Die Ergebnisse werden visualisiert und mit Normstrategien verknüpft.

Marktwachstums/Marktanteils-Portfolio (BCG-Matrix)

Als Erfinder der Portfoliotechnik darf die Unternehmensberatung *Boston Consulting Group* (BCG) gelten. Ihre bereits seit den 1970er Jahren genutzte Matrix stellt Marktanteile (x-Achse) und Marktwachstum (y-Achse) gegenüber. Als weitere Dimension kann der Umsatz durch proportionale Wahl des Durchmessers der Objektsymbole visualisiert werden.[32]

---

[31] Duden (2006), S. 798.
[32] Homburg/Krohmer (2006), S. 541.

Folgende Normstrategien sieht BCG vor:

Question Marks   Nachwuchs, d. h. hohes Wachstum bei noch geringer Marktanteil;
                      zu überprüfen, ggf. Wachstumsstrategie, investieren
Stars   Renner, d. h. hohes Wachstum bei bereits hohem Marktanteil;
                      Kräftigungsstrategie, ausbauen, investieren
Cash Cows   Melkkühe, d. h. geringes Wachstum bei noch hohem Marktanteil;
                      Sicherungsstrategie, Investitionen einschränken
Dogs   Arme Hunde, d. h. geringes Wachstum bei kleinem Marktanteil;
                      Marktaustrittsstrategie, desinvestieren[33]

Die Grenzen der vier Felder sind nicht klar definiert, sondern müssen der Situation angemessen festgelegt werden. Das soll an einem Beispiel verdeutlicht werden.

Das Unternehmen Continental AG hat klassische Tätigkeitsfelder, die aus der Kernkompetenz Kautschukverarbeitung erwachsen sind, nämlich Pkw- und Lkw-Reifen und die ContiTech-Produkte wie z. B. Dämpfungselemente und Keilriemen, und drei überwiegend durch Zukäufe erworbene Fahrzeugelektronikbereiche. In Abb. 2.23 wird eine BCG-Matrix der Geschäftsfelder der Continental AG vorgestellt.

Die „alte Conti" weist nur noch ein vergleichsweise geringes Wachstum auf; die Lkw-Reifensparte entwickelt sich gar rückläufig. Das sind Indizien dafür, dass ihre Produkte bereits in ihrer Reifephase angelangt sind. Der Bereich Autoelektronik dagegen, hier wurden

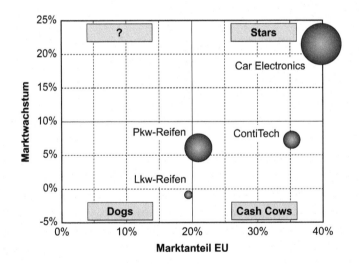

Abb. 2.23 BCG-Matrix der Geschäftsfelder der Continental AG im Jahr 2007. (Darstellung entsprechend Zahlenwerten aus Continental (2008))

---

[33] Vgl. Winkelmann (2013), S. 90 f.

rechnerisch die Divisionen Chassis & Safety, Interior und Powertrain zusammengefasst, wächst sehr stark bei beachtlichem bereits vorhandenem Marktanteil.

Im vorliegenden Fall sind die Divisionen Pkw-Reifen und ContiTech als Cash Cows zu bezeichnen. Sie dienen dazu, die Zukunft der Automobilelektronikbereiche (Stars) zu finanzieren. Lkw-Reifen sind offenbar arme Hunde, also Problemprodukte.

Kein vollständiges Geschäftsfeld ist als Fragezeichen (Question Mark) zu benennen. Innerhalb der Autoelektronik gibt es allerdings einzelne noch sehr junge Produkte, deren Entwicklung nicht genau prognostizierbar ist. Sie starten folglich als Fragezeichen, werden im Falle des Markterfolgs Renner, in der Reifephase zu Melkkühen und enden schließlich irgendwann als arme Hunde. In der BCG-Matrix ist also der Produktlebenszyklus impliziert (vgl. S. 61).[34]

Anstelle des absoluten wird gelegentlich der relative Marktanteil, d. h. der Umsatzanteil bezogen auf den des größten Konkurrenten ausgewiesen. Beide Achsen können auch logarithmisch dargestellt werden.

Marktattraktivitäts-Wettbewerbspositions-Portfolio (McKinsey-Matrix)

Im Gegensatz zum BCG-Portfolio wird in der von der Beratungsfirma McKinsey entwickelten Neun-Felder-Matrix (Abb. 2.24) die genaue Berechnung der Achsen nicht vorgegeben. Sie werden lediglich mit den Begriffen **Wettbewerbsposition** (x-Achse) und **Marktattraktivität** (y-Achse) belegt; ihre konkrete Bewertung erfolgt jeweils mittels

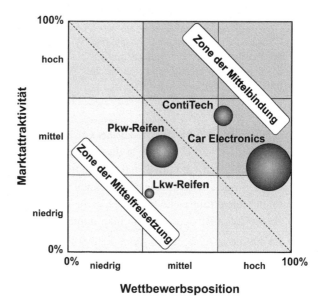

Abb. 2.24 McKinsey-Matrix der Geschäftsfelder der Continental AG für 2007. (Einschätzung entsprechend Zahlenwerten aus Continental (2008))

---

[34] Vgl. Winkelmann (2013), S. 90.

einer **Nutzwertanalyse**, d. h. Gewichtung und anschließender Bewertung relevanter Faktoren durch ein Expertenteam.[35]

Unter Marktattraktivität wird insbesondere verstanden:

- Marktwachstum, Marktgröße,
- Marktqualität (Rivalität, Eintrittsbarrieren),
- Versorgung mit Energie und Rohstoffen,
- Umweltsituation.

Die Wettbewerbsposition (**relative Wettbewerbsstärke**) besitzt folgende Hauptkriterien:

- relative Marktposition im Vergleich zum Haupt- bzw. den drei größten Wettbewerbern,
- relatives Produktionspotenzial,
- relatives F&E-Potenzial,
- relative Qualifikation der Führungskräfte und Mitarbeiter.

Auch andere Faktoren könnten ergänzend oder ersetzend herangezogen werden, beispielsweise die Kundenbindung oder die Ergebnissituation.[36]

2.5   Strategische Marketingplanung

1975 waren wir Händler ohne Perspektive. Wir begannen, Produkte zu entwickeln mit der Maßgabe eines echten Innovationssprungs.

Wir haben es geschafft und erkannt, dass **Produktinnovation** neben der **Marktführerschaft** entscheidender Erfolgsfaktor ist.

Gert Krick, ehem. Vorstandsvorsitzender, Fresenius AG

Nachdem im vorherigen Kapitel das Gesamtunternehmen in strategische Geschäftsfelder gegliedert wurde, geht es in diesem Unterkapitel darum, Handlungsoptionen aufzuzeigen, mit denen die mittel- und langfristigen SGE-Ziele innerhalb der identifizierten attraktiven Branchen erreicht werden können.

Es gibt viele erfolgreiche (und noch mehr nicht erfolgreiche) Management-Strategien. Will man erfolgreich sein, braucht man immer eine Kombination aus zwei strategischen Erfolgsfaktoren, nämlich einer Marktchance und einer dazu passenden Unternehmensstärke (Ressource und Fähigkeit).

---

[35] Vgl. Homburg/Krohmer, S. 542 f.
[36] Vgl. Meffert/Burmann/Kirchgeorg (2012), S. 267 f.

Strategie verbindet die einzigen Ressourcen, auf die es in der Wirtschaft wirklich ankommt:

- **Wissen und Beziehungen**, anders ausgedrückt die
- **Kernkompetenzen und Kunden** eines Unternehmens.

Um eine Marktchance zu nutzen, muss eine im Vergleich zum Wettbewerb überlegene
Marktposition aufgebaut werden (ein **Wettbewerbsvorteil**).[37]

2.5.1 Wettbewerbsstrategien nach Porter

Michael E. Porter hat zwei grundlegende Strategietypen benannt (Tab. 2.2), um Wettbewerbsvorteile herbeizuführen, nämlich

- die **Kostenführerschaftsstrategie** und
- die **Differenzierungsstrategie**.

Kostenführer haben Spielräume, um die Konkurrenz preislich zu unterbieten. Nur wer
Kostenführer ist, kann auf Dauer auch Preisführer sein (Abb. 2.25 Mitte).

Eine Differenzierungsstrategie bedeutet, dass ein Unternehmen branchenweit einzigartige Leistungen anbietet. Diese Leistungen können das Produkt direkt betreffen, können
aber auch in Form sehr guter Kundenbeziehungen, beispielsweise durch eine hervorragende Servicekultur, erbracht werden. Derartige einzigartige Leistungen können ein höheres
Preisniveau rechtfertigen (Abb. 2.25 rechts).

Wählt das Unternehmen mit einer der grundlegenden Strategien anstelle des Gesamt-
markts lediglich ein begrenztes Marktsegment (Tab. 2.2 unten), so spricht man auch von
einer **Nischenstrategie**.

Porter gibt noch einen sehr wesentlichen Hinweis zu den Strategien. Anders, als es uns
der gesunde Menschenverstand suggeriert, ist im Geschäftsleben der strategische Mittel-
weg von Übel. *„Stuck in the middle"* bedeutet, weder besonders günstig noch besonders

Tab. 2.2 Grundlegende Wettbewerbsstrategien nach Porter. (Porter (1985), S. 11 f.)

Markt Wettbewerbs- vorteil	Kostenvorsprung	Einzigartigkeit aus Käufersicht
Gesamtmarkt	Kostenführerschaft → Preisführung	Differenzierung
Marktsegment → Spezialisierung	Kostenfokus	Differenzierungsfokus

---

[37] Vgl. Homburg/Krohmer (2006), S. 229.

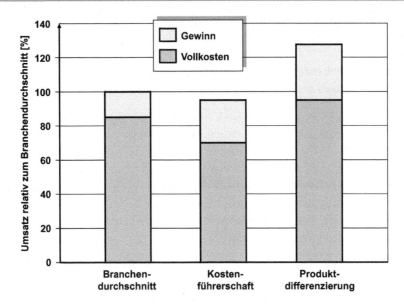

Abb. 2.25   Erfolgswege der grundlegenden Strategien nach Porter. (Nach Porter (1985), S. 11 ff.)

attraktiv zu sein, sondern nur ziemlich gut und günstig.[38] (Und dann geht es Unternehmen wie in der biblischen Offenbarung: „Weil du aber lau bist und weder kalt noch warm, werde ich dich ausspeien aus meinem Munde."[39])

Beispiel

Ein Beispiel für „*stuck in the middle*" ist die ungünstige Position der Kaufhauskette Karstadt, deren Angebot weder so preiswert wie das eines spezialisierten Discounters noch so hochwertig und breit aufgestellt wie das eines Fachgeschäfts war – auf die Dauer eine ruinöse Wettbewerbsposition.

Kostenführerschaftsstrategie

Um eine Kostenführerschaftsstrategie umzusetzen, muss ein Unternehmen in Zeiten der Globalisierung in der Regel sowohl den Erfahrungskurveneffekt nutzen, d. h. große Stückzahlen produzieren, als auch weite Teile der Wertschöpfung in Niedrigkostenstandorte verlagert haben, ohne dabei an Produktivität einzubüßen. Dafür sind erforderlich:

- hohe Investitionen und damit ein guter Zugang zu Kapital,
- Verfahrensinnovationen, um Prozesse zu verschlanken,
- eine klar gegliederte Organisation und klare Verantwortlichkeiten,
- ein intensives Kostenbewusstsein auf der Basis eines starken Controllings, dadurch

---

[38] Vgl. Porter (1999), S. 44.
[39] Offenbarung 3, 16.

- transparente Organisationseinheiten im Hinblick auf Kostentreiber und
- ein Anreizsystem auf Basis strikter Erfüllung quantitativer Ziele.[40]

Besonders sinnvoll ist die Strategie bei Produkten mit einfachem Herstellungsprozess. Auch der Vertrieb sollte kostengünstig organisiert sein.

Typischerweise fahren Kostenführer

- eine aggressive Niedrigpreispolitik,
- ein standardisiertes Leistungsangebot,
- eine auf Betonung der niedrigen Preise abgestimmte Kommunikationspolitik.[41]

Kostenvorteile sind ständig gefährdet, und zwar durch

- Lernen und Imitieren durch Konkurrenz oder
- durch Technologieverbesserungen, die vergangenes Lernen obsolet machen.

Die Fokussierung auf Kosten und Produktion kann auch dazu führen, dass Markttrends nicht hinreichend beachtet werden. Ein Beispiel dafür ist die Entwicklung der amerikanischen Automobilindustrie (siehe Abb. 2.11).

Differenzierungsstrategie

Um eine leistungsbezogene Überlegenheit auf Produktbasis zu erhalten, müssen Unternehmen ständig an der Leistungsfähigkeit arbeiten. Ein Blick auf die Wertschöpfungskette (Abb. 2.7) zeigt, dass dabei bereits in der Produktentstehung die Kreativität des Marketings gefordert ist. Gerade in technischen Bereichen kommen Anregungen für Verbesserungen häufig von Kunden, so dass sich eine enge Kooperation mit Beschaffungs- und Vertriebskanälen empfiehlt. Innovationsaktivitäten auf der Basis einer starken F&E gründen häufig auch auf langen Branchenerfahrungen. Die Qualität muss möglichst hoch gehalten werden, um einen guten Ruf zu erhalten, der möglicherweise mit einer Marke verknüpft ist.

Organisatorisch ist zu beachten:

- F&E, Produktentwicklung und Marketing müssen gut koordiniert agieren.
- Kreative Prozesse sind, anders als standardisierte Produktionsprozesse, eher durch subjektive Bewertungen und Anreize als durch enge quantitative Kriterien zu bewerten.
- Dennoch sollte es Anreizsysteme geben, um hochqualifizierte Mitarbeiter anzuziehen und zu binden.[42]

---

[40] Vgl. Porter (1999), S. 38 f.
[41] Homburg/Krohmer (2006), S. 514.
[42] Vgl. Porter (1999), S. 40.

Typischerweise zeichnet sich die Differenzierung auf der Basis überlegener Produkte durch

- ein gehobenes Preisniveau,
- breite produktbegleitende Dienstleistungen und
- eine auf die Produktvorteile abzielende Kommunikationspolitik

aus. Gerade in technischen Bereichen geschieht die Differenzierung nicht nur durch das Produkt, sondern durch überlegene Dienstleistungen, die individuellen Kundenbedürfnissen entsprechen. Damit kann eine hohe Kundenloyalität erreicht werden.[43]

Die erworbenen Differenzierungsvorteile sind ständig gefährdet:

- Die Konkurrenz könnte das Produkt nachahmen.
- Der Produktunterschied ist nicht so groß, dass der durch Kostenunterschiede zu Billiganbietern hervorgerufene Premiumpreis durchsetzbar wäre.
- Der Abnehmerbedarf am differenzierenden Faktor geht verloren.

Nischenstrategie

Voraussetzung für eine Nischenstrategie ist, dass das Unternehmen sein eng begrenztes strategisches Ziel besser erreichen kann als die Konkurrenten. Es erfolgt eine Konzentration auf

- Kundengruppe,
- Region,
- Vertriebsweg oder
- Produktbereich.

Spezialisierungsvorteile können gefährdet sein durch:

- verringerte Unterschiede zwischen Spezialprodukt und Normalprodukt,
- Konkurrenzfirmen, die Untermärkte im Segment finden und besetzen,
- aus Kundensicht überwiegende Vorteile eines breiten Kundenprogramms.[44]

2.5.2   Umgang mit der Konkurrenz

Wenn Du den Feind und Dich selbst kennst, kannst Du hundert Schlachten schlagen, ohne den Ausgang zu fürchten. Aber wenn Du den Feind nicht kennst oder Dich selbst nicht kennst, ist der Ausgang jeder Schlacht unsicher.
    Aus: „Die Kunst des Krieges" (Sun Tsi, ca. 500 v. Chr.)

---

[43] Vgl. Homburg/Krohmer (2006), S. 516 f.
[44] Vgl. Porter (1999), S. 41 ff.

Strategien können von Unternehmen oft nicht frei gewählt werden, sondern werden durch Aktionen der Konkurrenten bestimmt und hängen von den Möglichkeiten ab, die ihre Absatzmärkte bieten (Abb. 2.26). Hier spielt die Marktreife eine wichtige Rolle (vgl. Abschn. 2.4.2):

- Unternehmen in jungen Märkten haben kaum Konkurrenz, dafür aber ein erhebliches freies Potenzial, um ihren Umsatz auszuweiten.
- Unternehmen in reifen, also vollständig erschlossenen Märkten müssen dagegen zwangsläufig der Konkurrenz Marktanteile abjagen, um wachsen zu können.

Zu den strategischen Möglichkeiten gehört auch, sich mit bestimmten Konkurrenten zu verbünden. Dies kann geschehen, um neue Märkte zu erschließen (Entwicklung neuer Produkte) oder um auf Kosten Dritter zu wachsen (offene oder verborgene Marktabsprachen).

Um der Konkurrenz gewachsen zu sein, sollte man sie gut kennen. Die Stärken und Schwächen mindestens der Hauptkonkurrenten sollten ermittelt werden. Das betrifft alle wesentlichen Bereiche der Unternehmen:

- finanzielle Verhältnisse (Inhaberstruktur, Finanzierung, Ertragslage, Bonität),
- Kundenstruktur (ABC-Analyse),
- F&E (Patente, Innovationen),
- Produktionsanlagen (Standorte, Größe, Neuheit, Flexibilität, Kosten),
- Vertriebskanäle (direkt/indirekt),
- Organisation (Aufbau, Führungskultur),
- Unternehmensleitung (Personen, Strategie).

Diese Informationen sind auf unterschiedlichen Wegen zu beschaffen. Kunden- und Einkaufskontakte, direkte persönliche Kontakte, Auskünfte von Banken oder Wirtschafts-

Abb. 2.26 Möglichkeiten des Wachstums. (Nach Winkelmann (2013), S. 76)

Tab. 2.3 Möglichkeiten des konkurrenzgerichteten Verhaltens. (In Anlehnung an Meffert/Burmann/Kirchgeorg (2012), S. 319)

Grundverhalten Konkurrenzmuster	innovativ	imitativ
Wettbewerbsvermeidung	Ausweichen	Anpassung
Wettbewerbsannahme	Konflikt	Kooperation

auskunfteien, Pressemeldungen – es gibt viele Quellen. Wichtig ist, unternehmensübergreifend Hand in Hand zu arbeiten und die Informationen strukturiert aufzubereiten, beispielsweise in einer **Wettbewerber-Datenbank**. Ist diese gut gepflegt, können bereits vorgestellte Techniken wie die Profilanalyse (vgl. Abb. 2.15) oder die Portfolioanalyse (vgl. Abschn. 2.4.6) eingesetzt werden, um zu übersichtlichen Vergleichen mit dem eigenen Unternehmen zu gelangen und Wettbewerbsvor- und -nachteile aufzuzeigen.

Wenn die Fakten klar dargelegt sind, können Strategien zum Umgang mit dem Wettbewerb erarbeitet werden. Grundsätzlich ergeben sich die in Tab. 2.3 aufgezeigten Möglichkeiten Kooperation, Konflikt, Ausweichen oder Anpassen.

Kooperation

Kooperationen werden immer dann angestrebt, wenn die Ziele einer Unternehmung nicht oder schlechter im Alleingang erreicht werden können. So kooperieren internationale Fluglinien, um ein breiteres Angebot machen zu können, unter verschiedenen Dachmarken („Star Alliance", „SkyTeam").

Im Automobilbereich kooperieren Fahrzeughersteller eng mit Zulieferern, die weite Bereiche der Entwicklung übernommen haben.

Beispiel

Es gibt aber auch stillschweigende Kooperationen, in denen sich Firmen bestimmte Marktsegmente überlassen, um im Gegenzug selbst störungsarm wirtschaften zu können. Als Beispiel mag der deutsche Zeitschriftenmarkt gelten, in dem vier große Verlage bestimmend sind. Dabei geben sich insbesondere der Axel-Springer-Verlag und Gruner + Jahr äußerlich wie harte Konkurrenten, betreiben aber u. A. die gemeinsame Druckgesellschaft Prinovis.

Typische Kooperationsformen sind:

- Lizenzverträge,
- Auftragsfertigung,
- Franchising,

- Strategische Allianzen,
- Joint Ventures.[45]

Gerade im Zeichen der Globalisierung gewinnen Kooperationen an Bedeutung, weil die gleichzeitige Versorgung sehr vieler Märkte die Finanzkraft und Managementfähigkeit selbst größter Unternehmen überfordert.

Konflikt

Konfliktgerichtete Strategien werden bezeichnenderweise meist mit militärischen Begriffen beschrieben. Besonders aggressives Verhalten ist insbesondere in stagnierenden Märkten zu beobachten, in denen es nur noch wettbewerbsfeindliche Wege zum Wachstum gibt. Wie im Krieg, so ist auch in der Wirtschaft wichtig, ob man sich in einer Angriffs- oder Verteidigungsrolle befindet.

Angriffsstrategien

Je nach Marktposition kommen verschiedene Vorgehensweisen des Angriffs in Frage.

- Der **Direktangriff** (Frontalangriff) zielt auf den Hauptproduktbereich der Konkurrenz, die entweder mit leistungsstärkeren oder preisgünstigeren Produkten ausgehebelt werden soll.
- Die **Umzingelung** (Einkesselung) weicht die Marktstellung von mehreren Seiten aus auf. Der Konkurrenz werden über verschiedene Produktlinien mehrere Produkte gegenübergestellt, die teils preiswerter, teils in der Leistung überlegen sind.
- Der **Flankenangriff** setzt darauf, Unternehmen an schwachen Stellen anzugreifen. Das können kleine, scheinbar unbedeutende Marktsegmente sein, die aber hohe Wachstumsraten aufweisen.[46]

Verteidigungsstrategien

Auch hier spielt die Marktposition eine wichtige Rolle bei der Wahl eines angemessenen Vorgehens.

- Die **Flankenverteidigung** ist für Marktführer geeignet, die beizeiten kleine Konkurrenten aufkaufen. Im Hochtechnologiebereich kann das sogar Teil einer Entwicklungsstrategie sein. So werden in Kalifornien sehr viele Software-Unternehmen aus Universitäten mit Risikokapital ausgegründet. Die meisten haben keinen Erfolg; die erfolgreichen werden in der Regel sofort von etablierten Unternehmen aufgekauft. Diese wehren zukünftige Wettbewerber und besitzen gleichzeitig eine beständig sprudelnde Quelle der Innovation.

---

[45] Vgl. Meffert/Burmann/Kirchgeorg (2012), S. 319 ff.
[46] Ebda., S. 320 f. und Winkelmann (2013), S. 99 f.

- Die **Präventivverteidigung** wie auch der **Gegenangriff** sind massive Reaktionen auf mögliche oder tatsächliche Kampfangebote des Wettbewerbs. Auch sie erfordern eine Position der Stärke.
- Die **Rückzugsverteidigung** besteht in der Aufgabe schwacher Marktsegmente, um Kräfte für die verbleibenden Märkte zu bündeln, also „zu retten, was noch zu retten ist."[47]

Ausweichen

Ausweichstrategien sind insbesondere solche, bei denen Marktnischen besetzt werden. In technologiegetriebenen Unternehmen gilt das besonders für innovative Unternehmen mit schwer nachzuahmenden Produktvorteilen.

> **Beispiel**
>
> Der mittelständische Schlagscherenspezialist Fischer hat sich eine monopolartige Stellung im Schnitt stahlbewehrter Gürtellagen für Automobilreifen erworben. Die Firma hat die Monopolstellung preislich nicht überstrapaziert, sondern langfristige Verträge mit führenden Reifenherstellern geschlossen.

Der Maschinen- und Anlagenbau ist ein großer Flickenteppich von Nischenmärkten, in dem auch kleine und weithin unbekannte Unternehmen als *hidden champions*, also verborgene (Welt-)Marktführer, agieren. Nicht zuletzt deshalb hat Deutschland seine Stellung als „Exportweltmeister" erlangt.

- Der **Bypass-Angriff** ist ein ausweichender Angriff. Damit wird das Wettbewerberprodukt hinterrücks umgangen und überholt, ohne es zuvor einzuholen zu müssen.

> **Beispiel**
>
> Die neuartige PC-basierte Steuerungstechnik der mittelständischen Firma Beckhoff konnte sich als Bypass-Angriff am Markt etablieren, ohne dass Konkurrenten wie Siemens dieses verhindern konnten.

Anpassen

Anpassungsstrategien zielen darauf, den Wettbewerb nicht unnötig zu reizen. Für kleine Unternehmen gehört dazu der Verbleib in einer Nische, um von großen Wettbewerbern unbehelligt agieren zu können. Große Unternehmen verhalten sich meist nur so lange angepasst, wie sie nicht durch Angriffe von Wettbewerbern zu Verteidigungsstrategien genötigt werden.[48]

---

[47] Vgl. Winkelmann (2013), S. 99 f.
[48] Vgl. Meffert/Burmann/Kirchgeorg (2012), S. 321.

2.5.3 Emergente Strategien nach Mintzberg

Der Begriff emergente Strategien (*emerging strategies*) geht auf *Henry Mintzberg* zurück. Mintzberg untersuchte in zwei mehrjährigen empirischen Studien, wie Strategien in Unternehmen entstehen und umgesetzt werden. Er beobachtete, dass Strategien oftmals nicht formal geplant und gesteuert werden, sondern eher reaktiv plötzlich auftauchen und umgesetzt werden, während viele geplante Strategien kurzfristig verworfen werden.[49] Auf dieser empirischen Grundlage kritisiert Mintzberg einige Punkte der klassischen Strategieplanung, insbesondere den Glauben an die Vorhersagbarkeit der Zukunft, die Illusion der Steuer- und Kontrollierbarkeit des Systems sowie Motivations- und Durchsetzungsprobleme. Anstelle zu detaillierter Planung solle sich das Management lieber wie folgt verhalten:

- Die Branche kennen. Möglichst persönliche Erfahrungen und praktische Kenntnisse einbringen.
- Mit Stabilität umgehen. Bei Strategieumsetzung braucht es ein Mindestmaß an Stabilität. Sonst entsteht Unruhe.
- Diskontinuitäten erkennen. Erkennen von kleinen Diskontinuitäten, die eine Anpassung der Strategie notwendig machen.

Abb. 2.27 Strategieumsetzung auf der Basis gewollter und emergenter Strategien. (Unter Verwendung von Johnson et al. (2014), S. 402)

---

[49] Vgl. Mintzberg (1978).

- Muster managen. Auftretende Arbeits- und Strategiemuster im Unternehmen beobachten und erkennen, ob sie sich zu Strategien entwickeln und im Einklang mit den Intentionen des Managements stehen. Dazu sollte ein Klima für flexible Strukturen und Kreativität geschaffen werden.
- Wandel und Kontinuität in Einklang bringen. Wandel und Stabilität sind keine Ideale für sich. Sie müssen überlegt und abgestimmt eingesetzt werden.

Klassische Strategieplanung und emergente Strategien können in der betrieblichen Praxis wie in Abb. 2.27 veranschaulicht zusammengeführt werden.

2.6 Operative Marketingplanung

Um Marketingstrategien umzusetzen, müssen geeignete Maßnahmen geplant und durchgeführt werden. Dazu werden folgende Entscheidungen getroffen:

- Gesamtbudgetvorgabe,
- Marketingmix-Auswahl,
- Mittelverteilung für ausgewählte Maßnahmen.

Das Marketingbudget wird typischerweise prozentual von der Umsatzvorgabe festgelegt; vergleichsweise hohe Budgets zielen auf Erhöhung des Marktanteils.[50]

Der **Marketingmix** umfasst Maßnahmen und Methoden, um die Marketingziele zu erreichen. Es gibt eine große Fülle dieser Marketingmix-Werkzeuge. Eine verbreitete Darstellung ist die 4P-Darstellung von McCarthy. Sie umfasst die Bestandteile:

(1) *Product* – **Produktpolitik**,
    d. h. Auswahl der anzubietenden Produkte und/oder Dienstleistungen.
(2) *Price* – **Preispolitik**,
    d. h. Festlegung des Preisniveaus, auf dem angeboten werden soll.
(3) *Promotion* – **Kommunikationspolitik**,
    also die Wahl des Vorgehens zum Umgang mit der Außenwelt. Darin enthalten sind Werbung, Öffentlichkeitsarbeit und Sprach- und Verhaltensregelungen zum Umgang mit anderen Firmen.
(4) *Place* – **Vertriebspolitik**,
    beinhaltet insbesondere Auswahl und Management von Absatzkanälen und Distributionslogistik.[51]

Produkt- und Preispolitik hängen eng zusammen und werden gemeinsam als **Angebotspolitik** bezeichnet. Auch die Kommunikations- und Vertriebspolitik lassen sich nicht

---

[50] Vgl. Kotler (1999), S. 92 ff.
[51] Vgl. McCarthy (1960), S. 45–48.

strikt voneinander trennen: Kommunikationsvorgaben für das Vertriebsteam beeinflussen die Vertriebspolitik, wie umgekehrt Vertriebserfahrungen die Kommunikationsvorgaben prägen. Auch sind Kommunikations- und Vertriebskanäle häufig identisch (Beispiel Internet).

Die vier P sind keine Bausteine einer Marketingtätigkeit, sondern Pflichtaufgaben mit Prozesscharakter (Abb. 2.28), d. h. der Marketingmix muss zwangsläufig von jeder Unternehmung für jedes ihrer Produkte festgelegt werden. Die Auswahl der vier P sollte möglichst kundenbezogen erfolgen. Aus der Kundensicht entsprechen die vier P den folgenden vier C:

- Das Produkt erfüllt sein Bedürfnisse und Wünsche (*customer needs and wants*).
- Der Preis entspricht seinen Kostenvorstellungen (*cost to the customer*).
- Die Kundenansprache ist stimmig (*communication*).
- Der Vertriebskanal macht ihm das Einkaufen leicht (*convenience*).[52]

Damit all das sicher erfüllt werden kann, müssen die Kundenbedürfnisse verstanden werden. Das Marketing stellt auch hier, im Rahmen der **Marktforschung**, eine Vielzahl von Werkzeugen zur Verfügung.

Im Folgenden wird zunächst der Bereich der Marktforschung erläutert, um dann auf die Einzelbereiche des Marketingmix einzugehen. Dem Vertrieb ist ein separates Oberka-

Abb. 2.28 Marketingaufgaben und Marketing-Mix aus Unternehmens- und Kundensicht

---

[52] Vgl. Kotler (1999), S. 94.

pitel gewidmet, welches sowohl die Auswahl und das Management der Vertriebskanäle (Vertriebssteuerung) wie auch den Umgang mit dem Kunden (Verkauf) im Investitionsgüterbereich näher beschreibt.

2.6.1 Marktforschung

Manfred, ich will nicht wissen, warum die Uhr tickt, ich will nur wissen, wie spät es ist!
Ex-Chrysler-Chef Robert Eaton gegenüber Daimler-Finanzchef Manfred Gentz[53]

Marktforschung ist die systematische Sammlung, Aufbereitung, Analyse und Interpretation von Daten über Märkte (Kunden und Wettbewerber).[54] Damit sollen kundenbezogene Unternehmensentscheidungen auf eine faktische Grundlage gestellt werden. Es werden sechs wesentliche Ergebnisfelder betrachtet:

- allgemeine Marktcharakteristika und -entwicklungen (Marktvolumen, -wachstum, Lebenszyklusphase, durchschnittliche Gewinne etc.),
- Marktposition (Marktanteil, Bekanntheitsgrad und Image etc.),
- Wettbewerber (Identifikation, Marktposition, Ressourcen, Verhalten etc.),
- Kundensegmente (Identifikation von Kunden und Kundensegmenten etc.),

Abb. 2.29 Wege der Marktdatengewinnung. (In Anlehnung an Winkelmann (2013), S. 134)

---

[53] In Fusionsverhandlungen von Daimler und Chrysler hatte Eaton Gentz' Vortrag zu lange gedauert.
[54] Vgl. Homburg/Krohmer (2006), S. 250.

- Kundenverhalten, -bedürfnisse (Ist-Zustand, Veränderungen),
- Kundenzufriedenheit, -loyalität (Ist-Zustand, Veränderungen).[55]

Die Marktdatengewinnung erfolgt wie in Abb. 2.29 gezeigt. Daten können entweder betriebsintern vorliegen oder extern erhoben werden. Möglicherweise wurden bereits interne oder externe Untersuchungen zum Thema gemacht, die herangezogen werden können (**Sekundärdatenauswertung**). Falls diese für eine Beurteilung nicht ausreichen, müssen spezielle aktuelle Untersuchungen durchgeführt werden (**Primärdatenerhebung**).

Sekundärdaten

Sekundärforschung ist die Aufbereitung, Analyse und Auswertung bereits vorhandener Daten, die früher meist für andere Zielsetzungen erhoben wurden.

Hausinterne Quellen sind beispielsweise die Vertriebsstatistik, Informationen aus Kundengesprächen, Reiseberichten, Messeaktivitäten o. Ä. Hilfreich für die Auswertung ist eine strukturierte Ablage und Aufbereitung von derlei Informationen, die heute IT-gestützt erfolgt.

Außerdem gibt es eine große Menge möglicher externer Datenquellen wie

- Fachliteratur,
- Statistiken nationaler und übernationaler Organisationen (Statistisches Bundesamt, EU),
- Statistiken industrieller Dachorganisationen (IHK, Verbände wie VDMA etc.),
- Internet-Wirtschaftsdienste (z. B. GENIOS), teilweise auf Sektoren spezialisiert,
- Außenwirtschaftsinformationen von Banken BAAW,
- Informationen der Bundesagentur für Außenwirtschaftsinformation (bfai) etc.

Für in internationalen Industriegütermärkten tätige Firmen können diese Informationen von hoher Bedeutung sein, gerade wenn die Tätigkeit auf neue Regionen ausgedehnt werden soll.

Primärdaten

Primärdaten werden eigens erhoben, um ein bestimmtes Untersuchungsziel zu erreichen. Die Qualität der durchgeführten Untersuchungen wird beurteilt nach den Kriterien

- **Repräsentanz**, d. h. die Stichprobe muss groß genug sein für das Untersuchungsziel,
- **Objektivität**, d. h. das Messergebnis muss unabhängig von der durchführenden Person sein,
- **Reliabilität**, d. h. das Messergebnis ist frei von Zufallsfehlern; es würde sich bei Wiederholung der Messung erneut ergeben,
- **Validität**, d. h. das Ergebnis ist frei von systematischen Fehlern, die beispielsweise durch eine unpräzise Fragestellung entstehen können.[56]

---

[55] Vgl. Homburg/Krohmer (2006), S. 252.
[56] Ebda., S. 255.

Die Primärdatenerhebung ist von sehr großer Bedeutung für Hersteller mit privaten Endkunden und/oder sehr großem und heterogenem Kundenkreis. Ein gutes Beispiel dafür bietet die Automobilindustrie, in der das gesamte Spektrum der Marktforschung zum Einsatz kommt. Dieses reicht von kleinen Ad-hoc-Untersuchungen (**Markterkundung**) bis zu kontinuierlichen internationalen Studien (**Marktbeobachtung**). Die eigenen Erhebungsprogramme (**Marktbefragung**) reichen von der Gruppendiskussion bis zu den so genannten *Car Clinics*, bei denen Prototypen in verschiedenen Stadien durch potenzielle Käufer bewertet werden.[57]

Im B2B-Bereich spielen derartige Untersuchungen gegenüber dem aus dem **Relationship Marketing**, also der Beziehungspflege auf allen Ebenen, gewonnenen Informationen eine vergleichsweise geringe Rolle. Untersuchungsmethoden werden daher im Folgenden nur grundsätzlich beschrieben. Für eine detaillierte Darstellung einschließlich der statistischen Auswertung gewonnener Daten wird auf entsprechende Fachliteratur verwiesen.[58]

Beispiel

Die Lenze AG mit Sitz in Aerzen bei Hameln ist Systemanbieter für Antriebs- und Automatisierungstechnik. Ihre Abteilung für Strategisches Marketing bündelt Ihre Marktforschungsaktivitäten unter dem Stichwort LEMI (**L**enze **M**arketing **I**ntelligence).

In einer zentralen Datenbank werden Umfelddaten wie Konjunktur- und Marktinformationen, darunter auch Wettbewerbsprofile, sowie aktuelle Verkaufsdaten gesammelt. Die Daten entstammen sowohl externen Quellen (z. B. VDMA, IMS) als auch eigenen weltweiten Quellen, in der Regel Vertriebsgesellschaften. Die LEMI-Informationen, beispielsweise über Marktvolumen, Marktpotenzial, Wachstum und zukünftige Entwicklung, können nach Märkten, Produkten, Kundengruppen und Vertriebskanälen gegliedert werden. Sie werden – meist in aufbereiteter Form – anderen Unternehmensbereichen zur Verfügung gestellt und dienen als Grundlage der operativen Marketing- und Vertriebsplanung des Gesamtunternehmens und seiner Teilgesellschaften.

Vorgehensweise der Marktforschung

Der Prozess der Marktforschung folgt den in Abb. 2.30 dargestellten Teilaufgaben. Im ersten Schritt wird das Problem möglichst genau dargestellt und das zu erreichende Ziel

Abb. 2.30 Prozess der Marktforschung. (In Anlehnung an Kotler (1999), S. 116)

---

[57] Vgl. Homburg/Krohmer (2006), S. 250 f.
[58] Grundlagen werden beispielsweise in Meffert/Burmann/Kirchgeorg (2012), S. 148 ff. und Homburg/Krohmer (2006), S. 250 ff. vermittelt.

definiert. Dann wird geklärt, mit welcher Art von Untersuchung das Ziel erreicht werden kann und welche Primär- oder Sekundärdaten dazu herangezogen werden müssen. Wichtig ist auch, zu klären, wer die Untersuchung durchführt. Häufig wird mit externen Dienstleistern kooperiert.

Grundsätzlich kommen folgende Untersuchungsarten in Betracht:

- Beobachtung der Marktakteure, z. B. Verkäufertests durch Testkunden in einem Autohaus,
- Expertenbefragung, z. B. in einem vorbereiteten moderierten Gespräch,
- Studie mit umfangreicher Datenerhebung, z. B. zu den Rahmenbedingungen des Maschinenverkaufs in Südostasien,
- Experiment bzw. Test, beispielsweise kontrollierte Erhöhung von Preisen für ein bestimmtes Produkt und Ermittlung der ausgelösten Veränderung der Umsätze.

Nach handwerklich sauberer Analyse und Interpretation der Ergebnisse werden diese für die Zielgruppe aufbereitet und präsentiert. Wichtig ist es, eine den Erwartungen der Adressaten angemessene Form der Darstellung zu finden. Das höhere Management sollte in der Regel nicht mit zu vielen Details behelligt werden, sondern nur die Kernaussagen vermittelt bekommen (siehe das Zitat zu Beginn dieses Abschnitts).

2.6.2 Produktpolitik

Unter Produktpolitik eines Unternehmens wird hier verstanden, welche Leistungen (Produkte und Dienste) angeboten werden. Grundsätzliche produktpolitische Möglichkeiten im Investitionsgüterbereich sind die

- **Neuprodukteinführung** (Innovation oder Nachahmung des Wettbewerbs), ggf. auch Diversifikation, d. h. Programmerweiterung,
- **Produktvariation** (Eigenschaftsveränderung bestehender Erzeugnisse),
- **Produktdifferenzierung** (Anpassung eingeführter Leistungen an die Bedürfnisse bestimmter Marktsegmente, dadurch erhöhte Programmtiefe),
- **Produktelimination** (Einstellen der Fertigung bzw. Lieferung).

Zum Produkt gehören auch seine Verpackung und Darbietung einschließlich Bedienungsanleitung. Aus Kundensicht dient ein Produkt der Befriedigung von Bedürfnissen und damit der Nutzengewinnung. Das Produkt besitzt damit möglicherweise auch immaterielle Eigenschaften, die für den Kunden einen Zusatznutzen darstellen können (z. B. den sozialen Prestigegewinn durch Kauf eines Sportwagens einer Marke von Weltruf).

Produktbestandteile

Aus betriebswirtschaftlicher Sicht ist es sehr wichtig, zu erkennen, welchen Produktbestandteilen die Kunden Wert beimessen und bei welchen sie das nicht tun. Einige Komponenten des Produkts sind unverzichtbar, für andere geben Kunden gern ihr Geld aus, es gibt aber möglicherweise auch Bestandteile, die für den Kunden völlig überflüssig sind – und die gilt es möglichst zu entfernen, da auch sie Kosten verursachen und damit die Marktposition des Anbieters verschlechtern.

Die Bestandteile eines Produkts können im Sinne eines Schalenmodells verstanden werden (Abb. 2.31).

Der **Produktkern** enthält die Kerneigenschaften eines Produkts, d. h. er legt dessen Funktion fest.

Zusatzeigenschaften, beispielsweise ein edles Design, werden vom Kunden honoriert, ohne die Kernfunktion zu verändern.

Das Eigenschaftsprofil der Produkte wird bestimmt von

- Art und Anzahl der Produkteigenschaften (technische Angemessenheit, Wirtschaftlichkeit, Umweltfreundlichkeit, Komfort, Sicherheit),
- Qualität der Produkteigenschaften (Material, Funktionalität, Verarbeitung, Design),
- Flexibilität des Eigenschaftsprofils (z. B. durch modulare Bausteine).

Eine ökonomisch optimale Produktqualität ist meist nicht identisch mit maximaler Produktqualität, sondern liegt etwas darunter.

Die Ansprüche aller Kunden sind nicht deckungsgleich, sondern jedes Unternehmen trifft auf eine Verteilung der Anforderungswerte der Kunden, die in der Produktpolitik zu berücksichtigen ist.[59] Unter Umständen kann das eine Marktsegmentierung erforderlich machen.

Die **Verpackung** spielt im Industriegüterbereich vornehmlich eine praktische Rolle (Behältnis, Schutz bei Transport, ggf. Gebrauchsanleitung). Im Konsumgütergeschäft werden zusätzlich ästhetische Funktionen im Verkauf genutzt.

Im Sinne einer „Verpackung von Dienstleistungen" kann die Ausstattung von Geschäftsräumen verstanden werden (Bank, Frisörsalon o. Ä.).

Abb. 2.31 Produktbestandteile. (Vgl. Homburg/Krohmer (2006), S. 564)

---

[59] Vgl. Haedrich/Tomczak (1996), S. 32.

Basisdienstleistungen setzt der Kunde beim Kauf voraus. Beispielsweise können komplexe Industrieanlagen nicht ohne vorherige Beratung verkauft werden.

Zusatzdienstleistungen sind keine Kaufvoraussetzung, werden aber vom Kunden honoriert. Gerade mit hervorragenden Zusatzdienstleistungen können sich Industrieunternehmen bei ähnlichen Basisprodukten von ihren Wettbewerbern differenzieren. Als Beispiele seien Finanzierung, Wartung und Instandhaltung, Ersatzteilservice, Engineeringleistungen zur Produktivitätssteigerung genannt.

Eine **Marke** dient zur Identifizierung und Differenzierung des eigenen Angebots. Sie ist vor allem dann hilfreich, wenn Kunden sie mit einer gewissen Qualität verbinden, die ihnen nutzbringend erscheint. Marken sind zwar vornehmlich im Endkundenbereich wichtig, können aber auch im Investitionsgüterbereich genutzt werden. Gerade bei Dienstleistungen kann die Marke hilfreich sein, indem mit einem bestimmten Erscheinungsbild eine gewisse Qualität assoziiert wird.

Beispiel

Beispielsweise setzen Logistikdienstleister wie DHL und UPS konsequent auf ein bestimmtes Erscheinungsbild ihrer Mitarbeiter und Fahrzeuge.

Eine einheitliche Definition des Begriffs „Marke" existiert nicht; rechtliche, objekt-, anbieter- wie nachfragebezogene Aspekte werden unterschiedlich gewichtet. *Baumgarth* definiert den Begriff wie folgt:

Marke = Ein Name, Begriff, Zeichen, Symbol, eine Gestaltungsform oder eine Kombination aus diesen Bestandteilen, welches bei den relevanten Nachfragern bekannt ist und im Vergleich zu Konkurrenzangeboten ein differenzierendes Image aufweist, welches zu Präferenzen führt.[60]

Gelingt es, eine Marke in der Zielgruppe zu verankern, so kann der resultierende ökonomische Nutzen als **Markenwert** ausgedrückt werden.

Beispiel

Beispielsweise hat eine Untersuchung amerikanischer Softdrink-Kunden ergeben, dass im Blindtest 51 % das Produkt Pepsi vorziehen würden, während nur 44 % Coca-Cola trinken würden. Als der Test mit Darbietung der Marke durchgeführt wurde, tranken dagegen nur noch 23 % lieber Pepsi, 65 % dagegen Coca-Cola. Der Wert der Marke Coca-Cola beträgt nach vorsichtigen Berechnungen 50 Mrd. US-Dollar und macht damit rund die Hälfte des gesamten Unternehmenswertes aus.[61]

Um die Vorteile einer Marke nutzen zu können, muss kontinuierlich in diese investiert werden. Dazu gehört ein konsistenter Auftritt, der alle Aspekte des Marketing-Mix durch-

---

[60] Baumgarth (2008), S. 6.
[61] Vgl. Meffert/Burmann/Koers (2005), S. 4 f.

zieht und insbesondere durch eine auf die Marke ausgerichtete Kommunikationspolitik getragen wird.

Leistungsprogramm

Das Leistungsprogramm einer Unternehmung sollte die Unternehmensstrategie wider-spiegeln. Es wird gekennzeichnet durch die beiden Dimensionen

- **Programmbreite** (Anzahl der Produkt- bzw. Warengruppen) und
- **Programmtiefe** (Anzahl der Artikelvarianten innerhalb einer Produktgruppe).

In Abb. 2.32 ist beispielhaft das Produktprogramm des Werkzeugmaschinenherstellers Heller/Nürtingen aus dem Jahr 2005 aufgezeigt. Heller fertigt Bearbeitungszentren, Rundfräsmaschinen (Kurbel- und Nockenwellenfräsmaschinen für die Automobilindustrie) sowie Kurbelwellen-Drehzentren, also eine relativ geringe Programmbreite.

In den jeweiligen Produktlinien wird eine an den Kundenbedarf angepasste Programmtiefe hergestellt. So gibt es genau eine Kurbelwellenfräsmaschine, aber vier Varianten der Nockenwellenfräsmaschinen sowie zwei unterschiedliche Kurbelwellen-Drehzentren. Die größte Programmtiefe liegt im Bereich der Bearbeitungszentren vor. Allein an Ba-

Abb. 2.32 Produktprogramm der Firma Heller/Nürtingen im Jahr 2005.

sismaschinen gibt es 18 verschiedene Produkte, für die auch noch kundenspezifische Veränderungen möglich sind.

Die Sortimentspolitik der Firma Heller ist also gekennzeichnet durch eine geringe Programmbreite bei hoher Programmtiefe.

Lebenszykluskonzepte

Um produktpolitische Maßnahmen treffen zu können, ist es wesentlich, den Reifegrad der Produkte zu kennen. Der Produktlebenszyklus (Abb. 2.33), zwar ähnlich, aber nicht zu verwechseln mit dem Produktzyklus (Abb. 2.12), beschreibt das Produktleben in Analogie zu dem von Lebewesen idealtypisch.

Mit der Lebenszyklusphase werden die in Tab. 2.4 zusammengefassten Marktgegebenheiten verbunden. Anhand dort aufgeführter Merkmale können Produkte bestimmten Zyklusphasen zugeordnet werden. Diese Zuordnung kann nun im Sinne eines strategischen und operativen Marketingvorgehens genutzt werden, wie das im unteren Teil der Abbildung beschrieben wird.

Das Lebenszykluskonzept ist ein – wenn auch nicht unmittelbar erkennbarer – Bestandteil des BCG-Portfoliokonzepts (siehe Abschn. 2.4.6). Die vier Felder entsprechen, vom *Question Mark* ausgehend, im Uhrzeigersinn in etwa den Reifephasen des Lebenszyklus und können mit entsprechenden Normstrategien verbunden werden.

Neben der Produktreife (Lebenszyklusphase) ist stets auch die erreichte Wettbewerbsposition in einem Markt von großer Bedeutung für die zu verfolgende Strategie. Eine

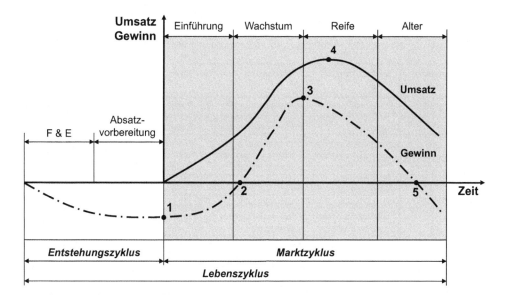

Abb. 2.33 Produktlebenszyklus. Darin: (*1*) Verlust bei Einführung (Entwicklungskosten); (*2*) Gewinnschwelle; (*3*) Gewinnmaximum; (*4*) Umsatzmaximum; (*5*) Wiedereintritt in die Verlustzone. (In Anlehnung an Homburg/Krohmer (2006), S. 452)

Tab. 2.4 Kennzeichen und typische Marketingaktivitäten einzelner Lebenszyklusphasen. (Nach Haedrich/Tomczak (1996), S. 98 ff.)

Typische Merkmale	Einführung	Wachstum	Reife	Alter
Umsatz	niedrig	schnelles Wachstum	langsames Wachstum	Schrumpfung
Gewinne	vernachlässigbar	Spitzenniveaus	abnehmend	niedrig oder null
Cash Flow	negativ	mittel	hoch	niedrig
Kunden	innovativ	Massenmarkt	Massenmarkt	Nachzügler
Wettbewerber	wenige	wachsende Zahl	viele	abnehmende Zahl
Reaktion				
Strategischer Schwerpunkt	Marktausdehnung	Marktdurchdringung	Marktanteil verteidigen	Produktivität erhöhen
Marketing-ausgaben	hoch	hoch (prozentual abnehmend)	fallend	niedrig
Marketing-schwerpunkt	Produktbekanntheit	Markenpräferenz	Markentreue	selektiv
Vertrieb	ungleichmäßig	intensiv	intensiv	selektiv
Preis	hoch	niedrig	am niedrigsten	steigend
Produkt	Grundprodukt	verbessert	differenziert	rationalisiert

hervorragende Marktposition trägt durch höhere Stückzahlen zu einer kostengünstigeren Fertigung bei (Erfahrungskurveneffekt). Sowohl die Umsatz- als auch die Gewinnkurve werden tendenziell nach oben verschoben, so dass die Gewinnzone früher erreicht und später verlassen wird.

Tab. 2.5 Arthur-D.-Little-Portfolio. (Nach Kohlert (2006), S. 185)

Wettbewerbs-position	Einführung	Wachstum	Reife	Alter
Dominierend	Marktanteile gewinnen oder mindestens halten	Investieren, um Position zu verbessern, Marktanteilsgewinn	Position halten Wachstum mit der Branche	Position halten
Stark	Investieren, um Position zu verbessern, intensive Marktanteilsgewinnung	Investieren, um Position zu verbessern, Marktanteilsgewinn	Position halten, Wachstum mit der Branche	Position halten oder ernten
Günstig	Selektiver oder voller Marktanteilsgewinn, selektive Verbesserung der Position	Versuchsweise Position verbessern, selektive Marktanteilsgewinnung	Minimale Investitionen zur „Instandhaltung"	Ernten oder stufenweise Reduzierung des Engagements
Mäßig	Selektive Verbesserung der Wettbewerbsposition	Aufsuchen und Erhalten einer Nische	Aufsuchen einer Nische oder stufenweise Reduzierung des Engagements	Stufenweise Reduzierung des Engagements oder liquidieren
Schwach	Starke Verbesserung oder liquidieren	Starke Verbesserung oder liquidieren	Liquidieren	Liquidieren
Nicht lebens-fähig	Liquidieren	Liquidieren	Liquidieren	Liquidieren

Der Einfluss der Wettbewerbsposition und der Reife des Produkts wurde von der Unternehmensberatung *Arthur D. Little* in einer Matrixdarstellung mit Normstrategien verknüpft (Tab. 2.5). Es wird deutlich, dass sich – in Analogie zum Mc-Kinsey-Portfolio (Abb. 2.24) – eine Diagonale (hier von unten rechts nach oben links) ergibt, entlang derer die Marktattraktivität zunimmt.

Bei einer dominierenden Marktposition kann es somit selbst bei einem alternden Produkt sinnvoll sein, dieses im Programm zu erhalten. Umgekehrt kann es bei einer ungünstigen Marktposition bereits in einer frühen Phase des Produktlebenszyklus sinnvoll sein, das Produkt aus dem Programm zu tilgen, da Umsätze und Gewinne branchenbezogen unterdurchschnittlich ausfallen.

Produktpositionierung als Basis produktpolitischer Entscheidungen

Die betriebswirtschaftlichen Anzeichen des drohenden Niedergangs eines Produkts wurden nunmehr verdeutlicht. Jetzt fehlt nur noch eine Methode, um diesen Niedergang wenn möglich abzuwenden oder, falls das nicht möglich ist, die notwendige Produktelimination konsequent umzusetzen. Ein solches Werkzeug ist die **Produktpositionierung**, wie sie in Abb. 2.34 gezeigt wird.

Im dargestellten Beispiel wurde angenommen, dass ein Hersteller von Bearbeitungszentren über Absatzrückgänge klagt und nach Ursachen und vor allem Gegenmaßnahmen sucht. Durch eine Kundenbefragung wurde ermittelt, dass für an Bearbeitungszentren interessierte Kunden die Kriterien Preis und Qualität von besonderer Bedeutung für die Kaufentscheidung sind.

Es hat sich herausgestellt, dass es zwei Kundengruppen gibt, deren Präferenzverhalten sich deutlich unterscheidet: Zum einen gibt es Niedrigpreiskäufer, die aber doch ein gewis-

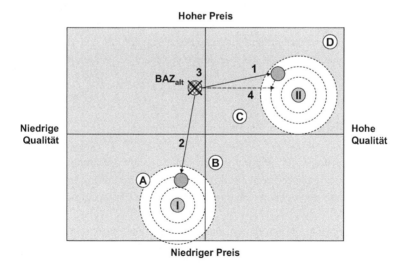

Abb. 2.34 Produktpositionierung (Produktmarktraum) und produktpolitische Optionen

ses Maß an Qualität erwarten (Segment I), zum anderen gibt es Qualitätskäufer, die bereit sind, einen gewissen Mehrpreis für deutlich höhere Qualität zu bezahlen (Segment II). Durch Mittelung der Kundenangaben haben sich die entsprechenden Idealpunkte I und II ergeben.

Die Befragung hat außerdem ergeben, wie die derzeitige Maschine eines Herstellers (BAZ_{alt}) eingeschätzt wird und wie die Produkte der Hauptkonkurrenten A bis D wahrgenommen werden. Es zeigt sich, dass der Hersteller derzeit im strategischen Niemandsland zwischen den relevanten Marktsegmenten liegt. Um seine Konkurrenz zu überflügeln, müsste er näher an einen der Idealpunkte der Segmente I oder II herankommen als seine Konkurrenz. Damit ergeben sich folgende produktpolitischen Handlungsoptionen:

- **Neuprodukteinführung:** Der Hersteller müsste ein neues Produkt entwickeln, was dem Idealpunkt I oder II möglichst nahe wäre.
- **Produktvariation:** Der Hersteller müsste die Qualität seines Produktes bei nur geringen Mehrkosten deutlich verbessern (1).
- **Produktdifferenzierung:** Der Hersteller müsste zwei Produktlinien aufbauen, eine mit erhöhter Qualität bei geringen Mehrkosten (1), die andere mit erheblichen Kosteneinsparungen bei nur geringer Qualitätseinbuße (2).
- **Produktelimination:** Der Hersteller erkennt, dass ihm das Know-how und/oder die Mittel fehlen, um entsprechende Entwicklungen durchzuführen. Es bleibt ihm nur der Rückzug aus dem Markt (3).

Es könnte sich noch eine weitere Handlungsoption ergeben, die allerdings die Kommunikationspolitik des Unternehmens betrifft. Womöglich entspricht die von den Kunden wahrgenommene Qualität gar nicht der tatsächlich sehr viel höheren des Unternehmens, die sich bspw. in hoher Bearbeitungsgenauigkeit, Wartungsarmut und langer Lebensdauer der Produkte eindeutig nachweisen lässt. Hier wäre die Schlussfolgerung, dass durch die Außendarstellung des Unternehmens die hohe Produktqualität in den Vordergrund gerückt werden muss, um nach und nach das Kundenbewusstsein zu verändern und dieses in der Nähe des Idealpunkts II zu verankern (4).[62]

2.6.3 Preispolitik

Die Preispositionierung hängt eng mit der Produktqualität zusammen. Im Normalfall erwarten Kunden von hochpreisigen Produkten eine hohe Qualität, von niedrigpreisigen dagegen eine geringe. Es ergeben sich daraus die in Abb. 2.35 gezeigten Preis-Leistungs-Segmente.

Die Ausführungsuntergrenze besagt, dass noch billigere Produkte mit den verfügbaren Produktionsmitteln nicht erzeugt werden können. Aus der Preisobergrenze folgt, dass

---

[62] Vgl. Haedrich/Tomczak, S. 132 ff.

Abb. 2.35 Auf das Preis-
Leistungs-Verhältnis bezogene
Marktsegmente und Markt-
barrieren. (Nach Bruner et al.
(1998), S. 110)

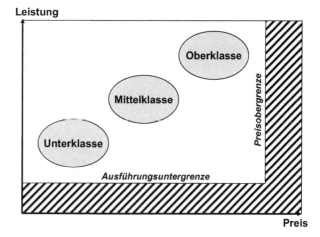

noch teurere Produkte unverkäuflich wären, da es keine Kunden mit entsprechender **Preisbereitschaft** gibt.

Die Preispositionierung soll dem Käufer ein vorteilhaftes Preis-Leistungs-Verhältnis,
also einen Mehrwert im Vergleich zum Wettbewerb, suggerieren.

Beispiel

In der Praxis gibt es fünf Möglichkeiten für ein vorteilhaftes Preis-Leistungs-Verhältnis:

- „mehr für mehr" (Mercedes, Gucci),
- „mehr für das Gleiche" (Toyota Lexus),
- „das Gleiche für weniger" (No-name-PCs),
- „weniger für viel weniger" (Billigflieger),
- „mehr für weniger" (Toys 'R' Us, Wal-Mart).[63]

Es ist stets zu berücksichtigen, dass Preise auf (mehr oder weniger vollkommenen)
Märkten entstehen (siehe Abschn. 2.1). Die wesentliche Richtgröße zur Festlegung eines
Preises ist die Preisbereitschaft der Kunden im jeweiligen Segment, die meist als Erfah-
rungswert näherungsweise bekannt ist. Das Kostenniveau des Anbieters ist, anders als es
viele Laien vermuten, dagegen für die Preisbildung nicht von unmittelbarer Bedeutung.
Sind die Kosten zu hoch, wird es kaum gelingen, diese einfach an den Kunden weiterzu-
geben.

Dennoch ist es wichtig, die eigene Kostenstruktur zu kennen, um preisliche Spielräume
ausloten zu können. Dazu werden nachfolgend die Kalkulationsgrundlagen im Investitionsgüterbereich aufgezeigt.

---

[63] Kotler (1999), S. 59 ff.

Kalkulationsgrundlagen

In Abb. 2.36 ist das Kalkulationsschema der **Vollkostenrechnung** eines produzierenden Unternehmens dargestellt.

- Alle dem Produkt direkt zuzurechnenden Kostenkomponenten werden als **Einzelkosten** bezeichnet.
- **Gemeinkosten**, also solche Kosten, die dem Produkt nicht unmittelbar zugerechnet werden können, werden über Zuschlagsätze addiert.

Diese Schlüsselung führt nicht immer zu einer verursachungsgerechten Kostenzuordnung. So können sich beispielsweise Vertriebsmitarbeiter vergleichsweise lange mit dem Verkauf neuer Produkte, die nur einen geringen Gesamtumsatz haben, beschäftigt haben, denen aber nur derselbe Gemeinkostenanteil zugeordnet wird wie markteingeführten Produkten.

In der **Teilkostenrechnung** werden nur die mit der Stückzahl veränderlichen **variablen Kosten** (im Schema entsprechen diese den Einzelkosten) addiert, während die mengenunabhängigen **Fixkosten** (im Schema also die Gemeinkosten) zunächst nicht betrachtet werden. Der vom Umsatz verbleibende Betrag nach Abzug der Teilkosten wird als **Deckungsbeitrag** bezeichnet.

Langfristig muss ein Unternehmen mindestens die Vollkosten erwirtschaften, um in die Gewinnzone zu gelangen. Das bedeutet, dass die Summe der Produktdeckungsbeiträge mindestens die gesamten Gemeinkosten abdecken muss.

Kurzfristig kann es geboten sein, auch Produkte anzubieten, mit denen zwar nicht die Vollkosten gedeckt, aber immerhin Deckungsbeiträge erwirtschaftet werden. Beispielsweise ist es im Falle mangelnder Aufträge durchaus sinnvoll, eine nicht ausgelastete

Nr.		Kostenart	Beispiel
(1)		Materialeinzelkosten	gelieferte Einzelteile, Baugruppen
(2)	+	Materialgemeinkosten [%-Satz von (1)]	Schrauben, Halbzeuge aus Lager
(3)	**=**	**Materialkosten**	
(4)		Fertigungseinzelkosten	Löhne
(5)	+	Fertigungsgemeinkosten [%-Satz von (4)]	AfA, Meister, Arbeitsvorbereitung
(6)	+	Sondereinzelkosten der Fertigung	Vorrichtungen
(7)	**=**	**Fertigungskosten [(4) + (5) + (6)]**	
(8)	**=**	**Herstellkosten [(3) + (7)]**	
(9)	+	Verwaltungsgemeinkosten [%-Satz von (8)]	Mieten, Geschäftsleitung, Controlling
(10)	+	Vertriebsgemeinkosten [%-Satz von (8)]	Marketing, Vertrieb
(11)	+	Sondereinzelkosten Vertrieb	Reisekosten zum Auftragserhalt
(12)	**=**	**Selbstkosten [(8) + (9) + (10) + (11)]**	

Abb. 2.36 Vollkostenkalkulation am Beispiel eines produzierenden Unternehmens

Fertigung, die ohnehin bezahlt werden muss, mit schlecht vergüteten Aufträgen zu beschäftigen, um wenigstens ein wenig zur Deckung der Fixkosten beizutragen.[64]

Die absolute **Preisuntergrenze** ist erreicht, wenn der Deckungsbeitrag eines Auftrags zu null wird, d. h. der Umsatz genau den variablen Kosten entspricht. Ein Produkt, welches einen negativen Deckungsbeitrag aufweist, sollte aus dem Produktprogramm eliminiert werden.[65]

Elastizität der Nachfrage

Hilfreich für die Preisfindung ist ein Verständnis der zu erwartenden Reaktion der Kunden auf Preisänderungen. Diese Reaktion wird mit dem Elastizitätsmodell abgebildet. Die Elastizität der Nachfrage ist ein Maß dafür, welche Nachfrageänderung auf eine Preisänderung erfolgt. Sie berechnet sich zu:[66]

$$\varepsilon_D(Q) = \frac{\Delta Q_N}{Q} : \frac{\Delta P}{P} \qquad (2.1)$$

Das bedeutet, die **Nachfrageelastizität** ist definiert als das Verhältnis der prozentualen Nachfrageänderung zu einer prozentualen Preisänderung. Sie ist jeweils auf einen bestimmten Punkt auf der Angebotsfunktion bezogen.[67]

Für eine Nachfrageelastizität, deren Betrag $|\varepsilon_D| > 1$ liegt, spricht man von **elastischer Nachfrage**, für $|\varepsilon_D| < 1$ von unelastischer Nachfrage.[68]

Für eine lineare Nachfragefunktion, wie sie in Abb. 2.37 dargestellt ist, ergibt sich nicht etwa eine konstante Elastizität im gesamten Bereich, sondern ein Abfall des Elastizitätsbetrags mit steigender Menge.

Der Elastizitätsverlauf ist nicht nur theoretisch interessant, sondern hat vor allem eine praktische Bedeutung. Sie wird anhand des sich aus dem Produkt von Preis und Menge ergebenden Umsatzes erkennbar, welcher in drei Punkten als Fläche unterhalb der Funktion eingezeichnet wurde. Es wird deutlich, dass der Umsatz bei einem Betrag der Nachfrageelastizität von 1 maximal ist. Der Umsatz beträgt $5000 \times 25\,€ = 125.000\,€$. Sowohl in Richtung steigender wie fallender Mengen und Preise nimmt der Umsatz ab.

Daher gilt im elastischen Bereich:

- Der Umsatz steigt bei Preissenkung.
- Der relative Mengenzuwachs übersteigt die relative Preissenkung.

---

[64] Vgl. Kap. 3 (Controlling).

[65] Vgl. Homburg/Krohmer (2006), S. 1222 f. Ausnahmsweise können Produkte mit negativem Deckungsbeitrag im Programm verbleiben, wenn sie dazu beitragen, an anderer Stelle Ergebnisbeiträge zu erwirtschaften, bspw. dann, wenn sie aus sortimentspolitischen Gründen unverzichtbar sind.

[66] Vgl. Mankiw/Taylor (2008), S. 103 ff.

[67] Analog lässt sich auch die Angebotselastizität ε_S definieren.

[68] Das gilt analog auch für die Angebotselastizität.

Abb. 2.37 Lineare Nachfragefunktion. (Nach Mankiw/Taylor (2008), S. 109 ff.)

Im unelastischen Bereich gilt:

- Der Umsatz steigt bei Preiserhöhung.
- Der relative Preiseffekt übersteigt den relativen Mengenrückgang.[69]

Daraus lässt sich folgern, dass Preissenkungen nur im elastischen Bereich für die Geschäftsentwicklung überhaupt hilfreich sein können, da sie sich nur dort umsatzsteigernd auswirken. Die geringeren Erlöse pro Stück wirken sich zwar negativ auf die Stückgewinne aus, jedoch wird das möglicherweise durch mengenbedingte Einsparungen auf der Kostenseite kompensiert. Aufgrund der höheren Stückzahl kann sich sogar die Gewinnsituation verbessern, was jedoch im Einzelfall zu überprüfen ist. Preissenkungen bleiben zumeist ein konkurrenzbedingtes notwendiges Übel, um Marktanteile zu halten oder auszubauen.

Preiserhöhungen im unelastischen Bereich erscheinen dagegen attraktiv, da sie sowohl die Umsatz- wie auch die Gewinnsituation unmittelbar verbessern.

Preiselastizitäten können aus Geschäftsdaten abgeschätzt werden.[70] Im Konsumgüterbereich gibt es statistische Erhebungen von Marktforschungsinstituten. Nachstehend (Tab. 2.6) sind einige Daten zusammengetragen, die die praktische Relevanz und Stichhaltigkeit des Elastizitätskonzepts belegen.

In Konkurrenzmärkten mit relativ ähnlichen Gütern wie beispielsweise Kaffee ist der Verlauf der Nachfragefunktion flach und die Nachfrageelastizität hoch. Schon kleine Preiserhöhungen bewirken erhebliche Umsatzrückgänge, während kleine Preissenkungen

---

[69] Vgl. Winkelmann (2013), S. 250.
[70] Vgl. Mankiw/Taylor (2008), S. 113.

Tab. 2.6 Beispiele für Nach-
frageelastizitäten ausgewählter
Konsumgüter. (Quellen: USA:
Pindyck/Rubinfeld (2005),
S. 468; Deutschland: Simon
(1992), S. 139)

Produkt	ε_D	Jahr
• Kaffee	- 7,2	(1985)
• Waschmittel	- 2,4	(1979)
• Pharmazeutika	- 0,4	(1979)
• Elektrorasierer	- 3,5	(1976)
• Telefonservice	- 0,8	(1989)
• Designerjeans (USA)	- 3,5	(2005)
• Supermärkte (USA)	- 10,0	(2005)

erhebliche Umsatzgewinne versprechen. Dadurch wird ein enormer Preisdruck bewirkt, der bis heute anhält.

In Märkten mit geringerer Konkurrenz auf der Anbieterseite, beispielsweise dem Pharmamarkt und – es ist lange her! – dem 1989 noch durch die Bundespost gehaltenen Telefonmonopol, wird die Neigung zum Nichtkauf mangels verfügbarer Alternativen eher gering sein. Die geringe Elastizität der Nachfrage begünstigt Preissteigerungen, was im Pharmasektor durch die Kostenexplosion im Gesundheitswesen belegt ist. Im Telekommunikationsbereich hat sich dagegen dank Marktliberalisierung und technischer Entwicklung mittlerweile eine vollkommen neue Marktsituation mit erheblichem Konkurrenzdruck und geringer Preisbereitschaft der Kunden ergeben.

Preisstrategien
Das Unterkapitel abschließend werden lang- und kurzfristige preispolitische Maßnahmen sowie Markteinführungsstrategien beschrieben. Die langfristige Orientierung (strategische Preispolitik) wird unter Umständen mit kurzfristig notwendigen preislichen Maßnahmen, beispielsweise Abverkaufsaktionen oder Sonderpreisen aufgrund schlechter Auslastung, in Einklang zu bringen sein.

Langfristige Preislagenstrategien
Typischerweise folgen langfristige Preislagenstrategien den in Abb. 2.35 dargestellten Marktsegmenten. Es sind zu unterscheiden die:

(1) **Premiumpreisstrategie,**
    d. h. dauerhaft hohes Preisniveau entsprechend der Qualitätsführerschaft,
(2) **Promotionpreisstrategie,**
    d. h. Tiefpreisstrategie,
(3) **Preisstrategie des dauerhaften mittleren Preises,**
    d. h. des ausgewogenen Preis-Leistungs-Verhältnisses.[71]

---

[71] Vgl. Winkelmann (2013), S. 277.

Wird die Tiefpreisstrategie mit einer relativ guten Leistung verbunden, spricht man von einer **Discountstrategie**. Diese wird durch besonders effiziente betriebliche Prozesse und ggf. auch ein reduziertes Serviceangebot ermöglicht.[72]

In Käufermärkten, d. h. solchen mit hoher Marktmacht der Käufer, passen Hersteller notgedrungen ihre Produktleistungen nach unten an, wenn sie dem Preisdruck nicht durch andere Kostensenkungen begegnen können.

Kurzfristige preisliche Maßnahmen

Veränderungen des Preises können ein sehr wirksames Marketinginstrument sein, das aber mit Bedacht eingesetzt werden muss.

Preisänderungen bieten folgende Vorteile:

- Preisänderungen sind ohne Zeitverzug umsetzbar (Vorlaufzeit bei Investitionsgütern).
- Es sind keine Vorab-Investitionen nötig.
- Die Nachfrageänderung ist meist hoch (vgl. Elastizitätsmodell).
- Die Nachfrageänderung erfolgt sehr schnell.

Nachteile preislicher Maßnahmen sind:

- Preisreduktionen bringen keine dauerhaften Wettbewerbsvorteile.
- Die Wettbewerbsreaktion ist intensiv.
- Preissenkungen sind kaum rückgängig zu machen.

Kurzfristige und vorübergehende Maßnahmen sind daher unbedingt als solche kenntlich zu machen (Beispiel Winterschlussverkauf), um hinterher zum alten Preisniveau zurückkehren zu können.

Markteinführungspreise (Initialpreise)

Folgende Einführungsstrategien sind grundsätzlich möglich:

- **Skimmingstrategie**, d. h. ein besonders hoher Anfangspreis wird verlangt.
- **Penetrationsstrategie**, d. h. ein besonders niedriger Einführungspreis wird gewährt.

Die Skimmingstrategie eignet sich für innovative Produkte, die nicht substituierbar sind und für die es ein hinreichend großes Marktsegment innovationsfreudiger Kunden gibt. Sind diese ausgeschöpft, kann auf eine Penetrationsstrategie umgeschwenkt werden, die dann Wettbewerber vom Markt fernhält.

Die Penetrationsstrategie eignet sich gut für einen Einstieg in Massenmärkte, in denen schnell Erfahrungskurveneffekte genutzt werden sollen. Damit kann außerdem eine Eintrittsbarriere gegenüber Mitanbietern errichtet werden.[73]

---

[72] Vgl. Meffert/Burmann/Kirchgeorg (2012), S. 494 ff.
[73] Vgl. Winkelmann (2013), S. 276 f.

Beispiel

In den 1970er Jahren schlug die Einführungsstrategie für die Zeitschrift GEO fehl. Der Verlag G+J hatte versucht, mit niedrigen Preisen den Markt zu erobern, dabei aber übersehen, dass ein besonders hochwertiges Produkt an eine erlesene Leserschaft so nicht zu verkaufen war. Erst eine Neupositionierung mit nahezu doppeltem Preis brachte den gewünschten Publikumserfolg.

2.6.4 Kommunikationspolitik

Englisch ist merkwürdig: „Isch" heißt „I", „Ei" heißt „Egg", „Eck" heißt „Corner", „Koaner" heißt „Nobody".
(sagte angeblich ein Bayer nach der Rückkehr aus London)

Kommunikation ist stets empfangsgesteuert. Das, was gesendet wird, ist nicht unbedingt das, was ankommt. Kinder wissen das, nachdem sie Stille Post gespielt haben. Und Firmen sollten das auch verstanden haben, wenn sie sich und Ihre Leistungen gegenüber Kunden und der Öffentlichkeit darstellen. Das Gesamtpaket dieser Instrumente und Maßnahmen wird als die Kommunikationspolitik eines Unternehmens bezeichnet.
Folgende Formen werden unterschieden (Abb. 2.38):

- externe Kommunikation (z. B. Werbung, Internet-Homepage),
- interne Kommunikation (z. B. Mitarbeiterzeitschrift, Intranet),
- interaktive Kommunikation (z. B. Kundengespräch).[74]

Kommunikationspolitik sollte möglichst „aus einem Guss" erfolgen, d. h. die einzelnen Maßnahmen sollten sorgfältig aufeinander abgestimmt werden.

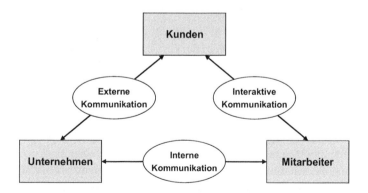

Abb. 2.38 Kommunikationsformen. (Nach Bruhn (2012), S. 200)

---

[74] Vgl. Bruhn (2012), S. 199 f.

Tab. 2.7 Kommunikationsinstrumente (Investitionsgüterbereich **gefettet**)

Imageprägende Instrumente	Werbung für Produktfamilien oder Einzelprodukte	Unmittelbare Unterstützung der Verkaufsarbeit

• **Public Relations**
 	
• **Corporate Identity**
  - **Corporate Design**
  - **Corporate Behaviour**
  - **Corporate Communication**
 	
• Sponsoring
 	
• Event Marketing
	• Printmedien
	  - Tageszeitungen
	  - **Fachzeitschriften**
	  - Publikumszeitschriften
	  - Adressbücher
	
	• Funk, Fernsehen, Film
	
	• Außenwerbung
	  - Plakate
	  - Banden
	  - Trikots
	  - Verkehrsmittel
	
	• Product Placement
		• **Direktwerbung**
		  - **schriftlich**
		  - **telefonisch**
		  - **Internet**
		
		• **Verkaufsunterlagen**
		  - **Kataloge**
		  - **Prospekte**
		  - **Preislisten**
		  - **Geschenke**
		
		• POS-Verkaufsförderung
		  - POS-Promotion
		  - **Messen**
		  - **Produktschulungen**
		  - **Tag der offenen Tür**
		  - Preisausschreiben

Wesentliche kommunikationspolitische Instrumente sind in Tab. 2.7 zusammengefasst. Der für Ingenieure besonders relevante Investitionsgüterbereich (gefettet dargestellt) weist nur ein eingeschränktes Spektrum an Instrumenten. Hier steht nicht der Massenmarkt mit einer Vielzahl anonymer, aber emotional reagierender Einzelkunden im Vordergrund, sondern die gezielte Ansprache einer überschaubaren Zahl von Unternehmen, die ein sachlich motiviertes Interesse an einem Kauf haben.

Kommunikationspolitischen Maßnahmen kann ein idealtypischer Planungsprozess zugrundegelegt werden:

(1) **Analyse der Kommunikationssituation**
   Es wird eine situationsbezogene SWOT-Analyse durchgeführt.
(2) **Festlegung der Kommunikationsziele**
   Zu erzielende Ergebnisse der Maßnahme werden festgelegt. Beispielsweise soll durch Werbemaßnahmen eine bestimmte Markenbekanntheit erzeugt werden.
(3) **Zielgruppenplanung**
   Die möglichen Kunden werden identifiziert und ihre Erreichbarkeit überprüft.
(4) **Ableitung der Kommunikationsstrategie**
   Die hauptsächlich eingesetzten Instrumente werden festgelegt.
(5) **Festlegung des Kommunikationsbudgets, der Instrumente und Maßnahmen**
   Das notwendige Budget wird bestimmt und einzelnen Maßnahmen zugeordnet, die eine Kommunikationsbotschaft enthalten.

(6) **Durchführung der Kommunikationserfolgskontrolle**
Durch geeignete Controlling-Instrumente, beispielsweise Messung der erzielten Markenbekanntheit, wird der Erfolg der Maßnahmen festgestellt, um ggf. Ziele und Maßnahmen zu korrigieren.[75]

Eine besondere Rolle im Konsum- und insbesondere im Investitionsgüterbereich spielen **Messen**. Sie sind als Nabelschauen von herausragender Bedeutung im Rahmen der Verkaufsförderung. Gerade auf Fachmessen treffen sich Anbieter und Nachfrager bestimmter Industriemärkte.

Für einen gelungenen Messeauftritt ist besonders zu achten auf:

- klare Zielsetzungen (Produkte, Besucherzielgruppen);
- gezielte Einladungsaktion;
- Standkonzept (Erscheinungsbild/CI, Aktionen, Exponate):
  - Auswahl der Standbesetzung,
  - Verhaltensregeln (Umgang mit VIPs, Wettbewerbern, ausländischen Gästen, Stammkunden),
  - Konzept zur Presse- und VIP-Betreuung,
  - Extraraum/Sitzgruppe für vertrauliche Gespräche,
  - differenzierte *give aways*;
- Messekontakt-Berichte (Nachverfolgung der Messekontakte).

Wie die anderen Instrumente der Verkaufsförderung erfüllt der Messeauftritt damit nicht nur kommunikative, sondern auch vertriebliche Funktionen. Einige der Instrumente werden daher in Kap. 7 (Vertrieb) näher beschrieben.

2.7 Übungsaufgaben

Aufgabe 2.1
Die niederländische Firma VMI ist ein Spezialist für Maschinen zur Reifenherstellung. Sie bietet u. A. Reifenaufbaumaschinen an, das sind hochwertige Spezialmaschinen zur Reifenherstellung. Sie vertreibt diese weltweit an Reifenhersteller.
Beschreiben Sie den Markt für Reifenaufbaumaschinen!

Aufgabe 2.2
Stellen Sie sich vor, Sie seien Bauer und bauen handelsübliche Kartoffeln an. Welches Problem besteht für Ihren Betrieb? Welche Marketing-Methode könnten Sie nutzen, um der Problematik zu entrinnen?

---

[75] Vgl. Bruhn (2012), S. 202 ff.

Aufgabe 2.3
Welche grundsätzliche Gefahr besteht bei der Marktsegmentierung?

Aufgabe 2.4
Was versteht man heute unter Marketing?

Aufgabe 2.5
Welche wesentliche Veränderung der Wertschöpfungskette hat sich seit den 1950er Jahren nach und nach ergeben?

Aufgabe 2.6
Wie gliedert sich die Marketingplanung?

Aufgabe 2.7
Welche erfolgversprechenden Basisstrategien unterscheidet *Michael Porter*? Auf welcher Grundlage können diese umgesetzt werden? Welche Position ist zu vermeiden?

Aufgabe 2.8
Wovon hängt die Auswahl von Konkurrenzstrategien ab? Welche grundsätzlichen Möglichkeiten ergeben sich?

Aufgabe 2.9
Was versteht man unter den vier P im Marketing-Mix?

Aufgabe 2.10
Auf welcher operativen Basis stehen die vier P?

Aufgabe 2.11
Welche Einführungspreisstrategie ist für innovative Hightech-Produkte angebracht? Welche langfristige Preisstrategie ist sinnvoll?

Aufgabe 2.12
Wann sind Preissenkungen möglicherweise sinnvoll? Wie wirken sie sich auch die Gewinnsituation aus?

Literatur

Abell, D.F.: Defining the business – the starting point of strategic planning. Prentice-Hall, Englewood Cliffs (1980)
Ansoff, H.I.: Management-Strategie. moderne industrie, München (1966)
Baumgarth, C.: Markenpolitik, 3. Aufl. Gabler, Wiesbaden (2008)
Bruhn, M.: Marketing, 11. Aufl. Gabler, Wiesbaden (2012)

Bruner, R.F., et al.: The Portable MBA, 3. Aufl. Wiley, New York (1998)

Continental, A.G. (Hrsg.): Continental fact book full year 2007 (2008)

Dudenverlag: Herkunftswörterbuch, 3. Aufl. Duden, Bd. 7. Dudenverlag, Mannheim (2001)

Dudenverlag: Die deutsche Rechtschreibung, 24. Aufl. Duden, Bd. 1. Dudenverlag, Mannheim (2006)

Haedrich, G., Tomczak, T.: Produktpolitik. Kohlhammer, Stuttgart (1996)

Ford, H., Crowther, S.: My Life and Work. Doubleday, New York (1922)

Homburg, C., Krohmer, H.: Marketingmanagement, 2. Aufl. Gabler, Wiesbaden (2006)

Johnson, G., Whittington, R., Scholes, K., Angwin, D., Regnér, P.: Exploring strategy – text and cases, 10. Aufl. Pearson, Harlow (2014)

Kohler, H.: Marketing für Ingenieure, 2. Aufl. Oldenbourg, München (2006)

Kotler, P.: Kotler on marketing. Simon Schuster, New York (1999)

Levitt, T.: The marketing imagination. Free Press, New York, London (1983)

Mankiw, N.G., Taylor, M.P.: Grundzüge der Volkswirtschaftslehre, 4. Aufl. Schäffer-Poeschel, Stuttgart (2008)

McCarthy, E.J.: Basic marketing: a managerial approach. Irwin, Homewood (1960)

Meffert, H., Burmann, C., Koers, M.: Markenmanagement, 2. Aufl. Gabler, Wiesbaden (2005)

Meffert, H., Burmann, C., Kirchgeorg, M.: Marketing – Grundlagen der marktorientierten Unternehmensführung, 11. Aufl. Gabler, Wiesbaden (2012)

Michaeli, R.: Competitive Intelligence: Strategische Wettbewerbsvorteile erzielen durch systematische Konkurrenz-, Markt- und Technologieanalysen. Springer, Berlin (2006)

Mintzberg, H.: Patterns in strategy formation. Manage. Sci. **24**(9), 934–948 (1978)

Pindyck, R.S., Rubinfeld, D.L.: Mikroökonomie. Pearson, München (2005)

Porter, M.E.: Competitive advantage: creating and sustaining superior performance. Free Press, New York (1985)

Porter, M.E.: Wettbewerbsvorteile: Spitzenleistungen erreichen und behaupten, 5. Aufl. Campus, Frankfurt (1999)

Przywara, R.: Von Maßen und Massen – Wie Werkzeugmaschinen die Industriegesellschaft formten. PZH-Verlag, Hannover (2006)

Simon, H.: Preismanagement, Analyse – Strategie – Umsetzung, 2. Aufl. Gabler, Wiesbaden (1992)

Vernon, R.: International investment and international trade in the product cycle. Q. J. Econ. **80**(2), 190–207 (1966)

Winkelmann, P.: Marketing und Vertrieb – Fundamente für die Marktorientierte Unternehmensführung, 8. Aufl. Oldenbourg, München (2013)

Controlling und Kosten- und Leistungsrechnung 3

3.1 Der Begriff Controlling

Im englischen Verb „*to control*" (steuern, lenken, überwachen) liegt die Basis für die Definition des Begriffs **Controlling**. Controlling beinhaltet die Entscheidungs- und Führungshilfe durch erfolgsorientierte Planung, Steuerung, Kontrolle und Koordination einer Unternehmung in allen ihren Bereichen und auf allen Ebenen. Die dazu erforderlichen Daten bereitzustellen leistet das Controlling als innerbetriebliche Service- bzw. Hilfsfunktion.[1]

Die **Controllingverantwortung** lässt sich auf verschiedene Ebenen delegieren. So übernimmt jeder Mitarbeiter für seinen Zuständigkeitsbereich Controllingverantwortung. Auf Abteilungsebene kann, im Rahmen eines Abteilungscontrollings, für bestimmte Mitarbeiter das Controlling als zusätzliche Aufgabe festgelegt werden. Als eigenständiger und ausschließlicher Aufgabenbereich bestimmter Personen wird oftmals das Personal-, das Produktions- und das Vertriebscontrolling geführt. Als eigenständige Unternehmungseinheiten übernehmen Controlling-abteilungen die Controllingverantwortung.[2]

Controllingobjekte können einerseits Unternehmungsfunktionen sein. Andererseits werden darunter auch Kennzahlen verstanden. Beispiele für Unternehmungsfunktionen zugeordnete Controllingobjekte zeigt Tab. 3.1.

Hinter diesen Kennzahlen stehen jeweils Kosten, Preise, Mengen und Zeiten bezogen auf Kunden, Mitarbeiter, Lieferanten im Mittelpunkt der Controllingaktivitäten. Jede Unternehmensfunktion kann damit ihr eigenes Controlling aufbauen.[3]

---

[1] Vgl. Horváth (2015), S. 24 ff.
[2] Vgl. Horváth (2015), S. 371 ff., Küpper (2013), S. 667 ff., Weber/Schäffer (2016), S. 461 ff.
[3] Vgl. z. B. zum: Personalcontrolling Heinze (2007), S. 802 ff.; Produktionscontrolling Schimmelpfeng (2007), S. 720 ff.; IT-Controlling Koß (2007), S. 825 ff.; Vertriebscontrolling Hummel (2007), S. 746 ff.

© Springer Fachmedien Wiesbaden GmbH 2018
A. Daum, W. Greife und R. Przywara, *BWL für Ingenieurstudium und -praxis*,
https://doi.org/10.1007/978-3-658-20467-9_3

Tab. 3.1 Unternehmungsfunktion und zugeordnete Controllingobjekte

Unternehmungsfunktion	Controllingobjekte
Personal	Akademikerquote, Fluktuationsrate, Krankheitsstand
Produktion	Produktivitätsrate, Ausschussquote, Wartungsquoten
Lagerhaltung	Haltbarkeit, Umschlagshäufigkeit, Gebindegrößen
Vertrieb	Storno-, Beschwerdequote, Auslieferungsgeschwindigkeit
Rechnungswesen	Forderungsausfallquote, Kostenquote, Rentabilität
Informationstechnologie	Systemverfügbarkeit, Rechnerausfälle, Kapazitäten

3.2 Strategisches versus operatives Controlling

Nach dem zeitlichen Horizont wird zwischen dem strategischen und dem operativen Controlling differenziert.

Strategisches Controlling unterstützt die strategische Unternehmensführung.[4] Es stellt Methoden und Informationen für die strategische Planung bereit und übernimmt das Planungsmanagement. Der Zeithorizont ist langfristig und beträgt fünf bis zwölf Jahre. Strategisches Controlling trägt z. B. dazu bei, Zielgruppen zu bestimmen, Marktpositionen zu definieren und geeignete Organisationsstrukturen zu bilden. Somit unterstützt das strategische Controlling die Entscheidungsfindung im Sinne, „die richtigen Dinge zu tun", also effektiv zu arbeiten. Es sollte in enger Verbindung zum operativen Controlling stehen, um die strategische Ausrichtung permanent zu überprüfen, nötigenfalls nachzujustieren und entsprechende operative Maßnahmen anzustoßen.[5]

Für das **operative Controlling** sind Fragestellungen der taktischen und operativen Planung maßgeblich. Im Zentrum der Managementservicefunktion stehen somit Entwicklungen, die sich aktuell in Aufwand und Ertrag manifestieren. Die Ausrichtung erfolgt in erster Linie auf unternehmungsinterne Aspekte. Es geht somit darum, „Dinge richtig zu tun", also effizient zu arbeiten. Der Zeithorizont beträgt ein bis fünf Jahre.[6]

Den Ausgangpunkt für das operative Controlling bilden die Kosten- und Leistungsrechnung sowie die operative Planung des Unternehmens. Diese Systeme werden im Rahmen des operativen Controllings koordiniert; dabei stehen quantitative Größen im Vordergrund. Über „harte" Daten wird Einfluss auf die Unternehmungsentwicklung genommen. Dies impliziert eine Orientierung an verschiedenen Gewinngrößen als maßgebliche Zielsetzung.

Wesentliche Unterscheidungskriterien zwischen strategischem und operativem Controlling verdeutlicht Tab. 3.2.

---

[4] Vgl. zum Strategiebegriff Baum/Coenenberg/Günther (2013), S. 1 ff.
[5] Vgl. Baum/Coenenberg/Günther (2013), S. 12 f., Weber/Schäffer (2016), S. 375 ff.
[6] Vgl. Weber/Schäffer (2016), S. 283 ff.

Tab. 3.2 Strategisches versus operatives Controlling. (Vgl. Horváth (2015), S. 109)

	Controllingtypen	
Merkmale	Strategisches Controlling	Operatives Controlling
Orientierung	Umwelt und Unternehmung: Adaption	Unternehmung: Wirtschaftlichkeit betrieblicher Prozesse
Planungsstufe	Strategische Planung	Taktische und operative Planung, Budgetierung
Dimensionen	Chancen/Risiken, Stärken/Schwächen	Aufwand/Ertrag, Kosten/Leistungen
Zielgrößen	Existenzsicherung; Erfolgspotenziale	Wirtschaftlichkeit, Gewinn, Rentabilität

Ein aktives Controlling trägt dazu bei, strategische und operative Ziele zu erreichen. Zu den **strategischen Zielen** einer Unternehmung zählen u. A.:

- Erschließung neuer Märkte,
- Ausbau von Marktanteilen,
- Entwicklung neuer Produkte,
- Verwendung neuer (besserer) Technologien,
- Verbesserung der Produktionsprozesse und
- Erschließung neuer Vertriebswege.

Typische **operative Ziele** sind etwa:

- Erhöhung der Umsatzrendite,
- Anhebung der Umschlagshäufigkeit der Lagerbestände,
- Reduzierung der Lagerdauer,
- Erhöhung des Umsatzes pro Mitarbeiter.

Diese klar formulierten Ziele erlauben den Einsatz geeigneter Controllinginstrumente insbesondere zur Planung, Steuerung und Kontrolle.

3.2.1 Controllingaufgaben und -instrumente

Controllingaufgaben umfassen alle Aktivitäten zur Realisierung der Controllingziele. Detailliert zählen dazu folgende Aufgabenbereiche:

- Beitrag zur Steuerung von Erfolgspotenzialen und Erfolgen,
- Aufbau und Betrieb eines Planungs- und Kontrollsystems,
- Entscheidungsvorbereitung,
- Beschaffung, Selektion und Aufbereitung von Informationen,

- Erstellung und Verteilung von Berichten mit Zusammenfassungen, Vorschauen, Erläuterungen und Handlungsempfehlungen.[7]

Zu den Hauptaufgaben des operativen Controllings gehören die Durchführung der Planung (in Form der Vereinbarung von Unternehmungszielen), der Kontrolle (in Form von Soll-Ist-Vergleichen und Abweichungsanalysen) und der Steuerung (Unterstützung bei der Durchführung von Korrekturmaßnahmen).

Die **Controllinginstrumente** umfassen alle Hilfsmittel, die zur Erfassung, Strukturierung, Auswertung und Speicherung von Informationen bzw. zur organisatorischen Gestaltung eingesetzt werden. Hierfür sind als Controllingwerkzeuge neben Tabellenkalkulationsprogrammen (Excel) das Data Warehouse, Business-Intelligence-Systeme und Business-Analytics-Systeme mit OLAP und SQL erforderlich.[8] Diese elektronischen Werkzeuge sind zur Unterstützung der Instrumente erforderlich. Tab. 3.3 zeigt eine Aufstellung der wichtigsten strategischen und operativen Controllinginstrumente. Einige dieser Instrumente werden nachfolgend herausgestellt und beschrieben.

Tab. 3.3 Strategische und operative Controllinginstrumente. (Vgl. Vollmuth (2008), S. 12 ff.)

Strategische Controllinginstrumente	Operative Controllinginstrumente
Balanced Score Card	**ABC-Analyse**
Benchmarking	Auftragsgrößenanalyse
Erfahrungskurven	Bestellmengenoptimierung
Konkurrenzanalyse	Break-Even-Analyse
Portfoliotechnik	**Budgetierung**
Produktlebenszykluskurve	**Deckungsbeitragsrechnung**
Prozesskostenmanagement	Engpassanalyse
Outsourcing	Innerbetriebliches Vorschlagswesen
Qualitätsmanagement	Investitionsrechnungsverfahren
Shareholder Value	**Kennzahlen**
Stärken-Schwächen Analyse	Kurzfristige Erfolgsrechnung
Strategische Lücke	Losgrößen-Optimierung
Szenariotechnik	Nutzen-Provision
Zielkostenmanagement	Qualitätszirkel
	Rabattanalyse
	ROI (Gesamtkapitelrendite)-Analyse
	Verkaufsgebietsanalyse
	Wertanalyse
	XYZ-Analyse

---

[7] Vgl. Küpper (2013), S. 131 ff., Ziegenbein (2012), S. 32 ff.
[8] Vgl. Horváth (2015), S. 102.

Balanced Scorecard

Die **Balanced Scorecard** dient als ganzheitliches Informationssystem dazu, erfolgskritische Leistungsindikatoren laufend zu erfassen, um die Unternehmung erfolgreich zu führen.[9] Im Rahmen dieses Konzeptes werden die meist finanzorientierten quantitativen Leistungsindikatoren durch nicht-finanzielle Führungsgrößen ergänzt. Dabei werden insgesamt vier Perspektiven betrachtet:

(1) Finanzperspektive,
(2) Kundenperspektive,
(3) Prozessperspektive,
(4) Mitarbeiterperspektive (Lernperspektive).

Die Balanced Scorecard dient der systematischen Strategiefindung und -umsetzung. Bevor die Perspektiven betrachtet werden, wird eine Mission bzw. Vision für das Unternehmen formuliert. Danach werden in den einzelnen Perspektiven je drei bis vier strategische Ziele benannt (Oberziele), die jeweils konkreten quantifizierbaren Messgrößen verknüpft werden (Abb. 3.1). Den Oberzielen ist auf einer tieferen Ebene jeweils ein Maßnahmenplan mit ebenfalls messbaren Teilzielen beigefügt.

Die Planung folgt der inneren Logik der Perspektiven: Damit die Finanzen in Ordnung sind (1), braucht das Unternehmen zufriedene Kunden (2), die hat es nur, wenn die Leistungen überzeugen (3), und das funktioniert nur mit gut ausgebildeten Mitarbeitern (4).

Die Messgrößen der einzelnen Ebenen können bestimmten Geschäftsbereichen bzw. Abteilungen zugeordnet werden (vgl. Beispiel Abb. 3.2). Damit ergibt sich eine Vertei-

Abb. 3.1 Balanced-Scorecard-Erstellungsprozess

1	**Mission** definieren
2	**Vision** bestimmen
3	**Strategie** ableiten
4	**Strategische Ziele und Vorgaben** formulieren
5	**Perspektiven** auswählen
6	**Operative Maßnahmen** benennen
7	**Kennzahlen** bestimmen

---

[9] Vgl. Baum/Coenenberg/Günther (2013), S. 415 ff., Horváth (2015), S. 200 ff., Küpper (2013), S. 500 ff.

Finanzen		Kunden	
➤ Umsatz:	> 10 Mio.€/Jahr	➤ Marktanteil:	15 %
➤ Gewinn:	> 2 Mio.€/Jahr	➤ Kundenbindung:	59% der Kunden kaufen wieder
➤ Deckungsbeiträge:	immer positiv		
➤ Cash-flow:	> 2 Mio.€/Jahr	➤ Kundenzufriedenheit:	gemessener Zufrie- denheitsindex 80%
➤ Rentabilität:	> 10% bezogen auf das Eigenkapital	➤ Neukunden:	100/Jahr

Interne Abläufe		Lernen/Wachstum	
➤ Durchlaufzeiten:	10 Min./Produkt	➤ Qualifikation:	5 Tage Schulung/ Mitarbeiter p. a.
➤ Kapazitätsauslastung:	55%		
➤ Materialbestand:	80% vorrätig bei Anfrage	➤ Informationsflüsse:	wöchentliche Abtei- lungsmeetings
➤ Entwicklungszeit:	< 1 Jahr/Produkt	➤ Innovationen:	9 Innovationen p. a.
➤ Qualität:	< 2% Beschwerden	➤ KVP:	5 Ideen/Mitarbeiter p. a.

Abb. 3.2 Balanced-Scorecard-Zahlenbeispiel

lung auf verantwortliche Führungskräfte.[10] Derartige Zahlen können von Unternehmen in Zielvereinbarungen mit den Mitarbeitern des Unternehmens genutzt werden.

Benchmarking

Das **Benchmarking** (Leistungsvergleich), ein weiteres strategisches Controllinginstrument, ist ein kontinuierlicher Prozess, bei dem Produkte, Dienstleistungen und insbesondere betriebliche Funktionen über mehrere Unternehmungen hinweg miteinander verglichen werden.[11]

Beim Benchmarking geht es darum, die Erfolgsfaktoren insbesondere der erfolgreichsten Firmen festzustellen und sich mit ihnen zu messen. **Benchmarks** sind Bezugsgrößen bzw. Vergleichsstandards für die eigene Unternehmung, die sich an den Standards anderer Unternehmungen oder der Gesamtbranche orientieren. In der Regel wird die eigene Unternehmung mit dem sog. „**Klassenbesten**" verglichen. Dabei kann es sich nicht nur um den stärksten Mitbewerber, sondern auch um eine branchenfremde Unternehmung handeln, die bestimmte Prozesse besonders gut beherrscht.

---

[10] Vgl. Vollmuth (2008), S. 230 ff.
[11] Vgl. Horváth/Reichmann (2003), S. 48 f., Vollmuth (2008), S. 243 ff.

Im Verlauf des Benchmarkingprozesses werden die Leistungslücken der eigenen Unternehmung aufgedeckt.[12] Folgende Bereiche werden untersucht:

- **Produkte**:
  Welches sind erfolgreiche Produkte anderer Unternehmungen?
- **Prozesse**:
  Wie machen es die anderen – die Klassenbesten? Im Zentrum der Vergleiche stehen Fertigungs-, Dienstleistungs- und interne Prozesse.
- **Organisation**:
  Wie sieht die Aufbau- und Ablauforganisationsstruktur der Klassenbesten aus?
- **Strategie**:
  Was ist die strategische Ausrichtung der Klassenbesten, d. h. wo wollen sie hin? Auf welchen Märkten agieren sie besonders erfolgreich?

„Der besondere Vorteil des Benchmarkings liegt zusammenfassend in der Möglichkeit, Leistungsstandards aufzuzeigen, die von anderen Unternehmen gesetzt worden sind und daher offensichtlich auch erreicht werden können."[13]

ABC-Analyse

Die **ABC-Analyse** dient in erster Linie dazu, Schwerpunkte zu bilden und Prioritäten zu setzen. Mit ihrer Hilfe können komplexe Themenbereiche strukturiert und deren quantitative Strukturen sichtbar gemacht werden.[14] Sie vergleicht Mengen und Werte. Dabei stellt sich heraus, dass in vielen Unternehmungen kleine Mengen große Werte repräsentieren. Dies bedeutet, dass ein intensives Controlling dieser kleinen Mengen schnell große Wirkungen erzeugen kann.[15]

Die ABC-Analyse basiert auf dem **Pareto-Prinzip**. Die Pareto-Verteilung beschreibt das statistische Phänomen, wenn eine *kleine* Anzahl von *hohen* Werten einer Wertemenge mehr zu deren Gesamtwert beiträgt als die *hohe* Anzahl der *kleinen* Werte dieser Menge.

Der Volkswirtschaftler *Vilfredo Pareto* untersuchte die Verteilung des Volksvermögens in Italien und fand heraus, dass ca. 20 % der Familien ca. 80 % des Vermögens besitzen. Banken könnten sich also vornehmlich um diese 20 % der Menschen kümmern, und ein Großteil ihrer Auftragslage wäre gesichert.

Das Prinzip der ABC-Analyse, die überwiegend in den Bereichen Produktion, Materialwirtschaft, Zulieferer, Produktgruppen, Verkaufsgebiete und Kundengruppen eingesetzt wird, besteht in folgender Klassenbildung:

---

[12] Vgl. zum Vorgehen des Benchmarkings Weber/Schäffer (2016), S. 382 ff.
[13] Weber/Schäffer (2016), S. 385.
[14] Vgl. Horváth/Reichmann (2003), S. 1 f.
[15] Vgl. Vollmuth (2008), S. 16 ff.

- **A-Klasse:**
  Effizientester Bereich: Mit ca. 5–20 % des Mitteleinsatzes werden ca. 70–80 % des Zieles erreicht bzw. Werte geschaffen.
- **B-Klasse:**
  Wenig effizienter Bereich: Mit ca. 20–50 % des Mitteleinsatzes werden (nur) 20–30 % des Zieles erreicht.
- **C-Klasse:**
  Ineffizienter Bereich: Für nur 10–20 % Zielerreichung werden 50–80 % der Mittel eingesetzt.[16].

Eine entsprechende Kundenklassifizierung zeigt, dass 20 % der Kunden (A-Kunden) etwa 80 % des Umsatzes der Unternehmung repräsentieren. Diese Kunden bedürfen einer besonderen Betreuung. C-Kunden verursachen i. d. R. zu hohe Kosten und sollten daher eher nicht persönlich besucht, sondern telefonisch betreut werden (vgl. dazu auch Abschn. 7.5.2 – Vertriebliche Kennzahlen).

Budgetierung

Ein weiteres wichtiges Controllinginstrument ist die **Budgetierung**. Das Budget ist ein in wertmäßigen Größen formulierter Plan, der einer Entscheidungseinheit für einen bestimmten Zeitraum mit einem bestimmten Verbindlichkeitsgrad vorgegeben bzw. mit ihr vereinbart wird.[17] Bei der Budgetierung werden also monetäre Größen, wie Erlöse, Kosten und Vermögen festgelegt.[18] Nach der Wertdimension werden u. A. Ausgaben-, Kosten-, Deckungsbeitrags- und Umsatzbudgets unterschieden.

Die Aufstellung und Verabschiedung von Budgets ist Bestandteil des Controllingprozesses. Der Budgetierungsprozess beinhaltet die Aufstellung, Kontrolle und Abweichungsanalyse von Budgets. Die traditionelle Budgetierung erfolgt auf Jahresbasis. Mit Hilfe von Budgetierungssystemen lassen sich alle Unternehmungsaktivitäten auf ein Gesamtziel – den Gesamtunternehmungserfolg – ausrichten.

Ein **Budgetsystem** ist die geordnete Gesamtheit aller aufeinander abgestimmten Einzelbudgets einer Unternehmung.[19] Der Ablauf der Budgetplanung ist so gestaltet, dass Einzelbudgets nach einem modularen Prinzip in einer sachlich zweckmäßigen Reihenfolge erstellt und auf einander abgestimmt werden. Den Zusammenhang zwischen den Einzelbudgets bzw. -planungen verdeutlicht Abb. 3.3.

Die Budgetierung unterstützt die Umsetzung von Plänen, indem Budgetverantwortliche benannt werden. Das führt in der Regel zu einer Verhaltensbeeinflussung führt. Oft wird die Einhaltung von Budgetvorgaben zusätzlich mit einem Anreizsystem verknüpft. Dadurch kann aber ein kurzfristiges Gewinndenken der Budgetverantwortlichen eintreten, das den langfristigen Unternehmungszielen entgegensteht. Dieses Risiko sollte von

---

[16] Vgl. Horváth/Reichmann (2003), S. 1.
[17] Vgl. Horváth/Reichmann (2003), S. 97 f.
[18] Vgl. Küpper (2013), S. 433 ff., Steinle (2007), S. 309 ff., Ziegenbein (2012), S. 500 ff.
[19] Vgl. Horváth/Reichmann (2003), S. 104 ff.

Abb. 3.3 Budgetzusammenhang

der Unternehmungsleitung erkannt und vermieden werden, beispielsweise indem übergeordnete Unternehmensziele in das Anreizsystem einbezogen werden.

Ebenfalls sorgfältig beachtet werden muss das sog. *Budget wasting* (Budgetmittelver-
schwendung). Der Grund für Mittelverschwendung liegt in der Tatsache begründet, dass
die Neubewilligung von Kostenbudgets oft von der Ausschöpfung zuvor bewilligter Budgets abhängt. Ein auf Dauer wirksames Mittel zur Lösung dieses Problems ist das sog.
Zero Base Budgeting. Im Rahmen dieses Verfahrens müssen sämtliche Aktivitäten und
die damit verbundenen Kosten in der Unternehmung jährlich neu begründet werden.[20]

Auf die in der Praxis der Unternehmensführung wichtigen Controllinginstrumente der
Kennzahlen und Kennzahlensysteme sowie der **Deckungsbeitragsrechnung** wird weiter unten eingegangen.

---

[20] Vgl. Horváth/Reichmann (2003), S. 835 f.

3.2.2 Controllingorganisation

Jede Controllingaktivität im Unternehmen braucht eine **Controllingorganisation**.[21] Unter dem Begriff Controllingorganisation werden in der Regel aufbau- und ablauforganisatorische Gesichtspunkte des Controllingprozesses zusammengefasst.

Die Aufbauorganisation wird durch folgende Fragen bestimmt:

- An welchen Stellen der Unternehmungsorganisation sollen die Controllingaufgaben wahrgenommen werden?
- Welche Aufgabenbereiche sind einer möglichen Controllingabteilung bzw. dem Controller zugeordnet?
- Mit welchen Entscheidungskompetenzen ist die Controllingabteilung bzw. der Controller ausgestattet?
- Welche persönlichen Anforderungen werden an den Controller gestellt?

In der Controllingpraxis bestehen Auffassungsunterschiede darüber, ob es sich bei dem Controlling schwerpunktmäßig um eine Linienstelle handeln sollte, deren Inhaber anordnen kann, oder um eine Stabsstelle, deren Inhaber empfiehlt und berät.

Die Ablauforganisation des Controllings regelt die Arbeitsbeziehungen zwischen den organisatorischen Einheiten des Controllings sowie zwischen dem Controlling und anderen organisatorischen Einheiten.[22]

Der **Controller** ist der Träger des Controllings und damit die Person, die die Controllingaufgaben durchführt. Er ist der betriebswirtschaftliche Berater des Managements und der Mitarbeiter. Somit nimmt er u. A. folgende Rollen wahr:

- Innovator, der zu Veränderungen anregt und Lernprozesse in Gang setzt,
- Agent, der innerhalb der lernenden Organisation für Transparenz und Diffusion von Wissen sorgt,
- Lotse, der engpassorientiert arbeitet,
- Verkäufer, der Mitarbeiter motiviert,
- Makler, der die zu Problemlösungen relevanten Methoden und spezifischen Informationen bereitstellt,
- Trainer, der berät und betreut und dann erfolgreich ist, wenn andere im Unternehmungen Erfolg haben.[23]

---

[21] Vgl. Horváth (2015), S. 371 ff., Küpper (2013), S. 667 ff., Weber/Schäffer (2016), S. 461 ff.
[22] Vgl. Küpper (2013), S. 701 ff.
[23] Vgl. Ziegenbein (2012), S. 178 ff. Horváth (2015), S. 430 ff.

3.3 Betriebswirtschaftliche Kennzahlen und Kennzahlensysteme

3.3.1 Betriebswirtschaftliche Kennzahlen

Kennzahlen sind wichtige Controllinginstrumente. Sie werden nach absoluten Kennzahlen (z. B. Umsatz, Gewinn) und Verhältniskennzahlen (Beziehungszahlen, Gliederungszahlen, Indexzahlen) unterschieden. Betriebswirtschaftliche Kennzahlen beziehen sich auf wichtige betriebswirtschaftliche Tatbestände. In dieser konzentrierter Form spiegeln sie die Lage und Entwicklung von Unternehmungen wider.[24]

Es wird zwischen beschreibenden, erklärenden und vorhersagenden Kennzahlen unterschieden. Beschreibende Kennzahlen haben einen unselbständigen Erkenntniswert, daher gestattet erst ein inner- und/oder zwischenbetrieblicher Vergleich eine wertende Einordnung der eigenen Ergebnisse. Eine Erkenntnis über die Gründe der Ergebnisse wird mit einem Vergleich nicht gewonnen. Erklärende und vorhersagende Kennzahlen besitzen dagegen eine eigene Aussagekraft.

Nach ihrem betriebswirtschaftlichen Inhalt können Kennzahlen wie folgt eingeteilt werden:

- Kennzahlen zur Planung, Steuerung und Kontrolle der Unternehmung als Ganzes (Erfolgsanalyse, z. B. Gewinn, Kapitalrentabilität, Wirtschaftlichkeit; Finanzlage, z. B. Cashflow, Liquidität).
- Kennzahlen einzelner Funktionsbereiche (z. B. Beschaffung, Marketing, Service).

Zur Quantifizierung des ökonomischen Erfolgs und zur Unternehmungssteuerung werden verschiedene Kennzahlen eingesetzt. Kennzahlen sind häufig Quotienten zweier Ausgangsgrößen. Aussagekraft erhalten sie durch Vergleiche:

- Querschnittsanalyse: Vergleich der eigenen Kennzahl mit der anderer Einheiten (insb. Unternehmen, Betriebe, Abteilungen). Diese Vergleiche werden auch als **Benchmarking** bezeichnet. Man orientiert sich an dem nach der Kennzahl besten Vergleichspartner (**benchmark**) und versucht herauszufinden, ob man dasselbe Niveau erreichen kann, vor allem durch Veränderung der eigenen Strukturen und Abläufe.
- Längsschnittanalyse: Vergleich der eigenen aktuellen Kennzahl mit denen vergangener Perioden (insb. Jahre). Durch diese Vergleiche kann Handlungsbedarf in Bezug auf schleichende, ansonsten nicht erkennbare Verschlechterungen aufgezeigt und der Erfolg durchgeführter Maßnahmen überprüft werden.

---

[24] Vgl. Horváth (2015), S. 286 ff., Küpper (2013), S. 471 ff., Weber/Schäffer (2016), S. 177 ff.; Reichmann, T.; Kißler, M.; Baumöl, U. (2017), S. 34 ff.

Die wichtigsten Kennzahlen sind:

- Wirtschaftlichkeit,
- Produktivität,
- Rentabilität,
- Liquidität.

Wirtschaftlichkeit

Die Wirtschaftlichkeit eines Unternehmens, eines Projektes oder einer betriebswirtschaftlichen Einzelaktion (z. B. einzelner Kundenauftrag wird durch eine einfache Kennzahl ausgedrückt, die das Verhältnis vom Ertrag bzw. Leistung zum Aufwand bzw. Kosten) darstellt.

Die Wirtschaftlichkeit wird demnach wie folgt berechnet:[25]

$$\text{(Ertrags-)Wirtschaftlichkeit} = \frac{\text{Erträge}}{\text{Aufwendungen}} \qquad (3.1)$$

$$\text{(Kosten-)Wirtschaftlichkeit} = \frac{\text{Leistungen}}{\text{Kosten}} \qquad (3.2)$$

Produktivität

Die Produktivität ist eine Kennzahl, die die mengenmäßige Ergiebigkeit eines Prozesses abbildet. Sie wird gemäß folgender Formel:

$$\text{Produktivität} = \frac{\text{Output}}{\text{Input}} \qquad (3.3)$$

Da dem betrieblichen Produktionsprozess diverse Leistungsarten zugrunde liegen, ist es sinnvoll, Teilproduktivitäten zu entwickeln, die sich jeweils auf eine Inputgröße (Produktionsfaktor) beziehen. Hier einige Beispiele:

$$\text{Materialproduktivität} = \frac{\text{erzeugte Menge}}{\text{Materialeinsatz}} \qquad (3.4)$$

$$\text{Arbeitsproduktivität} = \frac{\text{erzeugte Menge}}{\text{Arbeitsstunden}} \qquad (3.5)$$

Sowohl Zähler wie Nenner der Produktivitätskennzahlen können oftmals in Geldeinheiten bewertet werden, so dass sich die Kennzahlen gut als Prozentwerte darstellen lassen. Produktivitätskennzahlen mit anderen Einheiten werden immer dann zu Vergleichszwecken verwendet, wenn eine Bewertung der Mengen in Geldeinheiten nicht möglich bzw. nicht nötig ist.[26]

---

[25] Vgl. Olfert/Rahn (2013), S. 46 f.
[26] Vgl. Olfert/Rahn (2013), S. 47 f.

Rentabilität

Eine gute Wirtschaftlichkeit und/oder Produktivität lässt noch nicht darauf schließen, dass die betrachtete Unternehmung auch rentabel arbeitet. Dies ist z. B. dann nicht der Fall, wenn die wirtschaftlich und produktiv erzeugten Güter oder Dienstleistungen keinen Markt finden, d. h. wenn sie nicht abgesetzt werden können. Daher gehören Rentabilitätskennzahlen zu den wichtigsten Größen zur Steuerung und zur Beurteilung von Unternehmen, Unternehmensteilen und Projekten.

Rentabilitäten werden durch Division einer Erfolgsgröße (z. B. Gewinn) durch eine Bezugsgröße (z. B. Kapital) ermittelt und in Prozent angegeben. Die wichtigste Rentabilitätskennzahl ist die Eigenkapitalrentabilität:

$$\text{Eigenkapitalrentabilität} = \frac{\text{Erfolg}}{\text{Eigenkapital}} \qquad (3.6)$$

Sie gibt an, wie sich das von den Eigentümern im Unternehmen investierte Kapital verzinst, da der erwirtschaftete Erfolg den Eigentümern zusteht und damit, ähnlich wie die für einen Bankkredit zu zahlenden Zinsen, der Preis dafür ist, dass das Kapital dem Unternehmen zur Verfügung gestellt wird.

Beispiel

Die Eigenkapitalrentabilität ist der magische Wert, den der damalige Vorstandsvorsitzende der Deutschen Bank, Josef Ackermann, immer auf mindestens 25 % bringen wollte.

Man beachte, dass das auf zwei Arten geschehen kann: 1. durch erhöhten Erfolg; 2. durch Reduktion des Eigenkapitals (was i. d. R. durch erhöhtes Fremdkapital kompensiert wird).

Ein drastisches Beispiel illustriert, dass die Eigenkapitalrentabilität als Bewertungsgröße tückisch sein kann. Das Eigenkapital der ehemaligen DDR war nahezu komplett aufgezehrt; es wurde auf vollständig abgeschriebenen Anlagen produziert. Die Eigenkapitalrentabilität dürfte demnach exorbitant hoch gewesen sein ...

Die Eigenkapitalrentabilität ist jedoch nicht identisch mit der Dividendenrendite, die sich durch Division der Gewinnausschüttung einer Aktiengesellschaft durch den Börsenkurs ergibt, denn sowohl die Zähler als auch die Nenner unterscheiden sich, weil nicht der gesamte in einem Jahr erwirtschaftete Gewinn ausgeschüttet werden muss und weil der Börsenkurs sich durch Angebot und Nachfrage ergibt und nicht mit dem Wert des auf eine Aktie entfallenden Eigenkapitalanteils identisch ist.

Wegen der Ähnlichkeit der Eigenkapitalrentabilität mit einer Verzinsung bietet sich für diese Kennzahl neben den oben beschriebenen Quer- und Längsschnittanalysen ein weiterer Vergleich an, nämlich mit der Kapitalmarktrentabilität. Darunter ist die marktübliche Verzinsung von Kapital zu verstehen, die vor allem für Staatsanleihen täglich ermittelt und in der Wirtschaftspresse veröffentlicht wird. Da die Beteiligung an einem Unternehmen sehr viel risikoreicher ist als die Geldanlage in Staatsanleihen, muss bei diesem Vergleich ein Risikoaufschlag berücksichtigt werden, die Eigenkapitalrentabilität muss also deutlich höher sein als die Verzinsung von Staatsanleihen.

Bezugsgröße der Rentabilität kann statt des Eigenkapitals auch das Gesamtkapital sein, das sich aus Eigen- und Fremdkapital zusammensetzt. Zur Bestimmung der Gesamtkapitalrentabilität sind neben dem erwirtschafteten Gewinn auch die Fremdkapitalzinsen in die Berechnung mit einzubeziehen. Fremdkapitalzinsen stellen den Ertrag des Fremdkapitals dar. Sie werden den Fremdkapitalgebern geschuldet und sind somit Aufwand für das Unternehmen, der den Gewinn mindert. Aus diesem Grund werden die Fremdkapitalzinsen, bei der Bestimmung der Gesamtkapitalrentabilität dem Erfolg hinzugerechnet, wie die folgende Formel zeigt:

$$\text{Gesamtkapitalrentabilität} = \frac{\text{Gewinn} + \text{Fremdkapitalzinsen}}{\text{Gesamtkapital}} \qquad (3.7)$$

Gesamtkapitalrentabilitäten lassen sich nicht nur für komplette Unternehmen sinnvoll ermitteln, sondern für jede Investition, also z. B. auch für die Anschaffung einer Werkzeugmaschine. In diesem Zusammenhang wird für die Gesamtkapitalrentabilität auch der englische Begriff „*return on investment*" (**ROI**) verwendet.

Auch der Umsatz, das sind die durch den Verkauf von Produkten und Dienstleistungen erzielten Erlöse, kann als Bezugsgröße für die Rentabilitätsberechnung herangezogen werden:

$$\text{Umsatzrentabilität} = \frac{\text{Erfolg}}{\text{Umsatz}} \qquad (3.8)$$

Die Umsatzrentabilität ist vor allem für Handelsunternehmen eine wichtige Steuerungsgröße, ebenso für Industrieunternehmen bezüglich der Handelsware, also Gütern, die nicht selbst produziert, sondern verkaufsfertig bezogen und – häufig als Ergänzung des eigenen Produktionsprogramms – weiterverkauft werden.[27]

Liquidität

Liquiditätskennzahlen bilden die Zahlungsfähigkeit eines Unternehmens ab, die für die Existenz jedes Unternehmens wichtig ist, denn bei Zahlungsunfähigkeit droht ein Insolvenzverfahren. Im Insolvenzverfahren wird den Eigentümern die Kontrolle über das Unternehmen entzogen und durch Gerichtsbeschluss ein Insolvenzverwalter eingesetzt, der das Unternehmen als Ganzes oder in Teilen – bis hin zur Versteigerung der einzelnen Vermögensgegenstände – verkauft und den Verkaufserlös unter den Gläubigern[28] verteilt.[29]

In der Betriebswirtschaftslehre wird zwischen der absoluten Liquidität und der relativen Liquidität unterschieden.

---

[27] Vgl. Olfert/Rahn (2013), S. 48.
[28] Gläubiger sind Personen oder Institutionen, die Zahlungsansprüche gegen das Unternehmen haben, insbesondere Lieferanten, Banken, Arbeitnehmer, Sozialversicherungsträger und Finanzämter.
[29] Vgl. Paffenholz/Kranzusch (2007), S. 5–13.

- Absolute Liquidität ist eine Eigenschaft von Vermögensteilen, die ausdrückt, ob diese als Zahlungsmittel verwendet oder in Zahlungsmittel umgewandelt werden können. Sie beschreibt somit die Liquidierbarkeit der Vermögensgegenstände, die nicht dazu benötigt werden, den Fortbestand der Unternehmung zu sichern.
- Relative Liquidität beschreibt als kurzfristige Kennzahl das Verhältnis zwischen Teilen des Umlaufvermögens und den kurzfristigen Verbindlichkeiten (Schulden) der Unternehmung. Dabei geht es um die Frage, ob das Unternehmen in der Lage ist, seine kurzfristig fälligen Verbindlichkeiten zu bezahlen, und zwar entweder unmittelbar mit verfügbaren Zahlungsmitteln oder mit Vermögensgegenständen von großer absoluter Liquidität, die also schnell verkauft werden können, so dass mit den Verkaufserlösen dem Unternehmen Zahlungsmittel zufließen, die dann für die Begleichung der Verbindlichkeiten eingesetzt werden können.

Im Rahmen der kurzfristigen Finanzplanung wird zwischen der Liquidität 1., 2. und 3. Grades differenziert:[30]

$$\text{Liquidität 1. Grades} = \frac{\text{Zahlungsmittelbestand}}{\text{kurzfristige Verbindlichkeiten}} \qquad (3.9)$$

$$\text{Liquidität 2. Grades} = \frac{\text{kurzfristiges Umlaufvermögen}}{\text{kurzfristige Verbindlichkeiten}} \qquad (3.10)$$

$$\text{Liquidität 3. Grades} = \frac{\text{gesamtes Umlaufvermögen}}{\text{kurzfristige Verbindlichkeiten}} \qquad (3.11)$$

Im Idealfall ist die Liquidität größer als 1, die Zahlungsmittel oder geldnahen Vermögensgegenstände reichen also aus, um die kurzfristigen Verbindlichkeiten begleichen zu können. Es gibt allerdings nur wenige Unternehmen, bei denen die Liquidität ersten Grades derart hoch ist. Unter Rentabilitätsaspekten wäre eine so hohe Liquidität auch nicht anzustreben, weil der Zahlungsmittelbestand – dessen größter Teil bei den meisten Unternehmen aus täglich abrufbaren Bankguthaben besteht – schlecht verzinst wird und der von den Banken dafür angebotene Zinssatz deutlich unter der Rentabilität des Kapitals liegt, das in den Betriebsprozess, im Wesentlichen also in Maschinen und Material, investiert ist. Die Liquidität muss lediglich so groß sein, dass sie von den wichtigen Gläubigern, vor allem Lieferanten und Banken, als ausreichend angesehen wird, um die Geschäftsbeziehung fortzusetzen, also das Unternehmen weiterhin zu beliefern oder auslaufende Kredite zu erneuern.

Finanzwirtschaftlich ist eine Materiallieferung eine Kreditgewährung, weil der Kunde üblicherweise nicht sofort bei Lieferung bezahlt, sondern erst später.[31] Nach dem Bürgerlichen Gesetzbuch entsteht die Zahlungspflicht mit der Lieferung, häufig wird zwischen dem Lieferanten und seinem Kunden aber ein Zahlungsziel vereinbart, also eine mit dem

---

[30] Vgl. Wöhe/Döring (2013), S. 538 ff.
[31] Vgl. Töpfer (2007), S. 1011.

Zeitpunkt der Lieferung beginnende Frist, innerhalb derer die Zahlung zu leisten ist. Bei Kunden mit schlechter Liquidität bestehen Lieferanten häufig auf Vorkasse, liefern also erst nach Zahlungseingang. Eine in hohem Maße genutzte Möglichkeit für Lieferanten, sich des Zahlungsrisikos und des Aufwands der ständigen Prüfung der Liquidität der Kunden zu entledigen, ist die Kreditversicherung. Für regelmäßige Lieferbeziehungen übernimmt dabei ein Kreditversicherer das Risiko des Zahlungsausfalls.

Weitere Kennzahlen

Einige gebräuchliche betriebswirtschaftliche Kennzahlen sind in Tab. 3.4 zusammengestellt.

Der **Return on Sales**, **Return on Investment** und **Return on Equity** sind nur Synonyme für die oben bereits erläuterten Rentabilitäten.

Der **Shareholder Value** bezeichnet das sog. **Aktionärsvermögen**. Sein Wert entspricht dem Marktwert des Eigenkapitals (auch **Unternehmenswert** genannt). Der Shareholder Value-Ansatz ist ein betriebswirtschaftliches Konzept, welches das Unternehmungsgeschehen als eine Reihe von Zahlungsströmen (Cashflows) betrachtet. Die Bewertung der Unternehmung erfolgt anhand der freien Cashflows. Der Shareholder Value ergibt sich dabei aus den auf den Bewertungszeitpunkt abgezinsten freien Cashflows abzüglich des Marktwertes des Fremdkapitals.

Zur Ermittlung des Shareholder Value werden die freien Cashflows (Einzahlungsüberschüsse) der betrachteten Jahre (t) mit (1+WACC) abgezinst und anschließend summiert.[32] Diese Summe wird zu der, nach gleichem Verfahren abgezinsten, Summe der geschätzten freien Cashflows für die Zeit _nach_ den betrachteten Jahren sowie dem Wert des nicht betriebsnotwendigen Vermögens (Maschinen, Immobilien, Fuhrpark ...) addiert. Schließlich wird hiervon das Fremdkapital der Unternehmung abgezogen, woraus sich Shareholder Value ergibt.

Tab. 3.4 Betriebswirtschaftliche Kennzahlen

Kennzahl	Bedeutung	Berechnung
Direct Costing	Deckungsbeitrag (DB)	Umsatz – variable Kosten
Return on Sales (RoS)	Umsatzrentabilität	Gewinn/Umsatz
Return on Investment (RoI)	Gesamtkapitalrentabilität	(Gewinn + Fremdkapitalzinsen)/ Gesamtkapital
Return on Equity (RoE)	Eigenkapitalrentabilität	Gewinn/Eigenkapital
Shareholder Value (S. V.)	Marktwert des Eigenkapitals	Siehe unten
Cashflow	Einzahlungsüberschuss	Einzahlungen – Auszahlungen

---

[32] WACC = _Weighted Average Costs of Capital_: Gewichtete durchschnittliche Kapitalkosten, d. h. Einzelzinssätze (Eigen-/Fremdkapitalzinssatz) werden kapitalanteilig gewichtet.
Dabei wird ein kleiner systematischer Fehler in Kauf genommen, der dadurch entsteht, dass die Verzinsung einer Exponentialfunktion folgt, also nicht proportional zur Zinshöhe ist.

Der Wert einer Unternehmung wir durch Diskontierung des zukünftigen freien Cashflows mit den gewichteten Kapitalkosten (WACC) ermittelt. Der **Cashflow** bildet die
Differenz zwischen den betrieblichen Einzahlungen und Auszahlungen. Der freie Cashflow errechnet sich aus:

	Operatives Ergebnis vor Zinsen und Steuern
$-$	Ertragssteuern
$+$	Abschreibungen
$+/-$	Dotierung/Auflösung von Rückstellungen
$=$	**Brutto-Cashflow**
$-$	Investitionen in das Anlagevermögen
$-$	Erhöhung des Netto-Umlaufvermögens
$=$	**Freier Cashflow (Netto-Cashflow)**

3.3.2   Kennzahlensysteme

Die Aussagekraft singulärer Kennzahlen ist begrenzt, weshalb häufig eine systematische
Verknüpfung von Kennzahlen in **Kennzahlensystemen** erfolgt.[33]

Die überwiegend pyramidenförmigen Kennzahlensysteme enthalten als sog. **Spitzenkennzahl** aggregierte Werte, die zentrale Kenngrößen wie Rentabilität oder Liquidität
darstellen. Kennzahlensysteme werden nicht nur zur laufenden Steuerung eingesetzt, sondern können auch zu einem Instrument des Krisenmanagements ausgebaut werden.

Betriebswirtschaftliche Kennzahlensysteme umfassen mindestens zwei betriebswirtschaftliche Kennzahlen, die in rechnerischer Verknüpfung oder in einem Systematisie-
rungszusammenhang zueinander stehen und die Informationen über einen oder mehrere
betriebswirtschaftliche Tatbestände beinhalten.

In Kennzahlensystemen werden die Kennzahlen so zusammengestellt, dass sie sich
gegenseitig ergänzen, erklären, in einer sinnvollen Beziehung zueinander stehen und dabei
als Gesamtheit den Analysegegenstand möglichst ausgewogen und vollständig erfassen.
Sie sollen die Konzentration auf das Wesentliche fördern.

Ein bekanntes Beispiel bildet das **DuPont-Kennzahlsystem** (Abb. 3.4). Grundüber-
legung ist, dass nicht Gewinnmaximierung als absolute Größe anzustreben ist, sondern die
relative Größe des Return on Investment (RoI). Der RoI, also der auf das investierte Kapital bezogene Gewinn als Spitzenkennzahl, die das Unternehmungsziel repräsentiert, wird
im DuPont-System in ihre Elemente aufgespalten. Diese sind rechentechnisch miteinander
verknüpft. Die rechnerische Auflösung der obersten Zielgröße erlaubt eine systematische
Analyse und Steuerung der Haupteinflussfaktoren (Werttreiber) des Unternehmungser-
gebnisses.

---

[33] Vgl. Horváth (2015), S. 287 ff., Küpper (2013), S. 482 ff., Weber/Schäffer (2016), S. 196 ff.;
Reichmann, T.; Kißler, M.; Baumöl, U. (2017), S. 81 ff.

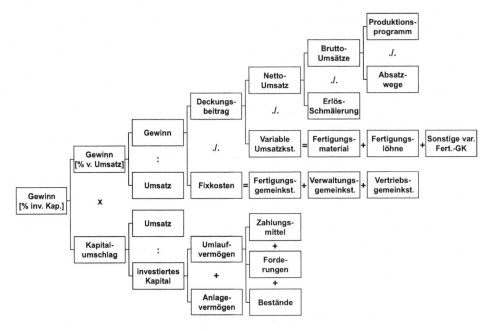

Abb. 3.4 Das DuPont-Kennzahlensystem. (Vgl. Horváth/Reichmann (2003), S. 175)

Das DuPont-Kennzahlensystem verbindet kosten- und finanzwirtschaftliche Aspekte miteinander und wird zur Planung, Steuerung und Kontrolle einzelner Geschäftsbereiche eingesetzt. Es hat einen unselbständigen Erkenntniswert, d. h. zur Beurteilung der Kennzahlen ist ein Vergleich mit anderen vergangenheitsorientierten Zahlen oder mit Vorgabewerten (Budget- und/oder Sollwerten) erforderlich.

Da dieses System ein Rechensystem ist, wirkt sich jeder quantifizierbare und berücksichtigte Sachverhalt auch tatsächlich auf das Ergebnis aus und kann bei Planungs-, Steuerungs- und Kontrollüberlegungen kaum übersehen werden.

3.4 Kosten- und Leistungsrechnung

3.4.1 Rechnungswesen und Zielsetzungen

Mit der Kosten- und Leistungsrechnung (kurz: KLR) wird ein Teil des betrieblichen Rechnungswesens abgebildet. Im Rechnungswesen stehen die folgenden beiden Aspekte im Vordergrund:

- die Berichterstattung und damit die Beeinflussung Dritter sowie
- die Informationen zum Zweck der Führung.

Diese grundsätzliche Trennung bestimmt die Gliederung des betrieblichen Rechnungswesens (Tab. 3.5). Sie ist einerseits auf externe Adressaten (z. B. die allgemeine Öffentlichkeit und Behörden), andererseits auf interne Adressaten (z. B. die Abteilungsleitung und die Geschäftsleitung) ausgerichtet. Sie ist, im Gegensatz zum externen Rechnungswesen, eine freiwillig erstellte Rechnung.

Die Saldogrößen verdeutlichen, dass das Ergebnisziel in der Gewinn- und Verlustrechnung der **pagatorische** Gewinn/Verlust (der sog. Jahresüberschuss als Unternehmensergebnis) und in der Kosten- und Leistungsrechnung der **kalkulatorische** Gewinn/Verlust (das sog. Betriebsergebnis) ist. Im Folgenden werden die Begriffe Ertrag/Aufwand von Leistungen/Kosten abzugrenzen sein, da es in der Kosten- und Leistungsrechnung z. B. Kosten für die Kalkulation in Ansatz zu bringen gilt, die in der Finanzbuchhaltung nicht als Aufwendungen vorhanden sind.

Grundsätzlich lassen sich im Rechnungswesen die folgenden Begriffe unterscheiden (Tab. 3.6).

Die Kosten- und Leistungsrechnung bezieht sich auf die internen Leistungen (= Betriebserträge) und die zu ihrer Erstellung verbrauchten Güter und Dienstleistungen (= Kosten). Dabei bleibt die Höhe des Betriebserfolgs unabhängig davon, ob die betrieblichen Leistungen oder Kosten in einer bestimmten Periode leistungswirksam waren oder nicht. So sind beispielsweise mit dem Materialverbrauch nicht zwingend Auszahlungen verbunden, denn es kann sich um bevorratetes Material handeln, oder es wurde mit einem bestimmten Zahlungsziel gekauft. Werden mehr Güter produziert als verkauft, so gibt es für die überzähligen Güter zwar betriebliche Leistungen, aber keine Einnahmen.

Tab. 3.5 Gliederung des betrieblichen Rechnungswesens. (Vgl. Weber/Weißenberger (2015), S. 287)

	Externes Rechnungswesen		Internes Rechnungswesen		
Teilbereich	Jahresabschluss		Kosten- und Leistungsrechnung	Finanzrechnung	
Rechenwerk	Bilanz	GuV	Kostenarten-/ Kostenstellen-/ Kostenträger- rechnung	Finanzplanung	Investitions- rechnung
Bezugs- objekt	Unternehmung/ Zeitpunkt	Unternehmung/ Periode	Betrieb/ Produkt/ Periode	Unternehmung/ Periode	Einzelobjekt
Rechen- größen	Vermögen/ Schulden	Ertrag/ Aufwand	Leistungen/ Kosten	Einzahlungen/ Auszahlungen	Diskontierte Ein-/Aus- zahlungen
Saldogrößen	Eigenkapital	Gewinn/Verlust (pagatorisch)	Gewinn/Verlust (kalkulatorisch)	Finanzüber- schuss/-defizit	z. B. Kapi- talwert

Tab. 3.6 Stromgrößen des Rechnungswesens

Begriff	Kurzdefinition
Auszahlung	Abgang liquider Mittel pro Periode
Einzahlung	Zugang liquider Mittel pro Periode
Ausgabe	Geldwert der Einkäufe an Gütern und Dienstleistungen pro Periode
Einzahlung	Geldwert der Verkäufe an Gütern und Dienstleistungen pro Periode
Kosten	Bewerteter Verzehr von Gütern und Diensten im Produktionsprozess während einer
Leistung	Periode
	In Geld bewertete, aus dem Produktionsprozess hervorgegangene Güter und
	Dienste
Aufwand	Zur Erfolgsermittlung periodisierte Ausgaben einer Periode (= jede Eigenkapital-
Ertrag	minderung, die keine Kapitalrückzahlung ist)
	Zur Erfolgsermittlung periodisierte Einnahmen einer Periode (= jede Eigenkapital-
	erhöhung, die keine Kapitaleinzahlung ist)

Abgrenzung von Ausgaben und Kosten

- Ausgaben, die keine Kosten sind: Gewinnausschüttungen, Privatentnahmen, Maschinenkauf
- Ausgaben, die Kosten sind: Periodengerecht gezahlte Löhne und Gehälter, in einer Periode gekaufte und verbrauchte Materialien
- Kosten, die keine Ausgaben sind: Verbrauch unentgeltlich erhaltener Materialien

Abgrenzung von Ausgaben und Aufwendungen

- Ausgaben, die keine Aufwendungen sind: Kauf von Rohstoffen für die nächste Periode, Privatentnahme, Gewinnausschüttungen
- Ausgaben, die Aufwendungen sind: Kauf von Rohstoffen und Verbrauch in dieser Periode
- Aufwendungen, die keine Ausgaben sind: Abschreibung einer früher angeschafften Maschine, Verbrauch vorperiodig angeschaffter Rohstoffe

Abgrenzung von Aufwendungen und Kosten

- Ausgaben, die keine Kosten sind: betriebsfremde (Spenden), außerordentliche (Maschinenverkauf unter Buchwert) oder periodenfremde Aufwendungen (Steuernachzahlung)
- Ausgaben, die Kosten sind: verarbeitete Roh-, Hilfs- und Betriebsstoffe, Löhne und Gehälter
- Genau umgekehrt verhält es sich mit den Einnahmen, Erträgen und Leistungen

Abgrenzung von Einnahmen und Leistungen

- Einnahmen, die keine Leistungen sind: Einnahmen aus Wertpapierspekulation, Mieten für ein Wohnhaus
- Einnahmen, die Leistungen sind: verkaufte Fertigprodukte
- Leistungen, die keine Einnahmen sind: verschenkte Fertigfabrikate, gelieferte Fertigfabrikate mit später folgender Rechnung

Abgrenzung zwischen Einnahmen und Erträgen

- Einnahmen, die keine Erträge sind: erhaltene Anzahlungen, Rückzahlung eines gewährten Darlehens;
- Einnahmen, die Erträge sind: Verkauf von in der Periode erzeugten Erzeugnissen
- Leistungen, die keine Einnahmen sind: Produktion von Fertigerzeugnissen auf Lager

Abgrenzung zwischen Erträgen und Leistungen

- Erträge, die keine Leistungen sind: Zins- und Mieterträge aus nicht betriebsnotwendigem Vermögen
- Erträge, die Leistungen sind: Erträge aus betriebsbedingter Tätigkeit
- Leistungen, die keine Erträge sind: unentgeltliche abgegebene Fertigerzeugnisse oder Dienstleistungen.[34]

Wie jedes auf einen Zweck gerichtete menschliche Handeln folgen auch wirtschaftliche Entscheidungen, zumindest im Regelfall, dem allgemeinen Vernunftsprinzip (**Rationalprinzip**). Auf das Wirtschaften bezogen, bezeichnet man dieses Rationalprinzip als das **ökonomische Prinzip**. Es tritt in zwei Varianten auf, dem Minimal- und dem Maximalprinzip.

- Das **Minimalprinzip** (auch Minimum- oder Sparprinzip genannt) besagt, dass der benötigte Aufwand, um einen bestimmten Ertrag (in Form von Nutzen) zu erzielen, so gering wie möglich zu halten ist. Ziel ist somit die Minimierung des Mitteleinsatzes. Beim Minimalprinzip ist somit das Ziel (Output) vorgegeben. Dieses soll mit einem möglichst geringen Mitteleinsatz (Input) erreicht werden. Ein Beispiel wäre der effiziente Stundeneinsatz eines Entwicklungsingenieurs bei der Bearbeitung einer vorgegebenen Konstruktionsaufgabe.

---

[34] Vgl. Olfert (2013), S. 46 ff.

- Ziel bei der Verfolgung des **Maximalprinzips** (auch Maximum- oder Haushalts-
prinzip) ist es, mit einem gegebenen Aufwand an Wirtschaftsgütern einen möglichst hohen Ertrag zu erwirtschaften. Das Maximalprinzip verfolgt die Maximierung des (Produktions-)Ertrags in Geldeinheiten (wertmäßige Definition) oder der
(Produktions-)Menge (mengenmäßige Definition). Hier ist der Mitteleinsatz (Input)
vorgegeben, mit dem ein möglichst hohes Ziel (Output) erreicht werden soll. So könnte
zum Beispiel mit einem vorgegebenen Geldbetrag eine möglichst schöne Weihnachts-
feier für die Entwicklungsabteilung organisiert werden.[35]

Betrieb und Unternehmen

Der **Betrieb** ist eine Wirtschaftseinheit, in der Güter und Dienstleistungen erstellt werden,
also beispielsweise ein Produktionswerk oder eine Vertriebsniederlassung. Private Haushalte und öffentliche Einrichtungen werden im Folgenden nicht als Betriebe angesehen,
weil sich hier die Ziele und Rahmenbedingungen deutlich unterscheiden.

Unter einem **Unternehmen** wird im Folgenden eine rechtliche Einheit verstanden, die
einen Namen trägt und eine bestimmte Rechtsform hat (z. B. GmbH). Ein Unternehmen
kann aus mehreren Betrieben bestehen. Eine alternative, hier nicht verwendete Begriffs-
definition versteht unter einem Unternehmen einen Betriebstyp, neben dem es private
Haushalte als zweiten Betriebstyp gibt.[36]

Die meisten Unternehmen müssen – abhängig von der gewählten Rechtsform – ins
Handelsregister eingetragen sein.

Mehrere Unternehmen bilden einen **Konzern**, wenn sie unter einheitlicher Leitung
stehen, z. B. weil eine Muttergesellschaft mehrheitlich an einer oder mehreren Tochtergesellschaften beteiligt ist oder wenn die Unternehmen von denselben Personen geleitet
werden.

3.4.2 Aufgaben der Kosten- und Leistungsrechnung

Die KLR hat die nachfolgenden Aufgaben:

- kurzfristigen Ermittlung des Leistungserfolgs,
- Kontrolle der Wirtschaftlichkeit,
- Kalkulation von Preisen und
- Bestandsbewertung.[37]

---

[35] Vgl. Wöhe/Döring (2013), S. 33 ff., Töpfer (2007), S. 61 ff.
[36] Vgl. Wöhe/Döring (2013), S. 36 ff., Töpfer (2007), S. 77 ff.
[37] Vgl. zu den Aufgaben Coenenberg/Fischer/Günther (2016), S. 22 ff., Daum/Brümmer (2007),
S. 394 ff.

Die **Ermittlung des Leistungserfolgs** ist keine ausschließliche Aufgabe der KLR. Sie wird mindestens jährlich auch im Rahmen der Gewinn- und Verlustrechnung durchgeführt, hier allerdings für das Unternehmen und nicht in engerem Sinne für den Betrieb.

Die **Kontrolle der Wirtschaftlichkeit** bedeutet eine Überprüfung anhand des Wirtschaftlichkeitsprinzips (ökonomisches Prinzip), also das Verhältnis zwischen Input (Einsatz von Produktionsfaktoren) und Output (Ausbringung von Wirtschaftsgütern).

Die **Bildung des Preises** kann in einer freien Marktwirtschaft als vom Angebot und der Nachfrage des jeweiligen Wirtschaftsgutes abhängig betrachtet werden. Dennoch muss das Unternehmen einen Absatzpreis ermitteln, der die Kosten deckt und (zumindest bei profit-orientierten Unternehmen) zusätzlich einen Gewinn beinhaltet.

Für die **Bestandsbewertung** an fertigen und unfertigen Erzeugnissen (also das Lager) sind die Herstellungskosten über die KLR zu ermitteln. Spätestens zum jeweiligen Periodenende der Finanzbuchhaltung werden diese Werte erforderlich.

3.4.3 Definition von Kosten und Leistungen

Kosten drücken den betriebsbedingten Werteverzehr für die Leistungserstellung und die Leistungsverwertung aus.[38]

Nach der Zurechenbarkeit auf Kostenträger wird zwischen Einzelkosten und Gemeinkosten differenziert.[39] **Einzelkosten** werden direkt den Kostenträgern zugerechnet. Als Synonyme werden sie auch als direkte Kosten oder Kostenträgereinzelkosten bezeichnet. Einzelkosten sind beispielsweise:

- die Fertigungsmaterialkosten (z. B. Rohstoffe),
- die Fertigungslohnkosten (z. B. Akkordlöhne der Fertigungsmitarbeiter),
- die Sondereinzelkosten der Produktion (z. B. Konstruktionskosten) und
- die Sondereinzelkosten des Vertriebs (z. B. Kosten der Verpackung).

Dies gilt auch für Dienstleistungen. Im Dienstleistungssektor ist der Kostenträger z. B. eine Stunde einer bestimmten Dienstleistung. Dieser Dienstleistungsstunde können über Materialentnahmescheine (Material zur Durchführung einer Dienstleistungsstunde) und Lohnzettel (Lohnkosten für eine Dienstleistungsstunde) die Einzelkosten wie in der Fertigung zugeordnet werden.

Gemeinkosten können den Kostenträgern dagegen nicht direkt zugeordnet werden, da sie für verschiedene Kostenträger gemeinsam anfallen. Als Beispiel können die Kosten für die Betriebsleitung oder die Kosten für den Empfang angeführt werden. Sie werden zunächst in Kostenstellen erfasst. Werden Leistungen zwischen Kostenstellen im Betrieb ausgetauscht, erfolgt eine innerbetriebliche (Leistungs-)Verrechnung der Gemeinkosten.

---

[38] Vgl. Schweitzer/Küpper (2016), S. 36; Weber/Weißenberger (2015), S. 44.
[39] Vgl. Olfert (2013), S. 55 ff.; Weber/Weißenberger (2015), S. 313 f.

Neben der Zurechenbarkeit der Kosten kann die Beschäftigungsabhängigkeit der Kosten als Differenzierungskriterium herangezogen werden.[40] Beschäftigung zeigt sich in der Produktionsmenge, auch in Arbeits- bzw. Maschinenstunden. Beschäftigungsunabhängige Kosten, also solche, die bei steigender Ausbringung unverändert bleiben, werden als **fixe Kosten**, beschäftigungsabhängige Kosten als **variable Kosten** bezeichnet. Der Beschäftigungsgrad bemisst sich aus dem Verhältnis von eingesetzter Kapazität zu vorhandener Kapazität oder der Ist-Leistung zur vorhandenen Kapazität.

Darüber hinaus lassen sich die Kosten in Grund-, Zusatz- und Anderskosten aufgrund ihrer unterschiedlichen Erfassung differenzieren. **Grundkosten** sind Zweckaufwendungen, denen Aufwendungen gegenüberstehen. Beispiele dafür sind Rohstoffe oder Löhne. **Zusatzkosten** dagegen stehen keine Aufwendungen gegenüber, da sie ausschließlich für kalkulatorische Zwecke angesetzt werden und damit über die Grundkosten hinausgehen. Beispiele dafür sind kalkulatorische Unternehmerlohn, kalkulatorische Eigenkapitalzinsen, kalkulatorische Miete. **Anderskosten** sind dagegen Kosten, die sich in ihrem Ansatz zwischen der Finanzbuchhaltung und der KLR unterscheiden. Die Höhe der Kosten ist dabei unterschiedlich. Beispiele hierfür sind kalkulatorische Mieten und kalkulatorische Abschreibungen.

Als **primäre Kosten** und **sekundäre Kosten** werden die Kosten nach ihrer Herkunft unterschieden. Je nachdem, ob sie direkt aus der Finanzbuchhaltung auf die Kostenstellen übernommen oder über die innerbetriebliche Leistungsverrechnung verteilt werden, können diese Kosteneinteilungen vorgenommen werden. Sekundäre Kosten sind damit z. B. Raumkosten oder Kosten für selbst erstellte Dienstleistungen wie Reparaturen.[41]

Durch die Entstehung von Kosten werden **Leistungen** erzeugt. Diese Leistungen werden in der Kostenrechnung als **Kostenträger** bezeichnet. Ihnen werden die jeweils verursachten Kosten im Rahmen der Kostenträgerrechnung zugerechnet. Es lassen sich unterschiedliche Leistungen differenzieren:

- **Absatzleistungen**, die auf dem Markt abgesetzt werden,
- **Lagerleistungen**, die noch nicht auf dem Markt abgesetzt worden sind und den Bestand erhöhen,
- **Eigenleistungen**, die für den eigenen Betrieb zur Verwendung bestimmt sind.

3.5 Vollkostenrechnung

3.5.1 Kostenartenrechnung

Die Kostenartenrechnung dient der Erfassung und Gliederung aller im Laufe der jeweiligen Abrechnungsperiode angefallenen Kostenarten. Die Fragestellung, die sich dahinter

---

[40] Vgl. Olfert (2013), S. 57 ff.; Weber/Weißenberger (2015), S. 314.
[41] Vgl. Olfert (2013), S. 71; Weber/Weißenberger (2015), S. 314 ff.

verbirgt, lautet: Welche Kosten sind insgesamt in welcher Höhe in der Abrechnungsperiode angefallen? Die aus der Finanzbuchhaltung übernommenen Kostenarten bilden die Basis für die KLR. Kostenarten bilden den gesamten Werteverzehr einer Abrechnungsperiode nach Produktionsfaktoren ab. Die Kostenartenrechnung hat die Aufgabe, die im Betrieb anfallenden Kosten geordnet zu erfassen, um

(1) in der Gegenüberstellung mit den Leistungsarten ein kurzfristiges Periodenergebnis ermitteln zu können,
(2) die Struktur der Kostenarten im Unternehmens- und Zeitvergleich darzustellen,
(3) die Weiterverrechnung der Kosten in der Kostenstellen- und Kostenträgerrechnung zu gewährleisten.

Ein Teil der Informationen entstammt der Finanzbuchhaltung. Der Kostenrechner muss aus den Aufwendungen der Finanzbuchhaltung die Kosten für die KLR ableiten. Es können Aufwendungen als Kosten übernommen werden (die o. g. Grundkosten). Es sind aber auch Aufwendungen der Finanzbuchhaltung für die Kostenrechnung anders zu bewerten (die o. g. Anderskosten) und Kosten zusätzlich zu den Aufwendungen der Finanzbuchhaltung in die KLR aufzunehmen (die o. g. Zusatzkosten).

Die Erfassung der Kosten kann sich beispielsweise nach den Produktionsfaktoren richten:

- Materialkosten,
- Personalkosten,
- Dienstleistungskosten,
- öffentliche Abgaben,
- sonstige Kosten.[42]

3.5.2 Kostenstellenrechnung

Die Gemeinkosten werden den Kostenstellen verursachungsgerecht zugeordnet. Später werden die Kostenstellen auf die Kostenträger verrechnet. Die **Kostenstellenrechnung** lastet somit zunächst den einzelnen betrieblichen Bereichen diejenigen Kostenarten an, die dort zum Zwecke der Leistungserstellung angefallen sind. Durch diese Kostenzurechnung wird eine genaue Wirtschaftlichkeitskontrolle anhand des Vergleichs von Soll- und Ist-Kosten in den einzelnen Kostenstellen möglich.[43]

Die Verteilung der Kosten wird anhand der Betriebsabrechnung vorgenommen. Das dabei einzusetzende Instrument ist der **Betriebsabrechnungsbogen (BAB)**. Abb. 3.5 ver-

---

[42] Vgl. Olfert (2013), S. 70 ff.; Coenenberg/Fischer/Günther (2016), S. 74 ff.; Weber/Weißenberger (2015), S. 315 ff.
[43] Vgl. Olfert (2013), S. 151 ff.; Coenenberg/Fischer/Günther (2016), S. 115 ff.

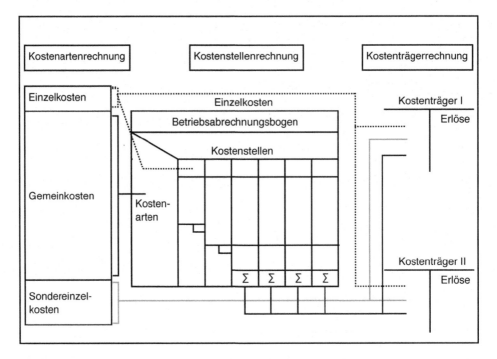

Abb. 3.5 Schematisierung der Betriebsabrechnung

deutlicht den Zusammenhang zwischen der Kostenartenrechnung und der Kostenstellenrechnung unter Einsatz eines BAB.[44]

Für die Kostenkontrolle und Kostenbeeinflussung ist es erforderlich zu wissen, wo die Kosten angefallen sind. In der Kostenstellenrechnung muss folglich die Frage beantwortet werden: Wo sind welche Kosten in welcher Höhe angefallen?

Die **Kostenstellen** sind Orte, an denen die zur Leistungserstellung benötigten Güter und Dienstleistungen verbraucht werden.

Die Kostenstellen lassen sich unterscheiden in:

- Hauptkostenstellen (Endkostenstellen, primäre Kostenstellen), die nicht auf andere Kostenstellen weiterverrechnet werden. Die Kosten aus den Hauptkostenstellen werden z. B. mittels Zuschlagssätzen in der Kalkulation den Produkten zugerechnet.
- Hilfskostenstellen (Vorkostenstellen, sekundäre Kostenstellen), die auf Hauptkostenstellen verrechnet werden.

Die Dokumentation der Kostenstellen erfolgt im sog. **Kostenstellenplan**. Die Kostenstellen können gegliedert sein in

---

[44] Vgl. ausführlich bei Olfert (2013), S. 152 ff.

- funktionsorientierte Kostenstellen, z. B. allgemeine Kostenstellen, Materialkostenstellen, Fertigungskostenstellen, Verwaltungskostenstellen, Vertriebskostenstellen;
- raumorientierte Kostenstellen, z. B. Region Nord, Region Süd, Region Mitte;
- organisationsorientierte Kostenstellen, z. B. Werke, Niederlassungen, Abteilungen, Arbeitsstellen;
- rechnungsorientierte Kostenstellen, z. B. Maschine A, Maschine B, Maschine C; Großkunde I, Großkunde II, Großkunde III; Projekt 1, Projekt 2, Projekt 3.

Die Erstellung eines Kostenstellenplans sollte drei Kriterien genügen:

(1) Es sollten sich für jede Kostenstelle Maßstäbe der Kostenverursachung in Form von geeigneten Bezugsgrößen finden lassen. Ansonsten besteht durch die Wahl unkorrekter Gemeinkostensätze die Gefahr einer fehlerhaften Kalkulation, die zu falschen Entscheidungen führen könnte. Eine nicht nachvollziehbare oder nicht beeinflussbare Zuordnung von Kosten führt bei Kostenstellenverantwortlichen zur Unzufriedenheit und damit zur mangelnden Akzeptanz der Kostenstellenrechnung.
(2) Jede Kostenstelle muss ein selbstständiger Verantwortungsbereich sein, damit der Kontrollfunktion der Kostenrechnung genügt wird. Nur so ist eine Überwachung der Verantwortungsträger, z. B. einer Abteilungsleiterin, möglich.
(3) Im Sinne des Wirtschaftlichkeitsprinzips muss jede Kostenstelle dahingehend gebildet werden, dass sich die jeweiligen Kostenbelege möglichst eindeutig zuordnen lassen.

Für die Aufstellung eines Kostenstellenplans gibt es keine ausdrücklichen Vorschriften. Dieser richtet sich vielmehr jeweils nach dem einzelnen Unternehmen und seinen speziellen Bedürfnissen im Rahmen einer KLR. Ein Kostenstellenplan könnte beispielhaft für einen Industriebetrieb wie in Abb. 3.6 gegliedert sein.[45]

Neben den Absatz- und Lagerleistungen werden von dem Betrieb **innerbetriebliche Leistungen** erstellt, die für andere Kostenstellen erforderlich sind. Solche Leistungen sind die Leistungen der allgemeinen Kostenstellen wie Stromerzeugung oder Wasserversorgung. Dazu gehören auch die Dienstleistungen dieser Kostenstellen wie Leistungen einer Instandhaltung oder eines internen Transports. Von Hauptkostenstellen werden daneben Dienstleistungen (z. B. Servicestunden) oder Produkte (z. B. Computer, Werkzeugmaschinen) für den Eigengebrauch hergestellt. Auch diese müssen den jeweiligen Kostenstellen belastet werden.

Welche Verrechnung jeweils vorgenommen wird, hängt von den Leistungsbeziehungen zwischen den Kostenstellen und von der gewünschten Genauigkeit des Verrechnungsverfahrens ab.[46] Als Verfahren der innerbetrieblichen Leistungsverrechnung lassen sich die Verfahren auf der Basis von Verteilschlüsseln und die Verfahren der exakten Leis-

---

[45] Vgl. Olfert (2013), S. 162.
[46] Vgl. Ebert (2012), S. 62 ff.; Olfert (2013), S. 179 ff.; Weber/Weißenberger (2015), S. 359 ff.

1 ALLGEMEINER BEREICH

11 Gruppe Raum
111 Grundstücke und Gebäude
112 Heizung und Beleuchtung
113 Reinigung
...

12 Gruppe Energie
121 Wasserverteilung
122 Stromerzeugung
  und -verteilung
123 Gaserzeugung und -verteilung
...

13 Gruppe Transport
131 Schienenfahrzeuge und
  Gleisanlagen
132 Förderanlagen und Kräne
133 Fuhrpark LKW
...

14 Gruppe Sozial
141 Gesundheitsdienst
142 Kantine
143 Werksbücherei
...

2 MATERIALBEREICH

211 Einkaufsleitung
212 Einkaufsabteilungen

...
221 Lagerleitung
222 Warenannahme
223 Prüflabor
...

3 FERTIGUNGSBEREICH

31 Fertigungshilfsstellen
311 Technische Betriebsleitung
312 Arbeitsvorbereitung
313 Terminstelle
314 Werkzeugausgabe
315 Werkzeugmacherei
...

32 Fertigungsstellen
321 Dreherrei
322 Fräserei
323 Schmiede
...

4 VERTRIEBSBEREICH

411 Verkaufsleitung Inland
412 Verkaufsabteilung
...
441 Marktforschung
442 Werbung
...

5 VERWALTUNGSBEREICH

511 Geschäftsleitung
512 Betriebswirtschaftliche
  Abteilung
513 Interne Revision
514 Rechtsabteilung
521 Buchhaltung

Abb. 3.6 Beispielhafter Kostenstellenplan. (Vgl. ausführlich Olfert (2013), S. 162 ff.)

tungsverrechnung unterscheiden. Das in Abb. 3.7 dargestellte Beispiel verdeutlicht die Zusammenhänge.

Die Verrechnung nach Schlüsseln ist einfach mit einem Software-Programm durchführbar. Während bei der Verrechnung nach Kostenstellen nur die Anzahl der belastenden Kostenstellen bekannt sein muss, sind bei den Anlagewerten bzw. Abschreibungen Informationen aus der Buchhaltung erforderlich. Dies kann als softwaretechnisch einfache Herausforderung gesehen werden. Die Verrechnung nach erhaltenen Leistungen erfordert, in dem konkreten Beispiel, die Dokumentation erhaltener Stunden und erhaltener Instandhaltungsmaterialien je Kostenstelle. Hier kann ein höherer Aufwand für die Erfassung und für die Verrechnung unterstellt werden. Diesem höheren Aufwand steht jedoch auch eine höhere Genauigkeit in der internen Leistungsverrechnung gegenüber.

Instandhaltungskostenstelle		Fertigungsstelle 1		Fertigungsstelle 2		Fertigungsstelle 3	
Materialkosten	100.000	Anlagenwert	1.200.000	Anlagenwert	2.900.000	Anlagenwert	3.500.000
Personalkosten	100.000	Abschreibungsstd.	300.000	Abschreibungsstd.	580.000	Abschreibungsstd.	437.500
Sonstige Kosten	20.000	Erhaltene Ih-Std.	800	Erhaltene Ih-Std.	1.150	Erhaltene Ih-Std.	1.650
Summe	220.000	Erhaltenes Ih-Mat.	26.500	Erhaltenes Ih-Mat.	56.500	Erhaltenes Ih-Mat.	17.000
Instandhaltungs-stunden	3.600						
Ih-Stundensatz „all in"	61,11						
Ih-Stundensatz Ohne Material	33,33						

Verrechnung auf Basis von Schlüsseln

	Fertigungsstelle 1	Fertigungsstelle 2	Fertigungsstelle 3
• Zahl der Kostenstellen	73.333,33	73.333,33	73.333,33
• Anlagenwert	34.736,84	83.947,37	101.315,79
• Abschreibungssumme	50.094,88	96.850,09	73.055,03

Leistungsbezogene Verrechnung

	Fertigungsstelle 1	Fertigungsstelle 2	Fertigungsstelle 3
• Instandhaltung „all in"	48.888,89	70.277,78	100.833,33
• Instandhaltungsstunden und Materialkosten gesondert	53.166,67	94.833,33	72.000,00

Abb. 3.7 Interne Leistungsverrechnung am Beispiel Instandhaltung. (Vgl. Weber/Weißenberger (2015), S. 362)

Je mehr Kostenarten in einem Betrieb anzutreffen sind, desto mehr Kostenschlüssel sind zur Verrechnung denkbar. Betriebsindividuell ist zu entscheiden, welchen Aufwand ein Unternehmen zu betreiben bereit ist, um die Genauigkeit in der internen Leistungsver-rechnung zu erhöhen.

3.5.3 Kostenträgerrechnung

Im Rahmen der **Kostenträgerrechnung** werden sämtliche Kosten den gesamten Leis-tungen einer Abrechnungsperiode zugerechnet (Kostenträgerstückrechnung) und den Ver-kaufserlösen gegenübergestellt (Kostenträgerzeitrechnung). Die **Kostenträgerstückrech-nung** hat die Aufgabe, für erstellte Güter und Dienstleistungen (Kostenträger) jeweils Stückkosten festzustellen. Daher wird die Kostenträgerstückrechnung auch als Kalkulati-on, Selbstkostenrechnung oder Stückkostenrechnung bezeichnet. Die **Kostenträgerzeit-rechnung** soll durch die Gegenüberstellung der Kosten und Leistungen für eine Abrech-nungsperiode das Betriebsergebnis ermitteln. Durch die Aufschlüsselung der Kosten und

Leistungen auf Kostenträgern sind die Ursachen für den Erfolg bzw. Misserfolg zu erkennen und kurzfristige Entscheidungen treffen. Die Frage, die die Kostenträgerrechnung beantwortet muss, lautet: Wofür sind welche Kosten in welcher Höhe pro Stück angefallen?

Kostenträgerstückrechnung

Die Kostenträgerstückrechnung liefert die Grundlage für eine genaue Preiskalkulation.[47] Sie führt anhand der Kostenartenrechnung und Kostenstellenrechnung eine möglichst verursachungsgerechte Verteilung der anfallenden bzw. angefallenen Kosten auf die Güter und Dienstleistungen als Kostenträger durch (Abb. 3.8).

Diejenigen Kostenarten, die den Kostenträgern direkt, also ohne Schlüsselung nach dem Verursachungsprinzip, zuzurechnen sind, werden unmittelbar aus der Kostenartenrechnung übernommen und benötigen nicht den Einsatz einer Kostenstellenrechnung (Einzelkosten). Für die anderen Kostenarten (Gemeinkosten), die nicht als Einzelkosten erfassbar sind und damit den Kostenträgern nicht direkt zugerechnet werden können, erfolgt eine Erfassung als Gemeinkosten in den Kostenstellen. Nach Inanspruchnahme der Leistungen einer Kostenstelle werden dann die Gemeinkosten von den Kostenstellen entlastet und den Kostenträgern zugerechnet.

Kostenträger kann eine **Absatzleistung** sein, die auftragsbestimmt (als ein konkreter Kundenauftrag) oder lagerbestimmt (als Leistung für den anonymen Markt) ist. Daneben kann die **innerbetriebliche Leistung** Kostenträger sein, indem es sich z. B. um einen zu aktivierenden Anlagenauftrag (sog. in der Finanzbuchhaltung zu aktivierende Eigenleistung) handelt oder um einen nicht aktivierbaren Gemeinkostenauftrag (z. B. die o. g. Instandhaltungsdienstleistung für eine Fertigungskostenstelle).

Die Kostenträgerstückrechnung hat somit folgende Aufgaben:

- Lieferung von Informationen für Kostenkontrollaufgaben, etwa die Beurteilung verschiedener Leistungserstellungsverfahren anhand von Vergleichskalkulationen,
- Lieferung von Daten für die Bildung von internen Verrechnungspreisen, etwa mit der Bewertung innerbetrieblicher Leistungen,
- Lieferung von Daten für die Bewertung von Beständen, etwa für die kurzfristige Erfolgsrechnung die Bestände an unfertigen und fertigen Produkten zu den Herstellungskosten zu bewerten,
- Lieferung von Daten für kurzfristige Entscheidungen und Planungsrechnungen, etwa zur Information, ob ein Produkt aus dem Produktionsprogramm eliminiert oder ein Zusatzauftrag angenommen werden soll,
- Lieferung von Informationen für preispolitische Entscheidungen, etwa für die Ermittlung einer Preisuntergrenze für ein Produkt oder des Selbstkostenpreises für einen öffentlichen Auftrag.

---

[47] Vgl. Schmidt (2014), S. 114 ff.

Abb. 3.8 Zusammenhang Kostenarten-, Kostenstellen- und Kostenträgerrechnung. (Vgl. Weber/Weißenberger (2015), S. 289)

Kalkulationsarten

Die Kostenträgerstückrechnung lässt sich in unterschiedliche **Kalkulationsarten** differenzieren:

- Vor-, Zwischen- und Nachkalkulation: Je nach Zeitpunkt lassen sich mit den unterschiedlichen Arten unterschiedliche Ziele verfolgen. So ist z. B. in der Nachkalkulation eine Gegenüberstellung der tatsächlich angefallenen Kosten für einen bestimmten Auftrag mit den geplanten Kosten vorzunehmen, um eine Kostenkontrolle dieses Auftrags durchzuführen. Eine Zwischenkalkulation, möglicherweise in Form einer mitlaufenden, beständig aktualisierten Kalkulation, ist bei längerfristigen Projekten erforderlich. Eine Nachkalkulation wäre hier nicht ausreichend, da keine Steuerungsmöglichkeiten während des Projektes gegeben wären.
- **Selbstkosten- und Absatzkalkulation:** Je nach Zielsetzung interessieren das Unternehmen die Kosten nur als Selbstkosten oder der Angebotspreis im Sinne einer Absatzkalkulation.
- **Vorwärts- und Rückwärtskalkulation:** Kann das Unternehmen auf dem Absatzmarkt den Preis bestimmen, kommt die Vorwärtskalkulation zum Einsatz (kein Wettbewerb aufgrund von Innovation oder Monopol). Muss das Unternehmen dagegen den Verkaufspreis als Datum des Marktes akzeptieren, ist eine Rückwärtskalkulation vorzunehmen (hoher Wettbewerb aufgrund von Marktsättigung). Die Marktsituation bestimmt die Richtung der Kalkulation.

In Abhängigkeit von den Kostenträgern und den Leistungserstellungsprozessen wird das einzusetzende **Kalkulationsverfahren** bestimmt. Dies hängt z. B. davon ab, ob es sich um ein Einprodukt- oder Mehrproduktunternehmen handelt. Typische Kalkulationsverfahren sind

- die Zuschlagskalkulation,
- die Divisionskalkulation,
- die Äquivalenzziffernkalkulation,
- die Kalkulation von Kuppelprodukten und
- die Maschinen-/Personenstundensatzkalkulation.

Zuschlagskalkulation

Die **Zuschlagskalkulation** wird in Unternehmen eingesetzt, in denen heterogene Güter oder Dienstleistungen hergestellt bzw. angeboten werden.[48] Zur Vorbereitung der Kalkulation sind die gesamten Kosten in Einzel- und Gemeinkosten zu differenzieren. Diese Aufgabe übernimmt die Kostenartenrechnung, indem sie die einzelnen Kostenarten als Einzel- oder Gemeinkosten kennzeichnet. In der Kostenstellenrechnung sind die jeweiligen Kosten den verursachenden Kostenstellen zugerechnet worden. Daraus können

---

[48] Vgl. Coenenberg/Fischer/Günther (2016), S. 144 ff., Olfert (2013), S. 209 ff., Schweitzer/Küpper (2016), S. 188 ff.

anschließend die Verrechnungssätze bzw. Zuschlagssätze der Kostenstellen für die Kostenträger abgeleitet werden. Dies könnte z. B. verursachungsgerecht dadurch stattfinden, dass die Beanspruchung der Kostenstellen durch die Kostenträger festgestellt wird.

Die Zuschlagskalkulation findet einstufig und mehrstufig Anwendung. Bei einer einstufigen Zuschlagskalkulation werden die gesamten Gemeinkosten des Betriebs auf der Basis der Einzelkosten den Kostenträgern zugerechnet. In einem Produktionsbetrieb werden z. B. die Gemeinkosten auf der Basis der Material- oder der Fertigungskosten, in einem Handelsbetrieb auf der Basis der Einstandspreise und in einem Dienstleistungsbetrieb auf der Basis der für eine Dienstleistung zu erbringen Zeiteinheiten den Leistungen/Produkten zugeschlagen.

Hier ein Beispiel für einen Produktionsbetrieb mit einstufiger Zuschlagskalkulation:

Materialeinzelkosten für dieses Produkt	50.000 €
Fertigungseinzelkosten (Löhne) für dieses Produkt	10.000 €
Summe der Einzelkosten	60.000 €
50 % Gemeinkostenzuschlag auf die Einzelkosten	30.000 €
Selbstkosten	90.000 €

In kleineren Betrieben kann diese einfache Form der Zuschlagskalkulation angewendet werden, da sie keine Kostenstellenrechnung erfordert und der Zusammenhang zwischen den Einzelkosten und den Gemeinkosten i. d. R. noch offensichtlich ist. In größeren Betrieben führt dieses Verfahren jedoch zu vermeidbaren Ungenauigkeiten.

Bei Anwendung der mehrstufigen Zuschlagskalkulation werden dem Produkt jeweils die verursachten Kosten in den verschiedenen beanspruchten Kostenstellen per Zuschlagssatz zugerechnet. Das Kalkulationsschema einer mehrstufigen Zuschlagskalkulation ist in Tab. 3.7 erläutert.

Dieses Verfahren setzt voraus, dass je Kostenstelle Zuschlagssätze differenziert ermittelt werden. In Produktionsunternehmen finden sich häufig differenzierte Zuschlagssätze mindestens nach den Kostenstellen Material, Fertigung, Verwaltung und Vertrieb. In einem Dienstleistungsunternehmen würde statt Material und Fertigung die Art der Dienstleistung benannt.

Eine weitere Differenzierung (Stufung) in diesem Kalkulationsschema wäre denkbar, wenn weitere Zuschlagssätze im Fertigungsbereich aufgeteilt würden. Je nach Maschinen oder Abteilungen in der Fertigung könnte der angeführte Fertigungsgemeinkostenzuschlagssatz in unterschiedliche Sätze aufgeteilt werden. Eine genauere Kalkulation des einzelnen Auftrags aufgrund seiner differenzierten Beanspruchung der einzelnen Maschinen bzw. Abteilungen in der Fertigung wäre möglich. Diese Form der Kalkulation findet aufgrund der Produktvielfalt auch im Handelsbetrieb und in Dienstleistungsbetrieben Anwendung. Ausgangspunkt der Zuschlagskalkulation ist dort statt der Herstelleinzelkosten der Einstands- bzw. der Bezugspreis einer Leistung.

Tab. 3.7 Mehrstufige Zuschlagskalkulation

(1) Materialeinzelkosten (MEK)	
(2) Materialgemeinkosten (MGK)	(in % von 1)
(3) Materialkosten (MK)	(1 + 2)
(4) Fertigungseinzelkosten (FEK)	
(5) Fertigungsgemeinkosten (FGK)	(in % von 4)
(6) Sondereinzelkosten der Fertigung (SEK)	
(7) Fertigungskosten (FK)	(4 + 5 + 6)
(8) Herstellkosten (HK)	(3 + 7)
(9) Verwaltungsgemeinkosten (VwGK)	(in % von 8)
(10) Vertriebsgemeinkosten (VtGK)	(in % von 8)
(11) Sondereinzelkosten des Vertriebs (SEVt)	
(12) Selbstkosten (SK)	(8 + 9 + 10 + 11)
(13) Gewinnaufschlag (Gew)	(in % von 12)
(14) Barverkaufspreis (BVP)	(12 + 13)
(15) Kundenskonto (Ksk)	(in % von 16)
(16) Zielverkaufspreis (ZVP)	(14 + 15)
(17) Kundenrabatt (Krab)	(in % von 18)
(18) Listenverkaufspreis netto (LVP)	(16 + 17)
(19) Mehrwertsteuer (MWST)	(in % von 18)
(20) Angebotspreis brutto (AP)	(18 + 19)

Divisionskalkulation

Die **Divisionskalkulation** stellt das einfachste Verfahren der Kostenträgerstückrechnung dar, da bei diesem Verfahren zur Ermittlung der Selbstkosten je Einheit die angefallenen Gesamtkosten durch die Anzahl der Produkte dividiert werden.[49] Sie ist insbesondere bei der Fertigung nur eines einzigen Produktes oder Erstellung einer einzigen Dienstleistung sinnvoll. Nach der Anzahl der durchzuführenden Produktions-/Leistungsstufen kann zwischen der einstufigen und der mehrstufigen Divisionskalkulation unterschieden werden.

Die einfache und die mehrstufige Divisionsrechnung können dahingehend relativiert werden, dass auch die mehrstufige Divisionsrechnung nur aus mehreren einfachen Divisionsrechnungen besteht. Dies kann darauf zurückgeführt werden, dass mehrere homogene Produkte auf voneinander unabhängigen Fertigungen produziert werden.

---

[49] Vgl. Coenenberg/Fischer/Günther (2016), S. 140 ff., Olfert (2013), S. 201 ff., Schweitzer/Küpper (2016), S. 180 ff.

Die einstufige Divisionsrechnung sieht folgende Prämissen vor:

(1) es handelt sich um einen Einprodukt-Betrieb (bzw. -bereich) und
(2) es entsteht keine Bestandsveränderung an unfertigen oder fertigen Produkten.

Als Beispiel kann das Elektrizitätswerk eines Energieversorgers genannt werden. Aufgrund der mangelnden Lagerhaltung gibt es hier keine Bestandsveränderungen. Wird die Beschränkung, dass Produktions- und Absatzmenge identisch sein müssen, aufgehoben, kommt das zweistufige Divisionskalkulationsverfahren zum Einsatz. Die Herstellkosten sowie die Vertriebs- und Verwaltungskosten werden getrennt ermittelt und entsprechend zweistufig die Divisionskalkulation vorgenommen. Die Herstellkosten werden durch die produzierten Einheiten dividiert, die Verwaltungs- und Vertriebskosten werden durch die abgesetzten Produkteinheiten dividiert. In der Summe ergeben sich daraus die Selbstkosten pro Produkteinheit.

Wird darüber hinaus die Restriktion der mangelnden Bestandsveränderungen an unfertigen Produkten (also zwischen den Fertigungsstufen) aufgehoben, kommt das Verfahren der mehrstufigen Divisionskalkulation zum Einsatz. Unter Anwendung einer entsprechend differenzierten Kostenstellenrechnung in den einzelnen Fertigungsstufen werden die Kosten jeder Stufe durch die jeweils bearbeiteten Mengen dividiert. Somit werden die Kosten ermittelt, die in jeder Stufe für die Produkte anfallen. Mit dieser Kostenermittlung kann eine Bestandsbewertung von Lagern mit den unfertigen Erzeugnissen vorgenommen werden.

Die Grundgleichung der mehrstufigen Divisionskalkulation lautet:

$$k = \frac{K_{H1}}{x_{p1}} + \ldots + \frac{K_{Hm}}{x_{pm}} + \frac{K_{Vw} + K_{Vt}}{x_A} \qquad (3.12)$$

k	Selbstkosten (€/Stück)
k_H	Herstellkosten (€/Stück)
k_{Vw}	Verwaltungskosten (€/Stück)
k_{Vt}	Vertriebskosten (€/Stück)
x_p	Produzierte Menge (Stück)
x_A	Abgerechnete Menge (€/Stück)
i	Anzahl Fertigungskostenstellen (1 … m)

Die Berechnung wird an einem Beispiel veranschaulicht:[50]

Es wird eine Erzeugnisart hergestellt. Die Fertigung ist zweistufig. Die Rechnung bezieht sich auf eine Abrechnungsperiode.

---

[50] Vgl. Olfert (2013), S. 204 f.

Stufe 1: 300 unfertige Erzeugnisse werden mit 6000 € Herstellkosten zu Halbfabrikaten verarbeitet.

Stufe 2: 250 unfertige Erzeugnisse werden mit 2000 € Herstellkosten zu Fertigerzeugnissen verarbeitet.

Die Verwaltungskosten betragen 600 €, die Vertriebskosten 400 €. 100 Stück wurden abgerechnet. Es ergibt sich durch Einsetzen in Gl. 3.12:

$$k = \frac{6000}{300} + \frac{2000}{250} + \frac{600 + 400}{100} = 38 \text{ €/Stück}$$

Außerdem gilt:

Herstellkosten der Halbfabrikate: $6000 \div 300 = 20$ €/Stück
Herstellkosten der Fertigerzeugnisse: $(6000 - 50 \cdot 20) \div 250 + 2000 \div 250 = 28$ €/Stück
Wert der Halbfabrikate (Endbestand): $(300 - 250) \cdot 20 = 1000$ €
Wert Endbestand Fertigerzeugnisse: $(250 - 100) \cdot 28 = 4200$ €

Äquivalenzziffernkalkulation

Ein weiteres Kalkulationsverfahren stellt die einstufige bzw. mehrstufige **Äquivalenzziffernkalkulation** dar.[51] Dieses Verfahren findet insbesondere in der Sortenfertigung (z. B. Brauereien) und bei Unternehmen mit Dienstleistungsdifferenzierung (z. B. Fluggesellschaften) Anwendung. Es wird davon ausgegangen, dass die Kosten der verschiedenen, jedoch artverwandten Produkte und Leistungen aufgrund fertigungstechnischer Ähnlichkeiten in einem bestimmten Verhältnis zueinander stehen. Die Äquivalenzziffer a eines Produktes i (auch Gewichtungsziffer, Wertigkeitsziffer oder Verhältniszahl) gibt das Verhältnis der Kosten, Qualitäten, Preise dieses Produktes zu denen eines Einheitsproduktes mit der Äquivalenzziffer 1 an.

Äquivalenzziffern werden aufgrund plausibler Zusammenhänge jeweils im Betrieb ermittelt. Beispiele dafür sind:

- Obwohl in einem Flugzeug alle Economy-Plätze der Fluggesellschaft gleich viel Kosten verursachen, zahlt der Frühbucher weniger als der Spätbucher.
- Obwohl in einem Kino alle Plätze dem Betreiber gleich hohe Kosten verursachen, zahlt der Besucher je nach Sitzkategorie (Sicht, Lage) unterschiedliche Preise.
- Obwohl die Produktionskosten für verschiedene Sorten gleich hoch sind, differenziert der Produzent die Preise anhand von Äquivalenzziffern.

---

[51] Vgl. Coenenberg/Fischer/Günther (2016), S. 149 ff., Olfert (2013), S. 206 ff., Schweitzer/Küpper (2016), S. 186 ff.

Die Grundgleichung der Äquivalenzziffernkalkulation lautet:

$$k_i = \frac{K}{a_1 x_1 + \ldots + a_n x_n} \cdot a_i \qquad (3.13)$$

K Gesamtkosten (€)

a_i Äquivalenzziffer des Produkts i

k_i Selbstkosten des Produkts i (€/Maßeinheit)

x_i Menge des Produkts i (Maßeinheit/Periode)

i Anzahl der Produkte (1 … n)

Die Berechnung wird an einem Beispiel veranschaulicht:[52]

Drei Sorten eines Erzeugnisses weisen eine unterschiedliche Qualität auf:

Sorte 1: schlechte Qualität; $a_1 = 1,0$

Sorte 2: mittlere Qualität; $a_2 = 1,2$

Sorte 3: gute Qualität $a_3 = 1,5$

Es werden 600 kg von Sorte 1, 400 kg von Sorte 2 und 100 kg von Sorte 3 hergestellt. Die Gesamtkosten betragen 3800 €. Es ergibt sich durch Einsetzen in Gl. 3.13:

$$k_1 = \frac{3800}{1,0 \cdot 600 + 1,2 \cdot 400 + 1,5 \cdot 100} \cdot 1,0 = 3,09 \; \text{€/kg}$$

$$k_2 = \frac{3800}{1,0 \cdot 600 + 1,2 \cdot 400 + 1,5 \cdot 100} \cdot 1,2 = 3,71 \; \text{€/kg}$$

$$k_3 = \frac{3800}{1,0 \cdot 600 + 1,2 \cdot 400 + 1,5 \cdot 100} \cdot 1,5 = 4,63 \; \text{€/kg}$$

Kuppelkalkulation

Ein weiteres Verfahren stellt die **Kuppelkalkulation** dar.[53] Sie wird angewendet bei Leistungserstellungsprozessen, bei denen aus technischen Gründen verschiedene Produkte bzw. Leistungen gleichzeitig hergestellt werden bzw. anfallen. Beispiele dafür sind die chemische Industrie, die Stahlindustrie (Hochofenprozess: Roheisen, Gichtgas, Schlacke, Wärme) oder die Mineralölindustrie (Raffinerie: Benzin, Öl, Gas). Im Rahmen der Kuppelkalkulation sollen die Gesamtkosten des Produktionsprozesses auf die einzelnen Kuppelprodukte verteilt werden. Eine verursachungsgerechte Verteilung ist nicht möglich, da sich nicht feststellen lässt, welchen Anteil welches Kuppelprodukt verursachungsgerecht übernehmen muss. Es kommt aus diesem Grund das Tragfähigkeits- oder das

---

[52] Vgl. Olfert (2013), S. 207.

[53] Vgl. Coenenberg/Fischer/Günther (2016), S. 157 f., Olfert (2013), S. 220 ff., Schweitzer/Küpper (2016), S. 199 ff.

Durchschnittsprinzip zur Anwendung. Bei der Berechnung der Kosten lassen sich darüber hinaus zwei Verfahren unterschieden:

- Restwert- oder Subtraktionsmethode,
- Verteilungs-/Schlüsselungs- oder Marktwertmethode.

Die **Restwertmethode** wird eingesetzt, wenn ein Produkt als das Hauptprodukt des Kuppelprozesses gilt. Der Kuppelproduktionsprozess wird also ausschließlich zur Erstellung des Hauptproduktes durchgeführt. Die anderen Produkte werden als Nebenprodukte bzw. Abfallprodukte angesehen. Entsprechend ist das Kalkulationsverfahren. Die Erlöse der Nebenprodukte (abzüglich noch anfallender Weiterverarbeitungskosten) bzw. die Erträge aus der Verwertung bzw. Veräußerung der Nebenprodukte werden als Kostenminderung in der Kalkulation des Hauptproduktes angesehen. Die sich aus dieser Subtraktion ergebenden Restkosten ergeben einen Restwert, der durch die Anzahl der gefertigten Hauptprodukte zu dividieren ist.

Bei Anwendung der **Verteilungsmethode** findet keine Unterscheidung in Haupt- und Nebenprodukte wie bei der Restwertmethode statt. Vielmehr werden alle aus dem Kuppelprozess entstehenden Produkte als gleich interessant für den Betrieb betrachtet. Alle erzeugten Produkte sind als Nebenprodukte anzusehen. Bei dieser Betrachtung werden die bereits bekannten Äquivalenzziffern verwendet, um das mögliche (Kosten-)Verhältnis zwischen den Kuppelprodukten auszudrücken. Das Verfahren ist identisch mit dem der Äquivalenzziffernkalkulation, worauf an dieser Stelle verwiesen wird.

Maschinenstundensatz

Die **Maschinenstundensatzkalkulation** ist, wie analog die **Personenstundensatzkalkulation**, eine Form der Verrechnungssatzkalkulation.[54] In verschiedenen Bereichen eines Betriebes können Verrechnungssätze zur verursachungsgenaueren Abbildung des Kostenanfalls ermittelt und auf die Kostenträger verrechnet werden. Die Verrechnungssatzkalkulation ist zumeist eine Verfeinerung der Zuschlagskalkulation. In Bereichen, in denen Zuschlagssätze zu großen Verrechnungsungerechtigkeiten führen, wird versucht, über Verrechnungssätze genauer, d. h. möglichst verursachungsgerecht zu arbeiten. So werden beispielsweise die maschinenabhängigen Gemeinkosten der jeweiligen Maschine aufgrund ihrer Laufzeit zugerechnet. Derartige Gemeinkosten sind z. B. Energiekosten, Instandhaltungskosten, Werkzeugkosten, kalkulatorische Abschreibung, kalkulatorische Zinsen und (kalkulatorische) Raumkosten.

---

[54] Vgl. Coenenberg/Fischer/Günther (2016), S. 154 ff., Olfert (2013), S. 213 ff., Schweitzer/Küpper (2016), S. 194 f.

Folgende Schritte sind zur Ermittlung eines Verrechnungssatzes für die Maschinen-stunde erforderlich, was sich analog auch für die Ermittlung eines Personenstundensatzes durchführen lässt:

(1) Ermittlung der Maschinenlaufzeit,
(2) Ermittlung des Maschinenstundensatzes,
(3) Ermittlung der Fertigungskosten.

Die Laufzeit der Maschine bezogen auf eine Periode h kann wie folgt ermittelt werden:

$$
\begin{array}{rl}
& \text{Gesamte Maschinenzeit (Std./Periode)} \\
- & \text{Stillstandzeit der Maschine} \\
- & \text{Instandhaltungzeit der Maschine} \\
- & \text{Rüstzeit der Maschine} \\
\hline
= & \text{Maschinenlaufzeit (Std./Periode)}
\end{array}
$$

Das folgende Beispiel (Abb. 3.9) macht die Ermittlung des Maschinenstundensatzes deutlich. Kosten, die nicht direkt den Maschinen im Fertigungsbereich zugeordnet wer-den können, bleiben weiterhin als (Rest-)Fertigungsgemeinkosten bestehen und werden anhand eines (Rest-)Fertigungsgemeinkostenzuschlagssatzes den Fertigungslöhnen zuge-schlagen. Dieser Zuschlagssatz ist jedoch wesentlich geringer als bei einer Verteilung sämtlicher Fertigungskosten über einen Fertigungsgemeinkostenzuschlagssatz.

Im einfachen und im Maschinenbau bekannten Schema der Maschinenstundensatz-rechnung wird jede Maschine als einzelne Kostenstelle betrachtet. Die Kosten je genutzter Stunde werden dann durch folgende Formel berechnet:

$$
K_{MH} = \frac{K_A + K_Z + K_R + K_E + K_I}{T_N} \tag{3.14}
$$

K_{MH} Maschinenstundensatz [€/h]
K_A Abschreibungskosten pro Jahr [€]
K_Z Zinskosten pro Jahr [€]
K_R Raumkosten pro Jahr [€]
K_I Instandhaltungskosten pro Jahr [€]
T_N jährliche Nutzungszeit [h]

Durch die individuelle Betrachtung jeder Maschine als Kostenstelle können Maschi-nenkosten transparent und verursachungsgerecht zugeordnet werden.

Kostenarten	Zahlen der Buch-führung	Material-bereich	Fertigungsbereich Maschinenabhängige Kosten			Restfertigungs-gemeinkosten	Verwal-tungsbe-reich	Vertriebsbe-reich
			A	B	C			
Zuschlagsgrund-lagen		Fertigungs-material 185.500	Maschi-nen-stunden 1.600	Maschi-nen-stunden 1.600	Maschi-nen-stunden 1.750	Fertigungs-löhne 140.500	Herstell-kosten des Umsatzes 740.000	Herstell-kosten des Umsatzes 740.000
Gemeinkosten-material	150.100	25.700	0	0	0	160.400	0	18.000
Energiekosten	67.400	3.000	14.800	18.600	9.400	4.100	12.400	5.100
Hilfslöhne	45.800	5.800	0	0	0	25.100	0	14.900
Gehälter	185.200	19.200	0	0	0	28.300	121.000	16.700
Sozialkosten	34.000	2.200	0	0	0	15.100	13.200	3.500
Instandhaltungen	36.000	600	6.700	9.200	7.400	3.600	1.400	7.100
Steuer, Abgaben	22.000	2.300	0	0	0	0	17.000	2.700
Raumkosten	18.000	2.000	3.000	3.700	2.100	2.400	4.000	800
Verschiedene Bürokosten	45.800	4.100	0	0	0	3.800	32.000	5.900
Kalkulatorische Abschreibungen	65.400	5.200	11.000	12.000	8.200	6.000	13.000	10.000
Kalkulatorische Zinsen	38.200	4.100	6.500	8.500	5.100	1.900	8.000	4.100
	707.900	74.200	42.000	52.000	32.200	196.700	222.000	88.800
Gemeinkosten-zuschläge		40 %	26,25 EUR	32,50 EUR	18,40 EUR	140 %	30 %	12 %

$$\frac{74.200 \times 100}{185.500} = 40\,\% \qquad \frac{42.000}{1.600} = 26,25 \text{ EUR} \qquad \frac{52.000}{1.600} = 32,50 \text{ EUR} \qquad \frac{32.200}{1.750} = 18,40 \text{ EUR} \qquad \frac{196.700 \times 100}{140.500} = 140\,\% \qquad \frac{220.000 \times 100}{740.000} = 30\,\% \qquad \frac{88.800 \times 100}{740.000} = 12\,\%$$

Abb. 3.9 Maschinenstundensatzkalkulation. (Vgl. Olfert (2013), S. 215 f.)

Personenstundensatz

Die Ermittlung des Personenstundensatzes würde ähnlich vorgenommen werden können.

	Gesamte Arbeitszeit eines Mitarbeiters (Std./Periode)
−	Verteilzeiten des Mitarbeiters
−	Urlaubszeit des Mitarbeiters
−	Weiterbildungszeit des Mitarbeiters
−	Krankheitszeit des Mitarbeiters
=	Netto-Arbeitszeit des Mitarbeiters (Std./Periode)

Die Kosten des Mitarbeiters in der Periode können durch die Netto-Arbeitszeit dividiert werden, und das Ergebnis wäre der Personenstundensatz des Mitarbeiters. Dieser kann zur Verrechnung auf andere Kostenstellen oder auf die Kostenträger verwendet werden.

Kostenträgerzeitrechnung

Neben der Kostenträgerstückrechnung wird im Rahmen der Trägerrechnung auch eine **Kostenträgerzeitrechnung** vorgenommen.[55] Sie wird synonym auch als kurzfristige Erfolgsrechnung oder **Betriebsergebnisrechnung** bezeichnet. Diese Rechnung stellt die Kosten und Leistungen für eine Abrechnungsperiode, zumeist monatlich, gegenüber und ermittelt das periodenbezogene Betriebsergebnis. Darüber hinaus kann anhand einer sinnvollen Untergliederung der Kosten und Leistungen die Herkunft des Betriebserfolges aus der Produktion und dem Absatz eines Produktes transparent gemacht werden. Hauptaufgabe der kurzfristigen Erfolgsrechnung ist es, die Wirtschaftlichkeit eines Betriebes permanent zu überwachen. Ihr Ziel ist, durch die Wahl kurzer Abrechnungszeiträume und zügiger Erfolgsermittlung ungünstige wirtschaftliche Entwicklungen frühzeitig aufzudecken.

Es bestehen folgende Unterschiede zwischen der Betriebsergebnisrechnung der Betriebsbuchhaltung und der Gewinn- und Verlustrechnung der Finanzbuchhaltung:

- Die Betriebsergebnisrechnung wird auch unterjährig durchgeführt, um in kürzeren Abständen über das Betriebsergebnis informiert zu sein und steuernde Maßnahmen ergreifen zu können.
- Die Betriebsergebnisrechnung betrachtet nur den Erfolg des Betriebes und vernachlässigt die neutralen Aufwendungen und Erträge.
- Die Betriebsergebnisrechnung ist unabhängig von handels- und steuerrechtlichen Bewertungsansätzen.
- Die Betriebsergebnisrechnung ist unabhängig von der doppelten Buchführung. Sie kann die Rechnung auch in tabellarischer Form durchführen, um die Rechnungsdurchführung zu beschleunigen.

In der Kostenträgerzeitrechnung werden zwei Verfahren unterschieden:

- das **Gesamtkostenverfahren** und
- das **Umsatzkostenverfahren**.

Beide Verfahren führen zu einem identischen Betriebsergebnis. Dies ist nicht verwunderlich, da alle angefallenen Kosten auf die betrachtete Abrechnungsperiode aufgeteilt werden müssen. Die Leistungen verändern sich durch die Anwendung unterschiedlicher Verfahren ebenfalls nicht. Das Betriebsergebnis muss also gleich bleiben. Während bei

---

[55] Vgl. Coenenberg/Fischer/Günther (2016), S. 191 ff., Olfert (2013), S. 224 ff., Schweitzer/Küpper (2016), S. 206 ff.

der Betrachtung des Gesamtkostenverfahrens die Gesamtleistungen einschließlich der Bestandsveränderungen den Gesamtkosten gegenübergestellt werden, so dass die schnelle Ermittlung des Betriebsergebnisses im Vordergrund steht, sind beim Umsatzkostenverfahren die Kosten des Umsatzes (Selbstkosten der abgesetzten Menge) im Betrachtungsfokus.

Beispielhaft wird nachfolgend die Ermittlung des Betriebsergebnisses anhand der Gegenüberstellung von Gesamtleistung und Gesamtkosten dargestellt (Werte in €).

Es sei bekannt:

Materialeinzelkosten (Rohstoffe)	500.000
Materialgemeinkosten	55.000
Fertigungseinzelkosten (Löhne)	450.000
Hilfslöhne	45.000
Gehälter	480.000
Abschreibungen	50.000
Sondereinzelkosten des Vertriebs	20.000
Anfangsbestand an fertigen Erzeugnissen	120.000
Endbestand an fertigen Erzeugnissen	85.000
Anfangsbestand an unfertigen Erzeugnissen	180.000
Endbestand an unfertigen Erzeugnissen	190.000
Umsatzerlöse	1.700.000
Erlösschmälerungen	24.500

Daraus ergibt sich

	Umsatzerlöse	1.700.000
−	Erlösschmälerungen	24.500
−	Bestandsminderung an fertigen Erzeugnissen	35.000
+	Bestandserhöhung an unfertigen Erzeugnissen	10.000
=	Gesamtleistung	1.650.500

sowie

	Abschreibungen	50.000
+	Sondereinzelkosten des Vertriebs	20.000
+	Hilfslöhne	45.000
+	Gehälter	480.000
+	Materialeinzelkosten (Rohstoffe)	500.000
+	Materialgemeinkosten	55.000
+	Fertigungseinzelkosten (Löhne)	450.000
=	Gesamtkosten	1.600.000

Daraus ergibt sich

	Gesamtleistung	1.650.500 €
−	Gesamtkosten	1.600.000 €
=	Betriebsergebnis	50.500 €

Die Vollkostenrechnung schließt mit der Ermittlung des Betriebsergebnisses ab. Diese Ermittlung wird regelmäßig zur Einschätzung des betrieblichen Erfolgs durchgeführt.

3.6 Teilkostenrechnung

Als Kritikpunkte der Vollkostenrechnung werden häufig die Proportionalisierung der Fixkosten und die Schlüsselung der Gemeinkosten angeführt. Eine Ergänzung bzw. Alternative dazu liefert die Teilkostenrechnung.

In der **Teilkostenrechnung** wird, wörtlich genommen, nur ein Teil der Kosten den einzelnen Leistungen zugerechnet. Bei diesem Teil handelt es sich um die variablen bzw. direkt den Leistungen zurechenbaren Kosten. Die variablen Kosten bestehen aus den Einzelkosten und den variablen Gemeinkosten. Der andere Teil der Kosten, nämlich die fixen Kosten, bleiben als (Unternehmens-)Block bestehen oder werden in verschiedene Fixkostenschichten aufgeteilt. Im Mittelpunkt der Teilkostenrechnung steht der **Deckungsbeitrag**. Er wird als Differenz aus den Erlösen und den variablen Kosten ermittelt.

Mit der Teilkostenrechnung werden folgende Ziele verfolgt:

(1) Ermittlung von (kurzfristigen) Preisuntergrenzen
(2) Entscheidungen über Eigen- oder Fremdfertigung
(3) Aufzeigen der Auswirkungen von Produktprogrammveränderungen auf das Betriebsergebnis
(4) Aufzeigen der Auswirkungen von Produktionsprozessveränderungen auf das Betriebsergebnis.[56]

Als **kurzfristige Preisuntergrenze** eines Produktes wird ein Stückdeckungsbeitrag von 0 € angesehen. Ausgehend davon, dass mindestens die variablen Kosten gedeckt werden müssen, kann ein Unternehmen kurzfristig ein Produkt mit einem Deckungsbeitrag von 0 € mit dem entsprechenden Preis auf dem Markt anbieten. Langfristig muss jedoch jedes Produkt seinen Beitrag zur Deckung der fixen Kosten (und des Gewinns) beitragen. Möglich wäre auch, dass der Deckungsbeitrag eines Produkts bei 0 € liegt, während andere Produkte einen höheren Deckungsbeitrag leisten, um die fixen Kosten zu decken.

Im Rahmen von komplementären Produkten, also zwei sich ergänzenden Produkten, die von einem Unternehmen parallel angeboten werden, kann ein Unternehmen gezwun-

---

[56] Vgl. Ebert (2012), S. 156 ff., Olfert (2013), S. 289 ff., Schmidt (2014), S. 154 f.

gen sein, ein Produkt mit einem Deckungsbeitrag von 0 € (oder sogar darunter) anzubieten. Das andere Produkt muss in diesem Fall einen höheren Beitrag zur Deckung der
fixen Kosten erwirtschaften. Bisweilen wird eine derartige Preisgestaltung auch bewusst
vorgenommen, um Kunden kurzfristig zum Kauf zu verführen und damit so zu binden,
dass der Kauf teurer Folgeprodukte unausweichlich wird (beispielsweise der Kauf teurer
Ersatzteile).

Beispiel

Im Markt der Computerdrucker herrscht ein starker Preiswettbewerb, so dass Unternehmen so knapp kalkulieren, dass kein Deckungsbeitrag mit dem Drucker selbst erwirtschaftet wird. Der Deckungsbeitrag wird erst beim Verkauf einer (speziell für dieses
Gerät erforderlichen) Druckerpatrone erwirtschaftet, die der Kunde für den Weiterbe-
trieb des Gerätes von dem Hersteller kaufen muss.

Der Deckungsbeitrag dient außerdem als Entscheidungsgröße zur Eigen- bzw. Fremdfertigung, d. h. ob selbst gefertigt werden sollte oder ob es für das Unternehmen günstiger
ist, die Fertigung an fremde Betriebe zu vergeben. Die Beantwortung folgender Fragen
entscheidet über die Fremdvergabe von Fertigungs- oder Dienstleistungsaufträgen: In welchem Maß trägt der Deckungsbeitrag zur Fixkostendeckung bei? Lohnt es sich bei einem
niedrigen Deckungsbeitrag noch, selbst zu fertigen, oder ist eine Fremdfertigung günstiger? Lassen sich damit möglicherweise auch die fixen Kosten senken?

Die Höhe der **Stückdeckungsbeiträge** entscheidet auch über das Produkt- bzw. Pro-
zessprogramm. Je nach Höhe ist über eine Veränderung im Produktprogramm nachzudenken. Lohnt es sich, Produkte mit einem niedrigen Deckungsbeitrag durch Produkte mit
einem hohen Deckungsbeitrag zu substituieren bzw. aus dem Programm zu eliminieren?
Was passiert mit den fixen Kosten? Lohnt es sich den Produktionsprozess zu verändern,
um die Deckungsbeiträge einzelner Produkte zu erhöhen? Die unterschiedliche Höhe von
Deckungsbeiträgen gibt z. B. Anhaltspunkte für Veränderungen im Produktprogramm.

Im Rahmen der Verfolgung dieser Ziele lassen sich verschiedene Verfahren der Teilkostenrechnung einsetzen:

- einstufige Deckungsbeitragsrechnung (auch: *direct costing*),
- mehrstufige Deckungsbeitragsrechnung (auch: Fixkostendeckungsrechnung),
- relative Deckungsbeitragsrechnung (auch: spezifische Deckungsbeitragsrechnung),
- Grenzplankostenrechnung.[57]

Je nach Zielsetzung und Aufwand kann damit auf unterschiedliche Verfahren zur Anwendung der Teilkostenrechnung zurückgegriffen werden.

---

[57] Vgl. Olfert (2013), S. 290.

3.6.1 Einstufige Deckungsbeitragsrechnung

Im Rahmen der einstufigen Deckungsbeitragsrechnung wird der Betriebserfolg über nur eine Fixkostenstufe ermittelt. Die Fixkosten bleiben in einem Block/in einer Stufe als gesamte Unternehmensfixkosten bestehen. Um Deckungsbeiträge zu ermitteln, werden neben den Kosten auch die Erlöse in die Berechnungen einbezogen (siehe Beispiel Tab. 3.8).

Der (Gesamt-)Deckungsbeitrag reduziert um die fixen Kosten ergibt somit den Betriebsgewinn (auch: Betriebserfolg/Nettoerfolg/Betriebsergebnis).

Im vorgenannten Beispiel werden sechs Produkte in zwei Produktgruppen (A und B) unterschieden, die jeweils unterschiedliche Nettoerlöse erwirtschaften und unterschiedliche variable Kosten verursachen. Damit ergeben sich je Produkt unterschiedliche Deckungsbeiträge. Der Deckungsbeitrag in % vom Nettoerlöse gibt die **Deckungsbeitragsmarge** an: Wie viel % an Deckungsbeitrag werden je Euro an Umsatzerlösen erzielt. Dies ist eine interessante Steuerungsgröße für das Produktprogramm des Unternehmens. Wird der Stückdeckungsbeitrag mit der Anzahl der verkauften Produkte multipliziert, ergibt sich der Produktdeckungsbeitrag. Die Summe der Produktdeckungsbeiträge muss die Unternehmensfixkosten decken und einen Ergebnisbeitrag leisten.[58]

Tab. 3.8 Beispiel einer einstufigen Deckungsbeitragsrechnung. (Vgl. mit veränderten Zahlen Weber/Weißenberger (2015), S. 396)

	A1	A2	A3	B1	B2	B3	Gesamt
Nettoerlöse	92,85	97,25	166,10	162,40	174,20	193,00	
Materialeinzelkosten	37,00	39,17	32,50	43,33	62,00	86,67	
Variable Materialgemeinkosten	0,50	0,46	0,60	0,67	0,78	0,83	
Variable Fertigungskosten (1)							
– Fertigungseinzelkosten	18,00	20,83	30,00	15,83	13,80	17,00	
– Variable Fertigungsgemeinkosten	3,90	4,00	5,00	1,83	9,00	10,67	
Variable Fertigungskosten (2)							
– Fertigungseinzelkosten	2,00	1,83	3,75	8,16	7,40	6,67	
– Variable Fertigungsgemeinkosten	1,50	1,00	4,50	2,83	3,00	4,67	
Variable Vertriebskosten	0,10	0,08	0,35	0,13	0,10	0,07	
Stückdeckungsbeitrag							
Absolut	29,85	29,88	89,40	89,60	78,12	66,43	
in % vom Nettoerlös	32,0 %	31,0 %	54,0 %	57,7 %	45,0 %	34,0 %	
Produktdeckungsbeitrag	29.850	35.850	17.880	53.760	39.060	19.930	196.330
Fixkosten							187.400
Nettoergebnis							8930

---

[58] Vgl. Schmidt (2014), S. 161 ff., Olfert (2013), S. 291 ff., Weber/Weißenberger (2015), S. 396 ff.

3.6.2 Mehrstufige Deckungsbeitragsrechnung

Die mehrstufige Deckungsbeitragsrechnung versucht den Fixkostenblock aus der einstufigen Deckungsbeitragsrechnung zur besseren Steuerung über Deckungsbeiträge weiter
aufzuspalten. Die Zielsetzung ist, die Fixkosten besser zuordnen zu können und damit
die Wirkungen von Entscheidungen, z. B. hinsichtlich der Produktprogrammbereinigung,
besser prognostizieren und kontrollieren zu können. Voraussetzung dafür ist, dass sich der
Fixkostenblock entsprechend aufteilen lässt.

Als Fixkostenschichten bzw. -stufen lassen sich beispielsweise differenzieren:

- Fixkosten einzelner Produkte
- Fixkosten einzelner Produktgruppen
- Fixkosten einzelner Kostenstellen
- Fixkosten einzelner Betriebsbereiche
- Fixkosten einzelner Betriebe
- Fixkosten der Gesamtunternehmung.

Tab. 3.9 verdeutlicht den Zusammenhang anhand von drei Fixkostenschichten am bekannten Beispiel.

Die unterschiedliche Bildung von Fixkostenstufen ist von den Bedürfnissen und Möglichkeiten des jeweiligen Unternehmens abhängig und kann daher nicht allgemeingültig
festgelegt werden. Je mehr Deckungsbeiträge in Stufenabhängigkeit gebildet werden können, desto differenzierter ist eine Steuerung über Deckungsbeiträge für das Unternehmen
möglich. Abhängig von der Anzahl der Stufen werden Deckungsbeitrag 1, 2, n unterschieden.

Direkt **dem Produkt zurechenbare Fixkosten** wären z. B. eine ausschließlich für
dieses Produkt benötigte Maschine oder ausschließlich für dieses Produkt beschäftigtes
Personal. Der Produktbeitrag bildet den Beitrag dieses Produkt zur Deckung der noch
verbleibenden Fixkosten ab. Die **einer Produktgruppe zurechenbaren Fixkosten** gleichen den einem Produkt zurechenbaren Fixkosten, nur dass diese auf eine Produktgruppe
erweitert werden. Dies sind beispielsweise ausschließlich für eine Produktgruppe zur Fertigung eingesetzte Maschinen oder ausschließlich für eine Produktgruppe beschäftigtes
Personal. Gleiches gilt bei den weiteren Fixkostenschichten. Es müssen also jeweils direkt den Fixkostenschichten zurechenbare Fixkosten abgegrenzt und zugeordnet werden
können.

Nachdem sämtliche Schichten abgedeckt wurden, bleiben immer als letzte Schicht die
(restlichen) Unternehmensfixkosten, wie z. B. die Geschäftsleitung oder der Empfang, die
nicht direkt einer vorherigen Fixkostenstufe zugeordnet werden können. Nach der Abdeckung dieser letzten Fixkostenstufe verbleibt der Betriebserfolg.[59]

---

[59] Vgl. Schmidt (2014), S. 165 ff., Olfert (2013), S. 341 ff., Weber/Weißenberger (2015), S. 397 ff.

Tab. 3.9 Beispiel einer mehrstufigen Deckungsbeitragsrechnung. (Vgl. mit veränderten Zahlen Weber/Weißenberger (2015), S. 399)

	A1	A2	A3	Summe A	B1	B2	B3	Summe B	Gesamt
Nettoerlöse	92,85	97,25	166,10		162,40	174,20	193,00		
• Materialeinzelkosten	37,00	39,17	32,50		43,33	62,00	86,67		
• Variable Materialgemeinkosten	0,50	0,46	0,60		0,67	0,78	0,83		
• Variable Fertigungskosten (1)									
Fertigungseinzelkosten	18,00	20,83	30,00		15,83	13,80	17,00		
Variable Fertigungsgemeinkosten	3,90	4,00	5,00		1,83	9,00	10,67		
• Variable Fertigungskosten (2)									
Fertigungseinzelkosten	2,00	1,83	3,75		8,17	7,40	6,67		
Variable Fertigungsgemeinkosten	1,50	1,00	4,50		2,83	3,00	4,67		
• Variable Vertriebskosten	0,10	0,08	0,35		0,13	0,10	0,07		
Stückdeckungsbeitrag									
Absolut	29,85	29,88	89,40		89,60	78,12	66,43		
In % vom Nettoerlös	32 %	31 %	54 %		55 %	45 %	34 %		
Stückdeckungsbeitrag gesamt	29.850	35.850	17.880		53.760	39.060	19.930		
• Produktfixkosten	0	0	13.500		14.500	0	0		
Produktdeckungsbeitrag	29.850	35.850	4.380	70.080	39.260	39.060	19.930	98.250	
• Produktgruppenfixkosten				51.900				76.500	
Produktgruppendeckungsbeitrag				18.180				21.750	39.930
• Unternehmensfixkosten									31.000
Nettoergebnis									8.930

Bei den beiden genannten Deckungsbeitragsrechnungen wird unterstellt, dass es keinen Engpass in der Fertigung des Betriebes gibt. Dies kann jedoch häufig gerade nicht unterstellt werden. Einen Engpass kann z. B. eine Maschine, ein Mensch oder ein Raum darstellen. In diesem Fall kommt die relative Deckungsbeitragsrechnung zum Einsatz.

3.6.3 Relative Deckungsbeitragsrechnung

Mit dieser Deckungsbeitragsrechnung werden die Deckungsbeiträge in Relation zu einem Engpass in einem Betrieb gesetzt. Ausgehend davon, dass z. B. auf einer Maschine, die einen Engpass in einem Betrieb darstellt, Produkte mit verschiedenen Deckungsbeiträgen produziert werden, sollten die Produkte mit dem höchsten Deckungsbeitrag (je Zeiteinheit auf dem Engpass) darauf produziert werden. Ziel ist die Ermittlung eines deckungsbeitragsoptimalen Produktionsprogramms auf der Engpasseinheit. Es ist einerseits erforderlich, die Laufzeit dieser Maschine zu ermitteln. Andererseits ist der Deckungsbeitrag pro Zeiteinheit (z. B. als Deckungsbeitrag pro Minute) aus der Division des Stückdeckungsbeitrags durch die benötigte Fertigungszeit auf der Engpassmaschine festzustellen. Somit ergeben sich pro Produkt unterschiedliche Deckungsbeiträge pro Zeiteinheit. Die Produkte würden vorzugsweise auf der Maschine gefertigt, die den höchsten Deckungsbeitrag pro Zeiteinheit erwirtschaftet.

Denkbar ist, dass Restriktionen zur Begrenzung der Produktion des Gutes mit dem höchsten Deckungsbeitrag je Zeiteinheit vorliegen. Es ist etwa möglich, dass Lager- oder Absatzkapazitäten bei dem Produkt mit dem höchsten relativen Deckungsbeitrag begrenzt sind. Dies hat zur Folge, dass nicht sämtliche Kapazitäten zur Fertigung des Produktes mit dem höchsten relativen Deckungsbeitrag genutzt werden können.[60]

Tab. 3.10 verdeutlicht beispielhaft den Zusammenhang anhand von minimalen (z. B. aufgrund von Lieferverpflichtungen) und maximalen Absatzmengen (z. B. aufgrund von Marksättigung) jedes Produktes. Das Beispiel zeigt, dass das Instrument der relativen Deckungsbeitragsbeitragsrechnung bei Engpässen die deckungsbeitragsoptimale Auslastung zu ermitteln hilft.

Zusammenfassend betrachtet bietet die Teilkostenrechnung in den hier aufgeführten Formen der einstufigen, der mehrstufigen und der relativen Deckungsbeitragsrechnung situativ bestimmte Vorteile gegenüber der Vollkostenrechnung. Die Vollkostenrechnung kann damit aber nicht vollständig ersetzt werden. Bei der Auswahl eines Verfahrens der Teilkostenrechnung sind zudem Nutzen und Aufwand für die Durchführung der einzelnen Rechnungen gegenüberzustellen. Da der Nutzen meist größer als der Aufwand einzuschätzen ist, sind Teilkostenrechnungen in der Praxis verbreitet.

Sämtliche bis hierher vorgestellt Kostenrechnungssysteme können vergangenheitsbezogen als **Ist-Kostenrechnung**, durchschnittsbezogen als **Normal-Kostenrechnung** oder zukunftsbezogen als **Plan-Kostenrechnung** durchgeführt werden.[61]

Insbesondere der Vergleich zwischen Plan- und Istwerten soll über die Zukunft eines Unternehmens Auskunft geben. Da die Ist-Situation meist von der Planung abweicht, sind diese Abweichungen festzustellen und zu analysieren. Hierbei handelt es sich vorwiegend um Beschäftigungs-, Verbrauchs- und Preisabweichungen.[62]

---

[60] Vgl. Coenenberg/Fischer/Günther (2016), S. 240 ff., Schmidt (2014), S. 176 ff., Olfert (2013), S. 356 ff.

[61] Vgl. zur Entwicklung der Plankostenrechnung Kilger/Pampel/Vikas (2012), S. 57 ff., Schmidt (2014), S. 198 ff.

[62] Vgl. Brümmer/Daum (2007), S. 469 ff., Coenenberg/Fischer/Günther (2016), S. 266 ff.

Tab. 3.10 Beispiel einer relativen Deckungsbeitragsrechnung

Produkte	A	B	C	D
Deckungsbeitrag (EUR/Stück)	7,00	0,30	9,60	5,00
Bearbeitungszeit (Minuten/ Stück)	5	3	12	10
Mindestabsatz (Stück)	1.000	5.500	-	1.150
Höchstabsatz (Stück)	10.000	18.000	6.000	6.000

Produkte	A	B	C	D	Gesamt
Deckungsbeitrag (EUR/Stück)	7,00	0,30	9,60	5,00	
Bearbeitungszeit (Minuten/Stück)	5	3	12	10	
Relativer Deckungsbeitrag (EUR/Min)	1,40	0,10	0,80	0,50	
Rangplatz	1	4	2	3	
Mindestmenge (Stück)	1.000	5.500	-	1.150	
Kapazitätsbedarf Mindestmenge	5.000	16.500	-	11.500	33.000
Zusatzmenge	9.000	-	6.000	3.000	
Kapazitätsbedarf Zusatzmenge	45.000	-	72.000	30.000	
Optimale Menge	10.000	5.500	6.000	4.150	
Deckungsbeitrag	70.000	1.650	57.600	20.750	150.000
Fixkosten					120.000
Max. Betriebsergebnis					30.000

3.7 Moderne Kostenrechnungssysteme

3.7.1 Prozesskostenrechnung

Die Prozesskostenrechnung geht von definierten Geschäftsprozessen aus. Kern- und Unterstützungsprozesse sind durch das Unternehmen zu identifizieren und abzubilden (Abb. 3.10). Ziel dieser Prozessbetrachtung ist ein Geschäftsprozessmanagement, bei dem die Durchlaufzeiten, die Ergebnisse und die Kosten von Prozessen im Betrachtungsmittelpunkt stehen. Aus der Sicht der Kostenrechnung geht es um eine verursachungsgerechtere Verteilung der Gemeinkosten auf Kostenstellen und auf Kostenträger als in der traditionellen wertgesteuerten Zuschlagskalkulation. Vereinfacht ist von der Sichtweise auszugehen, dass ein Prozess Leistungen von mehreren Kostenstellen (als Teilprozesse je Kostenstelle) erfordert, um sein Ergebnis zu erzielen.[63]

---

[63] Vgl. Schmidt (2014), S. 222 ff.

Abb. 3.10 Schematischer Prozessverlauf. (Vgl. Eichhübl/Kunesch (1996), S. 418)

Folgende Schritte sind erforderlich:

(1) Analyse der wesentlichen Prozesse einer Unternehmung,
(2) Identifizierung der Kostentreiber,
(3) Darstellung der Prozesskosten,
(4) Feststellung der die Prozesse in Anspruch nehmenden Kostenträger,
(5) Verteilung der Prozesskosten auf die Kostenträger.

Sind die Prozesse und die **Kostentreiber** identifiziert, werden die Prozesskosten ermittelt. Eine beispielhafte Darstellung (am Beschaffungsprozess) gibt Tab. 3.11.

Wie viele Bestellungen sind geplant (als Planrechnung) oder sind durchgeführt worden (als Ist-Rechnung)? Auf Basis der Menge ist die Prozessmenge an Teilprozessen zu planen. Es stellen sich Fragen: Wie viele Angebote sind für eine Bestellung einzuholen, oder wie viel Überwachung einer Bestellung ist erforderlich? Bei diesen Teilprozessen gibt es einzusetzende Kapazitäten und davon abhängige Prozesskosten. Die erforderlichen Kapazitäten bzw. Prozesskosten, die von der Prozessmenge abhängig sind, sog. leistungsmengeninduzierte (lmi) Kosten, und Kapazitäten bzw. Prozesskosten, die von der Prozessmenge unabhängig sind, sog. leistungsmengenneutrale (lmn) Kosten. Die leistungsmengenneutralen Kosten werden auf der Basis von Schlüsseln auf die Teilprozesse

Tab. 3.11 Tabellarische Prozessdarstellung am Beispiel „Beschaffung". (Vgl. Eichhübl/Kunesch (1996), S. 418)

Haupt-prozesse	Cost driver	Teilprozesse	Prozess-menge	Kapazität		Prozesskosten		Prozesskostensätze gesamt
				lmi	lmn	lmi	lmn	
Beschaffen	Bestellungen	Disponieren						
		Angebote einholen						
		Lieferanten auswählen						
		Verhandeln und Vertrag						
		Bestellung überwachen						
		Summe						

verteilt. Aus dem leistungsmengeninduzierten und -neutralen Kostenanteil eines Teilpro-
zesses entsteht der Prozesskostensatz für den jeweiligen Teilprozess.

Das nachfolgende Beispiel aus dem Bereich der Dienstleistung verdeutlicht die Verteilung anhand konkreter Zahlen (Tab. 3.12).

In der Abteilung Qualitätsmanagement existieren vier leistungsmengeninduzierte (lmi)
und ein leistungsmengenneutraler (lmn) Prozess. Die Kapazität für die Teilprozesse wird
in Personenjahren (PJ) angegeben. Die Dienstleistungsprozesse sind personalintensiv,
weshalb die Aufteilung der Kostenstellenkosten in Höhe von insgesamt 480.000 € anhand der Personalkapazität vorgenommen wird. Je Personenjahr werden durch Division
Kosten in Höhe von 80.000 € ermittelt. Benötigt ein Prozess weniger bzw. mehr als ein
Personenjahr, werden die Kosten proportional gekürzt bzw. verlängert. Im Beispiel verursachen die vier leistungsmengeninduzierten Prozesse Kosten in Höhe von 400.000 €.
Der leistungsmengenneutrale Prozess der Leitung der Kostenstelle verursacht 80.000 €.
Durch Division der (Teil-)Prozesskosten durch die Menge der erwarteten Kostentreiber
ergibt sich ein leistungsmengeninduzierter Prozesskostensatz. (PK-Satz, lmi, in €). Das
Verhältnis zwischen leistungsmengenneutralen und leistungsmengeninduzierten Kosten
ergibt den Zuschlag von 20 %. Danach müssen jedem Teilprozess noch 20 % an leistungsmengenneutralen Kosten zugeschlagen werden.

Damit kostet z. B. die durch eine Produktänderung getriebene Änderung der Prüfplä-
ne je Änderung im Durchschnitt 576 € oder die einzelne Produktqualitätsprüfung eines
gefertigten Loses 144 €.

Werden diese Teilprozesse zur Erstellung einer Leistung in Anspruch genommen, so
müssen sie auf die sie in Anspruch nehmenden Kostenträger anhand der Prozesskosten-
sätze verrechnet werden. Es erfolgt somit eine genauere Verrechnung der Gemeinkosten
auf die Kostenträger als auf der Basis von Zuschlagssätzen.

Tab. 3.12 Beispiel einer Prozesskostenrechnung im Qualitätsmanagement

Teilprozess	lmi/ lmn	PJ	Prozess-kosten [€]	Kosten-treiber	Menge	PK-Satz, lmi [€]	Umlagesatz, lmn [€]	PK-Satz, gesamt [€]
Prüfpläne ändern	lmi	0,6	48.000	Produkt-änderungen	100	480	96	576
Produktqualität prüfen	lmi	3,0	240.000	Gefertigte Lose	2000	120	24	144
Dokumentation pflegen	lmi	0,8	64.000	Verfahrens-anweisungen	100	640	128	768
Teilnahme an Q-Zirkeln	lmi	0,6	48.000	Anzahl Q-Zirkel	20	2400	480	2880
Abteilung leiten	lmn	1,0	80.000	Kein *Cost-Driver*				

3.7.2 Target Costing

Das Target Costing ist als **Zielkostenrechnung** zu verstehen, das sich an einer Rückwärts-kalkulation orientiert.[64]

Die traditionelle Kostenrechnung beantwortet die Frage: Was wird ein Produkt kosten? Dies orientiert sich an Unternehmen, die keinem starken Wettbewerb ausgesetzt bzw. mit ihrer Marktleistung (noch) konkurrenzlos sind. In Märkten mit starkem Wettbewerb muss jedoch die Frage beantwortet werden: Was darf ein Produkt kosten, bzw. was ist ein Kunde bereit für eine Leistung zu bezahlen? Der Marktpreis ist damit ein Datum (d. h. eine feststehende Größe) für das Unternehmen und wird als Ziel- bzw. Target-Preis bezeichnet (Abb. 3.11).

Wie die Grafik zeigt, ist dies eine Herausforderung für den Betrieb, da Kostenreduktionspotenziale zu identifizieren und zu heben sind. Der Zielpreis abzüglich der vom Unternehmen kalkulierten Gewinnspanne ergibt die vom Markt erlaubten Kosten (*allowable costs*). Die *allowable costs* werden den *drifting costs* gegenübergestellt. Die *drifting costs* sind die unter Aufrechterhaltung vorhandener Technologie- und Verfahrensstandards im Unternehmen erreichbaren Plankosten. Die *drifting costs* sind auf die Basis der *target costs* zu reduzieren. Langfristig sind die *target costs* auf die Höhe der *allowable costs* zu reduzieren.

Abb. 3.11 Vorgehensweise im Target Costing

---

[64] Vgl. Coenenberg/Fischer/Günther (2016), S. 567 ff., Olfert (2013), S. 423 ff., Schmidt (2014), S. 245 ff.

3.8 Übungsaufgaben

Aufgabe 3.1
Welches können beispielhaft strategische Ziele eines Unternehmens sein?

Aufgabe 3.2
Was ist „Benchmarking"?

Aufgabe 3.3
Was wird unter dem Begriff „Controllingorganisation" verstanden?

Aufgabe 3.4
Was sind Kennzahlen?

Aufgabe 3.5
Definieren Sie die Kennzahl „Wirtschaftlichkeit"!

Aufgabe 3.6
Wie wird der Freie Cashflow (auch: Netto-Cashflow) ermittelt?

Aufgabe 3.7
Wie können Aufwendungen und Kosten voneinander abgegrenzt werden?

Aufgabe 3.8
Was ist ein Betrieb?

Aufgabe 3.9
Welche Aufgaben hat die Kosten- und Leistungsrechnung?

Aufgabe 3.10
Was ist eine Kostenstelle und wie können Kostenstellen gegliedert sein?

Aufgabe 3.11
Wie hoch sind die Selbstkosten eines Produktes bei der einer einstufigen Zuschlagskalkulation bei Materialeinzelkosten von 20.000 EUR, Fertigungseinzelkosten 10.000 EUR und einem Gemeinkostenzuschlag von 50 %?

Aufgabe 3.12
Was ist eine Kostenträgerzeitrechnung?

Aufgabe 3.13
Welche Ziele verfolgt die Teilkostenrechnung (auch: Deckungsbeitragsrechnung)?

Literatur

Baum, H.-G., Coenenberg, A.G., Günther, T.: Strategisches Controlling, 5. Aufl. Schäffer-Poeschel, Stuttgart (2013)

Brümmer, M., Daum, A.: Entscheidungsorientierte Kostenrechnung. In: Steinle, C., Daum, A. (Hrsg.) Controlling, 4. Aufl., S. 461–489. Schäffer-Poeschel, Stuttgart (2007)

Coenenberg, A.G., Fischer, T.M., Günther, T.: Kostenrechnung und Kostenanalyse, 9. Aufl. Schäffer-Poeschel, Stuttgart (2016)

Daum, A., Brümmer, M.: Grundlagen und Systeme der Kosten- und Leistungsrechnung. In: Steinle, C., Daum, A. (Hrsg.) Controlling, 4. Aufl., S. 387–460. Schäffer-Poeschel, Stuttgart (2007)

Ebert, G.: Kosten- und Leistungsrechnung, 11. Aufl. Gabler, Wiesbaden (2012)

Eichhübl, G., Kunesch, H.: Operative Unternehmensplanung. In: Eschenbach, R. (Hrsg.) Controlling, 2. Aufl., S. 399–435. Schäffer-Poeschel, Stuttgart (1996)

Heinze, I.: Personal-Controlling. In: Steinle, C., Daum, A. (Hrsg.) Controlling, 4. Aufl., S. 802–824. Schäffer-Poeschel, Stuttgart (2007)

Horváth, P.: Controlling, 13. Aufl. Vahlen, München (2015)

Horváth, P., Reichmann, T.: Vahlens Großes Controllinglexikon, 2. Aufl. Vahlen, München (2003)

Hummel, T.R.: Marketing- und Vertriebs-Controlling. In: Steinle, C., Daum, A. (Hrsg.) Controlling, 4. Aufl., S. 746–769. Schäffer-Poeschel, Stuttgart (2007)

Kilger, W., Pampel, J., Vikas, K.: Flexible Plankostenrechnung und Deckungsbeitragsrechnung, 13. Aufl. Gabler, Wiesbaden (2012)

Koß, T.: IT-Controlling. In: Steinle, C., Daum, A. (Hrsg.) Controlling, 4. Aufl., S. 825–850. Schäffer-Poeschel, Stuttgart (2007)

Küpper, H.-U.: Controlling, 6. Aufl. Schäffer-Poeschel, Stuttgart (2013)

Olfert, K.: Kostenrechnung, 17. Aufl. Kiehl, Ludwigshafen (2013)

Olfert, K., Rahn, H.-J.: Einführung in die Betriebswirtschaftslehre, 11. Aufl. Kiehl, Ludwigshafen (2013)

Paffenholz, G., Kranzusch, P.: Insolvenzplanverfahren. Sanierungsoption für mittelständische Unternehmen. DUV, Gabler, Wiesbaden (2007)

Reichmann, T., Kißler, M., Baumöl, U.: Controlling mit Kennzahlen, 9. Aufl. Vahlen, München (2017)

Schimmelpfeng, K.: Produktions-Controlling. In: Steinle, C., Daum, A. (Hrsg.) Controlling, 4. Aufl., S. 720–733. Schäffer-Poeschel, Stuttgart (2007)

Schmidt, A.: Kostenrechnung: Grundlagen der Vollkosten-, Deckungsbeitrags- und Plankostenrechnung sowie des Kostenmanagements, 7. Aufl. Kohlhammer, Stuttgart (2014)

Schweitzer, M., Küpper, H.-U.: Systeme der Kosten- und Erlösrechnung, 11. Aufl. Vahlen, München (2016)

Steinle, C.: Systeme, Objekte und Bestandteile des Controlling. In: Steinle, C., Daum, A. (Hrsg.) Controlling, 4. Aufl., S. 267–327. Schäffer-Poeschel, Stuttgart (2007)

Töpfer, A.: Betriebswirtschaftslehre. Anwendungs- und prozessorientierte Grundlagen, 2. Aufl. Springer, Berlin (2007)

Vollmuth, H.J.: Controlling-Instrumente von A–Z, 7. Aufl. Haufe, Planegg, München (2008)

Weber, J., Schäffer, U.: Einführung in das Controlling, 15. Aufl. Schäffer-Poeschel, Stuttgart (2016)

Weber, J., Weißenberger, B.E.: Einführung in das Rechnungswesen, 9. Aufl. Schäffer-Poeschel, Stuttgart (2015)

Wöhe, G., Döring, U.: Einführung in die Allgemeine Betriebswirtschaftslehre, 25. Aufl. Vahlen, München (2013)

Ziegenbein, K.: Controlling, 10. Aufl. Kiehl, Ludwigshafen (2012)

Organisation und Projektmanagement

4

In diesem Kapitel wird erläutert, wie Strukturen und Prozesse in Industrieunternehmen gestaltet werden. Im ersten Unterkapitel (Organisation) geht es dabei um Konzepte, die grundsätzlich auf unbestimmte Dauer angelegt sind, allerdings regelmäßig auf ihre Eignung überprüft und bei Bedarf angepasst werden müssen. Gegenstand des zweiten Unterkapitels ist das Management von Projekten, also zeitlich begrenzten Vorhaben.

4.1 Organisation

Nach der Erläuterung von Grundlagen und Begriffen der Organisation wird in diesem Unterkapitel erläutert, wie die Struktur eines Unternehmens gestaltet wird (Aufbauorganisation) und wie Geschäftsprozesse modelliert und gesteuert werden.

4.1.1 Grundlagen und Begriffe

Organisationstheoretische Ansätze

In der Literatur wird eine Vielzahl organisationstheoretischer Ansätze diskutiert,[1] aus denen im Folgenden eine Auswahl vorgestellt wird:

- Bürokratieansatz,
- Scientific Management (Taylorismus),
- Human Relations,
- Systemtheorie.

---

[1] Vgl. die Übersichten bei Bühner (2009), S. 103–117, Schreyögg/Geiger (2016), S. 435–496 und Schulte-Zurhausen (2014), S. 7–31.

© Springer Fachmedien Wiesbaden GmbH 2018
A. Daum, W. Greife und R. Przywara, *BWL für Ingenieurstudium und -praxis*,
https://doi.org/10.1007/978-3-658-20467-9_4

Der auf *Max Weber* zurückgehende **Bürokratieansatz** ist durch Arbeitsteilung, einen streng hierarchischen Aufbau, Regeln und Normen zur Aufgabenerfüllung sowie die Dokumentation aller Vorgänge in Form von Akten gekennzeichnet.[2]

Als „**Taylorismus**" wird heute oft, durchaus mit kritisch-ironischem Unterton, der von *Taylor* entwickelte Ansatz des *Scientific Management* bezeichnet. Wesentliche Elemente sind Arbeitsteilung, insbesondere die Trennung von Hand- und Kopfarbeit, arbeitswissenschaftlich festgelegte, individuelle Leistungsvorgaben und -anreize sowie die auf systematischen Analysen von Arbeitsvorgängen beruhende Optimierung der Arbeitsorganisation. Taylor geht davon aus, dass der Mensch von Natur aus faul und deshalb Leistungsanreize und Kontrollen erforderlich seien.[3]

Als Gegenbewegung zum *Scientific Management* entstand aus diesem heraus der ***Human-Relations-Ansatz***. Bei arbeitswissenschaftlichen Studien ergab sich, dass das Verhalten der Arbeiter nicht nur von den objektiven Arbeitsbedingungen – bei den Studien ging es eigentlich um die Optimierung der Beleuchtung – sondern auch von zwischenmenschlichen Beziehungen, insbesondere zwischen den Arbeitern und ihren Vorgesetzten sowie den Arbeitswissenschaftlern, beeinflusst wird.[4]

Im Rahmen der **Systemtheorie**, der verschiedene organisationstheoretische Ansätze zugeordnet werden können, werden Unternehmen als sozio-technische, also durch das Zusammenwirken von Menschen und Sachmitteln geprägte Systeme verstanden. Jedes System besteht aus Elementen (z. B. Mitarbeiter, Maschinen, Werkstücke), die untereinander in Beziehung stehen. Diese Beziehungen bilden die Struktur des Systems. In Systemen laufen Prozesse ab, die Eingangsgrößen (Input, z. B. Werkstücke) in Ausgangsgrößen (Output, z. B. verkaufsfähiges Produkt) transformieren. Innerhalb von Systemen können Teilsysteme (z. B. Abteilungen) abgegrenzt werden.[5]

Begriffe

Eine **Aufgabe** ist „die dauerhaft wirksame Verpflichtung, bestimmte Tätigkeiten auszuführen, um ein definiertes Ziel zu erreichen"[6]. Die Bestimmungsmerkmale einer Aufgabe und die zugehörigen Fragestellungen sind in Tab. 4.1 aufgeführt.[7]

Die **Stelle** ist die kleinste Organisationseinheit im Unternehmen. Mehrere Stellen werden im Rahmen der Aufbauorganisation zu Gruppen, Abteilungen usw. zusammengefasst. Einer Stelle ist ein Komplex von Aufgaben zugeordnet. Sie kann mit einer oder mehreren (die dann alle dieselben Aufgaben haben, wie z. B. mehrere Kassierer in einem Supermarkt) Personen zugeordnet werden.[8]

---

[2] Vgl. Schulte-Zurhausen (2014), S. 8 f.
[3] Vgl. Bühner (2009), S. 104 f.
[4] Vgl. Schreyögg/Geiger (2016), S. 43–48.
[5] Vgl. Schulte-Zurhausen (2014), S. 28–31.
[6] Vahs (2015), S. 51.
[7] Vgl. Vahs (2015), S. 51.
[8] Vgl. Schulte-Zurhausen (2014), S. 163.

	Bestimmungsmerkmal	Fragestellung
Tab. 4.1 Bestimmungs-merkmale von Aufgaben	Verrichtung	Was?
	Objekt	Woran?
	Aufgabenträger	Wer?
	Sachmittel	Womit?
	Zeit	Wann?
	Ort	Wo?

4.1.2 Aufbauorganisation

Im Rahmen der Aufbauorganisation geht es zunächst darum, **Stellen zu bilden**, denen dann Mitarbeiter und Sachmittel zugeordnet werden. Wenn die Aufbauorganisation nicht nur für eine kleinere Organisationseinheit, wie z. B. eine Entwicklungsabteilung mit zehn Mitarbeitern zu gestalten ist, sondern für eine größere Abteilung oder gar ein komplettes Unternehmen, so müssen im Anschluss die gebildeten Stellen in eine Ordnung gebracht werden. Dazu wird ein **Leitungssystem** aufgebaut, das die Neben-, Über- und Unterordnung der Stellen regelt. Für die oberste Führungsebene des Unternehmens ist überdies festzulegen, welches **Organisationsmodell** Verwendung finden soll.

Stellenbildung

Stellen werden gebildet, indem zunächst die Gesamtaufgabe der betreffenden Organisationseinheit in Elementaraufgaben zerlegt werden (**Aufgabenanalyse**), die dann jeweils zu den Aufgaben einer Stelle gebündelt werden (**Aufgabensynthese**). Dieser Ansatz geht auf *Kosiol* zurück.[9]

Bei der **Aufgabenanalyse** muss auf Vollständigkeit und Überschneidungsfreiheit geachtet werden. Unvollständigkeit würde bedeuten, dass Elementaraufgaben bei der Stellenbildung vergessen wurden, für die dann im Arbeitsalltag niemand verantwortlich ist. Überschneidungen hingegen führen dazu, dass für eine Elementaraufgabe nicht klar ist, welcher Stelleninhaber verantwortlich ist, so dass es zu Doppelarbeiten und Kompetenzstreitigkeiten kommen kann. Das Risiko des Auftretens von Unvollständigkeiten und Überschneidungen kann vermindert werden, indem bei der Aufgabenanalyse kriteriengestützt vorgegangen wird. Die wichtigsten Kriterien in diesem Zusammenhang sind:

- Objekt
- Verrichtung
- Zweck
- Rang
- Phase.[10]

---

[9] Vgl. Kosiol (1976), S. 49 ff.
[10] Vgl. Schulte-Zurhausen (2014), S. 40, Olfert (2015), S. 113–120.

Das **Objekt** ist der Gegenstand, an dem bei der Aufgabenerledigung Verrichtungen vorgenommen werden. Neben materiellen Objekten gibt es auch immaterielle, z. B. ein Konzept zur Verbesserung der Anlagenauslastung. Ein Beispiel für eine objektorientierte Aufgabenanalyse findet sich in Abb. 4.1. Wenn eine Aufgabe objektorientiert in Teilaufgaben zerlegt wird, beziehen sich diese auf Teilobjekte (z. B. Motor, Getriebe) des Objekts der übergeordneten Aufgabe (Pkw). Die Systematik der Aufgabenanalyse würde durchbrochen – mit der Gefahr von Unvollständigkeiten und Überschneidungen –, wenn gleichzeitig mit der Zerlegung einer Aufgabe nach einem Kriterium (hier: Objekt) die Aufgabe auch nach anderen Kriterien zerlegt würde.

Die Aufgabenanalyse muss in der Regel über mehrere Ebenen fortgeführt werden. Die aus dem ersten Analyseschritt resultierenden Teilaufgaben werden also weiter zerlegt, bis man auf der Ebene der Elementaraufgaben angekommen ist. Von Ebene zu Ebene sind Kriterienwechsel zulässig und im Allgemeinen auch erforderlich.

Die **Verrichtung** ist das Kriterium für das Beispiel einer Aufgabenanalyse in Abb. 4.2.

Nach dem Kriterium **Zweck** können primäre Aufgaben, die unmittelbar der Erstellung der vom Unternehmen am Markt abgesetzten Leistungen dienen von sekundären unterschieden werden, deren Ergebnis als innerbetriebliche Dienstleistungen für die Erfüllung der Primäraufgaben erforderlich sind.

Der **Rang** dient zur Unterscheidung von Entscheidungs- und Ausführungsaufgaben.

Die **Phase** ist ein Kriterium, mit dem sich die Aufgabenerfüllung auf der Zeitachse gliedern lässt, indem Planung, Durchführung und Kontrolle unterschieden werden.

Nach Durchführung der Aufgabenanalyse erfolgt die **Aufgabensynthese**, also die Bündelung der gebildeten Elementaraufgaben. Dafür finden dieselben Kriterien Anwendung

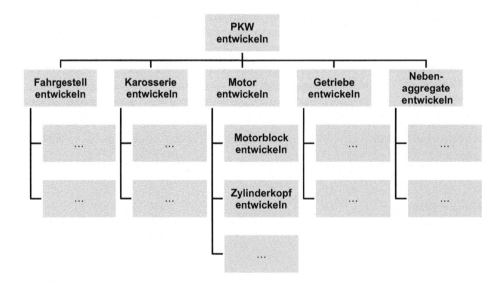

Abb. 4.1 Objektorientierte Aufgabenanalyse (Beispiel)

Abb. 4.2 Verrichtungsorientierte Aufgabenanalyse
(Beispiel)

wie bei der Aufgabeanalyse. Zusätzlich können die Kriterien Aufgabenträger, Sachmittel, Raum und Zeit verwendet werden.[11]

Leitungssysteme

Das in der Industrie am weitesten verbreitete Leitungssystem ist das Stabliniensystem, in das in vielen Unternehmen Inseln von Teamorganisation eingebettet sind. Zum Teil wird quer zu diesen Leitungssystemen eine Sekundärorganisation eingerichtet, in den häufigsten Fällen projekt- oder produktbezogen.

Das **Stabliniensystem** ist eine Form der Einlinienorganisation, deren Bezeichnung darauf zurückzuführen ist, dass jede Stelle im Organisationsdiagramm („**Organigramm**") durch genau eine Linie mit der vorgesetzten Stelle verbunden ist. Kennzeichnend für die auf *Fayol* zurückgehende Einlinienorganisation ist entsprechend, dass jede Stelle genau von einer (der vorgesetzten) Stelle Weisungen erhält.[12] Der von *Taylor* stammende Gegenentwurf der Mehrlinienorganisation hat sich in der Breite nicht durchgesetzt, findet sich aber in Teilbereichen als Sekundärorganisation und im Organisationsmodell der Matrix wieder.

Stabliniensysteme sind durch Stabsstellen ohne Weisungsbefugnis gekennzeichnet, die Leitungsstellen zur Unterstützung bei der Wahrnehmung von Leitungsaufgaben zugeordnet sind[13] (vgl. Abb. 4.3); die Stabsstelle ist dort der Leitungsstelle „Produktion" zugeordnet.

Vorteile der Einrichtung von Stabsstellen sind die Entlastung der Leitungsstelle und die Verfügbarkeit von Spezialwissen für den Inhaber der Leitungsstelle. Die Stabsstelle kann dem Inhaber der Leitungsstelle zuarbeiten und Entscheidungen durch Zusammenstellen und Aufbereiten von Informationen vorbereiten. Aus der Trennung von Entscheidungsvorbereitung und Entscheidung ergeben sich aber auch Nachteile, wenn der Entscheidungsträger (Leitungsstelle) aus Mangel an Zeit oder Wissen keine eigenständige Entscheidung fällen kann und damit von der Stabsstelle gesteuert wird.[14]

---

[11] Vgl. Schulte-Zurhausen (2014), S. 41 f.
[12] Vgl. Schulte-Zurhausen (2014), S. 255.
[13] Vgl. Bergmann/Garrecht (2016), S. 71 f.
[14] Vgl. Bühner (2009), S. 133–140.

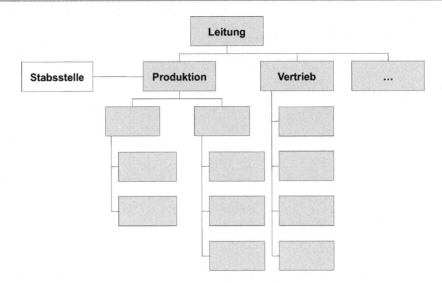

Abb. 4.3 Stablinienorganisation

Bei der **Teamorganisation** handelt es sich um ein Leitungssystem, das häufig in ein Einliniensystem eingebunden ist. Die Teamorganisation durchdringt in diesen Fällen nicht das gesamte Unternehmen, sondern findet nur in Teilbereichen Anwendung, indem z. B. die unterste Führungsebene in die Teams integriert wird. Relativ häufig ist Teamarbeit in der Produktion anzutreffen, während in anderen Funktionsbereichen das Einliniensystem bis auf die unterste hierarchische Ebene reicht. Der Begriff „Team" wird häufig verwendet, aber nur ein kleiner Teil der Unternehmen hat wirklich Teamarbeit umgesetzt.[15]

Das wesentliche Merkmal der Teamorganisation ist die Selbststeuerung: Entscheidungen, die in der Einlinienorganisation der Vorgesetzte trifft, werden an das Team delegiert. Teams benötigen spezifische Strukturen und Prozesse, um diese Entscheidungen treffen zu können. Dazu gehören Teamsprecher, die Entscheidungsprozesse koordinieren und die Schnittstellen zwischen ihrem Team und anderen Teams sowie dem Vorgesetzten bedienen, jedoch keine Weisungsbefugnis haben. Regelmäßige Teamgespräche dienen als Forum für den Informationsaustausch und die Entscheidungsfindung. Wichtig für den Erfolg der Teamarbeit ist, dass es gemeinsame Aufgaben und Leistungsziele gibt.[16]

Die Einbettung von Teams in die Linienorganisation erfolgt über Führungskräfte, die mehrere Teams führen und selbst an einen Linienvorgesetzten angebunden sind (vgl. Abb. 4.4).

Quer zu dem eingerichteten Leitungssystem gibt es in einigen Unternehmen eine **Sekundärorganisation**. Am häufigsten trifft man diese Konstellation im Zusammenhang von Projekten an. Dabei werden zeitlich begrenzte Projekte von Projektgruppen bearbei-

---

[15] Vgl. Goller/Bronsack (2006), S. 35.
[16] Vgl. Greife/Langemeyer 1999, S. 198 f. und S. 203–208.

Abb. 4.4 Teamorganisation

tet, deren Mitarbeiter für die Projekte aus der im Allgemeinen ohne zeitliche Begrenzung angelegten Linienorganisation (in der betrieblichen Umgangssprache kurz „Linie") ausgeliehen werden. Je nach der im Projekt benötigten Kapazität werden die Mitarbeiter für die Dauer des Projekts mit ihrem vollen Arbeitsvolumen oder auch nur mit einem im Projektauftrag festzuschreibenden Anteil (z. B. 20 %, entsprechend einem Tag pro Woche) von ihrem Linienvorgesetzten dem Projekt zur Verfügung gestellt (Matrix-Projektorganisation). Es gibt auch Fälle, in denen Mitarbeiter speziell für ein Projekt eingestellt werden.[17]

Der Projektleiter ist über seinen Auftraggeber in die Linienorganisation eingebunden (vgl. Abb. 4.5). Bei dem Auftraggeber handelt es sich häufig nicht um eine einzelne Stelle, sondern um ein Gremium (Lenkungsausschuss, in dem Beispiel ist dies der Vorstand). Üblicherweise ist der Projektleiter gegenüber den Projektmitarbeitern in Bezug auf ihren Einsatz im Projekt weisungsbefugt; es gibt aber auch andere Ansätze der Kompetenzverteilung.[18]

Wegen des besonderen Stellenwerts des Projektmanagements für die Ingenieurarbeit ist diesem Thema der separate Abschn. 4.2 gewidmet.

Das **Produktmanagement** ist eine weitere häufig anzutreffende Form der Sekundärorganisation. Dabei hat jeweils ein Produktmanager die funktionsübergreifende, insbesondere die Funktionen „Entwicklung", „Produktion" und „Absatz" umfassende Verantwortung für ein Produkt bzw. eine Produktgruppe. Der Produktmanager kümmert sich somit um alle Belange seines Produkts im Unternehmen. Ähnlich wie beim Projektmanagement liegt die Produktverantwortung quer zum Leitungssystem, weil sie aus diesem mehrere Funktionsbereiche berührt. In Abhängigkeit von der Ausstattung des Produktmanagers mit Weisungsbefugnissen unterscheidet man das Stabs- vom Matrix-Produktmanagement.[19]

Organisationsmodelle

Für die Synthese der Aufgaben der obersten Leitungsebene machen die Kriterien „Rang", „Phase" und „Zweck" in den meisten Fällen keinen Sinn, so dass nur die Kriterien „Objekt" und „Verrichtung" zur Verfügung stehen. Bei verrichtungsorientierter Organisation der obersten Leitungsebene spricht man von funktionaler, bei objektorientierter von di-

---

[17] Vgl. Bühner (2009), S. 215–229, Schulte-Zurhausen (2014), S. 334 f., Wiendahl (2014), S. 34 f.
[18] Vgl. Schulte-Zurhausen (2014), S. 331–336.
[19] Vgl. Bühner (2009), S. 202–207, Schulte-Zurhausen (2014), S. 314–317.

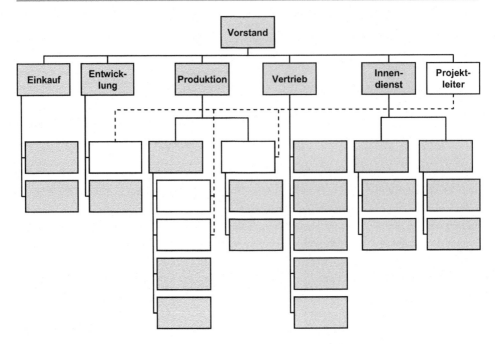

Abb. 4.5 Matrix-Projektorganisation

visionaler (von engl. *division* = Geschäftsbereich) Organisation. Die Kombination beider Kriterien im Sinne eines Mehrliniensystems ergibt eine **Matrixorganisation**.

Das **funktionale Organisationsmodell** ist dadurch gekennzeichnet, dass die oberste Leitungsebene eines Unternehmens in Funktionsbereiche (z. B. Vertrieb, Entwicklung, Produktion) gegliedert ist.[20] Es war lange Zeit dominierend und ist auch heute noch bei kleineren Unternehmen am weitesten verbreitet, aber auch bei einigen Großunternehmen anzutreffen (vgl. Beispiel BMW, Abb. 4.6).

Objekt und damit Kriterium für die Geschäftsbereichsbildung im **divisionalen Organisationsmodell** (vgl. Beispiel Metro, Abb. 4.7) ist in den meisten Fällen das Produkt, z. B. bei einem Fahrzeughersteller mit Geschäftsbereichen für Nutzfahrzeuge, PKW und Fahr-

Abb. 4.6 Funktionale Organisation (Beispiel BMW)

---

[20] Vgl. Schulte-Zurhausen (2014), S. 263–266.

Abb. 4.7 Divisionale Organisation (Beispiel). (In Anlehnung an: http://www.metrogroup.de/internet/site/metrogroup/node/9299/Lde/index.html; http://www.metrogroup.de/internet/site/metrogroup/get/documents/metrogroup_international/corpsite/05_inrel/publications/fact-sheet-de.pdf, Zugriff 23.12.2013)

räder. Als Objekt sind aber auch Kunden (z. B. Industrie, Kleingewerbe, Privatpersonen) oder Regionen anzutreffen.[21] Die zweite Ebene ist dann in der Regel verrichtungsorientiert organisiert: Jeder Geschäftsbereich hat z. B. einen Vertrieb eine Produktion usw. Eine rein divisionale Organisation ist damit zwangsläufig ineffizient, weil es in allen Geschäftsbereichen funktionsgleiche oder -ähnliche Organisationseinheiten gibt, die nach den Regeln der *economies of scale* effizienter arbeiten könnten, wenn sie zu einer für das gesamte Unternehmen tätigen Einheit zusammengefasst würden. Die Funktionsgleichheit betrifft in Wesentlichen vom Absatzmarkt entfernte Aufgaben wie z. B. das Rechnungs- oder das Personalwesen. Viele divisional organisierte Unternehmen lösen daher derartige Querschnittsfunktionen aus den Geschäftsbereichen und zentralisieren sie, ordnen sie also aufbauorganisatorisch neben den Geschäftsbereichen an, für die sie dann Dienstleistungen erbringen.[22] Der wesentliche Nachteil dieser Zentralisierung ist, dass damit die Geschäftsbereiche nicht autark sind und es schwieriger ist, einen Geschäftsbereich zu verkaufen – weil er z. B. ohne eigenes Rechnungswesen nicht funktionsfähig ist – oder ein hinzugekauftes Unternehmen einzugliedern.

Das divisionale Organisationsmodell weist im Vergleich zum funktionalen folgende Vorteile auf:

- Die oberste Leitungsebene wird entlastet, weil operative Entscheidungen in den Geschäftsbereichen gefällt werden, die zudem die zu entscheidenden Sachverhalte besser kennen.
- Die Geschäftsbereiche können wie eigenständige Unternehmen geführt werden – ohne die Notwendigkeit einer eigenen Rechtspersönlichkeit (z. B. GmbH), auch wenn diese häufig anzutreffen sind. Dadurch werden die Motivation und das unternehmerische

---

[21] Vgl. Schulte-Zurhausen (2014), S. 268–275.
[22] Vgl. Schulte-Zurhausen (2014), S. 273 f.

Denken der Geschäftsbereichsleiter gefördert und es ist ohne weiteres möglich, den Erfolg jedes Geschäftsbereichs zu messen. Geschäftsbereiche können leicht ein- und ausgegliedert werden.

Nachteile des divisionalen Organisationsmodells sind

- die mit der Existenz vieler kleiner funktionsähnlicher Einheiten (z. B. Personalabteilungen) einhergehenden Synergieverluste,
- die größere Zahl zu besetzender Leitungsstellen und
- die Gefahr des Eigenlebens der Geschäftsbereiche, die zu Lasten des Gesamtunternehmens geschäftsbereichsinterne Suboptima anstreben.

Eine **Matrixorganisation** entsteht durch gleichzeitige Verwendung zweier Kriterien für die Aufgabengliederung der obersten Leitungsebene. Die Kriterien sind üblicherweise Objekt und Verrichtung,[23] es können aber auch mehrere objektbezogene Kriterien (z. B. Produkt und Kundengruppen) verwendet werden. Mit der Objekt-/Verrichtungsmatrix (vgl. Abb. 4.8) wird versucht, die Vorteile beider Organisationsmodelle zu nutzen.

Durch die Matrixorganisation entsteht in der zweiten Leitungsebene eine Mehrlinienorganisation, weil jeder Stelleninhaber dieser Ebene zwei Vorgesetzte hat. Für den Leiter „Entwicklung PKW" in dem Beispiel wären das der Leiter des Geschäftsbereichs PKW und der Leiter der Entwicklung.

Abb. 4.8 Matrixorganisation

---

[23] Vgl. Schulte-Zurhausen (2014), S. 277–281.

4.1.3 Geschäftsprozessorganisation

In der klassischen Organisationslehre stand neben der Aufbau- die Ablauforganisation. Dabei ging es darum, nach Festlegung der organisatorischen Strukturen Raum- und Zeitbeziehungen zu gestalten. Diese Sichtweise und das damit verbundene Vorgehensmodell führen oftmals zu Funktionsstörungen, weil die Abläufe dabei innerhalb bereits bestehender bzw. festgelegter Organisationseinheiten optimiert werden. Abteilungsübergreifende Prozesse laufen häufig nur suboptimal, weil bei der Organisationsgestaltung nicht die Prozesse, sondern die Organisationseinheiten im Fokus stehen. Wegen dieser Defizite ereignete sich zum Ende des letzten Jahrtausends ein Paradigmenwechsel im Bereich der Organisationsgestaltung. Nunmehr stehen die Abläufe (Prozesse) im Mittelpunkt. Dadurch sollen Schnittstellenprobleme verringert, die Kundenorientierung verbessert und eine ganzheitliche Prozessverantwortung geschaffen werden.[24]

Im Folgenden wird zunächst erläutert, welche Arten von Prozessen zu unterscheiden sind, anschließend ein Ansatz zur Prozessgestaltung beschrieben und schließlich das Prozesscontrolling thematisiert. Die beschriebenen Ansätze sind grundsätzlich für Unternehmen aller Branchen und innerhalb eines Unternehmens für alle Funktionsbereiche anwendbar. Im Anschluss wird dann auf Besonderheiten der Fertigungs- und Montageorganisation in Industriebetrieben eingegangen.

Prozessarten

Unter einem Prozess wird eine Folge von Aktivitäten verstanden, die innerhalb einer definierten Zeitspanne nach bestimmten Regeln einen Input zielgerichtet in einen Output transformieren.[25] Um Verwechselungen mit z. B. juristischen oder verfahrenstechnischen Prozessen zu vermeiden, wird mit derselben Bedeutung häufig auch der Begriff „Geschäftsprozess" (englisch: *business process*) verwendet.[26]

Üblicherweise werden drei Prozessarten unterschieden:

- Kernprozesse,
- Managementprozesse (auch: Führungsprozesse),
- Unterstützungsprozesse (auch: Supportprozesse).[27]

Die **Kernprozesse** erbringen die Wertschöpfung im Unternehmen, die der Differenz zwischen dem Wert des Outputs und des Inputs eines Prozesses entspricht. Die Gesamtheit aller Kernprozesse bildet die Wertschöpfungskette (auch Wertkette, engl. *value chain* nach *Porter*) des Unternehmens. Das Wertverständnis bezieht sich auf den Absatzmarkt: Der Wert des Outputs ist der Preis, den der Kunde dafür zu zahlen bereit ist. Entsprechend sind

---

[24] Vgl. Vahs (2015), S. 207–214, Binner (2016), S. 14.

[25] Vgl. Vahs (2015), S. 214 f., Schulte-Zurhausen (2014), S. 51.

[26] Anders z. B. Vahs, der unter Geschäftsprozessen nur Kernprozesse versteht (vgl. Vahs (2015), S. 235).

[27] Vgl. Vahs (2015), S. 235 f.; die Kernprozesse werden dort als Geschäftsprozesse bezeichnet.

die typischen Kernprozesse in Industrieunternehmen neben der Produktion der Vertrieb, die Produktentwicklung und die Logistik.

Management- und Unterstützungsprozesse sind nicht wertschöpfend, aber zur Durchführung der Kernprozesse erforderlich. Zu ersteren gehören die übergeordnete operative und strategische Planung, Koordination und Steuerung sowie das Prozess-controlling. Die Outputs der Unterstützungsprozesse werden benötigt, um die anderen Prozesse zu betreiben. Dazu gehören z. B. das Personal- und das Rechnungswesen.[28]

Prozessgestaltung

Anlässe für die Gestaltung von Geschäftsprozessen können der Neuaufbau eines Unternehmens bzw. einer Organisationseinheit oder deren Restrukturierung sein. Aus dem letztgenannten Anlass entstand im Zuge des vorstehend beschriebenen Paradigmenwechsels unter der Überschrift „*Business Process Reengineering*" eine Welle von Reorganisationsprojekten in Unternehmen, die wesentlich auf die Arbeiten von *Hammer und Champy* zurückgeführt werden können.

Bei der Prozessgestaltung werden allgemein folgende Ziele verfolgt:

- Durchlaufzeitreduzierung
- Kostensenkung
- Qualitätssteigerung
- Verbesserung der Innovationsfähigkeit.[29]

Bevor einzelne Prozesse gestaltet werden können, muss die Gesamtheit der Geschäftsprozesse in eine Struktur gebracht werden, die häufig graphisch dokumentiert und als Prozesslandschaft bezeichnet wird (vgl. Abb. 4.9). Aus Gründen der Übersichtlichkeit wird bei umfangreichen Prozessen mit mehreren Ebenen gearbeitet. Dabei werden einzelne Kernprozesse in Teilprozesse zergliedert.

Für den Ablauf der Gestaltung eines einzelnen Prozesses werden verschiedene Vorgehensweisen vorgeschlagen,[30] von denen hier die 4-Schritte-Methode von Wagner beschrieben werden soll:

(1) Prozessidentifikation und -abgrenzung,
(2) Dokumentation und Analyse Ist-Prozess
(3) Konzeption Soll-Prozess
(4) Realisierung Verbesserungspotential.[31]

---

[28] Vgl. Wagner/Käfer (2017), S. 53–58.
[29] Vgl. Vahs (2015), S. 223–230.
[30] Vgl. z. B. Vahs (2015), S. 231–233, Schulte-Zurhausen (2014), S. 81–120.
[31] Vgl. Wagner/Käfer (2017), S. 63 f.

Abb. 4.9 Beispiel Prozesslandschaft

Zur **Prozessidentifikation und -abgrenzung** werden folgende Merkmale verwendet:

- Zweck des Prozesses
- Kunden des Prozesses (auch interne Kunden) und deren Erwartungen
- Input und Output
- erster und letzter Prozessschritt
- Schnittstellen
- erforderliche Ressourcen (Menschen, Informationen, Arbeitsumgebung, Betriebsmittel, Infrastruktur)
- Erfolgsfaktoren.[32]

Zu Input, Output, Schnittstellen und Ressourcen werden jeweils auch Mengen und Zeiten erhoben.[33]

Wenn der Anlass der Prozessgestaltung eine Restrukturierung ist und es daher schon einen bestehenden Prozess gibt, so folgt im zweiten Schritt dessen **Dokumentation und Analyse**. Prozesse werden meist graphisch dokumentiert.[34] Dazu gibt es unterschiedliche Abbildungsregeln, die meist durch eine Dokumentationssoftware unterstützt werden.

---

[32] Vgl. Wagner/Käfer (2017), S. 66–68.

[33] Vgl. Schulte-Zurhausen (2014), S. 104.

[34] Daneben gibt es mit BPEL eine Sprache zur Beschreibung von Geschäftsprozessen, die aber weniger im Bereich der Organisation als in der Softwareentwicklung Anwendung findet, vgl. OASIS (2008): Web Services Business Process Execution Language Version 2.0.

Weit verbreitet sind die Methodik der ereignisgesteuerten Prozesskette (*Scheer*) und die Swimlane-Methodik (*Binner*). Erstere wird vor allem im Bereich der Softwareentwicklung eingesetzt, letztere für Geschäftsprozessoptimierung und Qualitätsmanagement. Mit dem internationalen Standard BPMN (Business Process Modeling Notation) wurde ein internationaler Standard zur graphischen Dokumentation von Geschäftsprozessen definiert, der beide Methodiken beinhaltet.[35] Abb. 4.10 ist ein Beispiel für eine BPMN-Prozessgraphik. Die drei großen Rechtecke („Patient", „Empfang" und „Arzt") sind die Funktionsträger (*swimlanes*), denen jeweils kleine Rechtecke zugeordnet sind, die die einzelnen Aktivitäten abbilden. Die Reihenfolge der Abarbeitung der Aktivitäten wird durch Pfeile mit durchgezogenen Linien, Informationsflüsse durch Pfeile mit gestrichelten Linien abgebildet.

Ein wesentlicher Vorteil der **Swimlane-Methodik** ist, dass Schnittstellen zwischen einzelnen Funktionsträgern in der Prozessgraphik sichtbar sind. Schnittstellen sind potentielle Prozess-Schwachstellen, weil es hier zu Doppelarbeiten und Reibungsverlusten kommen kann. Deshalb wird im Rahmen der Analyse des Ist-Prozesses geprüft, ob die Anzahl der Schnittstellen minimiert oder ob durch genauere Definition der Schnittstellen eine Verbesserung der Abläufe möglich ist. Daneben sind die einzelnen Aktivitäten auf ihre Wertschöpfung zu überprüfen; nicht-wertschöpfende Aktivitäten sollten soweit möglich

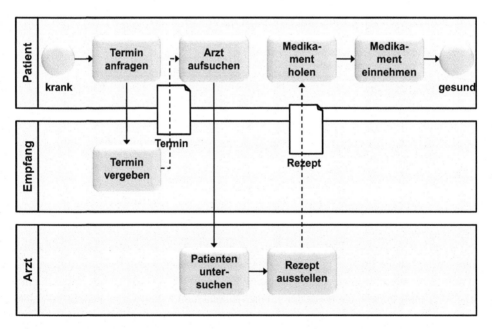

Abb. 4.10 Beispiel BPMN. (In Anlehnung an OGM (2011), S. 14)

---

[35] Business Process Model and Notation (BPMN), Version 2.0, Herausgeber Object Management Group (OMG).

eliminiert werden. Daneben gibt es eine Reihe von Analyseinstrumenten (z. B. Ishikawa-Methodik, vgl. Abschn. 10.1.1), die zur Identifikation von Schwachstellen genutzt werden können.

Im dritten Schritt wird der **Soll-Prozess** konzipiert. Dazu werden zunächst Ziele festgelegt, die nach Möglichkeit mit Kennzahlen hinterlegt werden sollten, die nach Implementierung des neuen Prozesses für das Controlling verwendet werden können.

Ausgehend vom Ist-Prozess und den Ergebnissen der Schwachstellenanalyse wird nun der Soll-Prozess modelliert und ebenfalls als Prozessgraphik dokumentiert. Ansätze zur Eliminierung von Schwachstellen sind:

- Outsourcing von Geschäftsprozessen,
- Eliminierung von Prozessschritten,
- Verbesserung von Arbeitsmethoden und -bedingungen,
- Bildung von Prozessvarianten,
- Optimierung der Abarbeitungsreihenfolge,
- zeitliche und räumliche Optimierung,
- Einrichtung von Kontrollpunkten,
- Integration von Geschäftsprozessen.[36]

Vor allem in der Produktion spielt im Rahmen des Konzepts der digitalen Fabrik[37] die Simulation der Abläufe eine wichtige Rolle: Vor der Umsetzung eines Soll-Prozesses in der realen Welt wird mit Hilfe geeigneter Software[38] ein virtuelles Modell der betreffenden Produktionseinheit erstellt und der Ablauf des Soll-Prozesses simuliert.[39] Die Simulationsergebnisse können im Vorfeld der Soll-Prozessumsetzung Mängel, wie z. B. Engpässe („Flaschenhälse") aufdecken, die dann im Soll-Prozess korrigiert werden. In weiteren Simulationsläufen kann dann geprüft werden, wie die Veränderungen sich auswirken, und so der Soll-Prozess iterativ optimiert werden.

Im vierten Schritt wird schließlich durch die Umsetzung des Soll-Prozesses das Verbesserungspotential realisiert. Die erforderlichen Maßnahmen, z. B. die Beschaffung von Maschinen und Software oder die Schulung von Mitarbeitern, müssen vor ihrer Umsetzung geplant werden. Wenn die Umsetzung eine große Anzahl von Mitarbeitern betrifft, kann es sinnvoll sein, sie zunächst in einem kleineren Bereich zu pilotieren, um vor der flächendeckenden Umsetzung („*roll-out*") noch vorhandene Schwachstellen erkennen und beseitigen zu können.[40]

---

[36] Vgl. Schulte-Zurhausen (2014), S. 110–119.
[37] Vgl. VDI-Richtlinie 4499: Digitale Fabrik – Grundlagen.
[38] Z. B. DELMIA, vgl. Dombrowski et al. (2017), S. 185.
[39] Vgl. Dombrowski et al. (2017), S. 172–175.
[40] Vgl. Wagner/Käfer (2017), S. 96–99.

Prozesscontrolling

Geschäftsprozesse bedürfen der ständigen Überwachung, um Ineffizienzen zu vermeiden. Maß für die Effizienz von Prozessen sind die bei der Prozessgestaltung definierten Ziele, die im Rahmen des Controllings weiterentwickelt, also auf Aktualität und Anpassungsbedarf geprüft werden. Zum Prozesscontrolling gehört, zu jedem Prozessziel kurzfristig (im Allgemeinen für ein Jahr) das anzustrebende Ausmaß festzulegen (z. B. für das Ziel „kurze Durchlaufzeit" das Ausmaß „5 Tage"). Diese Zielerreichung ist dann regelmäßig zu prüfen, bei Abweichungen sind die Ursachen zu analysieren und Korrekturmaßnahmen einzuleiten.[41] Der Abgleich zwischen den gesteckte Zielen und dem tatsächlich Erreichten kann auch automatisiert werden, z. B. wenn die entsprechenden Daten in Produktionsplanungs- und Steuerungssystemen oder Workflow-Managementsystemen zur Verfügung stehen.

Auch wenn Prozessziele nicht mit Kennzahlen operationalisiert werden können, ist ein Controlling möglich, z. B. indem die Erreichung qualitativer Ziele im Rahmen eines Prozessaudits durch Gespräche mit Prozessverantwortlichen und -beteiligten überprüft wird.

Besonderheiten der Fertigungs- und Montageorganisation

Im Bereich der industriellen Fertigung sind aus der Kombination bestimmter aufbau- und prozessorganisatorischer Merkmale Organisationstypen entstanden, deren Idealtypen in Abb. 4.11 dargestellt sind und im Folgenden beschrieben werden. In der betrieblichen Praxis gibt es eine Vielzahl von Varianten dieser Organisationstypen.

Die Organisationstypen der Fertigung unterscheiden sich nach dem Kriterium, das für die räumliche Anordnung und die Zuordnung der Weisungsbefugnis verwendet wird. Als Kriterien finden „Objekt" und „Verrichtung" Anwendung.[42]

Abb. 4.11 Organisationstypen der Fertigung

---

[41] Vgl. Wagner/Käfer (2017), S. 107–123.
[42] Als drittes Kriterium wird zum Teil der Mensch genannt (vgl. z. B. Wiendahl (2014), S. 41 f.), der entsprechende, vor allem im Handwerk anzutreffende Organisationstyp der Werkbankfertigung spielt jedoch im industriellen Kontext nur eine geringe Rolle und wird daher hier nicht weiter thematisiert.

Bei der **Werkstattfertigung** werden die Arbeitsplätze mit gleichartigen Verrichtungen zusammengefasst (z. B. Zerspanung, Blechbearbeitung, Schweißwerkstatt). Gruppen gleichartiger Arbeitsplätze bilden Werkstätten, die räumlich (z. B. eigene Halle) und aufbauorganisatorisch (eigener Verantwortungsbereich mit zuständiger Führungskraft) untereinander abgegrenzt werden. Die Werkstücke werden zwischen den einzelnen Werkstätten transportiert, und zwar entweder einzeln oder losweise.[43,44]

Kennzeichen der **Fließfertigung** ist die Objektzentralisation, wobei mit „Objekt" das zu bearbeitende Werkstück gemeint ist. Der Organisationstyp der Fließfertigung geht auf *Henry Ford* zurück. Die Arbeitsplätze werden in der Reihenfolge der an dem Werkstück durchzuführenden Arbeitsgänge angeordnet. Ein nach diesem Organisationstyp aufgebauter Betrieb ist daher auf ein Produkt bzw. eine Produktart spezialisiert.

Nach der Starrheit der Verkettung der einzelnen Arbeitsplätze kann man zwischen Reihen- und Fließbandfertigung unterscheiden. Das Fließband war das von Ford in der Automobilmontage eingesetzte Fördermittel. Unter „Fließbandfertigung" versteht man in Anlehnung an das von Ford errichtete Urmodell ein System mit starrem Takt. Da alle Werkstücke mit derselben Geschwindigkeit transportiert werden, ist die zur Verfügung stehende Bearbeitungszeit an allen Stationen[45] dieselbe. Neben dem Fließband, bei dem die Werkstücke auch während der Bearbeitung transportiert werden, gibt es fördertechnische Lösungen, bei denen sich die Werkstücke während der Bearbeitung nicht bewegen, aber jeweils gleichzeitig zur nächsten Station transportiert werden.

Um die Kapazitäten der einzelnen Stationen einer Fließbandfertigung möglichst gut zu nutzen, müssen die Arbeitsumfänge abgetaktet werden. Dazu werden jeder Station Teilaufgaben und Betriebsmittel so zugeordnet, dass die Bearbeitungszeit die **Taktzeit** so vollständig wie möglich ausnutzt. Durch die Taktzeit und die Gesamtlaufzeit (Schichtmodell) der Anlage ist auch die Ausbringung eines als Fließbandfertigung organisierten Betriebes festgelegt, da mit jedem Takt eine Produkteinheit fertiggestellt wird.

Da bei Ausfall einer Station in einer Fließbandfertigung die nachfolgende Station schon im nächsten Arbeitstakt kein zu bearbeitendes Werkstück mehr erhält, ist das Risiko des Stillstands der kompletten Fertigung durch Ausfall einer einzelnen Station sehr hoch. Um die Auswirkungen von Stationsausfällen zu verringern, werden jeweils für Gruppen von Arbeitsstationen Pufferlager angelegt, aus denen während der Beseitigung einer Störung an einer vorgelagerten Station Werkstücke entnommen werden können.[46]

Die Reihenfertigung ist im Gegensatz zur Fließbandfertigung nicht getaktet. Daraus ergibt sich eine höhere Flexibilität bei der Fertigung von Varianten mit unterschiedlichen

---

[43] Unter einem Los wird eine Menge von Werkstücken verstanden, die ohne Unterbrechung durch andere Werkstücke nacheinander an den einzelnen Arbeitsplätzen bearbeitet werden und gemeinsam die Fertigung durchlaufen.

[44] Vgl. Schulte-Zurhausen (2014), S. 130, Wiendahl (2014), S. 42 f., Bühner (2009), S. 238–250.

[45] Im Zusammenhang mit der Fließfertigung spricht man von „Stationen" statt von „Arbeitsplätzen", weil es neben Arbeitsplätzen, an denen Menschen arbeiten, auch vollautomatische Stationen gibt.

[46] Vgl. Schulte-Zurhausen (2014), S. 131, Wiendahl (2014), S. 43–45.

Arbeitsumfängen je Station, die aber mit einer schlechteren Kapazitätsauslastung erkauft wird.

Die Fließfertigung weist im Vergleich zur Werkstattfertigung folgende Vorteile auf:

- kürzere Durchlaufzeit (weil es keine Wartezeiten zwischen den einzelnen Arbeitsverrichtungen gibt),
- bessere Planbarkeit von Personal- und Materialbedarf,
- Spezialisierungsvorteile durch hohe Wiederholungsanzahl.

Ihnen stehen folgende Nachteile gegenüber:

- hohe Fixkosten,
- geringe Flexibilität,
- Monotonie der Arbeit.[47]

Im Rahmen **flexibler Fertigungssysteme** wird versucht, Objekt- und Verrichtungszentralisation zu kombinieren und damit Vorteile beider Organisationstypen zu nutzen. Ausgangspunkt ist die Bildung von Teilefamilien: Erzeugnisse, deren Fertigungsprozesse sich nur geringfügig unterscheiden (z. B. durch unterschiedliche Maschineneinstellungen oder Werkzeuge) werden zu Gruppen zusammengefasst. Die für die Bearbeitung einer Teilefamilie erforderlichen Maschinen bilden ein flexibles Fertigungssystem, in dem Werkstücktransport und Werkzeugwechsel automatisch ablaufen. So wird eine automatische, ungetaktete, richtungsfreie und damit hochflexible Fertigung ermöglicht.[48]

Die **Baustellenfertigung** kommt zum Einsatz, wenn das zu erstellende Produkt ortsfest (z. B. Brücke) oder, insb. wegen seiner Masse, schlecht zu bewegen ist (z. B. Großkraftwerksturbine).[49]

In der **industriellen Montage** finden grundsätzlich dieselben Organisationstypen Anwendung. Es gibt jedoch einige Besonderheiten, die im Folgenden kurz angesprochen werden. Die Flexibilitätsanforderungen an die Montageorganisation sind in den letzten Jahren stark gestiegen, vor allem aufgrund kürzerer Produktlebenszyklen und größerer Variantenvielfalt.[50] Ein Lösungsansatz zur Erfüllung der Flexibilitätsanforderungen sind hybride Montagesysteme, in denen automatische Stationen mit Handarbeitsplätzen kombiniert sind.[51]

Bei der Planung von Montagelinien werden die einzelnen Handhabungs- und Fügevorgänge danach unterschieden, ob sie einen Beitrag zur Wertschöpfung leisten (Primärvorgang) oder nicht (Sekundärvorgang, z. B. Transportieren, zwischenzeitliches Ablegen mit anschließendem Wiederaufgreifen eines Teils).[52]

---

[47] Vgl. Bühner (2009), S. 251–253.
[48] Vgl. Wiendahl (2014), S. 47–51.
[49] Vgl. Wiendahl (2014), S. 45.
[50] Vgl. Lotter/Wiendahl (2013), S. 3 f.
[51] Vgl. Lotter (2013b), S. 168 f.
[52] Vgl. Lotter (2013a), S. 49.

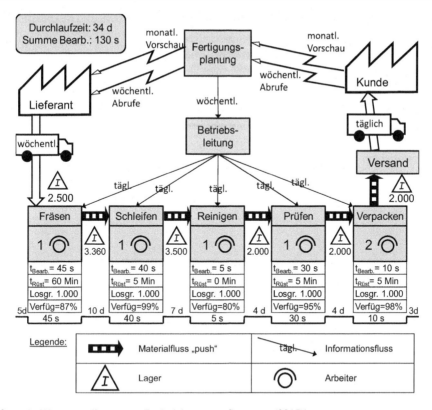

Abb. 4.12 Wertstromdiagramm. (In Anlehnung an Strategos (2017))

Wertschöpfende und nicht wertschöpfende Montagetätigkeiten werden zum Teil organisatorisch getrennt, also unterschiedlichen Stellen zugeordnet. Das Material wird im Rahmen der bevorratungsfreien Fließmontage synchron zum Montageablauf bereitgestellt.

Bei der Umgestaltung bestehender Montagelinien wird häufig das Konzept des Wertstromdesigns (*value stream mapping*) verwendet.[53] Dazu wird der Ist-Zustand der Material- und Informationsflüsse graphisch dargestellt (vgl. Abb. 4.12). Dabei werden alle nicht wertschöpfenden Tätigkeiten identifiziert. Aus dem Ist- wird nun ein Soll-Zustand entwickelt mit der Maßgabe, die nicht wertschöpfenden Tätigkeiten so weit wie möglich zu eliminieren.

4.2 Projektmanagement

Ein großer Teil der Arbeit von Ingenieuren wird in der Organisationsform „Projekt" abgewickelt. Schon daher kommt dem Thema „Projektmanagement" für Ingenieure eine

---

[53] Vgl. Erlach (2010), S. 124 f. und S. 147–158.

besondere Bedeutung zu, die dadurch noch gesteigert wird, dass viele Projekte scheitern. So ergab eine Studie, dass nur 19 % aller großen Software-Projekte erfolgreich, also unter Erreichung ihrer Ziele abgeschlossen wurden, während 52 % zwar ihre Ziele nicht erreichten, aber bis zum Ende durchgeführt und 29 % abgebrochen wurden.[54] Das Scheitern ist häufig auf ein schlechtes Projektmanagement zurückzuführen.

Hier setzt ISO 21500 „Guidance on Project Management" an. Sie basiert auf dem vom *Project Management Institute* (PMI)[55] herausgegebenen ***Project Management Body of Knowledge*** (PMBOK) und beschreibt das Projektmanagement unter Verwendung eines Prozessmodells, das im Folgenden beschrieben wird. Bei der Beschreibung der Prozesse wird dabei teilweise auf das PMBOK zurückgegriffen, wenn die Regelungen in der Norm zu wenig konkret sind. Im Anschluss wird der vor allem in Softwareentwicklungsprojekten weit verbreitete Projektmanagementansatz „PRINCE2" kurz dargestellt.

4.2.1 Projektmanagementprozesse nach ISO 21500

Das Projektmanagement lässt sich in 39 Prozesse zergliedern, die in fünf Prozessgruppen zusammengefasst werden können (siehe Abb. 4.13).

Die Prozessgruppen werden nacheinander abgearbeitet, lediglich das Controlling findet zur selben Zeit wie die Umsetzung statt. Bei den Prozessgruppen handelt es sich nicht um Projektphasen. Letztere sind inhaltlich definiert.[56] So kann z. B. ein Anlagenbauprojekt aus den folgenden Phasen bestehen:

- betriebswirtschaftliche Planung,
- technische Planung,
- Entwicklung,
- Komponentenbeschaffung, -fertigung und Vormontage,
- Montage,
- Inbetriebnahme und Übergabe.

Abb. 4.13 ISO 21500 Prozessgruppen

---

[54] Vgl. Standish Group (2016), S. 1.
[55] www.Pmi.Org.
[56] Vgl. PMBOK Kap. 2.4.2.

Abb. 4.14 ISO 21500 Themengruppen

Die einzelnen Projektphasen liefern Ergebnisse, die Grundlage für die Arbeit in den nachfolgenden Phasen sind. Zwischen den einzelnen Phasen entscheidet der Auftraggeber, ob das Projekt fortgesetzt werden, also die Folgephase gestartet werden soll.[57] In jeder Projektphase werden alle fünf Prozessgruppen durchlaufen.

Jeder der 39 Projektmanagement-Prozesse ist nicht nur einer Prozessgruppe, sondern auch einer Themengruppe zugeordnet, von denen es insgesamt zehn gibt (siehe Abb. 4.14).

Im Folgenden werden die einzelnen Prozesse des Projektmanagements beschrieben. Der ISO-Ansatz ist sehr umfassend und auf das Management großer, komplexer Projekte ausgerichtet. Vor allem in kleineren Projekten ist es nicht erforderlich, alle 39 Prozesse zu bearbeiten. Der Projektleiter muss jeweils prüfen, welche Prozesse für sein Projekt relevant sind.[58] Da viele Projektgruppen international besetzt werden und die Projektsprache dann häufig Englisch ist, sind im Folgenden zu wichtigen Begriffen die englischen Pendants angegeben.

Initiierung

In dieser Prozessgruppe entsteht das Projekt. Der Auftraggeber entscheidet, das Projekt durchzuführen, stellt erste Überlegungen zu Zielen und Aufgaben an und wählt den Projektleiter aus. Diese Prozessgruppe kann vom Auftraggeber allein bearbeitet werden, aber auch unter Einbeziehung des Projektleiters und/oder der Projektgruppe.

Die Prozessgruppe der Initiierung besteht aus der Erteilung des Projektauftrags (*project charter*), der Identifikation der Projektbeteiligten (*stakeholder*) und der Zusammenstellung des Projektteams.

Mit der *Erteilung des Projektauftrags* ruft der Auftraggeber das Projekt formell ins Leben und ermöglicht dem Projektleiter den Zugriff auf definierte Ressourcen – vor allem Mitarbeiter. Wenn das Projekt für einen Kunden durchgeführt wird (Beispiel: Ein Anlagenbauer baut eine Raffinerie für einen Mineralölkonzern), ist der Kundenauftrag Grundlage des Projektauftrags. Im Anlagenbau gibt es in der Regel für jedes Projekt als

---

[57] Vgl. PMBOK Kap. 2.4.2.
[58] Vgl. ISO 21500 Kap. 4.1.

Teil des Projektauftrags ein Lastenheft (*requirements specification*), in dem die Anforderungen an die Anlage im Detail beschrieben sind.

Ein Projektauftrag besteht aus folgenden Elementen:

- Projektziele (Antwort auf die Frage: Warum wird das Projekt durchgeführt?),
- Projektergebnis (Antwort auf die Frage: Was soll die Projektgruppe beim Auftraggeber abliefern?),
- Projektorganisation, insbesondere Name des Auftraggebers und Projektleiters, evtl. weitere einzubeziehende Personen oder Gremien, z. B. Lenkungsausschuss oder Beirat,
- Ecktermine (Meilensteine und Projektende),
- Projektbudget,
- Nachweis der Wirtschaftlichkeit des Projekts (*business case*).[59]

Ein **Meilenstein** ist ein Termin, zu dem ein wesentliches Zwischenergebnis (z. B. Prototyp bei einem Produktentwicklungsprojekt) fertiggestellt sein sollte, das dann dem Auftraggeber präsentiert wird. Der Auftraggeber hat so die Möglichkeit, anhand der Einhaltung oder Überschreitung vorher (im Projektauftrag) festgelegter Meilensteintermine frühzeitig abzuschätzen, ob das Projekt zeitlich im Plan ist oder ob der Projektfertigstellungstermin gefährdet ist. Außerdem sind die Präsentationen der Zwischenergebnisse hilfreich zur Ausräumung von Missverständnissen zwischen Auftraggeber und Projektteam bezüglich der Projektaufgaben.

Der Projektauftrag sollte schriftlich dokumentiert werden. Wenn es stattdessen nur mündliche Abreden zwischen Auftraggeber und Projektleiter gibt, sind spätere Konflikte vorprogrammiert, weil zum Projektende beide Seiten unterschiedliche Erinnerungen an das Verabredete haben werden. Zudem fällt es dem Projektleiter bei Fehlen eines schriftlichen Projektauftrags schwer, vom Auftraggeber im Projektablauf nachgeschobene Aufgaben und Anforderungen zu identifizieren und zu begründen, warum zur Realisierung dann mehr Geld und mehr Zeit erforderlich sind.

Projektbeteiligte oder *stakeholder* sind Personen oder Organisationen, die aktiv in den Projektablauf eingreifen (z. B. Auftraggeber) oder deren Interessen durch das Projekt berührt werden (z. B. Mitarbeiter, die ein im Projekt zu entwickelndes Produkt später fertigen). Die Projektgruppe muss diese Projektbeteiligten identifizieren und ihre Anforderungen und Erwartungen an das Projekt ermitteln. Die Projektbeteiligten können in Bezug auf das Projekt sowohl positive als auch negative Interessen haben, also an dem Scheitern des Projekts interessiert sein.[60] So dürfte z. B. bei einem Produktentwicklungsprojekt der Konkurrent zu den Stakeholdern mit negativen Interessen gehören, die es aber auch unternehmensintern geben kann, wenn z. B. im Unternehmen Machtkämpfe ausgetragen werden, in die das Projekt hineingerät.

---

[59] Vgl. PMBOK Kap. 4.1; Kraus/Westermann (2014), S. 47–51.
[60] Vgl. PMBOK Kap. 13.1.

Planung

Diese Prozessgruppe besteht aus 16 Prozessen, die alle Themengruppen mit Ausnahme der *stakeholder* berühren.

In Bezug zum Planungshorizont gibt es zwei konkurrierende Ansätze: Als „*rolling wave planning*" wird eine Vorgehensweise bezeichnet, bei der anfänglich nur eine grobe Planung erstellt wird, die dann im Laufe der Projektarbeit schrittweise verfeinert wird.[61] Die Gegenposition zum „*rolling wave planning*" wird als „*front end loading*" bezeichnet. Nach diesem Ansatz wird das Projekt komplett durchgeplant, bevor das erste Arbeitspaket bearbeitet wird. Wenn dies nicht möglich ist, weil sich z. B. erst im Projektablauf Konkretisierungen ergeben, die für eine detaillierte Planung erforderlich sind, wird das Projekt in Teilprojekte oder Phasen zerlegt, die jeweils komplett durchgeplant werden können. Die erste Phase ist dabei häufig eine Machbarkeitsstudie. Zwischen den Teilprojekten oder Phasen entscheidet der Auftraggeber jeweils über die Fortführung. Die Verfechter dieses Ansatzes sehen in der anfänglichen Ungenauigkeit der Rolling-wave-Planung eine wesentliche Ursache für Termin- und Kostenüberschreitungen.[62] Der wesentliche Nachteil des *front end loading* bei Kundenprojekten besteht darin, dass für Aufträge, die der Kunde schließlich einem Wettbewerber erteilt, Planungsleistungen erbracht werden, die nicht an den Kunden abgerechnet werden können.

Im Bereich der **Integration** geht es darum, einen Gesamtplan zu erstellen, in den dann die einzelnen Teilpläne (Termin-, Kostenplan usw.) integriert werden.

In Bezug auf die **Inhalte** ist zunächst zu klären, welcher Leistungsumfang (*scope*) im Projekt bearbeitet werden sollen. Aus diesen Aufgaben werden dann Arbeitspakete abgeleitet, die die Objekte der meisten nachfolgenden Planungsprozesse sind. Anzustreben ist ein gemeinsames Verständnis von Auftraggeber und Projektleiter über das von der Projektgruppe abzuliefernde Ergebnis. Dabei wird es selten möglich sein, eine vollständige Übereinstimmung zur erzielen, zumal die Vorstellungen des Auftraggebers über das von ihm gewünschte Ergebnis sich im Projektablauf ändern können bzw. sich konkretisieren. Damit der Projektleiter sein Projekt erfolgreich leiten kann, ist es notwendig, gleich zu Beginn der Planung Klarheit über das vom Auftraggeber gewünschte Projektergebnis zu schaffen.[63]

Arbeitspakete stellen die Atome der Projektplanung dar. Für Planungszwecke werden sie nicht weiter untergliedert, sondern sind als Ganzes Objekt der folgenden Planungsschritte (z. B. Termin-, Kosten- und Ressourcenplanung).[64] Die Arbeitspakete eines Projekts ergeben sich aus der Zerlegung der Gesamtaufgabe des Projekts. Jedes Arbeitspaket wird von den ihm zugeordneten Ressourcen bearbeitet. Das sind im Bereich der personellen Ressourcen vor allem Projektmitarbeiter, entweder einzeln oder als Arbeitsgruppe.

---

[61] Vgl. PMBOK Kap. 6.2.2.2.
[62] Vgl. Dinsmore et al. (2005), S. 229 f., Gibson et al. (2006).
[63] Vgl. ISO 21500 Kap. 4.3.11, PMBOK Kap. 5.1, 5.2.
[64] Vgl. Bergmann/Garrecht (2016), S. 244; die Arbeitspakete entsprechen den *activities* gemäß PMBOK.

Der Zusammenhang der Arbeitspakete wird im Projektstrukturplan (*work breakdown structure*) dargestellt, üblicherweise in Form eines Baumdiagramms (siehe Abb. 4.15). Die Arbeitspakete finden sich auf der untersten Ebene des Projektstrukturplans. Wichtig ist, dass er vollständig ist, also keine Arbeitspakete fehlen, weil die Arbeitspakete die Grundlage der folgenden Planungsschritte bilden. Wenn ein Arbeitspaket fehlt, wird es entsprechend auch nicht bei der Termin- und Kostenplanung berücksichtigt. Erst bei der Projektdurchführung wird dann auffallen, dass in der Planung ein Arbeitspaket vergessen wurde und nun nachträglich eingefügt werden muss. Die sich dadurch ergebenden Terminverschiebungen und Kostensteigerungen führen zu Konflikten mit dem Auftraggeber. Zur Vermeidung von Unvollständigkeiten muss beim Herunterbrechen der Projektaufgabe in Teilaufgaben systematisch vorgegangen werden.[65]

Es gibt eine Vielzahl von Standard-Projektstrukturplänen, die als Ausgangspunkt für die Strukturplanung verwendet werden können, darunter auch unternehmensspezifische, die vor allem dann Verwendung finden, wenn in einem Unternehmen häufig gleichartige Projekte durchgeführt werden.[66]

Nachdem die Arbeitspakete gebildet worden sind, müssen sie beschrieben werden.[67] Um für umfangreiche Arbeitspakete die späteren Planungsschritte, insbesondere die Dauerermittlung und die Ressourcenzuordnung, zu erleichtern, kann es sinnvoll sein, die Arbeitspakete weiter in einzelne Aktivitäten zu zergliedern.

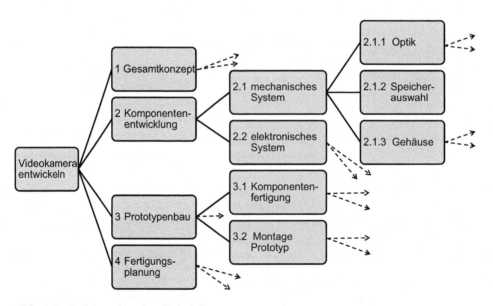

Abb. 4.15 Projektstrukturplan (Beispiel)

---

[65] Vgl. Litke et al. (2012), S. 72–75.
[66] Vgl. PMBOK Kap. 5.4.
[67] Vgl. PMBOK Kap. 6.2.3.

Zum Themenfeld „**Termine**" gehören die Ablaufplanung, die Ermittlung der Arbeitspaketdauer und die Terminierung der Arbeitspakete.

Der Ablaufplan bildet die Reihenfolge ab, in der die Arbeitspakete durchgeführt werden. Reihenfolgebeziehungen geben sich in erster Linie durch Input-/Outputrelationen: Wenn das Ergebnis eines Arbeitspakets benötigt wird, um ein anderes durchführen zu können (z. B. eine Zeichnung als Ergebnis des Arbeitspakets „Konstruktion", die für das Arbeitspaket „Prototypenbau" benötigt wird), ist damit die Reihenfolge vorgegeben, in der beide Arbeitspakete durchgeführt werden müssen. Neben zwingenden projektinternen Reihenfolgebeziehungen kann es auch Abhängigkeiten einzelner Arbeitspakete von projektexternen Ereignissen (z. B. behördliche Genehmigung) und nicht zwingende, aber bevorzugte Reihenfolgen geben, die bei Bedarf verändert werden können. Eine gängige Methode zur Dokumentation des Projektablaufs ist die Netzplantechnik.[68] Bei dem abgebildeten Beispiel (Ausschnitt aus einem Kamera-Entwicklungsprojekt, siehe Abb. 4.16) handelt es sich um einen Vorgangsknoten-Netzplan, bei dem die Vorgänge (Arbeitspakete) als Rechtecke dargestellt sind und die Verbindungspfeile die Reihenfolge der Abarbeitung dokumentieren. Die ersten drei Vorgänge müssen in dem Beispiel nacheinander durchgeführt werden, während die drei nachfolgenden (Auswahl Akku, Entwicklung Bedienelemente und Auswahl Display) gleichzeitig bearbeitet werden können, jedoch erst nach Beendigung des gemeinsamen Vorgängers (Gehäusedesign) starten dürfen. Netzpläne bilden häufig nicht nur die Arbeitspaket-Reihenfolge ab, sondern werden zusätzlich mit Termininformationen versehen, wie weiter unten zu zeigen sein wird. Die Norm ISO 21500 empfiehlt die Verwendung von Netzplänen.[69]

Der Ablaufplan einfacher Projekte kann auch als Balkendiagramm (Gantt-Diagramm) abgebildet werden, wobei dann alle zum Themenfeld „Termine" gehörenden Planungsschritte in einem Arbeitsgang durchgeführt werden (siehe Abb. 4.17).[70]

Abb. 4.16 Netzplan (Beispiel/Ausschnitt)

---

[68] Vgl. PMBOK Kap. 6.3.2.
[69] Vgl. ISO 21500 Kap. 4.3.21.
[70] Vgl. Patzak/Rattay (2014), S. 254 f.

Abb. 4.17 Balkendiagramm (Beispiel/Ausschnitt). (Balkendiagramme enthalten, wie im dargestellten Beispiel, üblicherweise auch Informationen zur Arbeitspaketdauer (Balkenlänge) und zu
Start- und Endterminen (Positionen auf der Zeitachse))

Im nächsten Planungsschritt muss für die einzelnen Arbeitspakete die **Dauer** ermittelt
werden, die wiederum vom erforderlichen Arbeitsvolumen und den eingesetzten Ressourcen abhängt. Das **Arbeitsvolumen** (häufig in Personentagen gemessen) kann auf folgende
Arten ermittelt werden:

- Expertenbefragung (z. B. Projektmitarbeiter mit Erfahrungen bezüglich einzelner Tä-
  tigkeiten oder erfahrener Projektleiter),
- Analogschätzung (Ableitung der Dauer aus Ist-Daten bereits durchgeführter Projekte),
- Kennzahlen (z. B. Anzahl Arbeitsstunden pro Teilzeichnung),
- Dreipunktschätzung (Durchschnittswert aus wahrscheinlicher, optimistisch und pessi-
  mistisch geschätzter Dauer).

Risiken, z. B. der Verzögerung von Arbeitspaketen aufgrund von Krankheitsfällen,
können durch Aufschläge auf die nach den oben genannten Verfahren ermittelten Dauern
berücksichtigt werden.[71]
Bei der Ermittlung der Arbeitspaketdauer wird ressourcenseitig zunächst von der optimalen Besetzung der Arbeitspakete ausgegangen. Nach erfolgter Termin- und Ressourcenplanung ergibt sich hier häufig Korrekturbedarf, weil z. B. dieselbe Ressource mehreren gleichzeitig terminierten Arbeitspaketen zugeordnet wurde. Die Arbeitspaketdauer
muss auch dann noch einmal verändert werden – in der Regel durch Zuordnung zusätzlicher Ressourcen – wenn sich nach Abschluss des nächsten Planungsprozesses (Terminierung) herausstellt, dass der vom Auftraggeber vorgegebene Projektfertigstellungstermin
nicht eingehalten werden kann.[72]
Die **Terminierung der Arbeitspakete** (*schedule*) wird auf Grundlage des Ablaufplans und der ermittelten Arbeitspaketdauern vorgenommen. Dieser Planungsschritt kann
bei Verwendung entsprechender Projektmanagementsoftware automatisiert werden. Für

---

[71] Vgl. PMBOK Kap. 6.5.2.6 und Litke et al. (2012), S. 80 f.
[72] Vgl. ISO 21500 Kap. 4.3.22.

jedes Arbeitspaket werden Anfangs- und Endzeitpunkt festgelegt. Dies kann auf dem Weg der Vorwärts- wie der Rückwärtsterminierung erfolgen. Bei der **Vorwärtsterminierung** werden alle Arbeitspakete ohne Vorgänger mit ihrem Beginn auf den Zeitpunkt des Projektstarts gelegt. Der Beginn der direkten Nachfolger ist dann gleich dem Ende des jeweiligen Vorgängers. Auf diese Weise werden in der sich aus dem Ablaufplan ergebenden Reihenfolge alle Arbeitspakete zum frühestmöglichen Zeitpunkt eingeplant. Die **Rückwärtsterminierung** geht entsprechend vom Projektende aus. Alle Arbeitspakete ohne Nachfolger werden so terminiert, dass sie zum Zeitpunkt des Projektendes fertig sind. Als Endtermine der direkten Vorgänger werden nun die Starttermine der Nachfolger übernommen. Die Arbeitspakete werden in Umkehrung des Ablaufplans terminiert. Die den Arbeitspaketen zugeordneten Termine sind die spätestmöglichen.

Der zeitliche Abstand zwischen frühest- und spätestmöglichem (Beginn- oder End-) Termin eines Arbeitspakets ist seine **Pufferzeit**: Um diesen Zeitraum kann das Arbeitspaket später als zum frühestmöglichen Zeitpunkt starten oder länger dauern, ohne dass der Endtermin des Projekts gefährdet wird, vorausgesetzt, dass nicht andere Arbeitspakete bereits einen Teil dieser Pufferzeit aufgezehrt haben. Der Weg durch den Terminplan, der alle Arbeitspakete ohne Pufferzeit miteinander verbindet, wird „**kritischer Pfad**" genannt, weil jede Verspätung oder Verzögerung sich auf den Endtermin des Projekts auswirkt.[73]

Bei der Terminierung der Arbeitspakete müssen die im Projektauftrag vorgegebenen Meilensteintermine berücksichtigt werden. Soweit möglich wird versucht, Abweichungen von den Meilensteinterminen zu kompensieren, z. B. durch Abgehen von bevorzugten, aber nicht zwingenden Reihenfolgen. Ist dies nicht möglich, muss das Projekt beschleunigt werden, oder der Auftraggeber muss seine Terminvorstellungen anpassen.

Ein Projekt kann beschleunigt werden, indem den kritischen Arbeitspaketen mehr Ressourcen zugeordnet werden. Wenn dies durch Umschichtung zwischen einzelnen Arbeitspaketen gelingt, also die kritischen Arbeitspakete durch vermehrten Ressourceneinsatz beschleunigt und die nicht-kritischen durch verminderten entsprechend verlangsamt werden, ist dies ohne Mehrkosten möglich. Der entsprechende Spielraum ist allerdings häufig gering, zumal durch Umschichtungen von Ressourcen vorher nicht-kritische Arbeitspakete kritisch werden können. Weitere Beschleunigungsmöglichkeiten sind mit Mehrkosten verbunden, weil das Projekt insgesamt mehr Ressourcen benötigt, z. B. durch Aufnahme zusätzlicher Projektmitarbeiter oder durch Fremdvergabe von Arbeitspaketen (z. B. Vergabe der Konstruktion eines Teils an ein Ingenieurbüro, das damit externe Ressource des Projekts wird).

Eine weitere Möglichkeit, ansonsten nicht realisierbare Terminvorstellungen des Auftraggebers doch noch zu erreichen, ist die Reduzierung der Projektaufgaben, die nur mit Zustimmung des Auftraggebers möglich ist, weil sie den Projektauftrag ändert.

Die **Ressourcenplanung** bezieht sich auf personelle und sachliche Ressourcen, wobei in den meisten Projekten erstere im Mittelpunkt stehen. Für jedes Arbeitspaket wird geplant, welche Ressourcen benötigt werden.

---

[73] Vgl. Bergmann/Garrecht (2016), S. 247 f.

In den meisten Projekten stammt der größte Teil der Mitarbeiter aus dem Unternehmen, das das Projekt durchführt. Die Mitarbeiter werden von ihren Abteilungen temporär ins Projekt entsandt, häufig nur mit einem Teil ihrer Arbeitskapazität (z. B. zwei Tage pro Woche), so dass sie nicht nur im Projekt, sondern daneben auch noch in Ihrer Abteilung und ggf. in weiteren Projekten arbeiten. Diese Projektmitarbeiter haben jeweils zwei Vorgesetzte, nämlich Projekt- und Abteilungsleiter. Damit sind Konflikte zwischen dem Projekt und den Abteilungen (das sind auf Dauer gebildete Organisationseinheiten der Linienorganisation, oft auch kurz als „Linie" bezeichnet) angelegt, z. B. in Bezug auf den Arbeitseinsatz des Mitarbeiters oder auf die Zielprioritäten, wenn inhaltliche Projekt- und Abteilungsziele zueinander in Konflikt stehen.

Neben den aus der Linienorganisation in Projekte entsandten gibt es auch Projektmitarbeiter, die Vollzeit in einem Projekt arbeiten, und Externe, die z. B. bei Lieferanten, Kunden oder Ingenieurbüros beschäftigt sind.

Bei internationalen Projekten kann es zusätzlich Probleme aufgrund sprachlicher und kultureller Unterschiede sowie verschiedener Zeitzonen geben, die bei der Planung berücksichtigt werden müssen.

Wenn die Projektgruppe zum Zeitpunkt der Ressourcenplanung noch nicht gebildet wurde, kann aus dem Ressourcenplan abgeleitet werden, wie viele Mitarbeiter mit welchen Qualifikationen für das Projekt benötigt werden. Auf Basis des Ressourcenplans kann dann die Projektgruppe gebildet werden. Häufig existiert die Projektgruppe zum Zeitpunkt der Ressourcenplanung bereits. In diesem Fall zeigt der Ressourcenplan Defizite zwischen benötigter und tatsächlich vorhandener personeller Ausstattung des Projekts auf und bildet damit die Grundlage für die Akquisition zusätzlicher Projektmitarbeiter und auch die Auslagerung von Arbeitspaketen (z. B. an ein Ingenieurbüro), die die Projektgruppe aufgrund mangelnder zeitlicher Verfügbarkeit oder Qualifikation nicht bewältigen kann. Aus dem Ressourcenplan kann außerdem die Inanspruchnahme der Kapazität der Projektmitarbeiter im Laufe des Projektes abgelesen werden. Die Kapazitätsauslastung kann z. B. als Histogramm dargestellt werden. Über- und Unterauslastungen sollten soweit möglich durch Ressourcentausch oder Verschiebung von Arbeitspaketen eliminiert werden.[74]

Sachliche Ressourcen, die beschafft werden müssen, lassen sich in Betriebsmittel, Dienstleistungen und Material gliedern. Lieferanten können auch unternehmensinterne Organisationseinheiten sein, wie z. B. die Versuchsbauabteilung, die für ein Produktentwicklungsprojekt einen Prototyp fertigt.

Ebenfalls zur Ressourcenplanung gehört die Festlegung der Projektorganisation, vor allem die Festlegung der Mitglieder des Projektteams und anderer Personen, die direkt in die Projektarbeit eingebunden sind.[75] Bei Projekten, die so groß sind, dass sie nicht von einem einzelnen Person geleitet werden können, gehört dazu auch die Unterteilung in

---

[74] Vgl. PMBOK Kap. 6.6.2.4 und Patzak/Rattay (2014), S. 287–290.
[75] Vgl. ISO 21500 Kap. 4.3.17.

Teilprojekte mit jeweils einzelnen, an den Gesamtprojektleiter berichtenden Teilprojekt-
leitern.

Die **Kosten des Projekts** werden zunächst für jedes einzelne Arbeitspaket geplant und
ergeben in ihrer Addition dann die Gesamtkosten des Projekts. Die Arbeitspaketkosten
lassen sich aus dem Ressourcenbedarf des Arbeitspakets und den Ressourcenkostensätzen
ableiten. Die Kosten der Projektmitarbeiter werden im Allgemeinen in Form pauschaler
Tages- oder Stundensätze verrechnet und müssen entsprechend geplant werden. Bei größeren Projekten wird für jedes Projekt mindestens eine Kostenstelle eingerichtet, auf der
sämtliche durch das Projekt verursachte Kosten gesammelt werden, im Falle der Verrechnung auch die der Projektmitarbeiter. Die Verrechnung dieser Kosten kann auf Grundlage
der im Projektauftrag festgelegten Projekt-Einsatzzeiten der Mitarbeiter (z. B. zwei Tage
pro Woche) erfolgen oder sich an der tatsächlichen Arbeitszeit im Projekt orientieren, was
die Erfassung dieser Zeiten erforderlich macht. Soweit im Unternehmen darauf verzichtet
wird, die Kosten der Projektmitarbeiter zu verrechnen, sie also dem Projekt kostenlos zur
Verfügung gestellt werden, müssen diese Kosten aus der Kostenplanung ausgeklammert
werden.

Zur Planung der Kosten für externe Ressourcen (z. B. von einem Ingenieurbüro einge-
kaufte Personentage, Lieferung von Software, Bereitstellung eines Autokrans) werden bei
den Lieferanten Angebote eingeholt.

Die Aggregation der für die einzelnen Arbeitspakete ermittelten Kosten ergibt die Gesamtkosten des Projekts.[76]

Ähnlich wie bei der Terminplanung kann auch bei der Kostenplanung das Problem
entstehen, dass die ermittelten Kosten das im Projektauftrag zugestandene Budget überschreiten. Auch in diesem Fall muss der Auftraggeber entscheiden, ob er bereit ist, mehr
Geld für das Projekt bereitzustellen oder Abstriche bezüglich der gewünschten Projektergebnisse hinzunehmen.

Für die **Qualitätsplanung** muss zunächst geklärt werden, welche Anforderungen und
Standards zu berücksichtigen sind. Diese können unternehmensintern, aber auch vom
Kunden vorgegeben oder als Normvorschriften allgemein verbindlich sein. Auf dieser
Grundlage wird im Rahmen der Qualitätsplanung festgelegt, welche Maßnahmen zur Qua-
litätssicherung (z. B. projektinterne Audits) durchgeführt werden und welche Kennzahlen
(z. B. Anteil planmäßig abgeschlossener Arbeitspakete) laufend ermittelt werden sollen.[77]

Die **Kommunikationsplanung** soll sicherstellen, dass projektbezogene Informationen
rechtzeitig und inhaltlich zutreffend erstellt, gesammelt, verteilt, gespeichert, wieder abgerufen und schließlich gelöscht werden. Dazu ist festzulegen, welche Informationen (Inhalt,
Format) in welchen Zeitabständen zu übermitteln sind, wer für die Übermittlung verantwortlich und wer Empfänger ist.[78]

---

[76] Vgl. PMBOK Kap. 7.3.
[77] Vgl. ISO 21500, Kap. 4.3.32.
[78] Vgl. PMBOK Kap. 10.1.

In Projekten gibt es seine Vielzahl von **Risiken.** Diese Risiken müssen im Rahmen der Projektplanung zunächst identifiziert werden. Um zu vermeiden, dass Risiken übersehen werden, kann eine Risikostrukturanalyse sinnvoll sein, bei der ein dem Projektstrukturplan ähnliches Baumdiagramm erstellt wird, das die einzelnen Risiken (z. B.: erforderliche behördliche Genehmigung wird nicht erteilt) enthält. Die Risiken werden dann bewertet, indem ihre Eintrittswahrscheinlichkeit und ihre Auswirkung auf die Erreichung der Projektziele abgeschätzt werden.[79] Ein dafür häufig genutztes Instrument ist die Risikomatrix, in der die Risiken nach Eintrittswahrscheinlichkeit und Auswirkung (Schadenshöhe) eingeordnet werden (vgl. Abb. 4.18). Unter „Schadenshöhe" sind nicht nur die im Falle des Risikoeintritts entstehenden Kosten zu verstehen, sondern es geht auch um Arbeits- und Umweltschutzaspekte.

Die Matrix wird üblicherweise nach dem Ampel-Farbschema in rote, gelbe und grüne Zonen eingeteilt, die die Prioritäten abbilden (hier in Graustufen dargestellt). Risiken hoher Priorität (rote Zone, im dargestellten Beispiel Risiko Nr. 4) müssen bearbeitet werden, solche niedriger Priorität (im dargestellten Beispiel Risiko Nr. 1) nicht. Für im Mittelfeld der Matrix angesiedelte Risiken ist fallweise zu entscheiden, ob Maßnahmen zu ergreifen sind.

Wenn die **Beschaffung** von Teilen, Baugruppen und Dienstleistungen im Projekt einen großen Stellenwert hat, wie z. B. bei Anlagenbauprojekten, sind hierfür Projektmanagementprozesse in den Prozessgruppen „Planung", „Umsetzung" und „Controlling" erforderlich. In vielen Projekten werden diese Prozesse nicht benötigt, weil entweder überhaupt nichts zu beschaffen ist oder das Beschaffungsvolumen über die unternehmenseigene Einkaufsabteilung durchgeführt wird. Wenn Beschaffungsprozesse erforderlich sind, geht es

Abb. 4.18 Risikomatrix

---

[79] Vgl. ISO 21500 Kap. 4.3.29.

in der Planung um die Lieferantenauswahl, die im Allgemeinen mit Unterstützung der Einkaufsabteilung durchgeführt wird.[80]

Umsetzung

Diese Prozessgruppe besteht aus sieben Prozessen. Hier findet die eigentliche Projektarbeit statt, es werden also zur Erfüllung des Projektauftrags Ergebnisse (laut Normtext „Lieferobjekte", engl. „deliverables") erarbeitet. Dazu müssen – als ein Prozess, dessen Durchführung im Wesentlichen bei der Projektleitung liegt – die **Projektarbeiten koordiniert** werden.

Das **Stakeholdermanagement** ist ein Prozess, in dessen Fokus deren Erwartungen stehen, die sich im Projektablauf ändern können. Der Projektleiter muss ständig Kontakt zu den Projektbeteiligten halten und darauf achten, die nicht unmittelbar in die Projektarbeit oder ins Projektberichtswesen Eingebundenen nicht aus den Augen zu verlieren. Sie sollten z. B. durch die regelmäßige Präsentation von Zwischenergebnissen einbezogen werden. Die persönliche Kommunikation mit den Projektbeteiligten ist vor allem dann wichtig, wenn es Probleme, z. B. durch nicht erfüllte Erwartungen, gibt.[81]

Das **Projektteam** muss **weiterentwickelt** werden und zwar in Bezug auf Fach-, Methoden- und Sozialkompetenz. Anhand der Ressourcenplanung muss geprüft werden, ob Defizite an Qualifikationen und Kapazitäten bestehen und wie sie ausgeglichen werden können, z. B. durch Austausch oder Schulung von Mitarbeitern. Bei den gegenwärtig üblichen, kurzen Projektlaufzeiten fehlt oftmals die Zeit, den Projektmitarbeitern die benötigten fachlichen Kenntnisse und Fähigkeiten im Projekt zu vermitteln. Es ist notwendig, das die Mitarbeiter bereits zu Beginn des Projekts über die erforderlichen Fachkompetenzen verfügen. Wenn eine Abdeckung unternehmensintern nicht möglich ist, wird häufig auf Mitarbeiter von Ingenieurbüros zurückgegriffen, die gegen Zahlung von Tagessätzen im Projekt arbeiten. Die Vermittlung von Fachkompetenzen in Projekten ist daher von untergeordneter Bedeutung. Großen Stellenwert hat dagegen die Weiterentwicklung der Sozialkompetenz.

Wie bei jeder Gruppenbildung läuft auch in der Anfangsphase eines Projekts ein Prozess der Rollenfindung in der Projektgruppe ab, der sich in die vier Phasen gliedern lässt:

- *forming* (Gruppenbildung),
- *storming* (Konflikt),
- *norming* (Normierung und Integration),
- *performing* (Leistungserbringung).[82]

Wenn es nicht gelingt, die Konfliktphase schnell zu durchlaufen, wird ein großer Teil der Arbeitszeit und des Engagements der Projektmitarbeiter nicht für die Erreichung der Projektziele, sondern für gruppeninterne Konflikte eingesetzt. Um aus der Konfliktphase

---

[80] Vgl. ISO 21500 Kap. 4.3.36.
[81] Vgl. ISO 21500 Kap. 4.3.10, PMBOK Kap. 10.2.
[82] Vgl. Bergmann/Garrecht (2016), S. 14 f.

herauszukommen, können Spielregeln vereinbart werden, in denen die Grundregeln der Zusammenarbeit in der Projektgruppe geregelt werden. Beispiele für Projekt-Spielregeln sind:

- pünktliches Erscheinen zu Projektsitzungen
- Tagesordnung und Protokoll zu jeder Projektsitzung
- Verteilung der Unterlagen zu den Tagesordnungspunkten drei Tage vor Projektsitzung (keine „Tischvorlagen", die erst während der Sitzung verteilt werden)
- Ausschalten der Mobiltelefone.

Im Rahmen der Führung der Projektgruppe muss der Projektleiter die Leistung und das Verhalten seiner Mitarbeiter beobachten und ihnen dazu Rückmeldungen geben, die Mitarbeiter motivieren und projektgruppeninterne Konflikte lösen. Die Führungsaufgabe ist vor allem dann schwierig, wenn die Projektmitarbeiter gleichzeitig noch Linienvorgesetzten unterstellt sind.

Wichtig ist, dass der Projektleiter Konflikte in der Projektgruppe frühzeitig erkennt und gegensteuert. Konflikte können ihre Ursache auf der Sachebene oder auf der psycho-sozialen Ebene haben. Konflikte auf der Sachebene können weiter in Ziel-, Beurteilungs-, und Verteilungskonflikte gegliedert werden. Gerade Zielkonflikte sind in Projekten häufig anzutreffen, wenn die Projektmitarbeiter aus der Linienorganisation stammen und neben den Projektzielen ihre Abteilungsziele verfolgen. Konflikte der psycho-sozialen Ebene können auf unterschiedliche Wertvorstellungen oder auf Beziehungsprobleme (Vorurteile, Antipathie, Misstrauen) zurückgeführt werden.[83] Wenn Sachkonflikte nicht schnell gelöst werden, z. B. indem bei konfliktären Abteilungszielen zweier Projektmitarbeiter anhand des Projektauftrags die Projektziele verdeutlicht werden, können sie auf die psycho-soziale Ebene durchschlagen, wo eine Lösung deutlich schwerer fällt.

Die **Risikobehandlung** gehört laut ISO 21500 zur Prozessgruppe „Umsetzung", obwohl es Maßnahmen gibt, die schon vor Beginn der Umsetzung durchgeführt werden müssen. Dazu gehört z. B. die auf den Ergebnissen der Risikoanalysen basierende Entscheidung, ein geplantes Projekt nicht durchzuführen, weil die Risiken zu groß sind. Für alle im Rahmen der Risikoanalyse hoch priorisierte Risiken müssen Maßnahmen ergriffen werden, um die Risiken zu verringern, indem die zu erwartende Schadenshöhe und/oder die Eintrittswahrscheinlichkeit vermindert werden. Risiken können auf unternehmensexterne Risikoträger (z. B. Versicherungen, Kunden, Lieferanten) abgewälzt oder vermindert werden. Die entsprechenden Maßnahmen müssen natürlich schon vor Eintritt eines Risikos durchgeführt werden.[84] Wenn es nicht möglich ist, Risiken abzuwälzen oder zu vermindern, sollten Vorkehrungen getroffen werden, um im Falle des Risikoeintritts dann schnell reagieren zu können.

Die **Qualitätssicherung** ist ein Prozess, der auf der Qualitätsplanung aufsetzt. Mit den dort festgelegten Maßnahmen, wie z. B. Audits, wird die Qualität der Projektarbeit laufend

---

[83] Vgl. Boy/Dudek/Kuschel (2006), S. 58–65; Olfert (2016), S. 182.
[84] Vgl. PMBOK Kap. 11.1 bis 11.5, Reckert (2004), S. 277–288.

überwacht. Abweichungen von den geplanten Qualitätszielen müssen mit den Verantwortlichen besprochen werden und entsprechende Verbesserungsmaßnahmen anstoßen.[85]

Dem Kommunikationsplan entsprechend werden die Projektbeteiligten mit den von ihnen benötigten **Informationen** versorgt. Die elektronische Datenverarbeitung stellt eine Vielzahl von Instrumenten für diesen Prozess bereit, z. B. Datenbanken zur strukturierten Speicherung, Auswertung und Archivierung von Informationen, Gruppenarbeitshilfen und Internetportale zur gemeinsamen Bearbeitung von Dokumenten sowie Videokonferenzsysteme zur Durchführung virtueller Projektgruppensitzungen. Zur Information gehört auch die projektbegleitende Dokumentation der im Projekt gesammelten und für Folgeprojekte möglicherweise wichtigen Erfahrungen (*lessons learned*). Vor allem aufgetretene Probleme sollten zeitnah dokumentiert werden, damit die Problemursachen, gewählten Lösungen und die Begründungen für ihre Auswahl nicht in Vergessenheit geraten.[86]

Neben der informationstechnischen Seite der Kommunikation darf die persönliche nicht vernachlässigt werden. Art, Umfang und Zeitpunkt der Informationsweitergabe beeinflussen die Einstellungen des Informationsempfängers zum Projekt und zum Absender der Information. Bei internationalen Projekten müssen zudem kulturelle Besonderheiten beachtet werden.[87]

Beschaffungen werden durchgeführt, wie im Rahmen der Beschaffungsplanung vorgesehen. Mit den ausgewählten Lieferanten werden Verträge abgeschlossen, es werden Bestellungen durchgeführt und Lieferungen koordiniert.[88]

Controlling

Zur Prozessgruppe „Controlling" gehören elf Prozesse. Im Wesentlichen geht es darum, die in der Planungs-Prozessgruppe getroffenen Festlegungen den tatsächlichen Ergebnissen gegenüberzustellen, bei Abweichungen die Ursachen zu ermitteln und ggfs. Korrekturmaßnahmen einzuleiten, Das betrifft Termine, Kosten, Ressourcen, Qualität, Risiken und Beschaffung. Daneben sind Änderungen der Projektaufgaben, die Führung des Projektteams und die Projektarbeit insgesamt Gegenstand der Überwachung. Auch das Leistungscontrolling ist dieser Prozessgruppe zugeordnet.

Die **Projektarbeit** muss ständig **überwacht** werden. Die Überwachungsergebnisse fließen in die **Projektberichte** ein, mit denen die Projektbeteiligten – insbesondere der Auftraggeber – in regelmäßigen Zeitabständen (üblicherweise monatlich) und zusätzlich aus besonderen Anlässen über den Stand des Projekts informiert werden. Projektberichte beinhalten Informationen über erzielte Ergebnisse, erledigte Aufgaben, Termine, Kosten, Qualität, Risiken und ggf. auch die Beschaffung. In der Regel werden unternehmensspezifische Formulare bzw. ein Software-Tool mit entsprechenden Eingabefeldern verwendet.[89]

---

[85] Vgl. ISO 21500 Kap. 4.3.33, PMBOK Kap. 8.2.
[86] Vgl. PMBOK Kap. 10.2.
[87] Vgl. Wagenhals (2004), S. 80–94.
[88] Vgl. PMBOK Kap. 12.2.
[89] Vgl. ISO 21500 Kap. 4.3.5.

Neben schriftlich übermittelten Projektberichten stehen **Projektreviews**. Das sind Bespre-chungen zwischen Projektleitung und Auftraggeber, in denen es um dieselben Themen wie in den Projektberichten geht. Wegen der Präsenz des Auftraggebers sind diese Projektre-views ein geeignetes Forum, um über Änderungen des Projektauftrags zu entscheiden.

Änderungen des Projektauftrags (insb. Projektaufgaben, Termine, Budget) während der Projektlaufzeit sind in den meisten Projekten unvermeidlich. Für die Projektleitung wichtig ist, den Überblick über die durchgeführten Änderungen zu behalten und den Än-derungsprozess zu steuern. Die Änderungen müssen mit dem Auftraggeber einschließlich möglicher Konsequenzen für Fertigstellungstermine und Budget abgestimmt werden. Es ist zu prüfen, ob die Änderungen die Anpassung der Projektpläne erfordern. Für Änderun-gen werden im Rahmen des Änderungsmanagements häufig Antragsformulare (*change request*) verwendet, um sicherzustellen, dass die die Änderungen anstoßende Stelle alle für die Entscheidung über die Durchführung der Änderung benötigten Angaben bereit-stellt und der Beantragungs- und Entscheidungsweg nachvollziehbar ist. Die Änderungen müssen dokumentiert und allen betroffenen Projektbeteiligten zur Kenntnis gebracht wer-den.[90]

Das **Leistungscontrolling** ist eine ständige Aufgabe der Projektleitung. Die tatsäch-lich erzielten Ergebnisse müssen mit den geplanten abgeglichen und daraus bei Bedarf Maßnahmen abgeleitet werden.[91]

Die **Führung des Projektteams** besteht aus einer Vielzahl von Teilaufgaben wie z. B. die Vorbereitung, Moderation und Dokumentation von Projektsitzungen sowie die Er-kennung von Störungen und deren Beseitigung. Zur Vorbereitung von Projektsitzungen sollten Tagesordnungen erstellt werden, damit sich jeder Mitarbeiter auf die Sitzung vor-bereiten kann. Außerdem erleichtert die Tagesordnung die Sitzungsmoderation, weil ein Abschweifen vom Thema sofort erkannt und zum Thema zurückgeführt werden kann. Ohne Tagesordnung kann es passieren, dass in einer Projektsitzung zwar alle relevanten Themen besprochen, aber keine Entscheidungen gefällt worden sind, weil die Diskussion jeweils vor Abschluss eines Themas zum nächsten Punkt gesprungen ist.[92] Diskussionser-gebnisse sollten vom Moderator der Projektsitzung – das ist in der Regel der Projektleiter – visualisiert werden (z. B. „Der vorgestellte Design-Prototyp ist ohne Änderungen abge-nommen"), damit allen Teilnehmern der Stand der Diskussion klar ist und eventuelle Missverständnisse ausgeräumt werden können. Die Visualisierung – z. B. auf Flipchart oder Whiteboard – ist die Grundlage für die Erstellung des Protokolls.

Die **Terminüberwachung** richtet sich auf die Beginn- und Endtermine der Arbeitspa-kete einschließlich der Meilensteintermine. Ursachen eingetretener Verzögerungen müs-sen analysiert werden, um weitere Verzögerungen zu verhindern. Soweit kritische Ar-beitspakete verzögert sind, also der Projektfertigstellungstermin betroffen ist oder Mei-lensteintermine gefährdet sind, muss geprüft werden, ob die verlorene Zeit durch Be-

---

[90] Vgl. ISO 21500 Kap. 4.3.6, PMBOK Kap. 4.5 und 5.6.
[91] Vgl. PMBOK Kap. 5.5.
[92] Vgl. Stöger (2011), S. 151–155.

schleunigung nachfolgender Arbeitspakete wieder aufgeholt werden kann. Einen Überblick, wie ein Projekt insgesamt zeitlich im Plan ist, geben Kennzahlen (z. B. Terminvari-
anz) und Soll-/Ist-Balkendiagramme.[93] Wenn im Projektauftrag festgeschriebene Termine
nicht eingehalten werden können, muss der Auftraggeber informiert werden und über das
weitere Vorgehen entscheiden. Der Auftraggeber kann grundsätzlich die Verzögerungen
akzeptieren, mehr Ressourcen zur Verfügung stellen oder die Projektaufgaben reduzieren;
derartige Maßnahmen führen zu Änderungen des Projektauftrags.

Bei der **Kostenüberwachung** geht es darum, die tatsächlich angefallenen mit den
geplanten Kosten zu vergleichen. Das Problem dabei ist, dass die Projektkosten auf Ar-
beitspaketebene geplant sind, während das Kostenberichtswesen in den Unternehmen mo-
natsorientiert ist: Im Allgemeinen wird für jedes Projekt mindestens eine Kostenstelle
eingerichtet, auf der sämtliche dem Projekt zuzuordnenden Kosten gesammelt werden.
Die vom Controlling erstellten Kostenstellenberichte weisen die pro Monat angefallenen
Kosten nach Kostenarten aufgeschlüsselt aus. Ein exakter Soll-/Ist-Vergleich der Kosten
würde erfordern, mit hohem Aufwand die Ist-Kosten den Arbeitspaketen zuzuordnen.

Eine Lösung für dieses Problem ist die Verwendung von Kennzahlen, z. B. dem Fer-
tigstellungswert (*earned value*), der sich aus der Bewertung der bereits ausgeführten
Projektarbeiten mit den dafür geplanten bzw. den tatsächlich angefallenen Kosten ergibt
und daraus abgeleiteten Relationen. Dazu werden in einem Diagramm drei Kostenverläu-
fe gegen die Zeit kumuliert aufgetragen (vgl. Abb. 4.19). Dabei ist „PV" (*planned value*)
das Ergebnis der Kostenplanung zu verstehen, also die geplanten Kosten der geplanten
Arbeit. Der Endpunkt dieses Kostenverlaufs ist das gesamte Projektbudget „BAC" (*budget at completion*), also die Summe der für das Projekt geplanten Kosten. Wenn nun noch
die tatsächlich angefallenen Kosten „AC" (*actual cost*) aufgetragen werden, wird deutlich, wie problematisch die Interpretation von Abweichungen zwischen PV und AC ist:
Wenn die tatsächlichen Kosten, wie im Beispiel, höher als die geplanten sind, wirft dies
zunächst ein schlechtes Licht auf die Wirtschaftlichkeit des Projekts und lässt erwarten,
dass es nicht gelingen wird, das Projekt unter Einhaltung des geplanten Budgets fertigzu-
stellen. Da in Projekten jedoch selten alle Arbeitspakete genau zu den geplanten Zeiten
bearbeitet werden, kann in dem dargestellten Beispiel tatsächlich eine Budgetunterschrei-
tung vorliegen, wenn nämlich schon deutlich mehr Arbeit als ursprünglich geplant erledigt
wurde. Genauso kann allein daraus, dass die tatsächlichen unter den geplanten Kosten liegen, nicht abgeleitet werden, dass das Projekt kostengünstiger als geplanten durchgeführt
wird. In diesem in der Praxis im Vergleich zum erstgenannten viel häufigeren Fall kann
der geringe tatsächliche Kostenanfall daran liegen, dass Arbeitspakete verzögert wurden
und daher weniger Arbeit als geplant geleistet wurde. Wenn der Rückstand bezüglich des
zu erbringenden Arbeitsvolumens größer ist als die Minderkosten, so war die bisher im
Projekt geleistete Arbeit sogar kostenaufwändiger als geplant. Der dritte im Diagramm zu
sehende Kostenverlauf ist aussagekräftiger. Es handelt sich um die geplanten Kosten der
erledigten Arbeit, die als EV (*earned value*) bezeichnet werden und der Methode ihren

---

[93] Vgl. PMBOK Kap. 6.7.

Abb. 4.19 Earned Value

Namen gegeben haben. Zur Ermittlung dieser Größe werden die abgeschlossenen Arbeitspakete mit den für sie geplanten Kosten bewertet. Man kann diese Kosten gut mit den tatsächlich angefallenen vergleichen, da beide sich auf die tatsächlich erledigte Projektarbeit beziehen. Wenn, wie im Beispiel, AC größer als EV ist, sind die Kosten für die erledigte Projektarbeit höher als geplant gewesen, es gibt also im Projekt ein Budgetproblem. Der Vergleich von PV und EV gibt einen Hinweis auf den Arbeitsfortschritt im Projekt: Wenn EV größer ist als PV, dann wurde ein im Vergleich zur Planung größeres Arbeitsvolumen bereits fertiggestellt.[94]

Zur Kostenüberwachung gehört auch, die bis zum Projektende noch zu erwartenden Kosten abzuschätzen (*forecast*) und bei drohender Überschreitung des Projektbudgets – ähnlich wie oben im Zusammenhang mit der Terminüberwachung erläutert – den Auftraggeber in die Problemlösung einzubeziehen.[95]

Im Rahmen der **Risikoüberwachung** sind die bei der Planung erkannten Risiken zu beobachten und es ist zu entscheiden, ob Handlungsbedarf besteht. Laufende Risikoabwehrmaßnahmen sind auf ihre Wirksamkeit zu prüfen. Weiterhin ist ständig zu überprüfen, ob die bei der Projektplanung vorgenommene Einschätzung der Risiken angepasst werden muss, weil z. B. neue Risiken hinzugekommen sind.[96]

Die **Qualitätskontrolle** bezieht sich auf Projektergebnisse und -prozesse und setzt auf der Qualitätsplanung auf. Für die ergebnisbezogene Qualitätskontrolle kommen die aus dem Qualitätsmanagement bekannten Methoden (z. B. Ishikawa-Diagramm, Qualitätsre-

---

[94] Vgl. PMBOK Kap. 7.4.2.1.
[95] Vgl. PMBOK Kap. 7.4.
[96] Vgl. PMBOK Kap. 11.6.

gelkarten) zum Einsatz.[97] In Bezug auf die Prozesse ist zu kontrollieren, ob die geltenden Standards eingehalten werden, z. B. ob der Terminplan aktuell ist oder ob die Projektsitzungen angemessen vorbereitet (z. B. Tagesordnung) und dokumentiert werden.

Die **Überwachung der Beschaffung** soll sicherstellen, dass die Lieferanten die mit ihnen geschlossenen Verträge erfüllen. Dazu gehören insbesondere die Qualität der erbrachten Lieferungen und Leistungen, die Einhaltung von Lieferterminen und vereinbarten Konditionen. Diese Aufgaben werden in einigen Unternehmen zumindest teilweise nicht im Projekt, sondern in dafür eingerichteten Organisationseinheiten der Linienorganisation (insb. Einkaufsabteilung) wahrgenommen.[98]

Abschluss

Zur letzten Prozessgruppe gehören zwei Prozesse: Der Abschluss eines Projekts oder einer Phase und das Sammeln der „*lessons learned*".

Im Rahmen des **Projektabschlusses** werden die Projektergebnisse und die Projektdokumentation an den Auftraggeber übergeben. Zur Dokumentation gehören neben den während des Projektablaufs entstandenen Dokumenten, wie z. B. Zeichnungen und Stücklisten, der Abschlussbericht des Projekts und eine Auswertung der Erfahrungen aus dem Projekt, die für Folgeprojekte genutzt werden können.[99]

Grundlage für die **Abnahme der Projektergebnisse** ist der Projektauftrag mit den dort definierten Abnahmekriterien (z. B. 24 Stunden störungsfreier Betrieb einer Anlage).[100]

Gegenstand der Abnahme können auch Zwischenergebnisse (z. B. Design-Prototyp in einem Produktentwicklungsprojekt) sein, die dann vom Auftraggeber freigegeben oder mit Änderungsauflagen versehen werden. Die Zeitpunkte für diese Freigaben werden bereits bei der Terminplanung als Meilensteine berücksichtigt.

Wenn an den Ergebnissen des Projekts unmittelbar nach Projektende weiter gearbeitet wird, indem z. B. das im Projekt entwickelte Produkt an die Fertigung übergeben wird, muss die Übergabe der Verantwortung exakt definiert werden.

Die Projektressourcen werden mit dem Abschluss des Projekts wieder freigegeben bzw. einer Weiterverwendung für andere Zwecke zugeführt.

Unter „**lessons learned**" sind die positiven wie negativen Erfahrungen zu verstehen, die in einem Projekt gemacht wurden. Sie müssen dokumentiert werden, damit künftige Projekte davon profitieren können.[101] So kann die Wiederholung erkannter Fehler vermieden werden und Erfolgsfaktoren können in Folgeprojekten nutzbar gemacht werden. Dazu gehören beispielsweise Erfahrungen mit Projektmanagementmethoden und -instrumenten (wie z. B. verwendeten Softwareprodukten) und mit Partnern, wie z. B. einem Ingenieurbüro. Auch ohne Dokumentation der *lessons learned* wird ein Projektleiter in künftigen Projekten Partner meiden, die sich als ungeeignet erwiesen haben und die Zusammenarbeit

---

[97] Vgl. PMBOK Kap. 8.3.
[98] Vgl. ISO 21500 Kap. 4,3,37, PMBOK Kap. 12.3.
[99] Vgl. PMBOK Kap. 4.6.
[100] Vgl. PMBOK Kap. 5.5.
[101] Vgl. ISO 21500 Kap. 4.3.8.

mit guten Partnern fortzusetzen versuchen. Für das Unternehmen wäre es aber schlecht, wenn andere Projektleiter von diesen Erfahrungen nicht profitieren können und deshalb bei der Auswahl ihrer Projektpartner Fehlentscheidungen treffen. Deshalb müssen die Projekterfahrungen dokumentiert werden.

4.2.2   PRINCE2

PRINCE2 (*Projects In Controlled Environments*, Projekte in gesteuerter Umgebung) ist ein in Konkurrenz zum PMBOK stehender Projektmanagementansatz, der sich durch seine Skalierbarkeit (Anwendbarkeit sowohl für kleine als auch große Projekte) und die zentrale Funktion des in einem *Business Case* darzulegenden betriebswirtschaftlichen Nutzen des Projekts auszeichnet. PRINCE2 wurde vom *Office of Government Commerce* (OGC) der britischen Regierung entwickelt,[102] das ebenfalls den im Bereich der Planung und des Betriebs von IT-Infrastruktur und -Diensten weit verbreiteten Standard ITIL (*Information Technology Infrastructure Library*) herausgibt. Zwischen PRINCE2 und ITIL bestehen enge Zusammenhänge,[103] der Ursprung von PRINCE lag im Bereich von IT-Projekten.

Abb. 4.20 PRINCE2-Prozessmodell. (In Anlehnung an: https://www.prince2.com/eur/prince2-processes, Zugriff 02.08.2017)

---

[102] Vgl. Angermeier (2014), S. 93.
[103] Vgl. Ebel (2011), S. 491 f.

Im Gegensatz zum PMBOK stehen bei PRINCE nicht Prozesse, sondern Objekte im Mittelpunkt. Die Objekte werden als „Produkte" bezeichnet, womit alles gemeint ist, was aus dem Projekt heraus erzeugt wird, also auch Dokumente.[104]

Das Prozessmodell ähnelt dem der Norm ISO 21500 (vgl. Abb. 4.20).

Für die zum Management eines Projektes nach dem PRINCE2-Ansatz erforderlichen Dokumente, z. B. Business Case, Projektstatusbericht oder Kommunikationsplan, gibt es eine Vielzahl von Vorlagen.[105]

4.2.3   Agiles Projektmanagement

Vor allem in Software-Entwicklungsprojekten wird häufig ein sogenanntes *„agiles Projektmanagement"* betrieben, bei dem Flexibilität einen hohen Stellenwert hat. Die Grundsätze des agilen Projektmanagements sind im „Agile Manifesto" festgelegt.[106] Eine Variante namens *„scrum"* weist für die Detailplanung einen sehr kurzen Planungshorizont von nur einem Monat oder weniger auf.[107] Diese Variante wird im Folgenden beschrieben.

Die Scrum-Methode ist durch Rollen, Ereignisse und sogenannte Artefakte (Arbeitsergebnisse) definiert. Im Projekt wird inkrementell, also in kleinen Schritten, gearbeitet und iterativ; die Projektaufgabe unterliegt also ständiger Veränderung und Verfeinerung.

In Scrum-Projekten gibt es drei Hauptrollen: Das Entwicklungsteam, den Scrum Master und den Product Owner.[108]

Der Product Owner ist an der Schnittstelle zwischen dem Kunden und dem Entwicklungsteam angesiedelt. Seine Hauptaufgabe ist die Definition inkrementeller Aufgaben für das Entwicklungsteam, die als sogenannte User Stories in einen „Product Backlog" genannten Themenspeicher eingestellt und vom Product Owner priorisiert werden.

Der Scrum-Master ist für die Umsetzung der Scrum-Methodik verantwortlich. Er vermittelt dem Entwicklungsteam diese Methodik und unterstützt den kontinuierlichen Verbesserungsprozess, indem er aufgetretene Störungen in einem sogenannten Impediment Backlog dokumentiert und sich um deren Abstellung kümmert.

Das Entwicklungsteam steuert sich selbst, es gibt also keinen Projektleiter.

Weiterhin gibt es drei Nebenrollen: den Anwender, den Kunden und das Management. Der Anwender wird intensiv in den Entwicklungsprozess eingebunden: Entwicklungsergebnisse werden ihm vorgestellt und es wird seine Rückmeldung dazu eingeholt, die im Falle von Anpassungsbedarf in das Product Backlog einfließen.

Die Steuerung von Scrum-Projekten basiert auf Transparenz, Überprüfung und Anpassung.

---

[104] Vgl. Ebel (2011), S. 81.
[105] https://www.prince2.com/eur/downloads.
[106] Vgl. Beedle et al. (2001).
[107] Vgl. Schwaber/Sutherland (2016), S. 8.
[108] Zu den Rollen vgl. Schwaber/Sutherland (2016), S. 5–7; Gloger (2017), S. 161–167.

Die Projektarbeit findet in Iterationsschritten statt, die als „Sprint" bezeichnet werden und üblicherweise einen Monat dauern. Am Anfang eines Sprints steht die Planung. Dabei werden zunächst vom Entwicklungsteam zusammen mit dem Anwender, den Product Owner, dem Scrum Master und dem Management Aufgaben aus dem Product Backlog ausgewählt und in das Sprint Backlog übertragen. Anschließend erstellt das Entwicklungsteam eine Feinplanung für diese Aufgaben. Während des Sprint-Zeitraums gibt es tägliche, maximal 15 Minuten dauernde Meetings des Entwicklungsteams (Daily Scrums). Am Ende eines Sprints werden die erzielten Ergebnisse vom Scrum Master, Product Owner, Entwicklungsteams und wichtigen Stakeholdern diskutiert (Sprint Review) und anschließend die Arbeitsweise kritisch beleuchtet, um die in diesem Sprint gewonnen Erfahrungen im Sinne eines kontinuierlichen Verbesserungsprozesses für die nachfolgenden Sprints nutzbar zu machen (Sprint Retrospective).[109]

Eine breit angelegte Befragung ergab, dass große Software-Entwicklungsprojekte erfolgreicher sind, wenn sie mit agilen Methoden durchgeführt werden: Projekte mit agilem Management waren zu 18 % erfolgreich (traditionelles Projektmanagement: 3 %), während 23 % der Projekte mit agilem Management scheiterten (traditionelles Projektmanagement: 42 %).[110]

4.3 Übungsaufgaben

Aufgabe 4.1
Was ist eine Aufgabe?

Aufgabe 4.2
Was ist mit dem Begriff „Stelle" gemeint?

Aufgabe 4.3
Was regelt ein Leitungssystem?

Aufgabe 4.4
Welche Kriterien können für die Aufgabenanalyse verwendet werden?

Aufgabe 4.5
Was ist eine Stabsstelle?

Aufgabe 4.6
Welches ist das wesentliche Merkmal der Teamorganisation?

---

[109] Vgl. Schwaber/Sutherland 2016, S. 7–13.
[110] Vgl. Standish Group (2016).

Aufgabe 4.7

Was ist unter „Produktmanagement" zu verstehen?

Aufgabe 4.8

Wodurch unterscheidet sich das funktionale vom divisionalen Organisationsmodell?

Aufgabe 4.9

Welche Vor- und Nachteile weist das funktionale gegenüber dem divisionalen Organisationsmodell auf?

Aufgabe 4.10

Was ist eine Matrixorganisation?

Aufgabe 4.11

Was ist ein Prozess?

Aufgabe 4.12

Welche Prozessarten lassen sich unterscheiden?

Aufgabe 4.13

Welche Ziele werden bei der Prozessgestaltung verfolgt?

Aufgabe 4.14

In welchen Schritten wird bei der Prozessgestaltung vorgegangen?

Aufgabe 4.15

Nennen Sie fünf Ansätze zur Eliminierung von Prozess-Schwachstellen!

Aufgabe 4.16

Nennen Sie die vier Idealtypen der Fertigungsorganisation (Organisationstypen)!

Aufgabe 4.17

Worin unterscheiden sich Fließ- und Werkstattfertigung?

Aufgabe 4.18

Welche Vor- und Nachteile weist die Fließ- gegenüber der Werkstattfertigung auf?

Aufgabe 4.19

Nennen Sie die fünf Prozessgruppen des Projektmanagements nach ISO 21500!

Aufgabe 4.20
Nennen Sie die zehn Themengruppen des Projektmanagements nach ISO 21500!

Aufgabe 4.21
Aus welchen Elementen besteht ein Projektauftrag?

Aufgabe 4.22
Nennen Sie Gruppen von Projektbeteiligten eines Produktentwicklungsprojekts im Anlagenbau!

Aufgabe 4.23
Was ist ein Arbeitspaket?

Aufgabe 4.24
Wie wird ein Projektstrukturplan erstellt?

Aufgabe 4.25
Welche Nachteile ergeben sich in der Projektdurchführung, wenn sich der Projektstrukturplan als unvollständig erweist?

Aufgabe 4.26
Was wird im Projektablaufplan dargestellt?

Aufgabe 4.27
Welche Möglichkeiten gibt es, den Projektablauf in Diagrammform zu visualisieren?

Aufgabe 4.28
Wie kann im Rahmen der Planung die Dauer von Arbeitspaketen ermittelt werden?

Aufgabe 4.29
Wie werden die Beginn- und Endzeiten der Arbeitspakete bei der Vorwärtsterminierung festgelegt?

Aufgabe 4.30
Was ist eine Pufferzeit, und wie wird sie ermittelt?

Aufgabe 4.31
Was ist ein Meilenstein?

Aufgabe 4.32
Wie werden Projektkosten geplant?

Aufgabe 4.33
Was wird in einer Risikomatrix dargestellt?

Aufgabe 4.34
Warum sollte in Projektsitzungen mit Tagesordnungen gearbeitet werden?

Literatur

Angermeier, G.: Das Prozessmodell von PRINCE2. In: Wagner, R., Grau, N. (Hrsg.) Basiswissen Projektmanagement – Prozesse und Vorgehensmodelle. symposion, Düsseldorf (2014)

Beedle, M., et al.: Agile manifesto (2001). http://agilemanifesto.org, Zugegriffen: 24. Juli 2017

Bergmann, R., Garrecht, M.: Organisation und Projektmanagement. Springer, Berlin (2016)

Binner, H.: Methoden-Baukasten für ganzheitliches Prozessmanagement: Systematische Problemlösungen zur Organisationsentwicklung und -gestaltung. Springer Gabler, Wiesbaden (2016)

Boy, J., Dudek, C., Kuschel, S.: Projektmanagement: Grundlagen, Methoden und Techniken, Zusammenhänge, 12. Aufl. Gabal, Offenbach (2006)

Bühner, R.: Betriebswirtschaftliche Organisationslehre, 10. Aufl. Oldenbourg, München (2009)

Dinsmore, P.C., Cooke-Davies, T.J., Cooke-Davies, T.: The right projects done right! From business strategy to successful project implementation. Jossey-Bass, San Francisco (2005)

Dombrowski, U., et al.: Aspekte der Fabrikplanung für die Ausrichtung auf Industrie 4.0. In: Reinhart, G. (Hrsg.) Handbuch Industrie 4.0. Geschäftsmodelle, Prozesse, Technik, S. 169–190. Hanser, München (2017)

Ebel, N.: PRINCE2:2009. Projektmanagement mit Methode. Grundlagenwissen und Zertifizierungsvorbereitung für die PRINCE:2009-Foundation-Prüfung. Addison-Wesley, München (2011)

Erlach, K.: Wertstromdesign: Der Weg zur schlanken Fabrik, 2. Aufl. Springer, Berlin (2010)

Gibson, G.E., Wang, Y., Cho, C.-S., Pappas, M.P.J.: What is preproject planning, anyway? J. Manag. Eng. 22(1), 35–42 (2006)

Gloger, B.: Scrum Think big. Scrum für wirklich große Projekte, viele Teams und viele Kulturen. Hanser, München (2017)

Goller, I., Bronsack, T.: Von den Besten lernen: Benchmarking Teamarbeit. REFA Nachr. **3/2006**, 34–39 (2006)

Greife, W., Langemeyer, W.: Führung in Teams. In: Elsik, W., Mayrhofer, W. (Hrsg.) Strategische Personalpolitik, S. 197–221. Hampp, Mering, München (1999)

Kieser, A., Walgenbach, P.: Organisation, 6. Aufl. Schäffer-Poeschel, Stuttgart (2010)

Kosiol, E.: Organisation der Unternehmung. Gabler, Wiesbaden (1976)

Kraus, G., Westermann, R.: Projektmanagement mit System, 5. Aufl. Gabler, Wiesbaden (2014)

Litke, H.-D., et al.: Projektmanagement, 2. Aufl. Hanser, München (2012)

Lotter, B.: Primär-Sekundär-Analyse. In: Lotter, B., Wiendahl, H.-P. (Hrsg.) Montage in der industriellen Produktion – Ein Handbuch für die Praxis, 2. Aufl., S. 49–78. Springer, Berlin (2013a)

Lotter, B.: Hybride Montagesysteme. In: Lotter, B., Wiendahl, H.-P. (Hrsg.) Montage in der industriellen Produktion – Ein Handbuch für die Praxis, 2. Aufl., S. 167–194. Springer, Berlin (2013b)

Lotter, B., Wiendahl, H.-P. (Hrsg.): Montage in der industriellen Produktion – Ein Handbuch für die Praxis, 2. Aufl. Springer, Berlin (2013)

OASIS: Web services business process execution language version 2.0, 2008 (2008). http://docs.oasis-open.org/wsbpel/2.0, Zugegriffen: 25. Juli 2017

Olfert, K.: Organisation, 17. Aufl. Kiehl, Ludwigshafen (2015)

Olfert, K.: Kompakttraining Projektmanagement, 10. Aufl. Kiehl, Ludwigshafen (2016)

OMG: Business Process Model and Notation (BPMN), Version 2.0, 2011 (2011). http://www.omg. org/spec/BPMN/2.0/PDF, Zugegriffen: 25. Juli 2017

Patzak, G., Rattay, G.: Projektmanagement, 6. Aufl. Linde, Wien (2014)

Project Management Institute (Hrsg.): A guide to the project management body of knowledge (PMBOK), 5. Aufl. PMI, Newtown Square (2013)

Reckert, H.: Risikomanagement. In: Hoffmann, H.-E., Schoper, Y.-G., Fitzsimons, C.J. (Hrsg.) Internationales Projektmanagement – Interkulturelle Zusammenarbeit in der Praxis, S. 265–291. DTV, München (2004)

Schreyögg, G., Geiger, D.: Organisation. Grundlagen moderner Organisationsgestaltung, 6. Aufl. Gabler, Wiesbaden (2016)

Schulte-Zurhausen, M.: Organisation, 6. Aufl. Vahlen, München (2014)

Schwaber, K., Sutherland, J.: The scrum guide. The definitive guide to scrum, the rules of the game (2016). http://www.scrumguides.org/index.html, Zugegriffen: 25. Juli 2017

Standish Group (Hrsg.): CHAOS report 2015. Standish, Boston (2016)

Stöger, R.: Wirksames Projektmanagement – Mit Projekten zu Ergebnissen, 3. Aufl. Schäffer-Poeschel, Stuttgart (2011)

Strategos: Value stream mapping (2017). http://www.strategosinc.com/value_stream_mapping3. htm, Zugegriffen: 25. Juli 2017

Vahs, D.: Organisation: ein Lehr- und Managementbuch, 9. Aufl. Schäffer-Poeschel, Stuttgart (2015)

VDI (Hrsg.): Richtlinie 4499 Digitale Fabrik – Grundlagen. Düsseldorf (VDI)

Wagenhals, K.: Kommunikation und Information. In: Hoffmann, H.-E., Schoper, Y.-G., Fitzsimons, C.J. (Hrsg.) Internationales Projektmanagement – Interkulturelle Zusammenarbeit in der Praxis, S. 77–99. DTV, München (2004)

Wagner, K., Käfer, R.: PQM – Prozessorientiertes Qualitätsmanagement – Leitfaden zur Umsetzung der ISO 9001, 7. Aufl. Hanser, München (2017)

Wiendahl, H.-P.: Betriebsorganisation für Ingenieure, 8. Aufl. Hanser, München, Wien (2014)

Externes Rechnungswesen

5

5.1 Grundsätze ordnungsgemäßer Buchführung und Bilanzierung (GoB)

Buchführung ist die systematische Erfassung und Aufzeichnung der wirtschaftlichen Prozesse in einem Unternehmen. Die Vorschriften zur Buchführung und Rechnungslegung werden im Handelsrecht und in Steuergesetzen geregelt.

Dabei sind die sog. **Grundsätze ordnungsgemäßer Buchführung und Bilanzierung (GoB)** zu beachten. Hierunter werden allgemein anerkannte Regeln zur Führung von Büchern und für die Jahresabschlusserstellung verstanden.[1] Sie lassen sich in materielle und formelle Grundsätze unterteilen.

Die **materiellen Grundsätze** verlangen:

- Vollständigkeit,
- Wirklichkeit,
- Begründetheit und
- Richtigkeit

der Bücher und sonstigen Aufzeichnungen.

Die **formellen Grundsätze** verlangen:

- Klarheit,
- Sicherheit und
- zeitgerechte sowie geordnete Verbuchung.

---

[1] Vgl. Schierenbeck/Wöhle (2016), S. 643 ff.

© Springer Fachmedien Wiesbaden GmbH 2018
A. Daum, W. Greife und R. Przywara, *BWL für Ingenieurstudium und -praxis*,
https://doi.org/10.1007/978-3-658-20467-9_5

Der **Grundsatz der Klarheit** z. B. ist erfüllt bei Verwendung:

(1) eines in sich geschlossenen Buchführungssystems,
(2) eines Kostenplans,
(3) eines vollständigen Symbolverzeichnisses und
(4) der doppelten Buchführung bei Vollkaufleuten.

Mit der doppelten Buchführung wird jeder Geschäftsvorgang in zweifacher Weise erfasst: erstens im Grundbuch (Buchung aller Vorgänge in zeitlicher Reihenfolge) und zweitens im Hauptbuch (sachliche Zuordnung aller Vorgänge über das Buchen in entsprechende Konten).[2]

Die Erfüllung dieses Grundsatzes ist erreicht, wenn bei der zeitgerechten und geordneten Verbuchung ein sachverständiger Dritter in der Lage ist, innerhalb eines angemessenen Zeitrahmens einen Überblick über die Geschäftsvorfälle und die Lage der Unternehmung zu erhalten.

Abb. 5.1 gibt den Überblick über die materiellen Grundsätze. Die Grundsätze der Vollständigkeit und der Richtigkeit (materielle GoB) verlangen, dass die Geschäftsvorfälle lückenlos erfasst und verbucht werden, dass keine Buchungen fingiert und das alle Geschäftsvorfälle auf den zutreffenden Konten verbucht werden.

Neben den materiellen sind die in Abb. 5.2 dargestellten formellen Grundsätze ordnungsgemäßer Buchführung zu beachten.

Abb. 5.1 Materielle Grundsätze ordnungsgemäßer Buchführung

---

[2] Vgl. zur Buchung von Geschäftsvorfällen z. B. Engelhardt/Raffée/Wischermann (2010), S. 38 ff.; Schmolke/Deitermann (2013), S. 32 ff.

Abb. 5.2 Formelle Grundsätze ordnungsgemäßer Buchführung

Der **Grundsatz der Bilanzklarheit** beinhaltet die Grundsätze der Richtigkeit und der Willkür-freiheit. Er kann dahin gehend interpretiert werden, dass eine Bilanz sämtliche Vermögenswerte enthalten muss und dass diese wahrheitsgemäß und realitätsnah zu bewerten sind.[3]

Das **Realisationsprinzip** besagt, dass Aufwendungen und Erträge im Jahresabschluss erst dann Berücksichtigung finden dürfen, wenn sie auch tatsächlich realisiert bzw. angefallen sind.[4]

Das **Imparitätsprinzip** verbietet die Erfassung noch nicht realisierter, aber bereits verursachter Gewinne (z. B. durch bereits eingeleitete, aber noch nicht abgeschlossene Geschäfte) im Jahresabschluss. Verluste (negative Erfolgsbeiträge) aus bereits eingeleiteten Geschäften, die bereits vor dem Abschlussstichtag abzusehen und abschätzbar sind, jedoch erst nach dem Rechnungslegungstermin eintreten werden, müssen hingegen in den Jahresabschluss einfließen. In diesem Zusammenhang wird von dem **Prinzip der Verlustantizipation** gesprochen.[5]

Das Imparitätsprinzip wird durch die folgenden Prinzipien konkretisiert:

- Niederstwertprinzip,
- Höchstwertprinzip,
- Rückstellungsprinzip.

Das **Niederstwertprinzip** besagt, dass von zwei möglichen Wertansätzen (z. B. Anschaffungskosten oder Herstellungskosten einerseits und dem Börsen- oder Marktwert

---

[3] Vgl. Schierenbeck/Wöhle (2016), S. 646 f.
[4] Vgl. hierzu und zu folgenden Bewertungsprinzipien Wöhe/Döring (2016), S. 674 ff.
[5] Vgl. Wöhe/Döring (2016), S. 676 ff.

andererseits) jeweils der niedrigere angesetzt werden muss (**strenges Niederstwertprinzip**) oder angesetzt werden darf (**gemildertes Niederstwertprinzip**). Damit wird eine **Aufwandantizipation** verlangt bzw. ermöglicht. Dieses Prinzip gilt für die Aktivseite der Bilanz (Umlauf- und Anlagevermögen).

Das **Höchstwertprinzip** findet auf die Passivseite der Bilanz Anwendung. Es besagt, dass für nicht langfristige Verbindlichkeiten der Unternehmung der höhere Wert (z. B. Börsenkurs) angesetzt werden muss (**strenges Höchstwertprinzip**). Für langfristige Verbindlichkeiten gilt dies nur, wenn beispielsweise eine Kurssteigerung voraussichtlich von Dauer sein wird (**gemildertes Höchstwertprinzip**).

Im Rahmen des **Rückstellungsprinzips** ist die Bildung von Rückstellungen für drohende Verluste aus schwebenden Geschäften vorgeschrieben.

Der **Grundsatz der Stetigkeit** zielt auf die Vergleichbarkeit von Jahresabschlüssen ab. Er besagt u. a., dass die eingesetzten Abschlussgrundsätze und -methoden von Geschäftsjahr zu Geschäftsjahr, soweit möglich und sinnvoll unverändert bleiben sollen (**Grundsatz der Bilanzkontinuität**).[6]

Der **Grundsatz der Vorsicht** verlangt, dass im Fall von bestehenden Spielräumen bei der Erstellung des Jahresabschlusses die pessimistischen Zukunftserwartungen eine stärkere Berücksichtigung finden sollen als optimistische Prognosen. Daraus resultiert eine eher pessimistische Bewertung bei Unsicherheit.[7] Es soll vermieden werden, dass sich die Unternehmung „reicher rechnet", als sie in Wirklichkeit ist.

5.2   Rechnungslegung (externes Rechnungswesen)

Adressaten des externen Rechnungswesens sind Anteilseigner, Kreditgeber, Kunden, der Fiskus, die Unternehmungsleitung, Lieferanten, Arbeitnehmer und die Öffentlichkeit.[8]

Der Begriff der **Rechnungslegung** (im weiteren Sinne) kennzeichnet die Pflichten für Personen, die über eine mit Einnahmen und Ausgaben verbundene Organisation Rechenschaft abzulegen haben (vgl. § 259 BGB). Die Rechnungslegung erfolgt mittels einer geordneten Zusammenstellung der Einnahmen und Ausgaben unter Beifügung der entsprechenden Belege.

Rechnungslegung (im engeren Sinn) bezeichnet die Rechenschaftslegung mittels des aus der Bilanz, der Gewinn- und Verlustrechnung (GuV), dem Anhang (für Kapitalgesellschaften und Konzerne gem. §§ 284–288 bzw. §§ 313 f.) und dem Lagebericht (für Kapitalgesellschaften und Konzerne gem. §§ 289 bzw. 315 HGB) bestehenden Jahresabschlusses (vgl. § 242 Abs. 3 HGB). Die Rechnungslegung von Unternehmungen und Konzernen, die bestimmte Größenmerkmale erfüllen, regelt das sog. Publizitätsgesetz.

---

[6] Vgl. Schierenbeck/Wöhle (2016), S. 647 f.
[7] Vgl. Wöhe/Döring (2016), S. 676 f.
[8] Vgl. Wagenhofer/Ewert (2015), S. 5 f.

5.3 Der Jahresabschluss und seine Bestandteile

Der **Jahresabschluss** besteht im Abschluss aller Konten am Ende eines Geschäftsjahres. Handelsrechtlich bilden die Bilanz und die Erfolgsrechnung (Gewinn- und Verlustrechnung (GuV)) den Jahresabschluss. Bei Kapitalgesellschaften wird er um den Anhang und den Lagebericht ergänzt (Abb. 5.3).

Der Jahresabschluss soll es Unternehmensbeteiligten (z. B. Aktionären, Mitarbeitern Lieferanten, Kunden und den Fiskus), die nicht der Geschäftsführung angehören, ermöglichen, die für ihre Entscheidungen benötigten Informationen über die wirtschaftliche Entwicklung (Gegenwart und Zukunft) der Unternehmung zu erlangen (**Informationsfunktion**).

Neben der Informationsversorgung übernehmen Jahresabschlüsse die Funktion der Bemessungsgrundlage für die Gewinnverwendung, also für Dividendenzahlungen (**Zahlungsbemessungsfunktion**).

Der Jahresabschluss hat zudem die Aufgabe, das Unternehmungsgeschehen zu dokumentieren (**Dokumentationsfunktion**), um bei Rechtsstreitigkeiten oder im Insolvenzfall als Beweismittel herangezogen werden zu können.

5.3.1 Bilanz

Die **Bilanz** ist eine Gegenüberstellung von Vermögen und Kapital eines Unternehmens zum sog. Bilanzstichtag, dem letzten Tag des Geschäftsjahres. Die Informationen der Bilanz beziehen sich damit auf die Vermögens-, Finanz- und Ertragslage (§ 264 Abs. 2 HGB).

Das **Vermögen** stellt die **Aktiva** der Bilanz (linke Seite bei einer Bilanz in Kontenform) dar. Dabei handelt es sich um die Gesamtheit aller eingesetzten Vermögensgegenstände (z. B. Immobilien, Maschinen, Wertpapiere) und Geldmittel. Das **Kapital** (rechte Seite bei einer Bilanz in Kontenform) bildet als Summe aller Verpflichtungen gegenüber Beteiligten und Gläubigern die **Passiva** der Unternehmung. Hierzu zählen beispielsweise das Eigenkapital und Rückstellungen.

Abb. 5.3 Bestandteile des Jahresabschlusses

Beide Seiten der Bilanz sind Ausdruck für ein und dieselbe Wertgesamtheit der in der Unternehmung vorhandenen Mittel, wobei die Passiva die Herkunft der finanziellen Mittel (Eigen- und Fremdkapital) und die Aktiva die Verwendung (Anlage- und Umlaufvermögen) anzeigt. Dieser Sachverhalt wird in Abb. 5.4 dargestellt.

Die Differenz zwischen den Aktiva (dem Bilanzvermögen) und den Verbindlichkeiten (z. B. gegenüber Aktionären, Banken, Lieferanten und Kunden) wird als **Reinvermögen** bezeichnet.

Bilanzen lassen sich nach verschiedenen Kriterien gruppieren:

- Ordentliche Bilanz: Erstellung in regelmäßigen Abständen (i. d. R. jährlich). Bspw. Handelsbilanz, Steuerbilanz;
- Außerordentliche Bilanz: einmalige oder unregelmäßige Erstellung, ausgelöst durch rechtliche oder wirtschaftliche Anlässe, bspw. Gründungs-, Kapitalerhöhungs-, Sanierungs-, Umwandlungs-, Fusions-, Liquidations- oder Kreditprüfungsbilanz;
- Einzelbilanz: Erstellung für ein Unternehmen;
- Konzernbilanz (auch konsolidierte Bilanz): Erstellung für alle im Konzern zusammengefasste Unternehmen;
- Interne Bilanz: interne (unveröffentlichte) Entscheidungsgrundlage für die Unternehmensführung;
- Externe Bilanz: Die Bilanzadressaten sind i. d. R. vom Gesetzgeber bestimmt, z. B. Gläubiger, Anteilseigner, gewinnbeteiligte Arbeitnehmer, Finanzbehörden, potenzielle Anleger, mögliche Kreditgeber, staatliche Institutionen und Wirtschaftspresse.[9]

Bilanz zum 31.12.2017

Aktiva	Passiva
Vermögen …	**Kapital …**
Anlagevermögen Sachanlagen Finanzanlagen	**Eigenkapital**
Umlaufvermögen Warenvorräte Forderungen Zahlungsmittel	**Fremdkapital** Verbindlichkeiten gegen- über Banken Verbindlichkeiten gegen- über Lieferanten
Bilanzsumme	Bilanzsumme

Abb. 5.4 Bilanzaufbau

[9] Vgl. zur Jahresbilanz Meyer (2016), S. 87 ff.

Darüber hinaus sind die Handels- und die Steuerbilanz zu unterscheiden. Da sie regelmäßig bedeutsam sind, werden sie nachfolgend in eigenständigen Kapiteln vorgestellt. Die laufenden Bilanzen lassen sich zudem als Monats-, Quartals-, Halbjahres- oder Jahresbilanzen aufstellen.[10]

5.3.2 Handelsbilanz

Die **Handelsbilanz** wird nach den handelsrechtlichen Bestimmungen der §§ 238–289 HGB erstellt. Der Zweck der Handelsbilanz besteht in der Ermittlung des Unternehmens- bzw. Konzerngewinns unter besonderer Berücksichtigung des Gläubigerschutzes. Die Aufgaben der Handelsbilanz sind die **Rechenschaftslegung** (gegenüber Gläubigern, Gesellschaftern, Arbeitnehmern und der Öffentlichkeit), die **Dokumentation** der Vermögens- und Ertragslage sowie die rechnerischen Fundierung unternehmungspolitischer Entscheidungen.[11]

Den Aufbau der Handelsbilanz nach § 266 HGB visualisiert Abb. 5.5.

Die Vermögenspositionen sind auf der Aktivseite nach ihrer Liquidationsmöglichkeit geordnet; die „flüssigste" Position steht unter: Bank- und Kassenguthaben. Auf der Passivseite werden die Verbindlichkeiten nach ihrer Fälligkeit geordnet, was ähnlich der

Handelsbilanz zum 31.12.2017

Aktiva	Passiva

A. Anlagevermögen
  I. Immaterielle Vermögens-
     gegenstände
  II. Sachanlagen
  III. Finanzanlagen
 	
B. Umlaufvermögen
  I. Vorräte
  II. Forderungen und sonstige
     Vermögensgegenstände
  III. Wertpapiere
  IV. Kassenbestand, Bundes-
     bankguthaben, Guthaben
     bei Kreditinstituten und
     Schecks
 	
**C. Rechnungsabgrenzungs-
posten**
	A. Eigenkapital
	  I. Gezeichnetes Kapital
	  II. Kapitalrücklagen
	  III. Gewinnrücklagen
	  IV. Gewinn-/Verlustvortrag
	  V. Jahresüberschuss/
	     Jahresfehlbetrag
	
	B. Rückstellungen
	
	C. Verbindlichkeiten
	
	**D. Rechnungsabgrenzungs-
	posten**

Bilanzsumme	Bilanzsumme

Abb. 5.5 Aufbau der Handelsbilanz

[10] Vgl. Schierenbeck/Wöhle (2016), S. 623 ff., Wöhe/Döring (2016), S. 680 ff.
[11] Vgl. zur Handelsbilanz Meyer (2016), S. 243 ff., Schildbach (2013), S. 163 ff.

Aktivseite ist. Das am schnellsten Liquidität erfordernde Kapitel sind die kurzfristigen Verbindlichkeiten, die unten stehen.

Die dargestellte Grundstruktur ist die Mindestgliederung der von sog. kleinen Kapitalgesellschaften aufzustellenden Bilanz. Sie wird hier zur Darstellung gewählt, weil es die zumeist verwendete Struktur ist und sie das Prinzip am besten erklären lässt. Mittelgroße und große Kapitalgesellschaften haben die in § 266 Abs. 2 HGB aufgeführten Erweiterungen vorzunehmen. Im Folgenden werden wesentliche Positionen erläutert.

Das **Anlagevermögen** besteht gem. § 247 Abs. 2 HGB nur aus den Gegenständen, die dauernd dem Geschäftsbetrieb der Unternehmung zur Verfügung stehen. Zu den **immateriellen Vermögensgegenständen** gehören Konzessionen, gewerbliche Schutzrechte (etwa Patente, Markenrechte, Erfindungen) und Lizenzen, der Geschäfts- und Firmenwert (auch als Goodwill bezeichnet) und geleistete Anzahlungen. Grundstücke, technische Anlagen und Maschinen, die Betriebs- und Geschäftsausstattung stellen die **Sachanlagen** des Unternehmens dar. **Finanzanlagen** bestehen aus Anteilen und Ausleihungen an verbundene Unternehmungen, Beteiligungen und Wertpapieren des Anlagevermögens (insgesamt langfristige Finanzanlagen).[12]

Umlaufvermögen sind die nicht dauerhaft dem Geschäftsbetrieb zur Verfügung stehenden Vermögensgegenstände:

- Vorräte wie Roh-, Hilfs- und Betriebsstoffe, unfertige und fertige Erzeugnisse und Waren,
- Forderungen aus Lieferungen und Leistungen, gegen verbundene Unternehmungen, gegen Unternehmungen, mit denen ein Beteiligungsverhältnis besteht sowie sonstige Vermögensgegenstände,
- Wertpapiere wie Anteile an verbundenen Unternehmungen, eigene Anteile sowie sonstige Wertpapiere,
- Schecks, Kassenbestand, Bundesbankguthaben sowie Guthaben bei Kreditinstituten.[13]

Rechnungsabgrenzungsposten sind gem. § 250 HGB auf der Aktivseite Ausgaben, die vor dem Abschlussstichtag auszuweisen sind, wenn sie ein Aufwand für eine bestimmte Zeit nach dem Bilanzstichtag sind. Es handelt sich um aktivische Rechnungsabgrenzungsposten, die mit einer Leistungsforderung der Unternehmung in der Zeit nach dem Abschlussstichtag verbunden sind, z. B. vorgenommene Mietvorauszahlungen.

An erste Stelle auf der Passivseite der Bilanz steht das **Eigenkapital**. Für Kapitalgesellschaften sieht das Handelsrecht (§ 266 HGB) grundsätzlich eine Unterteilung in fünf Unterpositionen vor:

---

[12] Vgl. Baetge/Kirsch/Thiele (2017), S. 237 ff., Meyer (2016), S. 125 ff., Weber/Weißenberger (2015), S. 75 ff.
[13] Vgl. Baetge/Kirsch/Thiele (2017), S. 319 ff., Meyer (2016), S. 142 ff., Weber/Weißenberger (2015), S. 103 ff.

- Gezeichnete Kapital,
- Kapitalrücklagen,
- Gewinnrücklagen:
  - Gesetzliche Rücklagen,
  - Rücklagen für eigene Anteile,
  - Satzungsgemäße Rücklagen und
  - Andere Gewinnrücklagen,
- Gewinn- oder Verlustvortrag,
- Jahresüberschuss.[14]

Das **gezeichnete Kapital** entspricht dem Betrag, auf den die Haftung der Unternehmung für ihre Verbindlichkeiten beschränkt ist. Bei der GmbH entspricht dieser feste Nennbetrag dem Stammkapital, bei der AG dem Grundkapital.

Kapitalrücklagen sind alle über den Nennbetrag hinausgehenden, von außerhalb der Unternehmung zugeführten Einlagen. Hierzu zählen beispielsweise sog. Agios. Als Agio wird der Ausgabeaufschlag bezeichnet, der über den Nennbetrag eines Anteilscheines hinaus vom Käufer bezahlt wird und dem Unternehmen damit zufließt.

Gewinnrücklagen bilden Beträge, die aus dem Unternehmungsergebnis des bilanzierten Geschäftsjahres oder aus früheren Geschäftsjahren erwirtschaftet wurden. Zweck ist die Förderung der Selbstfinanzierung der Unternehmung. Es gibt gesetzliche Rücklagen (u. A. festgelegt für die AG), satzungsgemäße Rücklagen und andere Gewinnrücklagen.

Für den Fall, dass eine Unternehmung eigene Anteile erwirbt, sind **Rücklagen für eigene Anteile** zu bilden. Diese Rücklagen vermindern den Jahresüberschuss, oder sie werden aus frei verwendbaren Gewinnrücklagen gebildet. Sie verhindern eine Gewinnausschüttung, solange die Anteile von der Unternehmung selbst gehalten werden.

Auf Beschluss der Gesellschafterversammlung kann ein **Gewinn- oder Verlustvortrag** gebildet werden, der zur Folge hat, dass ein Teil des Gewinns bzw. Verlustes des Geschäftsjahres in das Folgejahr übertragen wird.

Mit dem Saldo zwischen Erträgen und Aufwendungen wird in der Gewinn- und Verlustrechnung (GuV) der **Jahresüberschuss bzw. -fehlbetrag** ermittelt. Es handelt sich hierbei um eine Gewinngröße nach Steuern, die das Eigenkapital des Unternehmens erhöht bzw. vermindert.

Dem Eigenkapital folgt das **Fremdkapital** auf der Passivseite der Bilanz, wozu Rückstellungen und Verbindlichkeiten gehören.

Rückstellungen bilden ungewisse Verpflichtungen aus Rechtsgeschäften mit Dritten und Aufwendungen, die der bilanzierten Periode zuzurechnen sind, aber erst nach dem Abschlussstichtag zur Auszahlung kommen. Als Beispiele können Rückstellungen für Instandhaltung, Pensions- und Steuerrückstellungen oder zur Abwendung drohender Verluste aus schwebenden Geschäften angeführt werden. Gebildete Rückstellung dürfen nur dann aufgelöst werden, wenn der für ihre Bildung maßgebliche Grund weggefallen ist.

---

[14] Vgl. Baetge/Kirsch/Thiele (2017), S. 475 ff., Weber/Weißenberger (2015), S. 121 ff.

Steuerrückstellungen etwa werden aufgelöst, wenn die tatsächliche Steuerzahlung erfolgt im kommenden Geschäftsjahr erfolgt ist.[15]

Verbindlichkeiten, die nicht ungewiss sind, bilden **Schulden** des Unternehmens, die der Höhe und dem Grund nach eindeutig bekannt sind:

- Anleihen,
- Verbindlichkeiten gegenüber Kreditinstituten,
- Erhaltene Anzahlungen auf Bestellungen,
- Verbindlichkeiten aus Lieferungen und Leistungen, gegenüber verbundenen Unternehmungen, gegenüber Unternehmungen, mit denen ein Beteiligungsverhältnis besteht, und sonstige Verbindlichkeiten (z. B. Steuern).[16]

Die letzte Position ist der passivische **Rechnungsabgrenzungsposten.** Dies sind Einnahmen vor dem Abschlussstichtag, die einen Ertrag für eine bestimmte Periode nach dem Stichtag darstellen, z. B. erhaltene Mietvorauszahlungen.

Die aktivischen und die passivischen Rechnungsabgrenzungsposten dienen der Abstimmung zwischen der Bilanz und der GuV und damit zur Ermittlung eines periodengerechten Jahreserfolges.

5.3.3 Steuerbilanz

Neben der Handelsbilanz ist die **Steuerbilanz** die einzig gesetzlich reglementierte Bilanzart. Obwohl sich zwischen der Ertragssteuerbilanz (mit dem Zweck der Gewinnung einer Vermögensübersicht zur Gewinnbesteuerung) und der Vermögenssteuerbilanz (mit dem Ziel der Gewinnung einer Grundlage zur Erhebung der Vermögensbesteuerung) unterscheiden lässt, wird in der Praxis der Begriff der Steuerbilanz ausschließlich für die **Ertragssteuerbilanz** verwendet.

Es gilt ein **Prinzip der Maßgeblichkeit der Handelsbilanz** für die Steuerbilanz (§ 5 Abs. 1 Satz 1 EStG.)[17]

Ziel der Erstellung der Steuerbilanz ist es, die Ermittlung des zu versteuernden Periodengewinns der Unternehmung durch den Vergleich des Reinvermögens, korrigiert um Einlagen und Entnahmen (vgl. §§ 4–7 EStG) vorzunehmen.

Die Ableitung der Steuerbilanz einer Unternehmung aus ihrer Handelsbilanz geschieht durch Korrekturen nach den Grundsätzen des Steuerrechts. Dabei bleibt der grundsätzliche Aufbau der Handelsbilanz nahezu unverändert. Steuerrechtlich bedingte Korrekturen werden durch Zusätze und Anmerkungen vorgenommen. So wird in der Handelsbilanz beispielsweise das Abgeld (Disagio oder Damnum) bei der Aufnahme eines Investitions-

---

[15] Vgl. Baetge/Kirsch/Thiele (2017), S. 417 ff.; Weber/Weißenberger (2015), S. 121 ff.
[16] Vgl. Baetge/Kirsch/Thiele (2017), S. 391 ff.; Weber/Weißenberger (2015), S. 141 ff.
[17] Vgl. Meyer (2016), S. 31 f., Schildbach (2013), S. 163 ff.

kredites sofort als Betriebsaufwand verrechnet. In der Steuerbilanz muss dieses Abgeld aktiviert und, verteilt auf die Laufzeit des Kredites, abgeschrieben werden.

Adressat der Steuerbilanz ist das zuständige Finanzamt. Aus diesem Grund stellen Unternehmen, die ihren Jahresabschluss nicht publizieren müssen, i. d. R. nur eine Bilanz (die **Einheitsbilanz**) auf, die Handels- und Steuerbilanz zugleich ist. Wegen unterschiedlicher Möglichkeiten der Wertansätze stellen Kapitalgesellschaften allerdings i. d. R. eine Handels- und eine Steuerbilanz auf.

5.3.4 Gewinn- und Verlustrechnung

Gem. § 242 Abs. 3 HGB bildet die **Gewinn- und Verlustrechnung (GuV)**, gemeinsam mit der Bilanz, den Jahresabschluss der Einzelkaufleute und Personengesellschaften und gem. § 264 Abs. 1 HGB zusammen mit der Bilanz und dem Anhang den Jahresabschluss der Kapitalgesellschaften. Im Gegensatz zur Bilanz stellt die GuV eine Zeitraumrechnung dar, in der es ausschließlich Erfolgsgrößen gibt. Alle Erträge und Aufwendungen des Unternehmens werden für das Geschäftsjahr, i. d. R. das Kalenderjahr, zusammengefasst und detailliert aufgeführt. Der Saldo zwischen Aufwendungen und Erträgen stellt den Jahresüberschuss bzw. den Jahresfehlbetrag dar.[18]

§ 275 HGB legt das Gliederungsschema der GuV fest. Diese kann sowohl in **Kontenform** als auch in **Staffelform** dargestellt werden, wobei für Kapitalgesellschaften die Staffelform vorgeschrieben ist.

Kapitalgesellschaften können ihre GuV gem. § 275 HGB wahlweise nach dem Gesamtkostenverfahren oder nach dem Umsatzkostenverfahren erstellen.

Im Rahmen des **Gesamtkostenverfahrens** werden alle in einer Abrechnungsperiode angefallenen Aufwendungen und Erträge den Umsatzerlösen, den Bestandsveränderungen bei Erzeugnissen sowie den anderen aktiven Eigenleistungen gegenüber gestellt. Der Ertrag entspricht der Gesamtleistung der Berichtsperiode (Umsatzerlöse − Bestandsabnahme + Bestandserhöhung).

Ein Beispiel für eine **GuV in Kontenform**, erstellt **nach dem Gesamtkostenverfahren** zeigt Abb. 5.6.

Im **Umsatzkostenverfahren** werden nur die zur Erwirtschaftung der Umsatzerlöse anfallenden Aufwendungen ausgewiesen. Vor diesem Hintergrund werden die Aufwendungen an das Mengengerüst der Umsätze angepasst. Die Aufwendungen entsprechen in diesem Zusammenhang dem Umsatzaufwand (Produktionsaufwand + Bestandsabnahme − Bestandserhöhung). Der Ertrag ist der Umsatzertrag der Berichtsperiode.[19]

Abb. 5.7 zeigt eine **GuV nach dem Umsatzkostenverfahren**.

---

[18] Vgl. Schildbach (2013), S. 415 ff., Wöhe/Döring (2016), S. 731 ff., Weber/Weißenberger (2015), S. 161 ff.
[19] Vgl. Weber/Weißenberger (2015), S. 167 ff.

Gewinn- und Verlustrechnung
01.01. – 31.12.2017
(alle Werte in €)

Aufwand			Ertrag	
1. Löhne und Gehälter	60.000		1. Umsatzerlöse	400.000
2. Materialverbrauch	140.000		2. Endbestand an Halb- und Fertigerzeugnissen	40.000 440.000
3. Abschreibungen	20.000		3. Anfangsbestand an Halb- und Fertigerzeugnissen	- 80.000 360.000
4. Zinsen	10.000			
5. Sonstige Aufwendungen	50.000	280.000		
Jahresüberschuss		80.000		
		360.000		360.000

Abb. 5.6 GuV in Kontenform nach dem Gesamtkostenverfahren

Gewinn- und Verlustrechnung
01.01. – 31.12.2017
(alle Werte in €)

Aufwand		Ertrag	
Anfangsbestand an Fertigfabrikat	40.000	Umsatzerlöse	400.000
+ Herstellungskosten der produzierten Fabrikate (einschließlich Bestandsveränderungen der Halberzeugnisse)	280.000		
+ Verwaltungs- und Vertriebsaufwand	20.000		
	340.000		
./. Endbestand an Fertigerzeugnissen	20.000		
Umsatzaufwand	320.000		
Jahresüberschuss	80.000		
	400.000		400.000

Abb. 5.7 GuV in Kontenform nach dem Umsatzkostenverfahren

Das Periodenergebnis, ermittelt nach dem Gesamtkostenverfahren, stimmt mit dem nach dem Umsatzkostenverfahren ermittelten überein.[20]

Das Gliederungsschema der GuV nach dem Gesamtkostenverfahren enthält bestimmte **Erfolgsgrößen**, die die Ermittlung entsprechender Zwischenergebnisse im Format der Staffelform ermöglichen.

Die Gliederung einer **GuV in Staffelform**, aufgestellt **nach dem Gesamtkostenverfahren** (gem. § 275 Abs. 2 HGB) zeigt Abb. 5.8.

Nach dem Gesamtkostenverfahren wird der Erfolgsnachweis aufgespalten, wobei das Betriebsergebnis und das Finanzergebnis i. d. R. zum Ergebnis der gewöhnlichen Geschäftstätigkeit zusammengefasst werden.

Die Gliederung einer **GuV in Staffelform, aufgestellt nach dem Umsatzkostenverfahren** (gem. § 275 Abs. 3 HGB) zeigt Abb. 5.9.

Da die Aussagefähigkeit des Umsatzkostenverfahrens für eine marktorientierte Unternehmungsleitung größer als bei dem Gesamtkostenverfahren ist, wird dem erstgenannten Verfahren meist der Vorzug gegeben.

1.	Umsatzerlöse
2.	+ Erhöhung oder Verminderung des Bestandes an fertigen und unfertigen Erzeugnissen
3.	+ Aktivierte Eigenleistungen
4.	**Gesamtleistung**
5.	+ Sonstige betriebliche Erträge
6.	- Materialaufwand
7.	- Personalaufwand
8.	- Abschreibungen auf immaterielle Vermögensgegenstände und Sachanlagen
9.	- Sonstige betriebliche Aufwendungen
10.	**Betriebsergebnis**
11.	Erträge aus Beteilungen, Wertpapieren
12.	+ Sonstige Zinsen und ähnliche Erträge
13.	+ Abschreibungen auf Finanzanlagen und auf Wertpapiere des Umlaufvermögen
14.	+ Zinsen und ähnliche Aufwendungen
15.	**Finanzergebnis**
16.	**Ergebnis der gewöhnlichen Geschäftstätigkeit**
17.	Außerordentliche Erträge
18.	- Außerordentliche Aufwendungen
19.	**Außerordentliches Ergebnis**
20.	- Steuern vom Einkommen und vom Ertrag
21.	- Sonstige Steuern
22.	**Jahresüberschuss**
23.	- Einstellungen in die Gewinnrücklagen
24.	**Bilanzgewinn**

Abb. 5.8 GuV in Staffelform nach dem Gesamtkostenverfahren

---

[20] Vgl. Weber/Weißenberger (2015), S. 165 ff.

1. Umsatzerlöse
2. - Herstellungskosten der zur Erzielung der Umsatzerlöse erbrachten Leistungen
3. **Bruttoergebnis vom Umsatz**

4. - Vertriebskosten
5. - Allgemeine Verwaltungskosten
6. - Sonstige betriebliche Erträge
7. - Sonstige betriebliche Aufwendungen
8. **Betriebsergebnis**

9. Erträge aus Beteiligungen, Wertpapieren
10. + Sonstige Zinsen und ähnliche Erträge
11. + Abschreibungen auf Finanzanlagen
12. + Zinsen und ähnliche Aufwendungen
13. **Finanzergebnis**
14. **Ergebnis der gewöhnlichen Geschäftstätigkeit**

15. Außerordentliche Erträge
16. - Außerordentliche Aufwendungen
17. **Außerordentliches Ergebnis**

18. - Steuer vom Einkommen und vom Ertrag,
19. - Sonstige Steuern,
20. **Jahresüberschuss**

21. - Einstellung in die Gewinnrücklagen
22. **Bilanzgewinn**

Abb. 5.9 GuV in Staffelform nach dem Umsatzkostenverfahren

Beispiel (Teil 1)

In der Eröffnungsbilanz (Abb. 5.10) sehen Sie drei Aktivpositionen (Maschine, Rohstoffe, Bank) mit jeweils 100 € Anfangsbestand und zwei Passivpositionen (Eigenkapital, Bankdarlehen) mit jeweils 150 € Anfangsbestand sowie die sich daraus ergebende Bilanzsumme in Höhe von 300 €.

Einige Geschäftsvorfälle führen zu Bewegungen auf den entsprechenden Konten.

1. Der Kauf einer Maschine in Höhe von 50 € führt zur Zunahme auf dem Konto Maschine. Da die Maschine auf Kredit gekauft wird, nimmt auch das Konto Bankdarlehen um 50 € zu.
2. Der Verbrauch von Rohstoffen in Höhe von 50 € führt zur Abnahme auf dem Konto Rohstoff und zur Erhöhung des Kontos Materialaufwand.
3. Der Verkauf von Fertigerzeugnissen in Höhe von 100 € führt zu Umsatzerlösen auf dem entsprechenden Konto. Da die Fertigerzeugnisse auf Ziel verkauft werden, erhöht sich das Konto Forderung um 100 €.
4. Der Kunde bezahlt die Rechnung, womit sich das Konto Bank um 100 € erhöht. Da damit die Forderung beglichen ist, reduziert sich das Konto Forderung entsprechend.

Eröffnungsbilanz 01.01.2017			
Maschine	100	Eigenkapital	150
Rohstoffe	100	Bankdarlehen	150
Bank	100		
	300		300

1. Kauf einer Maschine über Bankkredit	50
2. Verbrauch von Rohstoffen in der Fertigung	50
3. Verkauf der Fertigerzeugnisse auf Ziel	100
4. Zahlung durch den Kunden	
5. Nutzungsdauer der Maschine 5 Jahre	

Rohstoffe			
AB	100	(2)	50
		EB	50
	100		100

Bank			
AB	100	EB	200
(4)	100		
	200		200

Maschine			
AB	100	(5)	30
(1)	50	EB	120
	150		150

Forderungen			
AB	0	(4)	100
(3)	100	EB	0
	100		100

Eigenkapital			
EB	170	AB	150
		JÜ	20
	170		170

Bankdarlehen			
EB	200	AB	150
		(1)	50
	200		200

Abb. 5.10 Beispiellösung: Buchungen auf Konten

5. Wird unterstellt, dass die Nutzungsdauer der Maschinen 5 Jahre beträgt, ist zum Geschäftsjahresende die Abschreibung für die Abnutzung vorzunehmen. Der Bestand auf dem Konto Maschine beträgt 150 €. Bei einer fünfjährigen gleichmäßigen Abnutzung bedeutet das einen jährlichen Werteverzehr von 30 €. Dieser Werteverzehr reduziert den (Buch-)Wert auf dem Konto Maschine um 30 € und wird auf dem entsprechenden Konto Abschreibung mit 30 € gebucht.

Beispiel (Teil 2)

Die Aufwand- und Ertragskonten (Materialaufwand, Abschreibung, Umsatzerlöse) werden über das Konto Gewinn- und Verlustrechnung (GuV) abgeschlossen (Abb. 5.11). Dort ergibt sich ein Saldo (Gewinn) von 20 €. Da dieser Eigenkapital des Unternehmens darstellt, wird er auf das Konto Eigenkapital gebucht.

Die (Bestands-)Konten Maschine, Rohstoffe, Bank, Eigenkapital, Bankdarlehen werden über die Schlussbilanz zum 31.12. abgeschlossen.

Umsatzerlöse			
GuV	100	(3)	100

Materialaufwand			
2)	50	GuV	50

Abschreibung			
(5)	30	GuV	30

GuV 01.01-31.12.2017			
Materialaufwand	50	Umsatzerlöse	100
Abschreibung	30		
JÜ	20		

Legende:

AB	Anfangsbestand
EB	Endbestand
JÜ	Jahresüberschuss
GuV	Gewinn- und Verlustrechnung

Schlussbilanz 31.12.2017			
Maschine	120	Eigenkapital	170
Rohstoffe	50	Bankdarlehen	200
Bank	200		
	370		370

Abb. 5.11 Beispiellösung: Abschlussbilanz und GuV

Zur Erläuterung der Liquiditätsentwicklung dient die Kapitalflussrechnung. Hieraus können Sie entnehmen, dass der Anfangsbestand an liquiden Mittel (in diesem Beispiel das Konto Bank mit 100 €) um die Kundenzahlung von 100 € erhöht wurde. Der Endbestand an liquiden Mitteln (Konto Bank) muss insofern 200 € betragen.

5.3.5 Anhang

Unterschiedliche Vorschriften bezüglich der Pflicht zur Erstellung von **Anhang** und Lagebericht orientieren sich an der Größe des Unternehmens. Die Einteilung in kleine, mittelgroße und große Kapitalgesellschaften werden in § 267 HGB und die Pflicht zur Offenlegung ist in § 325 HGB geregelt (Abb. 5.12).

Einzelkaufleute und Personengesellschaften sind publizitäts- und prüfungspflichtig, wenn sie gem. § 1 PublG an drei aufeinander folgenden Abschlussstichtagen mindestens zwei der drei folgenden Kriterien erfüllen:

- Bilanzsumme ≥ 65 Mio. €
- Umsatz ≥ 130 Mio. €
- Arbeitnehmer ≥ 5000

Grundsätzlich sind alle Kapitalgesellschaften zur Erstellung von Anhang und Lagebericht als Ergänzung der Bilanz und der GuV verpflichtet (vgl. § 264 Abs. 1 Satz 1 HGB), denn die Zahlen der Bilanz und der GuV sind wenig aussagefähig zur Beurteilung der wirtschaftlichen Lage.

Abb. 5.12 Größenklassen von Kapitalgesellschaften gem. § 267 HGB

Der **Anhang** dient der Information und der Erläuterung und ist wahrheitsgemäß, klar und übersichtlich zu erstellen und auf wesentliche Sachverhalte zu beschränken.[21] Die Vorschriften über den Inhalt des Anhangs sind in den §§ 284, 285, 286 und 288 HGB geregelt. Für kleine und mittelgroße Kapitalgesellschaften gibt es größenabhängige Erleichterungen.

Der Anhang enthält etwa Erläuterungen zur Bilanz und zur GuV, allgemeine Angaben zu den angewandten Bilanzierungs- und Bewertungsmethoden und Angaben zur Umrechnung von Fremdwährungspositionen. Die Zusatzinformationen tragen dazu bei, die Zahlen des Jahresabschlusses zu analysieren und die Jahresabschlüsse unterschiedlicher Unternehmen miteinander zu vergleichen.

5.3.6 Lagebericht

Der **Lagebericht** ist ein eigenständiger Bestandteil der Rechnungslegung, jedoch nicht Element des Jahresabschlusses. Neben Genossenschaften und unter das Publizitätsgesetz (PublG) fallende Unternehmungen und Vereinen sind mittelgroße und große Kapitalgesellschaften verpflichtet, einen Lagebericht zu erstellen und dem Geschäftsbericht beizufügen. Kleine Kapitalgesellschaften sind nicht zur Erstellung eines Lageberichts verpflichtet (vgl. § 264 Abs. 1 Satz 3 HGB). Inhalt des Lageberichts ist nach § 289 HGB:

---

[21] Vgl. Meyer (2016), S. 212 ff., Schildbach (2013), S. 458 ff., Weber/Weißenberger (2015), S. 187 ff.

- **Wirtschaftsbericht** zur Darstellung des Geschäftsverlaufs und der Lage der Unternehmung.
- **Nachtragsbericht** mit Informationen über positive sowie negative Sachverhalte von besonderer Bedeutung, die zwischen dem Bilanzstichtag und dem Tag der Bilanzerstellung eingetreten sind.
- **Prognosebericht** mit Informationen und Prognosen der zukünftigen Entwicklung des Unternehmens.
- **Forschungsbericht** mit Angaben zur Höhe der Forschungs- und Entwicklungsaufwendungen
- **Zweigniederlassungsbericht** mit Informationen über Niederlassungen, um einen Einblick in den Stand und die Entwicklung der Marktpräsenz des Unternehmens zu geben.

Der Lagebericht ist wahrheitsgemäß, klar und übersichtlich zu erstellen und auf wesentliche Bestandteile zu beschränken. Insbesondere Risiken der zukünftigen Entwicklung der Unternehmung und ihrer Märkte sollen umfassend und realistisch dargestellt und erläutert werden.[22]

5.4 Internationale Konzernrechnungslegung

Ein **Konzern** besteht in der Verbindung zweier oder mehrerer rechtlich selbstständiger Unternehmen zu einer wirtschaftlichen Einheit. Zur Beurteilung der Vermögens-, Finanz- und Ertragslage des Konzerns reicht es nicht aus, die Jahresabschlüsse der einzelnen Konzernunternehmungen zu analysieren. Es ist erforderlich, einen **Konzernabschluss** mit den Inhalten von Abb. 5.13 zu erstellen.

Für börsennotierte Mutterunternehmen ist der Konzernabschluss um eine Kapitalflussrechnung, einen Eigenkapitalspiegel und eine Segmentberichterstattung zu ergänzen.[23]

Abb. 5.13 Bestandteile des Konzernabschlusses

---

[22] Vgl. Meyer (2016), S. 333 f., Schildbach (2013), S. 490 ff., Weber/Weißenberger (2015), S. 198 f.
[23] Vgl. Gräfer/Scheld (2016), S. 387 ff., Küting/Weber (2012), S. 633 ff., Schierenbeck/Wöhle (2016), S. 733 f.

Der Konzernabschluss ersetzt nicht die Einzelabschlüsse der Konzernunternehmen, sondern soll als zusätzliches Instrument einen Eindruck über die wirtschaftliche Einheit des Konzerns vermitteln. Somit übernimmt der Konzernabschluss (lediglich) Informationsfunktion und dient nicht als Grundlage für die Gewinnverwendung und Besteuerung.[24]

Der Konzernabschluss wird aus den Einzelabschlüssen der Konzernunternehmen zusammengesetzt, und zwar mittels der Konsolidierung und nicht mittels bloßer Addition der Bilanzposten der jeweiligen Einzelbilanzen. **Konsolidierung** bedeutet Aufrechnung bzw. die Bereinigung des Konzernabschlusses um konzerninterne Beziehungen.

Das Prinzip der Konzernrechnungslegung folgt der Fiktion der rechtlichen Einheit eines Konzerns (**Einheitstheorie**). Die rechtlich selbstständigen Konzernunternehmen werden als wirtschaftlich unselbstständige Abteilungen behandelt. Die Abschlussposten sämtlicher Konzernunternehmen aus den Bilanzen sowie der GuV-Rechnung werden zusammengefasst.

Die Konzernunternehmen sind zu einer einheitlichen Bilanzierung, Bewertung und Ausweisung in ihren Einzelabschlüssen verpflichtet. Der Addition der Posten der Handelsbilanzen der Konzernunternehmen schließt sich die rechnerische Bereinigung (Konsolidierung) an.[25]

Dazu zählen die:

- **Kapitalkonsolidierung**
  Aufrechnung der Beteiligungen der Konzernmutterunternehmung gegen die entsprechenden Anteile des Kapitals der Konzerntochterunternehmungen.
- **Schuldenkonsolidierung**
  Aufrechnung von Forderungen und Verbindlichkeiten zwischen den Konzernunternehmungen.
- **Zwischenergebniseliminierung**
  Eliminierung von Gewinnen und Verlusten aus Lieferungen und Leistungen zwischen den Konzernunternehmungen.
- **Aufwands- und Ertragskonsolidierung**
  Aufrechnung von Aufwendungen und Erträgen aus Lieferungen und Leistungen zwischen den Konzernunternehmungen.

Gem. § 294 HGB (**Einbeziehungspflicht**) sind in den Konzernabschluss die Mutterunternehmung und alle Tochterunternehmungen ohne Rücksicht auf deren Sitz einzubeziehen (**Weltabschlussprinzip**).

Im Rahmen der internationalen Konzernrechnungslegung wird unterschieden zwischen

- Rechnungslegung nach HGB und
- Rechnungslegung nach *International Financial Reporting Standards* (**IFRS**).

---

[24] Vgl. Weber/Weißenberger (2015), S. 240 ff.
[25] Vgl. Gräfer/Scheld (2016), 129 ff., Meyer (2016), S. 227 ff., Schierenbeck/Wöhle (2016), S. 731 ff.

Worin unterscheiden sich die Rechnungslegungsgrundsätze HGB und IFRS im Wesentlichen?[26]

Die internationalen **Bewertungsansätze** unterscheiden sich zum Teil deutlich von denen des HGB. So kommt bzgl. der Definition der Anschaffungs- und Herstellungskosten der § 255 Abs. 1 und 2 HGB zur Anwendung. **Anschaffungskosten** entstehen in erster Linie beim Erwerb von Vermögensgegenständen. Dazu gehören auch Nebenkosten und nachträgliche Anschaffungskosten. **Herstellungskosten** sind die Aufwendungen, die durch den Verbrauch von Gütern und die Inanspruchnahme von Diensten für die Herstellung von Vermögensgegenständen entstehen.

Nach HGB ist die **Gewinnrealisierung** bei Fertigungsaufträgen vor der Abnahme nicht zulässig (*completed contract method*). Eine Ausnahme bildet die Gewinnrealisierung vor Abschluss eines Projektes (*percentage of completion method*). Die Umrechnung von Fremdwährungspositionen hat unter Berücksichtigung des Anschaffungskosten- und des Realisationsprinzips zu erfolgen.

Es gilt national,

- dass im HGB die Regeln der Rechnungslegung durch den Gesetzgeber vorgegeben sind (*code law*),
- dass im HGB die Fremdkapitalgeber, die Fremdkapitalfinanzierung bzw. der Gläubigerschutz im Vordergrund steht,
- dass das HGB relativ viele Wahlrechte in Bezug auf die Anwendung einzelner Bilanzierungsverfahren bietet.

Insbesondere international tätige Unternehmungen, die an den Börsen der Welt notiert sind, müssen ihren Konzernabschluss nach international anerkannten Rechnungslegungsstandards aufstellen. Mit dem § 292a HGB des Gesetzes zur Verbesserung der Wettbewerbsfähigkeit deutscher Konzerne an den Kapitalmärkten (Kapitalaufnahmeerleichterungsgesetz (KApAEG)) vom 23.04.1998 wird börsennotierten deutschen Unternehmungen diese Möglichkeit gegeben. Ein Konzernabschluss nach HGB erübrigt sich damit.

- Die **IFRS** setzen sich aus einer Vielzahl von Einzelempfehlungen zusammen, die keine Rechtskraft besitzen. Diese Empfehlungen werden von einer berufsständischen Organisation, dem *International Accounting Standards Board* (**IASB**), entwickelt. Es handelt sich bei diesen Empfehlungen um ein sog. *soft law* (nicht rechtsverbindliche Leitlinien).[27]

---

[26] Zum Vergleich der zwei Prinzipien vgl. z. B. Coenenberg, A.G.; Haller, A.; Mattner, G.; Schutze, W. (2014), S. 485 ff.; Pellens/Fülbier/Gassen/Sellhorn (2017), S. 170 ff.
[27] Vgl. z. B. Ballwieser (2013), S. 7 ff.

Bestandteile des Konzernabschlusses nach IFRS sind:

(1) Bilanz,
(2) GuV-Rechnung,
(3) Erläuterungen,
(4) Kapitalflussrechnung,
(5) Ergänzungsrechnungen und
(6) ggf. Segmentberichterstattung.

Zweck der Rechnungslegung ist es, entscheidungsrelevante Informationen für Investoren bereitzustellen. Hier stehen die **Investorenbedürfnisse** vor dem Gläubigerschutz nach HGB. Ein Konzernabschluss nach IFRS ist grundsätzlich ohne jegliche steuerliche Einflüsse.

Der Rechnungslegungsgrundsatz des *true and fair view* gilt im Gegensatz zu Abschlüssen nach HGB nicht als Generalnorm. Das Vorsichtsprinzip hat einen geringen Stellenwert. Das Realisationsprinzip wird durch den **Grundsatz der periodengerechten Gewinnermittlung** überlagert. Die Bewertung von bestimmten Vermögensgegenständen über ihren Anschaffungskosten ist teilweise zulässig.

Im Rahmen der Bilanzierung gilt ein Aktivierungsverbot für Forschungskosten, wohingegen Entwicklungskosten unter bestimmten Voraussetzungen aktiviert werden dürfen. Im Rahmen der Gewinnrealisierung bei Fertigungsaufträgen stellt die anteilige Gewinnrealisierung vor Abschluss des Projektes (*percentage of completion method*) den Grundsatz dar, also die Realisierbarkeit des Umsatzes als Basis der Abbildung in der Rechnungslegung.[28]

Bei den Rechnungslegungsgrundsätzen IFRS gilt die *fair presentation* als übergeordneter Grundsatz. Danach hat der Jahresabschluss die tatsächlichen und wahrheitsgemäßen wirtschaftlichen Verhältnisse des Unternehmens darstellen. Dieser Grundsatz überlagert das Vorsichtsprinzip.

Zusammengefasst: Das HGB orientiert sich am Realisierungsprinzip, während sich die internationale Rechnungslegung an der Realisierbarkeit orientiert.

5.5 Bewertungsgrundsätze und Bilanzpolitik

Die Bewertungsgrundsätze nach HGB lassen sich aus dem Vorsichtsprinzip ableiten, womit bei der Bewertung die sich in der Zukunft abzeichnenden Risiken zu berücksichtigen sind. Bezogen auf die Bilanzierung bedeutet dieses Prinzip, dass Vermögensteile im Zweifelsfall eher zu niedrig als zu hoch und Schulden im Zweifelsfall eher zu hoch als zu niedrig anzusetzen sind. Das Vorsichtsprinzip findet seine Anwendung in folgenden Bewertungsgrundsätzen, welche bereits in Abschn. 5.1 grundsätzlich dargelegt wurden:

---

[28] Vgl. Pellens/Fülbier/Gassen/Sellhorn (2017), S. 296 ff.

- Realisationsprinzip,
- Niederstwertprinzip,
- Höchstwertprinzip,
- Imparitätsprinzip,
- Prinzip des Wertzusammenhangs.

Nach dem **Realisationsprinzip** sind die Gewinne und Verluste erst dann auszuweisen, wenn sie durch einen Umsatzprozess realisiert wurden.

Das **Niederstwertprinzip** gilt etwa für Forderungen gegenüber Dritten und für Vermögensgegenstände. Damit wird geregelt, dass von zwei möglichen Wertansätzen (z. B. Anschaffungs-/Herstellungskosten einerseits und dem Marktpreis oder Börsenwert andererseits) der jeweils niedrigere Wert angesetzt werden muss (**strenges Niederstwertprinzip**) oder angesetzt werden darf (**gemildertes Niederstwertprinzip**).

Dies verhält sich umgekehrt bei Verbindlichkeiten (Schulden): hier gilt das **Höchstwertprinzip**. Von zwei möglichen Wertansätzen ist der jeweils höhere Wert anzusetzen (**strenges Höchstwertprinzip**) bzw. kann dieser Wert angesetzt werden (**gemildertes Höchstwertprinzip**).

Eine Zusammenfassung der drei genannten Grundsätze erfolgt im **Imparitätsprinzip**. Da das Realisationsprinzip eine **Ertragsantizipation** untersagt, vollzieht sich die Bewertung erwarteter Gewinne und Verluste ungleichmäßig. Noch nicht realisierte Gewinne dürfen nicht ausgewiesen werden, noch nicht realisierte Verluste müssen bzw. dürfen ausgewiesen werden.

Das **Prinzip des Wertzusammenhangs** besagt, dass Wertsteigerungen im Rahmen der Bilanzierung den Bilanzansatz der Vorperiode nicht (strenger Ansatz) oder aber nur bis zur Höhe der Anschaffungs-/Herstellungskosten überschreiten dürfen (gemilderter Ansatz).

Für die **Bewertung des Anlagevermögens** (erster Posten der Bilanzaktiva) gilt das gemilderte Niederstwertprinzip. Für die Wirtschaftsgüter, die nur über einen begrenzten Zeitraum genutzt werden, gelten u. A. folgende Grundsätze:

- Bewertung zum Zeitpunkt der Anschaffung bzw. Herstellung, zu den Anschaffungs- bzw. Herstellungskosten,
- Minderung der Anschaffungs- bzw. Herstellungskosten zum Jahresabschlussstichtag um die planmäßigen Abschreibungen,
- außerplanmäßige Abschreibungen sind zulässig (vgl. § 253 Abs. 2 Satz 3),
- außerplanmäßige Abschreibungen sind vorgeschrieben, wenn eine Wertminderung zum Stichtag voraussichtlich von Dauer ist,
- **Zuschreibungen** können vorgenommen werden, wobei als Höchstwert die Differenz zwischen den ursprünglichen Anschaffungs- bzw. Herstellungskosten und den planmäßigen Abschreibungen gilt.

Bei der **Bewertung des Umlaufvermögens** gilt das strenge Niederstwertprinzip, womit die Bewertungsobergrenze die jeweiligen Anschaffungs- bzw. Herstellungskosten sind. Es wird zwischen Vorräten, Forderungen und Wertpapieren unterschieden.

Wenn nicht ein niedrigerer Wertansatz geboten ist (vgl. § 253 Abs. 3 HGB und § 6 Abs. 1 Nr. 2 Satz 2 EStG), muss die **Vorratsbewertung** mit Anschaffungs- bzw. Herstellungskosten vorgenommen werden. Dies gilt nicht, wenn der Marktpreis bzw. der Börsenwert der Vorräte zum Jahresabschlussstichtag unter den Anschaffungs- bzw. Herstellungskosten liegt. In diesem Fall ist der niedrigere Wert anzusetzen (vgl. § 253 Abs. 3 Satz 1).

Im Rahmen der Bewertung von Vorräten sind folgende Vereinfachungsverfahren zulässig:

- Durchschnittsbewertung,
- Gruppenbewertung,
- Festbewertung,
- Verbrauchsfolgeverfahren wie Lifo (Last in – first out), Fifo (First in – first out),
- retrograde Bewertung (vgl. §§ 256 und 240 Abs. 3 und 4 HGB).

Die **Bewertung von Forderungen** erfolgt zum Nennwert bzw. zum Rechnungsbetrag (vgl. § 253 Abs. 1 HGB). Ist der Wert der Forderungen zum Abschlussstichtag niedriger als der Nennwert, sind die Forderungen auf diesen niedrigeren Wert abzuschreiben (vgl. § 253 Abs. 3 Satz 2 HGB). **Forderungen aus Lieferungen und Leistungen** werden in normale Forderungen, zweifelhafte Forderungen und uneinbringliche Forderungen unterteilt.

Abschreibungen von Forderungen auf den niedrigeren Teilwert werden als **Wertberichtigungen** bezeichnet und lassen sich in Einzel- und Pauschalwertberichtigungen differenzieren.

Für Forderungen gilt grundsätzlich die **Einzelwertberichtigung**. Um einen unangemessenen Arbeitsaufwand zu vermeiden, gestattet der Gesetzgeber für Forderungen die **Pauschalwertberichtigung**. Die Höhe der zulässigen Pauschalwertberichtigung orientiert sich an der Höhe der durchschnittlichen Forderungsausfälle der letzten Jahre. Die Finanzbehörden akzeptieren i. d. R. Pauschalwertberichtigungen in der Höhe von 2 bis 3 % der am Abschlussstichtag ausstehenden Forderungen. **Zweifelhafte Forderungen** müssen immer einzeln bewertet werden. Diese Forderungen sind unter Berücksichtigung des Ausfallrisikos, der Mahnkosten, ihrer Unverzinslichkeit sowie der Skonto- und Rabattabzüge mit einem niedrigeren Teilwert anzusetzen. **Uneinbringliche Forderungen** dürfen in der Bilanz nicht ausgewiesen werden, da ihr Teilwert gleich Null ist. Diese Forderungen sind zu 100 % abzuschreiben, und die auf den entsprechenden Betrag entrichtete Umsatzsteuer wird zurückerstattet (vgl. § 17 Abs. 2 UStG).

Die **Bewertung von Wertpapieren** erfolgt zu den jeweiligen Anschaffungskosten. Neben der Einzelbewertung gestattet der Gesetzgeber auch eine Durchschnittsbewertung. Liegen die Anschaffungskosten über dem aktuellen Börsenkurs, muss der niedrigere Börsenkurs angesetzt werden.

Bei der **Bewertung der Bilanzpassiva** wird zwischen dem Eigenkapital, den Rückstellungen und den Verbindlichkeiten unterschieden.

Die **Bewertung des Eigenkapitals** erfolgt zu seinem tatsächlichen Wert am Jahresabschlussstichtag.

Bei der **Bewertung von Rückstellungen** gilt, dass diese so zu bemessen sind, dass nur die zu erwartenden Risiken abgedeckt werden. Für die Bildung von Pensionsrückstellungen kommen exakte Berechnungsverfahren zur Anwendung. Neben den Einzelrückstellungen (z. B. Prozesskostenrückstellung) sind auch Pauschalrückstellungen (z. B. für Garantieleistungen) zulässig.

Die **Bewertung von Verbindlichkeiten** erfolgt zu ihren Rückzahlungsbeträgen am Jahresabschlussstichtag (vgl. § 253 Abs. 1 Satz 2 HGB, Abschnitt 37 Abs. 1 EStR und § 6 Abs. 1 Nr. 2 EStG). Der Nennwert der Verbindlichkeiten entspricht grundsätzlich dem Rückzahlungsbetrag und stellt somit ihre Anschaffungskosten dar.

Die Anwendung von Bewertungsverfahren und Grundsätzen ist, wie dargestellt, in Rechte und Pflichten differenzierbar. Daraus resultiert die Bilanzpolitik eines Unternehmens.

Bilanzpolitik ist die bewusste (formale und materielle) Gestaltung der Abschlüsse und Berichte mit der Absicht, vorhandene Gestaltungsspielräume zu nutzen. Bilanzpolitik wird über eine bewusste und rechtlich zulässige Beeinflussung einzelner Positionen des Jahresabschlusses bzw. des Geschäftsberichtes betrieben. Dies geschieht mit den Zielen der Steuerung der Gewinnausschüttung, der Gestaltung der Bilanzstruktur und der Reduzierung der Steuerlast unter Berücksichtigung der Ausgewogenheit der Informationen und der Erfüllung der Publizitätsverpflichtungen der Unternehmung.[29]

Bilanzpolitische Maßnahmen beziehen sich in erste Linie auf Bilanzierungs-, Bewertungs- und Ausweiswahlrechte sowie auf Möglichkeiten der Sachverhaltsgestaltung vor dem Abschlussstichtag. Unterziele einer unternehmensindividuellen Bilanzpolitik bestehen in der **Beeinflussung der Jahresabschlussadressaten hinsichtlich ihres Verhaltens** und ihrer Ansichten gegenüber der Unternehmung und in der Beeinflussung von Zahlungsströmen. Der systematische Einsatz der bilanzpolitischen Instrumente zielt auf die Erhaltung der Substanz der Unternehmung. Dies geschieht auch über das Sparen von Steuern.

Die Unterscheidung zwischen formeller und materieller Bilanzpolitik verdeutlicht Abb. 5.14.

Um vom Gesetzgeber eingeräumten Gestaltungsspielräume zu nutzen, können verschiedene **Instrumente der Bilanzpolitik** angewendet werden. Sie lassen sich in Bilanzierungswahlrechte, Bewertungswahlrechte und sonstige Instrumente der Bilanzpolitik unterteilen.

Die **Bilanzierungswahlrechte** lassen sich wiederum in Ansatzwahlrechte und Ausweiswahlrechte differenzieren.

---

[29] Vgl. Küting/Weber (2015), S. 33 ff., Schierenbeck/Wöhle (2016), S. 759 ff.

Abb. 5.14 Formelle und materielle Bilanzpolitik

- Bei den **Ansatzwahlrechten** geht es um Optionen, die die Bilanzierung im Grunde betreffen. Im Rahmen der Ausübung von Ansatzwahlrechten liegt es im Ermessen des bilanzierenden Unternehmens, ob sie einen bestimmten Aktivposten oder einen Passivposten bilanziert oder nicht.
- **Ausweiswahlrechte** beinhalten Optionen für die formelle Gestaltung von Jahresabschlüssen und Lageberichten insbesondere bzgl. des Umfangs und des „Ortes" von Angaben. So besteht gem. § 265 Abs. 5 HGB die Möglichkeit der Erweiterung der Gliederung durch das Hinzufügen weiterer Posten und gem. § 265 Abs. 7 HGB die Möglichkeit der Zusammenfassung der Gliederung bei einer entsprechenden Erweiterung des Anhangs. Bzgl. der GuV-Rechnung besteht ein Wahlrecht zwischen dem Umsatzkosten- und dem Gesamtkostenverfahren (§ 275 Abs. 1 HGB). Für kleine Kapitalgesellschaften räumt der Gesetzgeber die Möglichkeit einer verkürzten Bilanz ein (§ 266 Abs. 1 Satz 3 HGB). Auch die Zusammenfassung mehrerer Posten der GuV-Rechnung unter der Bezeichnung „Rohergebnis" ist für kleine und mittelgroße Kapitalgesellschaften zulässig (§ 276 HGB).

Bewertungswahlrechte stellen alternative Möglichkeiten bei der Vorgehensweise zur Ermittlung von Wertansätzen (Methodenwahlrechte) sowie Wahlrechte hinsichtlich der Höhe von Wertansätzen (Wertansatzwahlrechte) dar.

Im Rahmen der **Wertansatzwahlrechte** besteht beispielsweise die Möglichkeit, Vermögensgegenstände des Anlagevermögens und des Umlaufvermögens mit einem niedrigeren Wert, der auf einer nur steuerlichen Abschreibung beruht, anzusetzen (§ 254 HGB). Die konkrete Höhe einzelner Wertansätze wird auch durch die Wahl alternativer Methoden bei der Ermittlung von Wertansätzen (**Methodenwahlrechte**) bestimmt. So bestehen unterschiedliche Methoden zur Vornahme planmäßiger Abschreibungen (§ 253 Abs. 2 HGB), zur Ermittlung der handelsrechtlichen Herstellungskosten, insbesondere Wahlrechte hinsichtlich der Einbeziehung bestimmter Kostenarten (§ 255 Abs. 2 und 3 HGB) und alternative Schätzgrundlagen zur Ermittlung von Rückstellungen.

Außerhalb des Gestaltungsspielraums bei der Rechnungslegung können auch betriebliche Maßnahmen als bilanzpolitische Instrumente eingesetzt werden. Zu diesen Maßnahmen der sog. **Sachverhaltsgestaltung** zählen u. A. die Wahl der Rechtsform, die Vorverlegung oder der Aufschub von Investitionen aus bilanzpolitischen Gründen, der Verkauf von Gegenständen des Anlagevermögens und gleichzeitiges Leasing derselben oder gleicher Gegenstände („**Sale and Lease back**"), die Festlegung von Konzernverrechnungspreisen zur Steuerung des Gewinns innerhalb des Konzernverbundes.

Die **Bilanzanalyse** stellt das Gegenteil der Bilanzpolitik dar. Sie versucht mit Kennzahlen die Unternehmung aufgrund der Bilanzkennzahlen zu analysieren. Häufig wird dafür auch der Begriff der Jahresabschlussanalyse verwendet. Hierzu können Kennzahlen gebildet werden, wie sie im Kapitel „Investition und Finanzierung" angeführt sind.[30]

5.6 Übungsaufgaben

Aufgabe 5.1
Aus welchen Bestandteilen besteht der Jahresabschluss bei einer Kapitalgesellschaft?

Aufgabe 5.2
Was wird unter der Informationsfunktion durch den Jahresabschluss verstanden?

Aufgabe 5.3
Wie ist die Handelsbilanz nach den § 266 HGB aufgebaut?

Aufgabe 5.4
Was sind Rückstellungen?

Aufgabe 5.5
Wie lässt sich die Gewinn- und Verlustrechnung (GuV) definieren?

Aufgabe 5.6
Stellen Sie beispielhaft eine Bilanz in Staffelform auf.

Aufgabe 5.7
Bei Konzernen spricht man von der Konsolidierung der Jahresabschlüsse. Was ist mit der Konsolidierung gemeint?

---

[30] Vgl. zur Bilanzanalyse z. B. Küting/Weber (2015), S. 1 ff., Schierenbeck/Wöhle (2016), S. 781 ff.

Aufgabe 5.8

Welche Bestandteile hat der Jahresabschluss nach den International Financial Reporting Standards (IFRS)?

Aufgabe 5.9

Definieren Sie den Begriff „Bilanzpolitik"!

Aufgabe 5.10

Was ist eine Bilanzanalyse?

Literatur

Baetge, J., Kirsch, H.-J., Thiele, S.: Bilanzen, 14. Aufl. IDW, Düsseldorf (2017)

Ballwieser, W.: IFRS-Rechnungslegung, 3. Aufl. Vahlen, München (2013)

Coenenberg, A.G., Haller, A., Mattner, G., Schutze, W.: Einführung in das Rechnungswesen, 5. Aufl. Schäffer-Poeschel, Stuttgart (2014)

Engelhardt, W.H., Raffée, H., Wischermann, B.: Grundzüge der doppelten Buchhaltung, 8. Aufl. Gabler, Wiesbaden (2010)

Gräfer, H., Scheld, G.A.: Grundzüge der Konzernrechnungslegung, 13. Aufl. Erich Schmidt, Berlin (2016)

Küting, K., Weber, C.-P.: Der Konzernabschluss, 13. Aufl. Schäffer-Poeschel, Stuttgart (2012)

Küting, K., Weber, C.-P.: Die Bilanzanalyse, 11. Aufl. Schäffer-Poeschel, Stuttgart (2015)

Meyer, C.: Bilanzierung nach Handels- und Steuerrecht, 27. Aufl. nwb, Herne, Berlin (2016)

Pellens, B., Fülbier, R.U., Gassen, J., Sellhorn, T.: Internationale Rechnungslegung, 10. Aufl. Schäffer-Poeschel, Stuttgart (2017)

Schierenbeck, H., Wöhle, C.B.: Grundzüge der Betriebswirtschaftslehre, 19. Aufl. Oldenbourg, München (2016)

Schildbach, T.: Der handelrechtliche Jahresabschluss, 10. Aufl. nwb, Herne, Berlin (2013)

Schmolke, S., Deitermann, M.: Industrielles Rechnungswesen IKR, 42. Aufl. Winklers, Darmstadt (2013)

Wagenhofer, A., Ewert, R.: Externe Unternehmensrechnung, 3. Aufl. Springer, Berlin (2015)

Weber, J., Weißenberger, B.E.: Einführung in das Rechnungswesen, 9. Aufl. Schäffer-Poeschel, Stuttgart (2015)

Wöhe, G., Döring, U.: Einführung in die Allgemeine Betriebswirtschaftslehre, 26. Aufl. Vahlen, München (2016)

Globale Produktion und Beschaffung

6

In diesem Kapitel wird zunächst das derzeit leistungsfähigste System der industriellen Produktion und die Produktionsplanung vorgestellt, um dann auf die durch die Globalisierung eröffneten Möglichkeiten der vernetzten internationalen Produktion einzugehen.

6.1 Industrielle Produktionssysteme

Die Veröffentlichung einer Studie des *Massachusetts Institute of Technology* (MIT) im Jahr 1990 löste unter dem Motto „*lean production*" (schlanke Produktion)[1] weltweit einen tiefgreifenden Wandel der Produktionssysteme in Industrieunternehmen aus. Für die Automobilindustrie, in der die Ergebnisse der Studie zuerst umgesetzt wurden, wird in diesem Zusammenhang auch von der „zweiten Revolution" gesprochen (die erste war die Einführung der Fließbandfertigung durch Henry Ford). In der MIT-Studie war die Automobilindustrie in Japan, Nordamerika und Europa untersucht worden. Es zeigte sich, dass das bei Toyota vorgefundene Produktionssystem denen aller übrigen Automobilhersteller in vielen Kriterien wie z. B. Produktivität, Qualität und Flexibilität deutlich überlegen war.[2]

Inzwischen haben fast alle Industrieunternehmen Konzeptelemente des Toyota-Produktionssystems übernommen. Viele haben das komplette System mit geringfügigen Modifikationen eingeführt. Diese Systeme sind häufig unter der Bezeichnung „Bingo-Produktionssystem" oder „Bingo-Weg" anzutreffen („Bingo" steht dabei für den Namen des jeweiligen Unternehmens). Nachfolgend wird das Toyota-Produktionssystem beschrieben.

---

[1] Neben den Originalquellen (vgl. Toyota (2017) sowie die Veröffentlichungen der Entwickler des Systems, insb. Ohno (2009) und Shingo (1993)) gibt es inzwischen eine große Menge an Sekundärliteratur.

[2] Vgl. Womack/Jones/Roos (1990), S. 84–103.

© Springer Fachmedien Wiesbaden GmbH 2018
A. Daum, W. Greife und R. Przywara, *BWL für Ingenieurstudium und -praxis*,
https://doi.org/10.1007/978-3-658-20467-9_6

6.1.1 Kernelemente des Toyota-Produktionssystems

Die beiden Kernelemente des Systems sind Just-in-Time und Jidoka (siehe Abb. 6.1).[3]

Just-in-Time bedeutet bedarfssynchrone Lieferung und Produktion. Im Gegensatz dazu steht der – in manchen Fällen auch bei Anwendung des Toyota-Produktionssystems unvermeidliche – Ausgleich unterschiedlicher Geschwindigkeiten zu- und abströmender Materialflüsse durch Lagerung.

Just-in-Time-Lieferungen gelangen direkt, also ohne Zwischenlagerung, an den Ort des Bedarfs, z. B. einen Montagearbeitsplatz. Wenn unterschiedliche Teile geliefert werden, z. B. vom Lieferanten bereits in der Wagenfarbe lackierte Außenspiegel für Automobile, so müssen diese in der Montagereihenfolge angeliefert werden (*Just-in-Sequence*). In der Automobilindustrie wird die erforderliche Reihenfolge erst wenige Stunden vor Montagebeginn festgelegt und den Lieferanten mitgeteilt, die daher entweder ihre Fertigung bzw. Vormontage in unmittelbarer Nähe des Montagestandorts des Automobilherstellers ansiedeln oder dort eine abrufgemäße Sequenzierung der von ihnen zu liefernden Teile vornehmen müssen. Bei Just-in-Time-Lieferungen bleibt keine Zeit, vor der Verwendung angelieferter Teile Wareneingangskontrollen durchzuführen. Der Lieferant muss daher über ein Qualitätsmanagementsystem verfügen, das die Lieferung fehlerhafter Teile ausschließt.

Just-in-Time-Produktion bedeutet, dass ein Arbeitsgang durch den Bedarf der nachgelagerten Arbeitsstation bzw. des Kunden angestoßen wird. Man spricht in diesem Fall auch vom Pull-Prinzip der Fertigungssteuerung, weil die Werkstücke bildlich gesprochen durch die Produktion gezogen werden, denn der Anstoß zur Fertigung geht vom Kunden aus und wandert durch den gesamten Betrieb bis zum ersten durchzuführenden Arbeitsgang und von dort zum Lieferanten. Voraussetzung dafür, dass keine Wartezeiten entstehen, ist ein kontinuierlicher Bedarf am Ende der Wertschöpfungskette und damit eine geglättete Produktion. Im Idealfall ergibt sich ein *one-piece-flow* (Einzelstückfluss), also ein fließender Durchlauf jedes einzelnen Werkstücks, das nach Abschluss eines Arbeitsgangs ohne Wartezeiten an der jeweils folgenden Station bearbeitet wird.[4]

Abb. 6.1 Toyota-Produktions-system

----

[3] Vgl. Toyota (2017).
[4] Vgl. Dickmann (2015), S. 16–21.

Ein Hilfsmittel für die Fertigungssteuerung nach dem Pull-Prinzip ist der *Kanban* (japanisch für Zettel). Darunter ist ein – heute vielfach nicht mehr in Papier- sondern in elektronischer Form existierender – Informationsträger zu verstehen, mit dem der Bedarf für eine bestimmte Anzahl (Losgröße) eines bestimmten Teils vom Bedarfsort (Senke) an die vorgelagerte Arbeitsstation (Quelle) übermittelt wird. Als Kanban kann auch der Transportbehälter dienen, wenn die vorgelagerte Arbeitsstation anhand des Behälters erkennen kann, welche Teileart in welcher Menge benötigt wird.[5]

Just-in-Time-Produktion erfordert kurze Rüstzeiten, damit wirtschaftlich in kleinen Losgrößen produziert und die Zeit von der Bedarfsmeldung bis zur Teilelieferung kurz gehalten werden kann. Das in diesem Zusammenhang verfolgte Ziel wird mit der Abkürzung SMED (für *single minute exchange of die*, Werkzeugwechsel im einstelligen Minutenbereich) bezeichnet. Zur Erreichung dieses Ziels müssen die Anlagen entsprechend umrüstfreundlich konstruiert sein und ein möglichst großer Teil des Rüstvorgangs muss in die Vorbereitungsphase verlegt, also bei noch (an dem vorigen Los) arbeitender Maschine durchgeführt werden.[6]

Jidoka bedeutet „intelligente Automatisierung" und wird im Deutschen zum Teil auch als „Autonomation" bezeichnet. Gemeint ist damit, dass Maschinen selbsttätig anhalten, wenn ein defektes Teil produziert worden ist. Zu diesem Ansatz gehören auch Anzeigen, anhand derer von den Mitarbeitern schon von weitem erkennbar ist, wenn eine Maschine gestoppt wurde.[7]

6.1.2 Vermeidung von Verschwendung

Neben diesen beiden Kernelementen ist die **Vermeidung von Verschwendung** ein weiteres zentrales Merkmal des Toyota-Produktionssystems. Sieben Arten der Verschwendung werden unterschieden (siehe Abb. 6.2):

- **Überproduktion:** Es wird mehr an Teilen, Baugruppen und Fertigprodukten hergestellt, als zur Zeit benötigt wird, z. B. wegen schlechter Planung oder um Reserven für Störfälle zu haben.
- **Lagerbestände:** Als Folge der Überproduktion oder wegen mangelnder Synchronisation aufeinander folgender Arbeitsgänge entstehen Bestände an Material, in der Produktion befindlichen oder gar zwischengelagerten Werkstücken und Endprodukten, die Kapital- und Raumkosten verursachen.
- **Mängel:** Fehler im Fertigungsprozess oder am bezogenen Material führen zu Nacharbeit und Ausschuss. Dadurch entstehen Störungen im Prozess und unnötige Kosten.
- **Wartezeiten:** Aufgrund fehlenden Materials, Abwesenheit des Mitarbeiters, Störungen der Maschine oder schlechter Abstimmung des Prozesses können der Mitarbeiter oder

---

[5] Vgl. Dickmann (2015), S. 12–16.
[6] Vgl. Brunner (2017), S. 96 f.
[7] Vgl. Brunner (2017), S. 123 f.

Abb. 6.2 Sieben Arten der
Verschwendung

die Maschine noch nicht mit dem nächsten Prozessschritt beginnen. Wartezeiten verursachen Leerkosten, weil Mensch und Maschine während der Wartezeit Kosten (insb.
Lohn, Abschreibungen, Zinsen, Raumkosten) verursachen, aber keine Wertschöpfung
erbringen.

- **überflüssige Transporte:** Innerbetriebliche Transporte sind fast ausnahmslos überflüssig, weil sie nicht zur Wertschöpfung beitragen und müssen daher minimiert werden.
- **überflüssige Bewegungen:** Hier geht es vor allem um Bewegungen, die der Mitarbeiter
  ausführen muss, z. B. um Werkstücke oder Werkzeuge für den nächsten Prozessschritt
  zu platzieren. Greif- und Laufentfernungen sollten so kurz wie möglich gehalten werden. Ähnliches gilt für maschinelle Verfahrwege von Werkzeugen und Werkstücken.
- **überflüssige Verarbeitung:** Nicht wertschöpfende Prozessschritte sollten möglichst
  eliminiert werden: Dazu gehören z. B. die vorläufige Fixierung eines Teils, das dann
  erst in einem späteren Arbeitsgang endgültig befestigt wird, oder eine unnötige Quali-
  tätsprüfung, die sich auf ein in der Konstruktionszeichnung angegebenes Maß bezieht,
  das aber nicht geprüft zu werden braucht, weil es unkritisch ist.[8]

6.1.3   Kontinuierliche Verbesserung

Das wichtigste Instrument zur Vermeidung von Verschwendung ist der **kontinuierliche
Verbesserungsprozess (KVP)**, im Japanischen auch als *kaizen* bezeichnet. Damit ist
die ständige Verbesserung aller Abläufe im Betrieb gemeint. Dazu werden die im Kapitel „Qualitäts- und Umweltmanagement" beschriebenen Qualitätsmanagementinstrumen-
te eingesetzt. Neben dem Instrumenteneinsatz ist es für den Erfolg des kontinuierlichen
Verbesserungsprozesses entscheidend, die Einstellungen der Mitarbeiter und des Managements dahingehend zu beeinflussen, dass sie nicht nur kurzfristige Problemlösungen, sondern nachhaltige Verbesserungen anstreben.[9] Der entsprechende Ansatz des Total Quality
Management (TQM) wird im selben Kapitel dieses Buches erläutert.

---

[8] Vgl. Neuhaus (2008), S. 18.
[9] Vgl. Brunner (2017), S. 39–56.

Aus den Kernelementen des Toyota-Produktionssystems, „Just-in-Time" und „Jidoka", sowie dem Ansatz zur Vermeidung von Verschwendung lassen sich 14 Managementprinzipien ableiten, die wiederum in vier Kategorien gegliedert werden können:

Kategorie I: Langfristige Philosophie

(1) Machen Sie eine langfristige Philosophie zur Grundlage Ihrer Managemententscheidungen, selbst wenn dies zu Lasten kurzfristiger Gewinnziele geht.

Kategorie II: Der richtige Prozess führt zu den richtigen Ergebnissen

(2) Sorgen Sie für kontinuierlich fließende Prozesse, um Probleme ans Licht zu bringen.
(3) Verwenden Sie Pull-Systeme, um Überproduktion zu vermeiden.
(4) Sorgen Sie für eine ausgeglichene Produktionsauslastung.
(5) Schaffen Sie eine Kultur, die auf Anhieb Qualität erzeugt, statt einer Kultur der ewigen Nachbesserung.
(6) Standardisierte Arbeitsschritte sind die Grundlage für kontinuierliche Verbesserung und die Übertragung von Verantwortung auf die Mitarbeiter.
(7) Nutzen Sie visuelle Kontrollen, damit keine Probleme verborgen bleiben.
(8) Setzen Sie nur zuverlässige, gründlich getestete Technologien ein, die den Menschen und Prozessen dienen.

Kategorie III: Generieren Sie Mehrwert für Ihre Organisation, indem Sie Ihre Mitarbeiter und Geschäftspartner entwickeln

(9) Entwickeln Sie Führungskräfte, die alle Arbeitsabläufe genau kennen und verstehen, die die Unternehmensphilosophie vorleben und sie anderen vermitteln.
(10) Entwickeln Sie herausragende Mitarbeiter und Teams, die der Unternehmensphilosophie folgen.
(11) Respektieren Sie Ihr ausgedehntes Netz an Geschäftspartnern und Zulieferern, indem Sie sie fordern und dabei unterstützen, sich zu verbessern.

Kategorie IV: Die kontinuierliche Lösung der Problemursachen ist der Motor für organisationsweite Lernprozesse

(12) Machen Sie sich selbst ein Bild von der Situation, um sie umfassend zu verstehen.
(13) Treffen Sie Entscheidungen mit Bedacht und nach dem Konsensprinzip. Wägen Sie alle Alternativen sorgfältig ab, aber setzen Sie die getroffene Entscheidung zügig um.
(14) Werden Sie durch unermüdliche Reflexion und kontinuierliche Verbesserung zu einer wahrhaft lernenden Organisation.[10]

---

[10] Vgl. Liker (2016), S. 69–78.

6.2   Produktionsplanung

> Je planmäßiger die Menschen vorgehen, desto wirksamer vermag sie der Zufall zu treffen.
>   Friedrich Dürrenmatt

Gegenstände der Produktionsplanung sind das Produktionsprogramm und der Produktionsablauf.

Produktionsprogrammplanung
Die Produktionsprogrammplanung beantwortet die Frage, was produziert werden soll, und zwar sowohl aus langfristiger als auch aus kurzfristiger Perspektive.

Bei der **langfristigen** Planung geht es zunächst um die Struktur des Produktionsprogrammes: Es ist zu entscheiden, welche Produktarten gefertigt werden sollen. Im nächsten Planungsschritt müssen dann die zur Fertigung der ausgewählten Produktarten einzusetzenden Produktionsverfahren bestimmt werden. Zu diesem Planungsschritt gehört auch die Festlegung der Fertigungstiefe, also die Antwort auf die Frage, welche Teile und Baugruppen selbst gefertigt und welche von Lieferanten bezogen werden sollen. Aus den gewählten Produktionsverfahren und dem Mengengerüst wird schließlich der Bedarf an Betriebsmitteln und Mitarbeitern abgeleitet.[11]

Was Gegenstand der **kurzfristigen** Produktionsprogrammplanung ist, hängt davon ab, ob das Unternehmen auftragsbezogen oder für den anonymen Markt fertigt. Im ersten Fall ist zum Zeitpunkt der Fertigung schon bekannt, welcher Kunde das Produkt abnehmen wird. Im Rahmen der Programmplanung ist hier zu entscheiden, ob der Auftrag angenommen werden soll. Das Entscheidungskriterium dafür ist allgemein der Deckungsbeitrag: Nur Aufträge mit positivem Deckungsbeitrag werden angenommen. Wenn aus Kapazitätsgründen nicht alle Aufträge angenommen werden können, sind die mit den höchsten Deckungsbeiträgen pro Kapazitätseinheit (z. B. Maschinenstunde) auszuwählen. In Sonderfällen kommt auch die Annahme von Aufträgen mit negativen Deckungsbeiträgen in Frage, z. B. wenn ein neuer Kunde gewonnen werden soll, von dem man weitere Aufträge, dann mit positiven Deckungsbeiträgen, erwartet.[12]

Im Fall der Fertigung für den anonymen Markt wird der Kunde aus dem Fertigerzeugnislager beliefert. Im Rahmen der Produktionsprogrammplanung ist zu entscheiden, welche Mengen je Produktart gefertigt werden sollen. Grundlage dafür sind die Bestände im Fertigerzeugnislager und die Absatzprognosen.[13]

Produktionsablaufplanung
Die Produktionsablaufplanung beantwortet die Frage, wie und wann das kurzfristig geplante Produktionsprogramm gefertigt werden soll. Dazu gehören bei Werkstattfertigung folgende Planungsschritte:

---

[11] Vgl. Wöhe/Döring/Brösel (2016), S. 311 f.
[12] Vgl. Wöhe/Döring/Brösel (2016), S. 313–317.
[13] Vgl. Schuh/Brosze/Brandenburg (2012), S. 181–186.

- Losgrößenplanung
- Durchlaufterminierung
- Kapazitätsabgleich
- Maschinenbelegungsplanung.

Die **Losgröße** ist die Stückzahl an Produkten einer Art, die in einem Durchlauf, also ohne zwischenzeitliche Umrüstung der Produktionsanlagen, gefertigt werden. Bei ihrer Festlegung steckt der Planer in einem Dilemma, weil zwar einerseits die Kosten des Loswechsels (insb. der Umrüstung der Produktionsanlagen) auf die gesamte Periode (z. B. ein Jahr) bezogen umso geringer sind, je weniger Loswechsel stattfinden, was für hohe Losgrößen spricht. Andererseits führen große Lose bei Annahme konstanter Absatzgeschwindigkeit zu hohen Lagerbeständen, weil das einzelne Produkt im Durchschnitt länger im Fertigerzeugnislager liegt, bis es verkauft worden ist. Es ist daher die optimale Losgröße zu suchen, bei der die Summe aus (perioden- oder stückbezogenen) losfixen (insb. Rüstkosten) und losgrößenproportionalen Kosten (insb. Lagerkosten) ein Minimum annimmt (siehe Abb. 6.3).

Sie kann mit folgender Formel berechnet werden:

$$m_{opt} = \sqrt{\frac{2 \cdot B \cdot k_R}{q}} \tag{6.1}$$

mit:

m_{opt} optimale Losgröße
B   Periodenbedarf
k_R Kosten pro Loswechsel
q   Lagerkosten pro Stück und Periode

Diese rechnerische Losgrößenoptimierung hat wenig praktische Bedeutung, weil sie an Voraussetzungen geknüpft ist, die in der Praxis nicht erfüllt sind. Dies sind insbesondere

Abb. 6.3 Optimale Losgröße

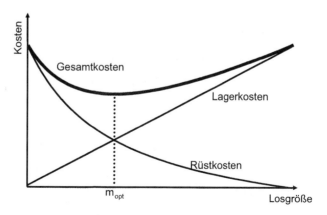

eine konstante Absatzgeschwindigkeit und eine unendliche Produktionsgeschwindigkeit. Es gibt jedoch Erweiterungen des Optimierungsmodells, die diese Voraussetzungen nicht erfordern. Ein weiteres Anwendungsproblem ist die Unsicherheit der Prognose des Periodenbedarfs. So gibt es für einen Automobilzulieferer das Risiko einer vom Automobilhersteller durchgeführten Konstruktionsänderung, die dazu führt, dass noch im Lager liegende Teile alter Spezifikation nachgearbeitet oder gar verschrottet werden müssen. Zudem fordern viele Absatzmärkte zunehmend kundenspezifische Varianten, die nur noch bedingt gemeinsam in einem Los gefertigt werden können.[14]

Die **Durchlaufterminierung** hat die Festlegung von Start- und Endterminen je Arbeitsgang zum Gegenstand. Ähnlich wie bei der Projektterminplanung können die Arbeitsgänge vorwärts, also ausgehend vom Starttermin, oder rückwärts, also ausgehend vom gewünschten bzw. dem Kunden zugesagten Lieferzeitpunkt terminiert werden. Eine Planungsunsicherheit ergibt sich aus dem Umstand, dass Durchlaufzeiten zu planen sind, die neben den im Zuge der Arbeitsplanung relativ genau zu ermittelnden Bearbeitungszeiten auch Kontroll-, Rüst-, Transport- und Wartezeiten beinhalten. In die Durchlaufterminierung muss je Arbeitsgang die Zeit eingehen, die zwischen dem Abschluss des vorigen und dem des betrachteten Arbeitsgangs liegt. Vor allem die Wartezeit schwankt sehr stark, weil sie von der Belastung der Kapazitäten der einzelnen Maschinengruppen und damit vom jeweiligen Produktionsprogramm abhängt. Aus Gründen der Komplexitätsreduktion werden bei der Durchlaufterminierung im Allgemeinen die Kapazitäten der Maschinengruppen nicht beachtet. Daher ist im nächsten Schritt der Produktionsablaufplanung ein Kapazitätsabgleich erforderlich.[15]

Der **Kapazitätsabgleich** dient dazu, Über- und Unterauslastungen der einzelnen Maschinengruppen zu reduzieren. Dass die üblicherweise in Fertigungsminuten ausgedrückte Belastung einer Maschinengruppe in einer Planungszeiteinheit – dies ist in der Regel der Betriebskalendertag, in einigen Fällen auch die Betriebskalenderwoche – nicht ihrer Kapazität entspricht, liegt daran, dass diese bei der Durchlaufterminierung üblicherweise nicht berücksichtigt wird. Grundsätzlich kann zum Kapazitätsabgleich entweder die Kapazität oder die Belastung angepasst werden.[16]

Die wichtigsten Maßnahmen zum Kapazitätsabgleich sind:

- **Kapazitätsanpassung:**
  - Kapazitätserhöhung (Überstunden, Zusatzschichten, Personalverlagerung, Personaleinstellung, Investitionen),
  - Kapazitätsverminderung (Kurzarbeit, Schichtabbau, Personalverlagerung, Personalabbau, Stilllegungen).

---

[14] Zur Losgrößenplanung vgl. Wöhe/Döring/Brösel (2016), S. 335 f.
[15] Vgl. Wöhe/Döring/Brösel (2016), S. 339–341; Wiendahl (2014), S. 323–325.
[16] Wiendahl (2014), S. 325–327.

- **Belastungsanpassung:**
  - Belastungserhöhung (Terminverlagerung, Ausweichen, Zusatzaufträge, Instandhaltung),
  - Belastungsverminderung (Terminverlagerung, Ausweichen, Fremdvergabe).

Bei der **Maschinenbelegungsplanung** wird festgelegt, auf welchen Maschinen die einzelnen Arbeitsgänge ausgeführt werden, sofern es hier überhaupt Alternativen, wie mehrere funktionsgleiche Maschinen, gibt. Für jede einzelne Maschine muss dann die Reihenfolge bestimmt werden, in der die ihr zugeordneten Aufträge bearbeitet werden sollen.[17]

Bei Fließbandfertigung stellen sich die vorstehend genannten, bei der Werkstattfertigung über die beschriebenen Schritte der Produktionsablaufplanung zu lösenden Probleme nicht. Stattdessen ist hier über den **Fließbandabgleich** der Produktionsablauf langfristig zu planen. Dabei werden die Taktzeit und die Anzahl der Arbeitsstationen festgelegt.[18]

Unter dem Schlagwort „**digitale Fabrik**" wird eine Vielzahl von Ansätzen diskutiert, die sowohl die Simulation und Visualisierung der Abläufe in der Produktion als auch das Datenmanagement entlang des gesamten Produktlebenszyklus umfassen.[19] Diese Ansätze haben weitreichende Auswirkungen auf die industrielle Produktion. Davon sind sowohl technische (z. B. graphische 3D-Simulation der Bewegung von Werkstücken und Betriebsmitteln) als auch betriebswirtschaftliche Aspekte des Produktionsablaufs betroffen.

Zu den betriebswirtschaftliche Aspekten der digitalen Fabrik zählen z. B. die Verbesserung der Bedarfsplanung durch Auswertung von Daten aus der gesamten Wertschöpfungskette und die Reduzierung von Lagerbeständen ohne Verschlechterung der Lieferfähigkeit durch eine höhere Prognosegenauigkeit.[20] Im Idealfall lässt sich eine Losgröße von 1 realisieren.[21]

6.3 Industrie 4.0

Der Begriff „**Industrie 4.0**" wurde im Wesentlichen durch eine so bezeichnete Initiative der deutschen Bundesregierung sowie eine Arbeitsgruppe der Branchenverbände Bitkom, VDMA und ZVEI mit dem Namen „Plattform Industrie 4.0" geprägt. Die Zahl „4" soll andeuten, dass nach der ersten (mit Dampf- und Wasserkraft betriebene, mechanische Produktionsanlagen), zweiten (elektrisch betriebene Systeme zur Massenproduktion, Fließband) und dritten (Automatisierung durch Einsatz von Elektronik und Informationstechnologie) nun die vierte Revolution stattfindet.[22]

---

[17] Vgl. Wöhe/Döring/Brösel (2016), S. 341–344.
[18] Vgl. Wöhe/Döring/Brösel (2016), S. 344 f.
[19] Vgl. Dombrowski et al. (2017), S. 170 f.
[20] Vgl. Nyhuis et al. (2017), S. 35–38 u. S. 42 f.
[21] Vgl. Nyhuis et al. (2017), S. 45 f.
[22] Vgl. BMBF (2013), S. 17 f.

Kernelement des Konzepts ist die **intelligente Fabrik (smart factory)**: Maschinen, Lagersysteme und Betriebsmittel tauschen eigenständig Informationen aus, starten Aktionen und steuern sich gegenseitig. Intelligente Produkte sind eindeutig identifizierbar, jederzeit lokalisierbar und kennen ihre Historie, ihren aktuellen Zustand sowie alternative Wege zum Zielzustand. Die eingebetteten Produktionssysteme sind vertikal mit betriebsinternen Prozessen vernetzt und horizontal zu verteilten, in Echtzeit steuerbaren Wertschöpfungsnetzwerken verknüpft.[23] Die intelligente Fabrik ist ein Anwendungsbereich der Cyber-Physical Systems (CPS), zu denen z. B. auch intelligente Stromnetze (smart grid) oder die Vernetzung von Komponenten im Privathaushalt (smart home) zählen.

Cyber-Physical Systems lassen sich auf der Basis des sog. „Internet der Dinge"[24] realisieren: Die relevanten Objekte im Produktionsbereich, vor allem Maschinen, Werkzeuge und Material können durch immer kostengünstiger werdende Sensoren Informationen bereitstellen sowie durch Informations- und Kommunikationssysteme miteinander und mit anderen Systemen vernetzt werden.[25] Intelligente Produkte können auch noch mit Systemen des Herstellers vernetzt sein, wenn sie sich bereits beim Kunden befinden, z. B. zur Unterstützung der Instandhaltung.[26]

Bei der Gestaltung von Standards und Anwendungen für die Industrie 4.0 spielen neben der Standardisierung vor allem Sicherheitsaspekte eine wichtige Rolle.[27]

6.4   Charakteristika der Globalisierung

Als Globalisierung wird der Prozess der Internationalisierung von Absatz- und Beschaffungsmärkten und des Zusammenwachsens der Weltwirtschaft bezeichnet.[28] Fernhandel ist aber kein neuzeitliches Phänomen, sondern bereits zu prähistorischen Zeiten belegt. Alte historische Handelsverbindungen waren:

- die Seidenstraße (Verbindung Asiens mit der Levante),
- die Hanse (Ostseehandel),
- die Levante (Handel im östlichen Mittelmeerraum und dem Orient),
- „*Carrera da India*" (Portugiesische Seeroute nach Indien ums Kap der Guten Hoffnung),

---

[23] Vgl. BMBF (2015), S. 2; BMBF (2013), S. 23 f.
[24] Vgl. Hänisch (2017), S. 12–14.
[25] Plattform Industrie (2017a), S. 7–11.
[26] Vgl. Weyer et al. (2017), S. 704 f.
[27] Vgl. Eckert (2017), S. 114–116; Plattform Industrie (2017b), S. 1 f.
[28] Definition nach Rürup/Ranscht, in: Abele et al. (2006), S. 374; Meier (2004), S. 45.

- die Handelsgesellschaften europäischer Seemächte:
  - „*The British East-India Company*" (GB),
  - „*De Vereenigde Oostindische Compagnie*" (NL),
  - „*Compagnie des Isles de l'Amérique*" (F).[29]

Bereits vor dem Ersten Weltkrieg gab es eine erste Welle der Globalisierung. Handel wurde begünstigt durch den Goldstandard, über den die Wechselkurse der wichtigsten Währungen über Jahrzehnte unverändert blieben. Die frühen Industrienationen England, USA und Deutschland erreichten zweistellige Exportquoten, die bis in die 1970er Jahre nicht wieder erreicht wurden.[30]

Die Schrecken der Weltkriege ließen die Nationen nach 1945 wieder eine engere Kooperation anstreben. Mithilfe des Marshallplans wurde Westeuropa gestärkt und durch die GATT-Abkommen (*General Agreement on Tariffs and Trade*) Handelshemmnisse zwischen den Mitgliedsstaaten schrittweise abgebaut. Die 1995 gegründete Nachfolgeorganisation WTO (*World Trade Organisation*) repräsentiert 130 Mitglieder und mehr als 90 % des Welthandels.[31]

Staaten aus verschiedenen Weltregionen haben sich zusammengeschlossen:

- Die EU ist eine Wirtschaftsunion mit gemeinsamen Märkten für Güter, Dienstleistungen, Kapital und Menschen. Mit dem Euro wurde seit dem 01.01.2002 eine Gemeinschaftswährung geschaffen.
- Die Freihandelszone NAFTA (*North American Free Trade Agreement*) verbindet die USA, Kanada und Mexiko.
- In der ASEAN (*Association of Southeast Asian Nations*) kooperieren zehn Staaten, darunter Indonesien, Malaysia, die Philippinen, Thailand und Vietnam.
- Auch die MERCOSUR-Staaten (*Mercado Común en el America del Sur*) Argentinien, Brasilien, Paraguay, Uruguay und Venezuela streben eine Zollunion an.[32]

Rund ein Viertel des Welthandelsvolumens wird statistisch durch den internen Handel zwischen Geschäftseinheiten multinationaler Unternehmen erzeugt, beeinflusst also die internationalen Märkte nicht. Die Anzahl international tätiger Unternehmen beträgt rund 82.000 mit 890.000 Tochtergesellschaften. Diese Firmen tätigen jährlich ausländische Direktinvestitionen im Wert von über einer Billion Dollar, also in einer Größenordnung von knapp einem Zehntel des jährlichen Handelsvolumens. Rund die Hälfte der Gesamtsumme wird durch die größten multinationalen Unternehmen investiert.[33]

Globalisierung kann auf verschiedenen Ebenen beschrieben und gemessen werden, nämlich für ganze Volkswirtschaften, bestimmte Branchen und einzelne Unternehmen. Im

---

[29] Vgl. Blom (2004), S. 1–2.
[30] Vgl. Przywara (2006), S. 145.
[31] Quelle: www.wto.org.
[32] Vgl. Blom (2004), S. 7 f.
[33] Quelle: UNCTAD (2013), S. ix.

Folgenden werden messbaren Kennzeichen der Globalisierung auf volkswirtschaftlicher und Unternehmensebene dargestellt.

6.4.1   Volkswirtschaftliche Merkmale der Globalisierung

Globalisierung bewirkt für Volkswirtschaften folgende Haupttrends:

- wachsender internationaler Austausch (Güter, Kapital, Personal, Technik),
- verstärkte Mobilität weltweiter Produktionsfaktoren (*global sourcing*),
- sich annähernde Kulturen, weltweit ähnliches Konsumentenverhalten,
- engere Zusammenarbeit von Volkswirtschaften, geringerer staatlicher Einfluss.

Gewinner dieser Prozesse sind:

- aufstrebende Volkswirtschaften, die Wachstumschancen durch Know-how- und Technologietransfer erhalten, z. B. China, Indien, Mexiko, Vietnam, Uganda (jährliches BIP-Wachstum größer als 5 % seit den 1990er Jahren). Es profitieren allerdings meist nicht alle Volksschichten gleichermaßen vom Wachstum, sondern vornehmlich die ohnehin Besitzenden;
- Exportnationen wie Deutschland, die Kapital in die Wachstumsmärkte transferieren.

Zu Verlierern werden:

- Drittweltländer, die dem wirtschaftlichen Druck nicht gewachsen sind, insbesondere wenn sie große soziale Probleme haben,
- volkswirtschaftliche Sektoren in Hochlohnländern, die auf einfach nachzuahmenden Techniken beruhen.

Regierungen verlieren mehr und mehr an Einfluss auf multinationale Unternehmen. Sie können sich in einer komplexeren Welt bestenfalls auf gemeinsame Rahmenbedingungen verständigen.[34]

Volkswirtschaftliche Kennzahlen der Globalisierung
Durch Kennzahlen wird der Grad bzw. die Geschwindigkeit der Globalisierung ausgedrückt. Indikatoren des Grades der Globalisierung sind beispielsweise:

---

[34] Vgl. Meier (2004), S. 36–37; Abele et al. (2006), S. 380 f.; Perkins (2007), S. 25. In einigen Drittweltländern gehört 1 % der Bevölkerung zwischen 70 und 90 % des Landeseigentums und der Immobilien. Auch in hochentwickelten Ländern wie den USA hat sich die soziale Schere mehr und mehr geöffnet.

- Export- und Importquote (Export bzw. Import durch Bruttoinlandsprodukt BIP),
- Anteil der ausländischen Direktinvestitionen (FDI) an den Gesamtinvestitionen,
- Auslandsanteil am Eigenkapital nationaler Gesellschaften,
- Anteil ausländischer Arbeitnehmer an den Gesamtarbeitskräften.

Die Dynamik des Globalisierungsprozesses wird beschrieben durch mehrjährige Vergleiche dieser Indikatoren.[35]

Einige Schlüsseldaten sind in Tab. 6.1 zusammengestellt. Besonders auffällig ist, dass der tägliche Kapitalumschlag auf den Weltmärkten ca. 15-mal so hoch wie der Wert der insgesamt erzeugten Güter. Es wird ebenfalls deutlich, dass die Wachstumsraten des internationalen Handels diejenigen einzelner Volkswirtschaften um ein Vielfaches übertroffen haben.

Erhellend ist auch ein Vergleich der führenden Exportländer (Abb. 6.4). So zeigt sich, dass Deutschland in absoluten Werten knapp hinter den USA und China liegt (linke Balken), also nicht mehr Exportweltmeister ist, aber doch ganz nahe dran.

In einer Pro-Kopf-Betrachtung (rechte Balken) ergibt sich jedoch ein völlig anderes Bild: Etliche Nationen, darunter auch einige europäische, haben weitaus höhere Exportvolumina zu verzeichnen als die großen drei, sind also eigentlich stärker weltwirtschaftlich verflochten bzw. abhängig.

Tab. 6.1 Kennzahlen der Globalisierung

Kennwert	Aktueller Wert	CAGR
Umsatz auf weltweiten Kapitalmärkten pro Tag [1]	4,0 Billionen USD	13%
Weltweite Produktion (BIP pro Tag) [2]	0,174 Billionen USD	3,1%
Weltweite ausländische Direktinvestitionen p. a. [2]	1,4 Billionen USD	10%
Export-/Importquote (weltweiter Durchschnitt) [2]	29%	4,5%
Anteil ausländischer Arbeitnehmer (Durchschnitt) [3]	5%	k.A.

CAGR (*compound annual growth rate*): langjähriges Durchschnittswachstum.
Quellen: [1] Bank for International Settlements (2010): Triennial Central Bank Survey. Wachstum 2001 bis 2010. Von http://www.bis.org/press/p101201.htm [14.08.13].
[2] Daten für 2010, Wachstum 1980 bis 2010. Weltbank (2013): World. Von http://data.worldbank.org/ [14.08.13].
[3] 7 % in der EU nach EUROSTAT-Daten für 2012. Von http://epp.eurostat.ec.europa.eu/statistics_explained/index.php/Labour_market_and_labour_force_statistics [14.08.13].
Die USA haben einen Anteil von 20 % der weltweiten Migration. Das entspricht in Summe weniger als 5 % der Weltbevölkerung. Von http://www.migrationinforma-tion.org/USfocus/display.cfm?id=931 [14.08.13].

---

[35] Nach Rürup/Ranscht, in: Abele et al. (2006), S. 374; Meier (2004), S. 45.

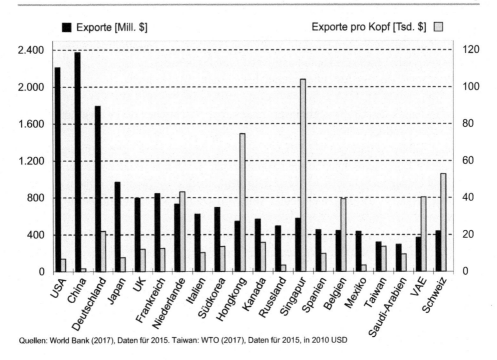

Quellen: World Bank (2017), Daten für 2015. Taiwan: WTO (2017), Daten für 2015, in 2010 USD

Abb. 6.4 Exporte von Gütern und Dienstleistungen (absolut und pro Kopf)

6.4.2   Unternehmensmerkmale der Globalisierung

Unternehmen können an die ganze Welt verkaufen, und sie können sich aus den Ressourcen der ganzen Welt bedienen. Das bedeutet, sie können

- ihre Wertschöpfungskette global aufteilen,
- ihre Kernkompetenzen weltweit nutzen (*global sourcing*),
- die Kernkompetenzen weltweiter Partner nutzen (*global outsourcing*).

Global tätige Firmen haben einen enormen Kapitalbedarf, um ihren weltweiten Aufgaben gerecht werden zu können. Daher konzentrieren sie sich auf Wesentliches, insbesondere ihre Kernkompetenzen, und sind auf Zusammenarbeit mit anderen Firmen angewiesen. So entstehen Kooperationsformen wie Netzwerke und virtuelle Unternehmen. Viele Firmen werden dabei trotz der immer umfassenderen Marktaktivitäten schlanker (sog. globale Paradoxie). Dem Trend zur Verschlankung entgegen laufen strategische Allianzen und vor allem Firmenfusionen.

Durch die Globalisierung gewinnen:

- Kapitaleigner, Investoren, qualifizierte Arbeitnehmer (Spezialisten),
- Konsumenten infolge des verstärkten Preiswettkampfs.

Tab. 6.2 Schwellenmärkte im Vergleich zu den USA im Jahr 1999. (Quelle: Harvard Business Manager 1/1999, S. 47.)

Marktvolumen p. a.		China	Indien	Brasilien	USA
TV-Geräte	(Mio.)	13,6	5,2	7,8	23,0
Waschmittel	(kg/Person)	2,5	2,7	7,3	14,4
	(Mio. t)	3,5	2,3	1,1	3,9
Shampoo	(Mill. USD)	1,0	0,8	1,0	1,5
Arzneimittel	(Mill. USD)	5,0	2,8	8,0	60,6
Kraftfahrzeuge	(Mio.)	1,6	0,7	2,1	15,5
Energiverbrauch	(MWh)	236.542	81.736	59.950	810.964

Globalisierungsverlierer sind:

- wenig flexible Unternehmen und Investoren,
- gering qualifizierte Arbeitnehmer.[36]

Da die Außengrenzen der Unternehmungen sich ständig verändern, werden Prozesse wichtiger als feste Strukturen. Internationale Projektteams erhalten daher größere Handlungsspielräume.

Um die sich aus der Globalisierung ergebenden Chancen für Unternehmen zu verstehen, ist ein Blick auf die riesigen neuen potenziellen Absatzmärkte hilfreich (Tab. 6.2). Die Daten belegen, dass schon 1999, erst recht also heute, die oft unterschätzten Konsumgütermärkte von Schwellenländern im Volumen durchaus mit denen führender Industrienationen vergleichbar sind.

6.5 Internationalisierung

Tätigkeiten auf internationalen Absatz- und Beschaffungsmärkten gehören heute zum Alltag nicht nur von Großunternehmen. Auch Mittelständler stellen sich den geänderten weltweiten Rahmenbedingungen und nutzen sich bietende Chancen beherzt. Die privatwirtschaftlich entwickelten Methoden des Unternehmensmanagements werden auch von Non-Profit-Organisationen (z. B. UN, Entwicklungshilfe) und staatlichen Einheiten (Behörden, Militär, Polizei) angewandt.

---

[36] Darstellung nach Meier (2004), S. 36; Abele et al. (2006), S. 381–382.

Kennzeichen der internationalen Tätigkeit dieser Gruppen sind:

- strukturelle Merkmale:
  - geschäftliche Aktivitäten in mehreren Ländern,
  - internationale Streuung des Eigentums,
  - internationales Top-Management,
  - Organisationsstruktur;
- Leistungsmerkmale:
  - Gewinn, Umsatz, Vermögenswerte,
  - Mitarbeiterauswahl;
- verhaltenspsychologische Merkmale einzelner Mitarbeiter (insb. Top-Management),
- erreichte Stufe im Globalisierungsprozess.

In diesem Abschnitt soll zunächst kurz besprochen werden, warum Globalisierung überhaupt stattfindet, d. h. welche Vorteile einzelne Akteure, insb. Unternehmen, davon haben. Es folgt eine Beschreibung möglicher Wege eines Unternehmens in die internationale Tätigkeit (*„going international"*) und des dauerhaften Verbleibs in derselben (*„being international"*).

6.5.1 Theorien der Globalisierung

Bereits der große Nationalökonom *Adam Smith* erkannte, dass es für Privatleute wie Unternehmen wie ganze Staaten vorteilhaft sei, sich zu spezialisieren und dann Güter auszutauschen. *David Ricardo* entwickelte daraus das Prinzip des **komparativen Konkurrenzvorteils**. Es besagt, dass Spezialisierung und Handel zu Vorteilen für alle Beteiligten führen, sogar für solche, die absolut betrachtet überhaupt nichts besser können als ihre Handelspartner.[37]

Beispiel

Der komparative Konkurrenzvorteil lässt sich an einem einfachen Beispiel verdeutlichen. Nehmen wir an, ein deutscher Fußballnationalspieler könnte seinen Rasen in einer Stunde mähen. In dieser Stunde könnte er aber auch einen Werbeauftritt für 50.000 € absolvieren. Sein nicht ganz so trainierter Schulfreund schafft den Rasen in zwei Stunden. Er ist normalerweise in einem Zeitarbeitsunternehmen für 9,00 € je Stunde tätig.

Obwohl der Nationalspieler den Rasen besser mähen kann als sein Freund, sollte er es nicht selbst tun. Es entgingen ihm sonst die 50.000 € abzüglich des Geldes für den Schulfreund als sog. Opportunitätskosten. Der Freund dagegen müsste mehr als $2 \times 9 € = 18 €$ erhalten, damit sich der Job für ihn lohnt.

---

[37] Vgl. Mankiw/Taylor (2008), S. 53 ff.

Abb. 6.5 Das eklektische Paradigma nach *Dunning*. (Nach Choi (1997), S. 113.)

Darüber hinaus bewirkt Internationalisierung

- potenziell größere Absatzmärkte, dadurch größere Stückzahlen und geringere Stückkosten,
- den möglichen Zugriff auf weltweite natürliche Ressourcen (Rohstoffe) und Knowhow (z. B. indische Programmierer).

Einen analytischen Ansatz für die Durchführung einer ausländischen Direktinvestition durch ein Unternehmen bietet der **eklektische Ansatz nach *Dunning*** (**OLI-Ansatz**). Danach wird eine internationale Aktivität eines Unternehmens immer dann eingeleitet, wenn drei Bedingungen erfüllt werden (Abb. 6.5):

- eigentumsspezifische Vorteile des Unternehmens (*O* = *ownership*),
- Standortvorteile einzelner Länder (*L* = *location*) sowie
- Vorteile durch das „Selbermachen“, statt mit anderen Unternehmen zu kooperieren (*I* = *internalization*).

Beispiel

Ein Beispiel mag das veranschaulichen. Ein mittelständischer Automobilzulieferer ist Entwicklungspartner seines Kunden, eines führenden Automobilherstellers. Der Kunde plant ein neues Werk in China und wünscht sich, dass sein Zulieferer ebenfalls am Standort investiert, um die notwendige Just-in-time-Belieferung zu ermöglichen. Sind die Bedingungen dafür gegeben?

O: Da das Unternehmen Entwicklungspartner ist, hat es gegenüber anderen klare Know-how-Vorteile. → Der Eigentumsvorteil ist vorhanden.

L: Nur am neuen Standort ist die gewünschte Just-in-time-Lieferung machbar. → Der Standortvorteil ist gegeben.

I: Das Unternehmen müsste einen Know-how-Abfluss befürchten, würde es mit chinesischen Partnern kooperieren. → Der Internalisierungsvorteil ist gegeben.

Kritiker am bis heute häufig genutzten eklektischen Ansatz bemerkten, dass gerade im Bereich der Internationalisierung Entscheidungen oft nicht streng rational getroffen würden, wie das von *Dunning* unterstellt wird, sondern dass individuelle Vorlieben und Einschätzungen von Managern einen großen Einfluss haben. **Verhaltenspsychologische Ansätze** versuchen den Gründen solcher Entscheidungen nachzuspüren. Gründe sind beispielsweise:

- persönliche Ziele von Managern,
- Portfolio-Erwägungen,
- persönliche Einschätzungen von Chancen und Risiken.

6.5.2   Organisationskultur internationaler Unternehmen

Edgar Schein definiert Organisationskultur als „die grundlegenden Annahmen und Glaubenssätze, die von Mitgliedern einer Organisation geteilt werden, die dabei unbewusst agieren und auf eine für selbstverständlich gehaltene Art die Wahrnehmung einer Organisation von sich selbst und ihrer Umgebung definieren."[38]

Diese tief verinnerlichten Paradigmen, scheinbar selbstverständliche Annahmen, beruhen auf teils bereits in der Kindheit übernommenen Werten und Normen, die durch spätere Erfahrungen zu Glaubenssätzen werden und bestimmte Verhaltensweisen nach sich ziehen. Unternehmenskultur entsteht durch kollektive Erfahrungen in der Unternehmensgeschichte. Diese werden von Individuen geprägt, die ihrerseits durch landes- bzw. regionsspezifische kulturelle Eigenheiten beeinflusst werden. Organisationskultur manifestiert sich in der Gesamtorganisation, häufig aber auf besondere Weise auch in bestimmten Bereichen einer Organisation. Weil die kulturelle Prägung meist unbewusst und sehr tief erfolgt, sind Veränderungen einer Organisation äußerst schwierig. Veränderungsprozesse müssen im Einklang mit den regionalen bzw. nationalen kulturellen Voraussetzungen durchgeführt werden.

Geert Hofstede hat auf dem Gebiet der Beschreibung nationaler Kulturen Pionierarbeit geleistet. Er entwickelte, ausgehend von 1967 bis 1972 durchgeführten Untersuchungen im Unternehmen IBM, das grundlegende Konzept der Kulturdimensionen, welches in der Folgezeit weiter verfeinert wurde.[39] Es verdankt seine Attraktivität sicherlich der

---

[38] Schein (2004), S. 6.
[39] In Hofstede/Hofstede/Minkov (2010).

Tatsache, dass etwas so schwer Greifbares wie Kultur, die Hofstede als „die kollektive Programmierung des Denkens" bezeichnet, in quantifizierbare Größen (Werte von 0 bis 100) überführt wird. Für mittlerweile 90 Länder sind die aus sehr vielen jahrelangen Untersuchungen zusammengetragenen Werte zudem frei auf Hofstedes Internetpräsenz verfügbar. [40] Die dort verwendeten Kulturdimensionen sind:

- Machtdistanz (Power Distance Index – PDI): Sie gibt an, inwieweit weniger mächtige Individuen eine ungleiche Verteilung von Macht akzeptieren und erwarten. Hohe Machtdistanz steht für ungleiche Verteilung von Macht.
- Individualismus und Kollektivismus (Individualism versus Collectivism – IDV): Hoher IDV-Index bedeutet Betonung individueller Rechte wie Selbstbestimmung, Ich-Erfahrung und Eigenverantwortung sind wichtig. In einer kollektivistischen Kultur muss sich das Individuum einfügen. Das Wir-Gefühl ist stärker ausgeprägt.
- Maskulinität versus Femininität (Masculinity versus Femininity – MAS): Hofstede bezeichnet Fürsorglichkeit, Kooperation und Bescheidenheit als feminine, Konkurrenzbereitschaft und Selbstbewusstsein als maskuline Werte. Die Bezeichnungen machen diese Dimension im Gender-Kontext besonders umstritten.
- Ungewissheitsvermeidung (Uncertainty Avoidance Index – UAI): Kulturen mit einem hohen UAI gehen ungern mit unvorhergesehenen Situationen um. Sie zeichnen sich durch viele festgeschriebene Gesetze, Richtlinien, Sicherheitsmaßnahmen aus. Kulturen, die Unsicherheit akzeptieren, sind tolerant, haben wenige Regeln, die im Zweifelsfall auch veränderbar sind. Die Mitglieder sind gleichmütiger, eher phlegmatisch.
- Lang- oder kurzfristige Ausrichtung (Long-Term Orientation – LTO): Langfristige Ausrichtung zeigt sich in Sparsamkeit, Beharrlichkeit, kurzfristige Ausrichtung in Flexibilität und Egoismus.
- Nachgiebigkeit und Beherrschung (Indulgence versus Restraint – IVR): Diese Dimension beschreibt das Erreichen von Glück durch die Wahrnehmung von Kontrolle über das eigene Leben und die Wichtigkeit von Freizeit und Muße.

Das Modell wurde von anderen Forschern aufgegriffen und mit teilweise veränderten Kulturdimensionen vorgestellt, beispielweise von Trompenaars und Hampden-Turner, die insbesondere die problematische Konnotation männlich/weiblich vermeiden, an der Hofstede bis heute festhält.[41]

Einen ebenfalls quantifizierbaren Ansatz entwickelte *Richard D. Lewis* in den frühen 1990er Jahren. Verhaltensbasiert unterscheidet er drei Basistypen:

---

[40] https://geert-hofstede.com/national-culture.html.

[41] Siehe Trompenaars, F.; Hampden-Turner, C. (2012). Die ersten fünf Dimensionen beziehen sich auf Beziehungen zwischen Menschen. Sie lauten: „Universalismus" vs. „Partikularismus" (Was ist wichtiger – Regeln oder Beziehungen?), „Neutralität" vs. „Emotionalität" (Zeigen wir unsere Emotionen?), „Individualismus" vs. „Kollektivismus" (Funktionieren wir in einer Gruppe oder als Individuum?), „Spezifität" vs. „Diffusität" (Wie stark nehmen wir am öffentlichen Leben teil?), „Leistung" vs. „Herkunft" (Müssen wir uns einen Status erarbeiten oder ist uns dieser mitgegeben?).

- Linear-aktive Kultur: Menschen einer linearen Kultur sind gut organisierte Planer, die Aufgaben effektiv und konzentriert angehen. Sie sind realistisch, verantwortungsbewusst, verlässlich und dementsprechend pünktlich. Sie bevorzugen eine überlegte, gut strukturierte Kommunikation, orientieren sich an Daten und Fakten und mögen klare Aussagen. Ein als gut empfundenes Gespräch hat einen hohen Informationsgehalt. Ihre Entscheidungen erfolgen möglichst sachlich.
- Multiaktive Kultur: Menschen einer multiaktiven Kultur sind sehr beziehungsorientiert, aufgeschlossen und redselig. Mimik und Gestik sind ausgeprägt. Sie arbeiten flexibel und kreativ, mögen aber keine strengen Zeit- und Sachvorgaben. Sie wirken oft chaotisch, weil sie stets viele Dinge gleichzeitig tun und häufig unpünktlich sind. Sie reagieren schnell ungeduldig und emotional. Probleme lösen sie beziehungsorientiert und nutzen dabei gerne ihre Kontakte.
- Reaktive Kultur: Menschen einer reaktiven Kultur sind höflich und zurückhaltend. Sie sind sehr konzentriert und zeigen ihren Respekt für ihr Gegenüber durch Schweigen und Zuhören. Konfrontationen werden vermieden, Formulierungen erfolgen dementsprechend vorsichtig. Unmut und Verärgerung wird, wenn überhaupt, nur indirekt gezeigt.

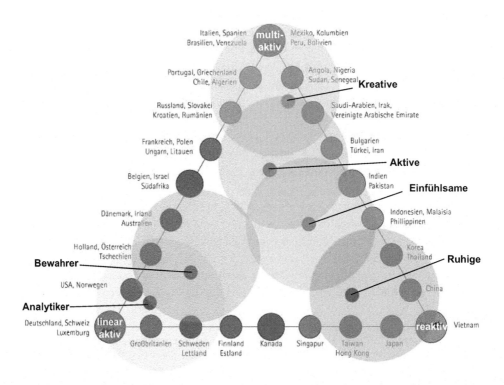

Abb. 6.6 Erweitertes Kulturmodell nach *Lewis*. (Nach Lewis (1996), S. 42, erweitert gemäß http://www.avogadrobf.de/Avogadro/Interkulturelles_Verstaendnis_44.html.)

Die Kulturtypen sind in bestimmten Ländern bevorzugt anzutreffen (Abb. 6.6), jedoch auch in diesen selten in Reinform. Jedes Land hat auch Verhaltensanteile der anderen Kategorien. Es geht also eher um die dominante Form des Verhaltens.

Viele Individuen weichen in ihrem Verhalten erheblich von der nationalen Norm ab. Auch in multiaktiven oder reaktiven Kulturen haben beispielsweise Ingenieure eine Tendenz zu linearem Verhalten. Einzelne Menschen mit bestimmten Eigenschaften können im Kulturmodell nach Lewis verortet werden, wie die Abbildung anhand von Archetypen zeigt. Die individuellen Verhaltensausprägungen werden grafisch als Punkte innerhalb des Dreiecks dargestellt. Damit kann das Lewis-Modell gut als Hilfsmittel zur gezielten Personalauswahl in unterschiedlichen Ländern bzw. für bestimmte Anforderungsprofile genutzt werden.

6.5.3 „Going international"

International tätig zu werden („*going international*") kann Unternehmen eine Vielzahl von Vorteilen bringen. Zu den Hauptbeweggründen für einen Gang ins Ausland zählen:

- Marktmotivation:
  - Wachstum trotz gesättigter Heimatmärkte (z. B. China als Absatzmarkt),
  - Zugang zu schneller wachsenden und profitableren Märkten (z. B. USA, Asien),
  - Zugang zu geschützten Märkten (z. B. Umgehung hoher Importsteuern auf Reifen in Russland),
  - dem Großkunden folgen (z. B. als Automobilzulieferer);
- Kostenmotivation:
  - günstiger Zugang zu Rohstoffen (z. B. zu Kraftwerken nahe Kohlevorkommen),
  - Zugang zu günstigen Arbeitskräften (z. B. Fertigung in Osteuropa);
- andere Gründe:
  - Know-how-Gewinnung (z. B. Pharmaforschung in der Nähe führender US-Kliniken),
  - hohe Verfügbarkeit von Arbeitskräften (z. B. IT-Verlagerung nach Indien),
  - Unabhängigkeit von Währungsschwankungen (z. B. Fertigung im Dollarraum),
  - Unabhängigkeit von lokalen wirtschaftlichen Entwicklungen (z. B. weltweiter Verkauf),
  - Risikostreuung durch internationale Balance (z. B. Fertigung an mehreren Standorten),
  - logistische Aspekte (z. B. Aufbau eines Produktionsnetzwerkes).

Vorgehensweisen der internationalen Expansion
Um international zu expandieren, gibt es einerseits die Option eines simultanen Eintritts in möglichst viele Märkte (Sprinkler-Strategie), andererseits die des vorsichtigen Herantastens bzw. sukzessiven Vorgehens (Wasserfall-Strategie).

Die **Sprinkler-Strategie** erfordert einen massiven Einsatz von Mitteln und ist daher sehr risikoreich. Sie sollte nur dann eingesetzt werden, wenn der Lebenszyklus des Produkts sehr kurz ist, Größenvorteile aus einer Massenfertigung erwartet werden können oder **Vorsprungsgewinne** bei einer echten Innovation winken (vgl. dazu Abschn. 2.3.1). Die Sprinkler-Strategie ist besonders geeignet für Firmen, die ihre Waren zentral produzieren und exportieren.

Die **Wasserfall-Strategie** eignet sich bei begrenztem Budget und ist mit geringeren Risiken verbunden. Mehrere Maßnahmen werden länder- bzw. regionsspezifisch geplant und nach und nach umgesetzt. Gerade wenn es sich um größere Vorhaben verbunden mit erforderlichen Direktinvestitionen handelt, kommt die Wasserfall-Strategie zum Einsatz, also beispielsweise beim Aufbau weltweiter Produktionsstätten im Maschinenbau.[42]

Erschließung internationaler Absatzmärkte

Auch was die Erschließung von Märkten betrifft, gibt es unterschiedliche Abstufungen des Risikos bzw. Mitteleinsatzes. Unternehmen müssen sich zunächst entscheiden, ob sie sich als erste in neue Märkte vorwagen (**Pionierstrategie**) oder erst einmal andere vorschicken (**Verfolgerstrategie**). Aber auch für die Umsetzung selbst gibt es eine breite Palette an Möglichkeiten, wie Abb. 6.7 zeigt.

Im Regelfall steigen mit höherem Risiko auch die Gewinnchancen des Unternehmens. Ein Franchisegeber hat zwar nur sehr geringe Risiken zu tragen, überlässt aber einen Großteil der möglichen Gewinne den Franchisenehmern. Bei strategischen Kooperatio-

Abb. 6.7 Formen des internationalen Markteintritts. (Nach Meier (2004), S. 18.)

---

[42] Vgl. Meier (2004), S. 75.

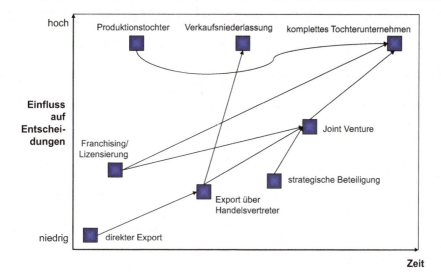

Abb. 6.8 Pfade der Internationalisierung. (Nach Meier (2004), S. 22.)

nen werden zwar die Risiken, aber auch die Chancen aufgeteilt. Erst die eigene Aktivität eröffnet die vollen Marktchancen.

Die Alternativen des Markteintritts werden oft auch nach und nach beschritten. Sind erste Marktkenntnisse vorhanden, kann der der Einsatz erhöht werden, weil Risiken besser berechenbar sind. So ergeben sich typische Pfade der Internationalisierung werden (Abb. 6.8), an deren Ende jeweils eine Niederlassung steht, die entweder verkauft oder zusätzlich vor Ort produziert.

6.5.4 „Being international"

Um dauerhaft international tätig zu sein, bedarf es der Abstimmung der länderspezifischen Aktivitäten eines Unternehmens. Von besonderem Interesse ist die Frage, ob die Länder individuell behandelt oder ob weltweite Standards durchgesetzt werden sollen. Diese Frage kann sich für ganz unterschiedliche Bereiche stellen, sei es für die angebotenen Produkte, Werbemaßnahmen, aber auch für die Führung von Mitarbeitern. Es gibt keine einheitliche Antwort, welches Vorgehen das jeweils angemessene ist. Aus Kostengründen wäre so viel Standardisierung wie möglich ratsam; allerdings ist, um den Erfolg im Markt nicht zu gefährden, meist ein gewisses Maß an Individualität zu gewährleisten. Man spricht hier auch vom Global-lokal-Dilemma.

Perlmutter unterscheidet vier unterschiedliche Herangehensweisen:

- Die **ethnozentrische Strategie** geht von der Überlegenheit einheimischer Manage-
  menttechniken aus. Die Annahme ist: „Das funktioniert zu Hause, also auch in Deinem
  Land!"

Beispiel

Automobilhersteller setzen weltweit einheitliche Standards bei der Automobilherstellung durch, die möglichst ungeschmälert umgesetzt werden. Das gilt gleichermaßen
für amerikanische, deutsche und japanische Hersteller.

- Die **polyzentrische Strategie** geht von der Annahme aus, dass die Rahmenbedingungen in der Regel zu komplex und unterschiedlich für eine Standardisierung sind. Es gilt
  also: „Sprich römisch, wenn Du in Rom bist!" oder auch *„All business is local."*

Beispiel

Der internationale Zeitschriftenmarkt funktioniert zwar nach ähnlichen Gesetzen, aber
dennoch sind einzelne Zeitschriften nicht einfach übersetzbar. Das Druck- und Verlags-
haus Gruner + Jahr betreibt ganz unterschiedliche Aktivitäten in Deutschland, Frank-
reich, Polen und vielen anderen Ländern.

- Die **regionale Strategie** geht von großen Gemeinsamkeiten bzw. ähnlichen Rahmenbedingungen in bestimmten Regionen aus und versucht dort ein einheitliches Management durchzusetzen, also beispielsweise in der EU, NAFTA, Osteuropa.

Beispiel

Deutsche Maschinenbauer versuchen häufig von einem zentralen Standort aus, beispielsweise Singapur, die Ländermärkte Südostasiens zu erschließen.

- Die **geozentrische Strategie** geht von der Annahme aus, dass globale Standards lokal angepasst werden müssen. Es gilt das Motto *„Think globally – act locally!"* Die
  Niederlassungen begreifen sich als Teile eines größeren Ganzen, versuchen dabei aber,
  ihrer lokalen Verantwortung gerecht zu werden.[43]

Beispiel

Rechtslenkerfahrzeuge sind länderspezifische Anpassungen eines Standardfahrzeugs.

Fehler bei der Herangehensweise können sich bitter rächen, was unter anderem die
Probleme der amerikanischen Automobilindustrie gezeigt haben.

---

[43] Vgl. Meier (2004), S. 23 f.

Fehler des Unternehmens GM

Vom Konsumentenverhalten in Amerika geprägt, setzte General Motors auf starke Motorisierung und große Stückzahlen, vernachlässigte darüber aber die technische Weiterentwicklung im Mutterland.

Die als qualitativ hochwertig eingeführte Marke Opel musste bei sehr billigen Lieferanten einkaufen, die teilweise minderwertige Qualität lieferten, welche das Markenimage gefährdete.

Außerdem gelang es in Europa nicht, die Marken Vauxhall, Saab und Opel in einer vernünftigen regionalen Strategie zu bündeln.

Wesentliche den Strategien nach *Perlmutter* entsprechende Möglichkeiten der Auswahl der Führungspersonen international tätiger Unternehmen sind in Abb. 6.9 grafisch dargestellt. Die regionale Kultur entspricht der geozentrischen Kultur bei kleinerem Gesamtradius. Zusätzlich ist die synergistische Kultur dargestellt, bei der gezielt Personen aus der Peripherie in die Zentralverwaltung eingeschleust werden.

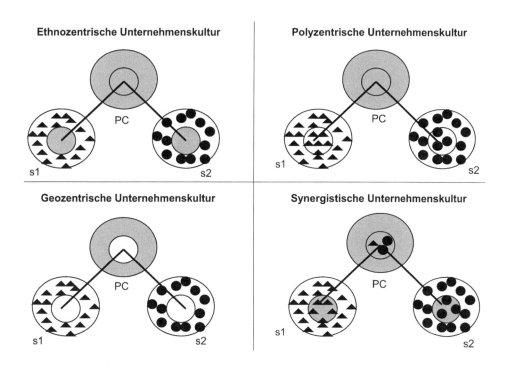

PC: Mutterfirma; s1: Tochtergesellschaft in Land A; s2: Tochtergesellschaft in Land B

Abb. 6.9 Kulturelle Optionen des Managements international tätiger Unternehmen

6.6 Unternehmensnetzwerke

Die Chancen ausländischer Absatz- und Beschaffungsmärkte werden von der deutschen Industrie in großem Maße genutzt (Abb. 6.10). Rund die Hälfte des Umsatzes in wichtigen Industriebranchen wird bereits im Ausland erzielt.

Auch viele Bereiche der Herstellung sind bereits ins Ausland verlagert worden, und zweistellige Anteile der Forschung und Entwicklung werden dort erbracht. Das gilt besonders im Elektronikbereich, in dem ein gutes Viertel der Entwicklung im Ausland getätigt wurde.

Mit jeder Auslandsaktivität sind Veränderungen der Wertschöpfungskette verbunden, die sich auf die Gesamtkosten auswirken. Es sind erhebliche Distanzen und Grenzen sowie Mentalitäts-und Sprachunterschiede zu überwinden. Je nach Komplexität des Produkts entstehen Produktionsnetzwerke, die weltumspannend sein können.

6.6.1 Strukturen internationaler Produktionsnetzwerke

Ziele und Zielkonflikte

Produktion ist aus betriebswirtschaftlicher Sicht ein reiner Kostenfaktor. Der Aufbau der Produktionsnetzwerke erfolgt daher in der Regel unter der Maßgabe möglichst geringer Produktionskosten. Verlagerungen in Niedrigkostenstandorte bedingen allerdings zusätzliche Transporte, die ein Kostenfaktor sind, aber vor allem Zeit kosten – Zeit, die im Zeichen kürzerer Produktlebenszyklen immer weniger vorhanden ist. Es ergibt sich also ein Zielkonflikt zwischen Kosten und Lieferzeit (Abb. 6.11 oben).

Ein zweiter Zielkonflikt wurde bereits im vorigen Abschnitt thematisiert. Globale Absatzmärkte bieten die Chance großer Stückzahlen und damit erheblicher Größenvorteile bei Massenproduktion. Derartige Größenvorteile können dank immer größerer Frachtvo-

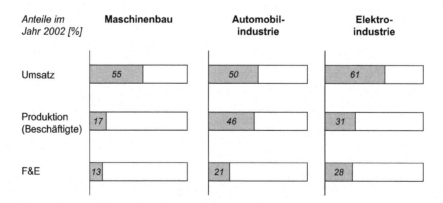

Abb. 6.10 Auslandsanteile an der Wertschöpfung deutscher Industriebranchen. (Quelle: OECD (2013); Werte für 2006; F&E-Ausgaben: Werte für 2005 (Kraftfahrzeuge für 2003).)

Abb. 6.11 Zielkonflikte in der Globalisierung. (Nach Abele et al. (2006), S. 289; TEU = Twenty Foot Equivalent Unit (20″-Container))

lumina auf Schiffen auch in der Logistik erzielt werden (Abb. 6.11 unten). Der Massenfertigung entgegen läuft allerdings ein Trend zur Marktsegmentierung (Beispiel Pkw-Varianten), letztlich sogar zur Individualisierung der Produkte. Außerdem bedingen Massentransporte häufig auch eine Zwischenlagerung der Erzeugnisse. Aus betriebswirtschaftlicher Sicht sind diese gebundenes Kapital, welches besser andernorts arbeiten sollte. Lagerhaltung senkt die Umschlagshäufigkeit des Kapitals und sich negativ auf die Kapitalrendite aus.

Ein dritter Zielkonflikt wurde bereits im vorigen Abschnitt angesprochen, nämlich der zwischen weltweiter Standardisierung und länderspezifischer Anpassung.

Strukturen der globalen Produktion
Die genannten Faktoren müssen markt- und produktspezifisch ausbalanciert werden, um ein firmenindividuelles Optimum zu erreichen. Es können sich höchst unterschiedliche Lösungen für die Aufteilung der weltweiten Produktion ergeben (Abb. 6.12).

Stehen Produktionskosten im Vordergrund, Logistikkosten sind nicht hoch und die Güter weder schnelllebig noch stark individualisiert, so kann die Antwort auf die Marktherausforderungen ein zentrales Werk sein, welches die ganze Welt versorgt.

Abb. 6.12 Strukturen globaler Produktionsnetzwerke. (McKinsey, nach Abele et al. (2006), S. 170)

Beispiel

Legosteine können weltweit nahezu unverändert verkauft werden. Die Firma LEGO stellte die Steine für die Welt früher nur in Dänemark her. Mittlerweile wurden zusätzlich Niedrigkostenstandorte in Tschechien, Ungarn und Mexiko aufgebaut.[44]

Sind dagegen die Produkte sehr individuell und müssen schnell ausgeliefert werden, so zählt die Marktnähe mehr als die Kosten.

Beispiel

Zeitungsdruckereien und auch die Redaktionen sollten in unmittelbarer Nähe der Zielmärkte sein.

In der industriellen Produktion komplexer Güter werden mehr und mehr die Vorteile einzelner Länder ausgereizt, in die Teile der Wertschöpfung verlagert werden. Die entstehenden Strukturen folgen gelegentlich konsequent der Wertschöpfungskette (Kette), sind aber häufig auch äußerst komplex, um wirklich alle Kostensenkungspotenziale zu nutzen (Netzwerk).

Eine Mischform, bei der man Skaleneffekte einer zentralen Fertigung mit lokaler Präsenz vereinigt, ist die Nabe-Speiche-Struktur (*hub and spoke*). Manchmal wird die Endmontage primär ins Zielland verlagert, um Importzölle zu vermeiden.

---

[44] LEGO (2008) Group Annual Report 08, S. 8.

Beispiel

CKD-Werke (*completely knocked down*), also Montagewerke der Automobilindustrie, sind Teile eines Hub-and-spoke-Konzepts. Sie dienen der lokalen Verankerung im Bewusstsein des Abnehmerlandes, aber vor allem auch der geringeren Lagerhaltung und der Vermeidung von Zoll- und Logistikkosten.

Festsetzung von Transferpreisen

Internationale Produktion erfolgt länderübergreifend und damit grenzüberschreitend. Nationale Zoll- und Steuersätze können sehr unterschiedlich sein, worauf sich international tätige Unternehmen einstellen. Werden Ländergrenzen überschritten, muss auch zwischen Untergesellschaften eines Unternehmens ein Geldtransfer erfolgen. Die Bewertung der Leistungen erfolgt zu sog. Transferpreisen. Sie erfüllen drei Hauptfunktionen:

- Festlegung des Warenwerts für Zollzwecke (hohe Werte führen zu hohem Zoll, manchmal aber auch Nutzung von Exportsubventionen),
- Gewinntransfer zwischen Ländern, insbesondere nutzbar für immaterielle Güter (Patente, Lizenzen), Verschiebung erfolgt in Länder mit niedrigen Gewinnsteuern,
- Koordination der Geschäftseinheiten eines Großunternehmens, Ressourcenallokation.

Die zwei wesentlichen Möglichkeiten der Festsetzung von Transferpreisen sind:

- **Cost-plus-Methode:** Es werden Kosten verrechnet, denen ein Gewinnzuschlag hinzugefügt wird.
- **Price-less-Methode:** Es werden Marktpreise verrechnet, bei denen ein Abschlag gewährt wird.

Bei kostenbasierter Verrechnung können sowohl Voll- wie auch Teilkosten zur Anwendung kommen. Bei preisbasierter Verrechnung werden entweder aktuelle Preise auf dem freien Markt oder firmenintern ausgehandelte Preise genutzt. Außerdem gibt es Mischformen wie das *dual pricing*, bei dem die verkaufende Gesellschaft Vollkosten verrechnet, die einkaufende aber den Marktpreis in Rechnung gestellt bekommt, so dass sich jeweils ein steuerlich günstiger Wert für die Gesellschaft ergibt.

Kostenbasierte Verrechnung hat den Vorteil der Einfachheit, setzt aber wenig Anreize zur weiteren Kostenreduktion. Preisbasiertes Vorgehen setzt dagegen einen vorhandenen Markt voraus und orientiert die Gesellschaften an diesem. Mit dem *dual pricing* wird eine konfliktmindernde Mischung beider Ansätze angestrebt.[45]

---

[45] Nach McKinsey. In: Abele et al. (2006), S. 286.

6.6.2 Supply Chain Management

Unter Supply Chain Management (SCM) wird die weltweite prozessorientierte Strukturierung, Entwicklung und Steuerung aller geschäftlichen Aktivitäten vom Einkauf der Rohstoffe bis zum Verkauf einschließlich aller logistischen Prozesse verstanden. SCM umfasst das eigene und beteiligte fremde Unternehmen. Es geht darum, alle wertschöpfenden Aktivitäten integriert zu betrachten, also auch die der Lieferanten und Kunden.

SCM beschäftigt sich vornehmlich mit der logistischen Struktur, dem Datenaustausch und werksübergreifender Produktionsplanung. Globalisierung ist gerade durch die Weiterentwicklung dieser drei Elemente erst möglich geworden. Technische und organisatorische Fortschritte haben im Logistikbereich über nahezu zwei Jahrhunderte für kontinuierlich sinkende Transportkosten gesorgt (Abb. 6.13).

Die Unternehmensleistung soll gesteigert werden durch:

- verbesserte Dienstleistungen,
- bessere Kapazitätsauslastung,
- verkürzte Entwicklungszeit,
- niedrigere Lagerhaltung (höhere Umschlagsrate).

SCM basiert auf einem parallelen Informationsfluss anstelle sequenzieller Bearbeitung und arbeitet damit analog zum **Simultaneous Engineering**.[46]

Unter dem Begriff Supply Chain Management werden somit folgende Aktivitäten gebündelt:

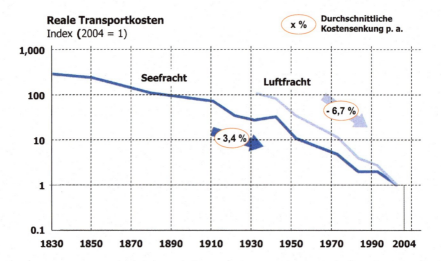

Abb. 6.13 Entwicklung der Frachtkosten. (Quelle: Baldwin (1999), World Economic Outlook (may 1997), zitiert nach Abele et al. (2006), S. 12)

---

[46] Nach Kuhn/Hellingrath (2002), zitiert nach Meier (2004), S. 138.

- Einkauf (Marktforschung, Lieferantenauswahl und -bewertung, Bedarfsermittlung),
- Strukturierung der Geschäftsprozesse (QM, Workflow-Verbesserung, Schnittstellengestaltung mithilfe der IT, Kapazitätsplanung und -steuerung),
- Produktionsplanung und -steuerung,
- Logistik (Transport, Lagerhaltung, Kooperation mit Dienstleistern),
- Marketing und Vertrieb (Marktforschung, Vertriebskanalauswahl, Gestaltung der IT-basierten Kommunikation mit Geschäftspartnern, Vertriebssteuerung einschließlich Statistik).[47]

Der logistische Aspekt wird stets in Verbindung mit dem konsequenten Einsatz softwarebasierter Systeme gesehen. Dazu gehören die Schlagworte LES (*logistics execution systems*) für die Güterverteilung, TMS (*transport management system*), für Transporte und WMS (*warehouse management system*) für die Lagerhaltung.[48]

6.6.3 Strategischer Einkauf

Der Einkauf hat im Zuge der Globalisierung und der Besinnung auf Kernkompetenzen stark an Bedeutung gewonnen. Zuzukaufende Waren können entsprechend ihrer Komplexität bzw. dem Versorgungsrisiko einerseits und dem Volumen bzw. den Kosten andererseits wie folgt eingruppiert werden:

- **unkritische Waren** (geringes Volumen, hohe Verfügbarkeit, niedrige Komplexität), z. B. Schrauben, Normteile;
- **Engpasswaren** (geringes Volumen, mangelnde Verfügbarkeit und/oder hohe Komplexität);
- **Hebelwaren** (hohes Volumen, hohe Verfügbarkeit, niedrige Komplexität);
- **strategische Waren** (hohes Volumen, geringe Verfügbarkeit, hohes Beschaffungsrisiko, hohe Komplexität).

Für diese Warengruppen werden unterschiedliche Einkaufsstrategien verfolgt. So gilt es, unkritische Waren möglichst günstig einzukaufen und den Betreuungsaufwand zu minimieren, beispielsweise durch **E-Procurement**-Lösungen. Bei Engpasswaren steht dagegen die Versorgungssicherheit im Vordergrund, die womöglich durch hohe Sicherheitsbestände und relativ hohe Einkaufspreise erkauft werden muss. Bei Hebelwaren können Anbieter gut gegeneinander ausgespielt werden. Aufgrund der hohen Volumina sind hier am ehesten Kostenreduzierungen zu erwarten. Bieterwettbewerbe auf elektronischen Plattformen sind ein geeignetes Hilfsmittel dazu.[49]

---

[47] Vgl. Meier (2004), S. 138–139, Abele et al. (2006), S. 288.
[48] Vgl. Meier (2004), S. 140.
[49] Vgl. Weigel/Rücker (2013), S. 20 f.

Eine besondere Rolle spielen strategische Waren. Hier lohnt sich der Aufbau strategischer Lieferanten, der von eingehender Beschaffungsmarktforschung und Risikoanalyse begleitet wird. Mit einem **Global-Sourcing**-Ansatz wird weltweit nach den günstigsten bzw. besten Bezugsquellen gesucht. Folgende sind im Rahmen einer Risikostrategie auszubalancieren:

- Komplexitätsreduktion, z. B. durch
  - Kooperation mit Systemlieferanten, d. h. solchen, die Unterbaugruppen integrieren,
  - Single Sourcing, d. h. dauerhafte Kooperation mit nur einem Lieferanten (z. B. einem Entwicklungspartner);
- Risikoreduktion, z. B. durch
  - **Dual Sourcing**, **Multiple Sourcing**, d. h. Vermeidung der Abhängigkeit von nur einem Lieferanten,
  - internationale Verteilung des Lieferantenportfolios, um Währungs- und nationale Risiken zu minimieren;
- Prozessintegration, z. B. durch
  - Just-in-time-Belieferung, d. h. Einbeziehung des Lieferanten in die Prozesskette,
  - **Entwicklungspartnerschaft**, d. h. enge Kooperation mit Lieferanten, um Entwicklungsdauer bzw. Time-to-Market zu reduzieren.[50]

Beispiel

Große Unternehmen spielen ihre Einkaufsmacht oftmals sehr stark aus, was aber mittel- bzw. langfristig dazu führen kann, dass Lieferanten ausfallen. So führte die Wirtschaftskrise ab 2008 dazu, dass namhafte Fahrzeughersteller und Systemlieferanten einigen ihrer Unterlieferanten finanziell unter die Arme greifen mussten, um die Versorgung mit Bauteilen sicherzustellen. Die vorher erzielten Einsparungen wurden so rasch wieder aufgezehrt.

Leben und leben lassen könnte das Motto sein, aber jeder einzelne Mitarbeiter auch im Einkauf der Großunternehmen steht unter enormem Druck, so dass strategische Überlegungen dem taktischen Vorteil immer wieder kurzsichtig geopfert werden.

6.7   Standortanalyse

In diesem Abschnitt wird auf die Vorgehensweise und zu berücksichtigende Kriterien bei der weltweiten Auswahl eines neuen Produktionsstandorts eingegangen. Diese Auswahl kann entweder nur unter Kostengesichtspunkten erfolgen, falls in bestehende Vertriebsstrukturen nicht eingegriffen werden soll, oder zusätzlich Absatzmarktbetrachtungen enthalten.

Bei einer solchen Investition handelt es sich in der Regel um eine **ausländische Direktinvestition** (*FDI = foreign direct investment*). Das bedeutet, Kapital wird eingesetzt,

---

[50] Vgl. Weigel/Rücker (2013), S. 67 ff. und S. 24 f.

um unternehmerisch tätig zu werden, nicht ausschließlich als Geldanlage. In offiziellen Statistiken nimmt man eine unternehmerische Tätigkeit ab einer Beteiligung von 10 % an. Direktinvestitionen können als sog. **Greenfield**-Investition getätigt werden, d. h. einen völligen Neuaufbau beinhalten. Es kann sich aber auch um Aufkäufe, Fusionen und Beteiligungen handeln.[51]

6.7.1   Vorgehensweisen zur Standortanalyse

Zu den möglichen Hauptgründen für den Aufbau eines neuen Standorts gehören niedrige Produktionskosten, die Erschließung neuer Märkte und möglicherweise auch die Erschließung günstiger Ressourcen. All diese Motivationen für eine Direktinvestition können auf unterschiedliche Art mit folgenden Modellen bewertet werden:

- Nutzwertanalyse (einstufig), z. B. der Risikoindex von Peren/Clement,
- zwei- oder mehrstufige Modelle, in denen die Länder- und lokale Analyse getrennt durchgeführt werden, z. B. die McKinsey/PTW-Methode,
- Methoden der dynamischen Investitionsrechnung einschließlich Sensitivitätsanalyse zur Ermittlung von Kennwerten (Interner Zinsfuß, Netto-Barwert, vgl. Kap. 8.).

Die Methoden können auch in Kombination angewendet werden, um eine umfassende und sichere Beurteilung zu erhalten.

Im Folgenden werden kurz die ein- und mehrstufigen Modelle dargestellt, um danach näher auf einzelne Analysekriterien einzugehen, die zu betrachtenden Kosten einzugrenzen und abschließend einen Ansatz zur ganzheitlichen Betrachtung der Standortanalyse vorzustellen.

Nutzwertanalyse (Peren/Clement-Index)
Die Nutzwert-Analyse wird am Beispiel des von *Peren* und *Clement* vorgestellten Index zur Standortanalyse erläutert. Der Peren/Clement-Index enthält 18 beeinflussende Faktoren, die in drei Analysebereiche eingeteilt werden (Tab. 6.3), nämlich:

- Faktoren, die politische und wirtschaftliche Rahmenbedingungen kennzeichnen,
- Faktoren, die Kosten und Produktivität kennzeichnen,
- Faktoren, die Marketing und Vertrieb beeinflussen.

---

[51] Deutsche Direktinvestitionen werden statistisch von der Deutschen Bundesbank erfasst. Diese spricht von Direktinvestitionen (im Gegensatz zu Portfolio-Investitionen), wenn mindestens 25 % des Stammkapitals oder der Stimmrechte überschritten wird. Kredite und Darlehen, die diesen Gesellschaften gewährt werden, zählen auch zur Direktinvestition. Nur internationale Unternehmen mit einer Bilanzsumme von mindestens 250.000 € werden erfasst. Quelle: nach Meier (2004), S. 46–47.

Tab. 6.3 Beispiel für eine Nutzwertanalyse (Peren-Clement-Index)

Faktor	Score 0.0 … 3.0	Faktor	Ergebnis
1. Politische/soziale Stabilität		2.0	
2. Staatlicher Einfluss auf Firmenentschiedungen, Bürokratie		2.0	
3. Wirtschaftspolitik (d. h. Inflation, Arbeitslosigkeit, Wachstum)		2.0	
4. Investitionsanreize (z. B. Steuervorteile, Direktincentives)		1.5	
5. Durchsetzbarkeit von Verträgen (z. B. Gewinntransfer)		3.0	
6. Schutz geistigen Eigentums (Technologien, Know-how)		2.5	
I. Zwischensumme (politischer und wirtschaftlicher Rahmen)	--	--	
7. Juristische Beschränkungen (z. B. Verbote, Umweltgesetzgebung)		2.5	
8. Lokale Kapitalkosten, möglicher Kapitaltransfer		2.0	
9. Verfügbarkeit und Kosten von Immobilien (Land, Gebäude)		1.5	
10. Arbeitskosten, -verfügbarkeit (Qualifikation, Stundensatz, Mobilität)		3.0	
11. Verfügbarkeit und Kosten von Maschinen, Rohmaterialien, Energie		2.0	
12. Importhindernisse (Zölle etc.)		2.0	
13. Verfügbarkeit und Kosten von Infrastruktur, staatl. Dienstleistungen		2.0	
II. Zwischensumme (Kosten und Produktivität)	--	--	
14. Marktgröße, -dynamik (z. B. Einwohnerzahl, Nachfrage, Kaufkraft)		3.0	
15. Wettbewerb (Anzahl der Wettbewerber, Intensität)		2.5	
16. Zuverlässigkeit und Qualität der lokalen Partner (z. B. Lieferanten)		2.0	
17. Durchführung und Qualität des Marketings (inkl. Verkauf, PR)		2.0	
18. Exporthindernisse (Zölle etc.)		2.5	
III. Zwischensumme (Markt)	--	--	
Summe I. – III. (max. 120)			

Der Index ist ein System zur Punktbewertung, bei dem insgesamt maximal 120 Punkte vergeben werden. Die Einzelfaktoren werden von 0 (extrem nachteilig) bis 3 (extrem vorteilhaft) bewertet. Sie erhalten eine Gewichtung zwischen 1,5 (wichtig) und 3,0 (extrem wichtig). Die Punktvergabe sollte nur durch Experten erfolgen. Bei Teamwertung kann der Mittelwert eingesetzt werden.

Es gibt folgende Risikoklassen des Ergebnisses (Nutzwerts):

$\geq$ 90 Punkte: keine vorhersehbares Risiko

80…90 Punkte: niedriges Risiko

70…79 Punkte: moderates Risiko, Behinderung der Arbeit, Risikoabschätzung empfohlen

60…69 Punkte: relativ hohes Risiko, schlechtes Investitionsklima, Risikoabschätzung zwingend erforderlich

< 60 Punkte: Standort ungeeignet für eine Direktinvestition[52]

Kritisch bleibt anzumerken, dass die Gewichtung der Kriterien des Peren/Clement-Index nicht an die tatsächlichen Bedürfnisse der investierenden Unternehmung angepasst

---

[52] Quelle: Zitiert nach Meier (2004), S. 47 ff.

werden kann. Auch sind einige Kriterien möglicherweise überhaupt nicht relevant, beispielsweise Marktgrößen für ein produzierendes Werk, für welches im lokalen Markt kein
Absatz geplant ist.

Ein generelles Problem bei der ausschließlichen Verwendung eines berechneten Nutzwerts als Entscheidungskriterium ist, dass einzelne die Investition unmöglich machende
Kriterien („Killer-Kriterien") sich möglicherweise kaum auf den Nutzwert auswirken. Das
kann zur systematischen Falschauswahl führen.

Zweistufiges Vorgehen der Analyse

Ein sehr gründliches Vorgehen der Standortanalyse wird vom Beraterverbund TRW/
McKinsey angewandt (Abb. 6.14). Dem konkreten Standortvergleich ist ein Ländervergleich vorgeschaltet. Während der Ländervergleich auf der Basis von Sekundärdaten
erfolgen kann, erfolgt die Endauswahl auf der Basis vor Ort überprüfter und verhandelter
Konditionen.

In der Länderanalyse werden im ersten Schritt grundsätzlich geeignete Länder ausgewählt, also solche, die die gesetzten Minimalanforderungen an Stabilität, Marktgröße,
Kostenniveau, geografischer Erreichbarkeit und physischer wie wirtschaftlicher Zugäng-
lichkeit erfüllen.

Im zweiten Schritt werden entsprechend den verfügbaren Faktoren (insb. Arbeitskräfte
und Wissen) sowie den damit verbundenen Kosten die Prozesse des Unternehmens definiert. Beispielsweise hängt der verwendete Automatisierungsgrad vom Lohnniveau und
verfügbaren Know-how ab. Unter Berücksichtigung der staatlichen Rahmenbedingungen
(Steuern, Subventionen) können erste grobe Investitionsrechnungen durchgeführt werden,
auf deren Basis eine Länderauswahl erfolgt.

Ländervergleich		Lokaler Standortvergleich		
Globale Vorauswahl Länder, Produkte, Prozesse	**Länderauswahl, Prozessdefinition**	**Lokale Vorauswahl**	**Lokale Short list**	**Endauswahl**
Ausschlusskriterien	Integrierte Investitionsrechnung	Machbarkeits-studien	Detailplanung, TLC, IRR	Ausverhandelte Konditionen
• Politische Stabilität • Zugang • Erreichbarkeit • Erfüllung von Mini-malanforderungen (Märkte, Kosten)	• Faktorkosten (Stundensätze etc.) • Marktpotenzial • Logistikkosten • Steuern, Subventionen • Verfügbare Arbeits-kräfte, Know-how	• Lokale Arbeitskraft-kosten, -verfügbar-keit, -qualifikation • Geographie, Erreichbarkeit	• Lokale Arbeitskraft-kosten, -verfügbar-keit, -qualifikation • Immobilienpreise • Investitionsanreize	• Detailvergleich aller harten und weichen Faktoren

Abb. 6.14 Zweistufiges Vorgehen mit Teilschritten zur Standortanalyse. (Nach McKinsey/PTW, in:
Abele et al. (2006), S. 42, 112)

Nun werden in den geeigneten Ländern konkrete Standorte gesucht, denn „*all business is local!*". Innerhalb eines Landes können die Lohnunterschiede ganz erheblich sein, auch das Arbeitskräftepotenzial, schließlich die logistische Eignung aufgrund der lokalen Geographie.

Durch Vor-Ort-Recherchen wird aus einer langen Liste eine immer kürzere immer besser geeigneter Standorte. Immobilienpreise und regionale Investitionsanreize, beispielsweise Steuerbefreiungen in Freihandelszonen, gehen in die Überlegungen ein.

Schließlich erfolgt eine Entscheidung durch einen Detailvergleich aller analysierten harten und weichen Faktoren, wie sie im folgenden Abschnitt vorgestellt werden. Dazu können Nutzwertanalysen und Verfahren der dynamischen Investitionsrechnung eingesetzt werden (siehe Abschn. 8.2.3)

Die Tiefe der Untersuchung hängt neben der Unternehmensgröße auch vom Grad der Komplexität der Produktion und ihrer Vernetzung mit anderen Unternehmensbereichen ab. Je komplexer und vernetzter die Produktion, desto höher wird im Allgemeinen der Analyseaufwand.[53]

6.7.2   Harte und weiche Standortfaktoren

Standortfaktoren spiegeln die Eigenschaften eines Standorts wider. Sie bestimmen damit seine Eignung für die Herstellung eines bestimmten Produktes. Von Standortfaktoren unterschieden werden Prozessfaktoren, welche sich auf die Produktionsschritte eines Produkts beziehen und die notwendigen Eingangsgrößen der Produktion (z. B. Material, Arbeit, Energie) festlegen.

Unter Umständen besteht eine wechselseitige Abhängigkeit von Standort- und Prozessfaktoren. Beispielsweise können niedrige Arbeitskosten (Standortfaktor) dafür sprechen, einen geringen Automatisierungsgrad (Prozessfaktor) der Produktion zu wählen als am Hochlohnstandort.

Es wird zwischen harten und weichen Standortfaktoren unterschieden (Abb. 6.15):

* Harte Faktoren sind messbar und von unmittelbarer betrieblicher Relevanz.
* Weiche Faktoren sind schwierig messbar und nicht unmittelbarer betrieblich relevant.

Bedeutung der Standortfaktoren für die Investition
Harte Standortfaktoren wie Lohnkosten und Steuersätze bestimmen das wirtschaftliche Potential einer Investition. Aber auch weiche Standortfaktoren sind keinesfalls bedeutungslos, denn sie sind oftmals entscheidend für den tatsächlichen Erfolg einer Investition. Beispielsweise dürfte sich ohne die weichen Faktoren einer guten Arbeitseinstellung oder auch einer hohen Rechtssicherheit kaum der gewünschte unternehmerische Erfolg einstel-

---

[53] Vgl. Abele et al. (2006), S. 105.

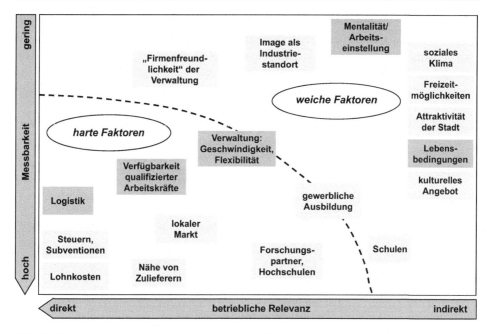

Abb. 6.15 Abgrenzung harter und weicher Standortfaktoren. (Nach Grabow et al. (1995), S. 63)

len. Und welche dringend erforderliche ausländische Fachkraft zieht gerne in eine völlig unattraktive Stadt ohne kulturelles Angebot?

Zu den harten Faktoren zählen insbesondere:

- Faktorkosten (Stundensatz, lokaler Zinssatz, Einkaufskosten für Material, Energie etc.),
- Produktivität (Arbeitsproduktivität, Kapitalproduktivität),
- sonstige quantitative Faktoren (Transportkosten, potenzielle Restrukturierungs- und Schließungskosten, Marktentfernung).

Weiche Faktoren sind:

- Mentalität, Arbeitseinstellung;
- Verfügbarkeit von Land und Gebäuden sowie Infrastruktur, Eigentumsrechte;
- Rechtssicherheit, Schutz geistigen Eigentums;
- individuelle Absprachen mit der Verwaltung.

Hoheitliche Einflussnahme
Steuern sind ein wichtiger Kostenfaktor auf regionaler und lokaler Ebene. **Subventionen** sind ökonomisch betrachtet negative Steuern und sorgen damit für eine Entlastung der Kostenseite.

Steuerbefreiungen und Subventionen können oftmals ausgehandelt werden. Es gibt eine Vielzahl von Formen staatlicher Unterstützung in direkter und indirekter Form. Zu den Investitionsanreizen gehören staatliche Ausbildungsförderung, Unterstützung der Forschung und Entwicklung, spezielle Kreditzinsen, niedrige Energiekosten, Schenkung von Land.

Beispiel

Ein besonders eindrucksvolles Beispiel für staatliche Unterstützung gab der Freistaat Sachsen: AMD erhielt 545 Mio. € für die Errichtung der Produktionsstätte Fab. 36 in Dresden.[54] Damit wurde jeder der entstehenden ca. 1000 Arbeitsplätze mit über 500.000 € subventioniert!

Zölle wurden zwar generell weltweit gesenkt, können aber immer noch lokale Entscheidungen stark beeinflussen.

Beispiel

Westliche Reifenhersteller wie Michelin und Continental planten seit Ende der 1990er Jahre u. A. deshalb eine Produktion in Russland, weil die Importsteuern ca. 30 % des Warenwerts betrugen.

Der Zugang zu Märkten kann auch quotiert werden. Import- und Exportquoten können sich auch auf die Zahl erlaubter Joint Ventures o. Ä. beziehen.

Häufig gibt es sog. *„Local content"*-**Anforderungen** an die Produktion, d. h. ein gewisser Anteil der Wertschöpfung muss lokal erfolgen.

Beispiel

10 % der Produktionsanlagen eines Reifenwerkes im Iran müssen lokaler Herkunft sein. Da der Stand der Fertigungstechnik dort nicht westlichen Standards entspricht, werden technisch weniger anspruchsvolle Aufgaben wie die Herstellung von Halbzeugen, Fundamenten und Vorrichtungen möglichst lokal vergeben, um die Quote zu erfüllen.

Weitere Risikofaktoren

Wechselkurse, insbesondere der zwischen Euro- und Dollarraum, spielen eine bedeutende Rolle im internationalen Wirtschaftsgeschehen. International agierende Unternehmen müssen darauf achten, die Risiken aus Kursveränderungen zu begrenzen. Dies kann erfolgen durch:

- Kurssicherungsgeschäfte (*hedging*),
- Kompensationsgeschäfte (*countertrade*, z. B. Einkauf und Verkauf im Dollarraum),
- strategische Verteilung der Produktionsstätten auf die Währungsräume.

---

[54] http://www.ksd-ks.gmxhome.de/arb-markt/2004/subvention1-2004.htm [14.04.2009].

Die Vermeidung von Wechselkursschwankungen und die damit verbundene Risikosenkung kann ein sehr bedeutendes Motiv bei der Standortwahl sein.

Plötzliche Gesetzesänderungen, bürokratische Hürden, z. B. aufwändige Genehmigungsprozeduren, aber auch Korruption, gehören zu den „weichen" Risiken einer Investition.

Das Bewusstsein für den Wert und den notwendigen **Schutz geistigen Eigentums** ist weltweit höchst unterschiedlich ausgeprägt. Gefürchtet sind beispielsweise Raubkopien aus Fernost (z. B. Importe aus China und Thailand).[55]

Beispiel

Was weniger bekannt ist: Deutschland war im frühen 19. Jh. Billiglohnland. Um aufzuholen, ließ der preußische Staat englische Maschinen zerlegen und in Einzelteilen nach Berlin schicken, wo sie im königlichen Gewerbeinstitut aufgestellt wurden, um von preußischen Maschinenfabriken kopiert zu werden.[56] Der deutsche Aufstieg ist also in etwa den gleichen Methoden zu verdanken, die heutige „Emporkömmlinge" verwenden, auf die gerne mit Fingern gezeigt wird.

„*Made in Germany*" war ursprünglich eine Schutzformel, mit der britische staatliche Stellen die Interessen einheimischer Verbraucher schützen wollten. Aus der „Schundabwehr" wurde binnen kurzer Zeit das heute weltweit bekannte Gütesiegel.[57] Wie wohl „*Made in China*" in einigen Jahren gesehen wird?

6.7.3 Berechnung der Standortkosten

Die Standortkosten werden auf zwei Arten berechnet:

(1) *Total landed costs* (TLC) enthalten Material-, Fertigungs- und Logistikkosten.
(2) Vollkosten enthalten zusätzlich die Kosten des Umzugs, d. h. Investitions-, Anlauf- und Restrukturierungskosten.

Total landed costs (**TLC**) beschreiben den „eingeschwungenen" Endzustand des neuen Standorts. Dazu werden folgende Faktoren betrachtet:

- Material- und Fertigungskosten:
  - Faktorkosten (z. B. Löhne, Gehälter, Materialkosten),
  - Produktivität und Know-how;
- Markt und Logistik:
  - Marktentwicklung,
  - Logistik: Frachtkosten, Lagermengen, Lieferzeiten;

---

[55] Nach Abele et al. (2006), S. 78 ff.
[56] Vgl. Przywara (2006), S. 83.
[57] Ebda., S. 97.

- Technologie:
  - alternative Produktionsprozesse,
  - Größenvorteile;
- Externe Faktoren:
  - Steuern, Subventionen, Zölle;
  - Währungsrisiken, sonstige Risiken.

Häufig werden in Firmen zur Entscheidungsfindung über eine geplante Produktionsverlagerung in Niedrigkostenstandorte ausschließlich die *total landed costs* verglichen. Die Ergebnisse sind oft sehr ermutigend – die Praxis zeigt aber selten entsprechende Resultate. Es kann sehr langwierig sein, die Produktivität eines neuen Standorts auf das Niveau des alten oder gar noch höher zu bringen. Eine ehrliche Analyse sollte daher die Vollkosten berücksichtigen.

Vollkosten enthalten zusätzlich zu den TLC

- **Kapitalbedarf** für Aufbau und Restrukturierung:
  - Investitionssumme (CapEx),
  - *Start of production (SOP)*,
  - Restrukturierung.[58]

Das Investment (*CapEx = Capital Expenditures*) umfasst

- Sachanlagen (Land, Gebäude, Produktionsanlagen) und
- immaterielle Vermögensgegenstände (z. B. Know-how, Patente)

abzüglich eventueller Erlöse aus Verkäufen von Altanlagen.

Kosten des Hochlaufs der Produktion (SOP) betragen erfahrungsgemäß im Mittel 20–50 % der Investitionssumme. Sie enthalten:

- Ausbildungskosten für neue Mitarbeiter,
- Zusatzkosten für die parallele Aufrechterhaltung der Produktion und Lagerung am Altstandort, um die Lieferfähigkeit zu garantieren,
- Zusatzkosten für Auslandsentsendungen,
- direkte Mehrkosten, bis die angestrebte Produktivität erreicht ist (z. B. aufgrund höherer Ausschussraten und notwendiger zusätzlicher Qualitätssicherung).

Restrukturierungskosten umfassen

- Abfindungen für Mitarbeiter (ca. 75 % der gesamten Restrukturierungskosten),
- Kosten der Werksschließung (z. B. Abriss, Revitalisierung).[59]

---

[58] Quelle: McKinsey, zitiert nach Abele et al. (2006), S. 179.
[59] Quelle: nach Abele et al. (2006), S. 94 ff.

Beispiel

Für die über 2000 Beschäftigten des Nokia-Werks in Bochum wurde ein Sozialplan in Höhe von 200 Mio. € ausgehandelt. Dieser dürfte die erwarteten Einsparungen am neuen Standort für ca. drei Jahre aufzehren. Investitions- und Hochlaufkosten sind dabei noch nicht berücksichtigt.

Nokia hätte also noch etliche Jahre gebraucht, bis sich der Umzug nach Rumänien amortisiert hätte. Gleichwohl wurde auch der für 60 Mio. € aufgebaute neue Standort bereits 2011 wieder geschlossen.[60]

6.7.4 Gesamtbetrachtung im Standort-Portfolio

Eine vollständige Standortanalyse berücksichtigt möglichst alle Alternativen und Eventualitäten einer Entscheidung. Gelegentlich wird versucht, all dies in eine Kennzahl zu pressen – das erscheint aber unmöglich, da weiche Faktoren bereits definitionsgemäß nicht messbar sind. Weiche Faktoren sollten daher in eine Risikoabschätzung einmünden, die unabhängig von einer durch die harten Fakten determinierten dynamischen Investitionsrechnung durchgeführt wird. Die Risikoabschätzung kann mithilfe einer Nutzwertanalyse

Abb. 6.16 Standortportfolio

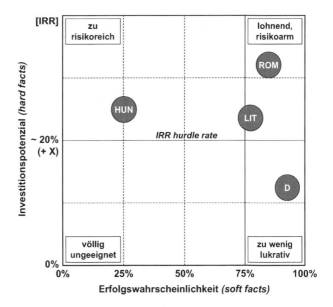

[60] http://www.focus.de/finanzen/news/nokia-werk-bochum-maximal-220-000-euro-abfindung_aid_269271.html [14.04.2009]; http://www.faz.net/aktuell/wirtschaft/unternehmen/werk-in-rumaenien-macht-zu-nokia-schliesst-jetzt-auch-das-ersatz-werk-fuer-bochum-11374040.html [14.04.2009].

der weichen Faktoren erfolgen; Ausschlusskriterien führen darin zu einer Erfolgswahrscheinlichkeit von 0 %.

Die Ergebnisse beider Betrachtungen können zu einer Portfoliodarstellung der gewählten Investitionsstandorte zusammengefügt werden (Abb. 6.16), bei der die Erfolgswahrscheinlichkeit auf der Abszisse und das Erfolgspotenzial in Form der erzielbaren Verzinsung (*internal rate of return IRR, vgl. Kap. 8*) auf der Ordinate angetragen wird.

Nur eins der vier Felder des Standort-Portfolios, das rechts oben, verspricht eine erfolgreiche Investition. Nur Investitionen, die die interne Vorgabe (**hurdle rate**) einer Unternehmung an die Verzinsung einer Investition erfüllen, kommen überhaupt in Betracht. Diese sollten nun eine möglichst hohe Erfolgswahrscheinlichkeit aufweisen.

Beispiel

Im Beispiel (Abb. 6.16), welches in etwa der konkreten Situation des Automobilzulieferers Continental AG bei der Auswahl eines Reifenproduktionsstandorts im Jahre 1998 entspricht, erfüllen die drei osteuropäische Standorte in den Ländern Ungarn, Rumänien und Litauen die Verzinsungsvorgaben. Ein neuer deutscher Standort würde sie dagegen nicht erfüllen.

Da am ungarischen Standort nur wenige Arbeitskräfte verfügbar sind, erscheint der Erfolg der Investition dort äußerst zweifelhaft. Im Rennen bleiben ein rumänischer und ein litauischer Standort, wobei der rumänische die erste Wahl sein sollte, da er ein höheres wirtschaftliches Potenzial aufweist und, aufgrund einer besonderen regionalen Situation, eine hohe Verfügbarkeit technisch wie sprachlich versierter Arbeitskräfte besitzt, was den Investitionserfolg sehr wahrscheinlich macht.

6.8 Übungsaufgaben

Aufgabe 6.1
Nennen Sie die beiden Gegenstände der Produktionsplanung!

Aufgabe 6.2
Welche Planungsschritte gehören zur Produktionsablaufplanung bei Werkstattfertigung?

Aufgabe 6.3
Wie wird die optimale Losgröße ermittelt?

Aufgabe 6.4
Nennen Sie je vier Maßnahmen zur Kapazitäts- und Belastungsanpassung!

Aufgabe 6.5
Was wird im Rahmen der Maschinenbelegungsplanung festgelegt?

Aufgabe 6.6

Aus welcher Branche stammt der „Lean-production"-Ansatz?

Aufgabe 6.7

Welches sind die beiden Kernelemente des Toyota-Produktionssystems?

Aufgabe 6.8

Was ist unter „Just-in-time-Lieferung" bzw. „-Produktion" zu verstehen?

Aufgabe 6.9

Was bezeichnet der Ausdruck „one piece flow"?

Aufgabe 6.10

Wofür steht die Abkürzung „SMED" und in welchem Zusammenhang steht sie zur Just-in-time-Produktion?

Aufgabe 6.11

Was ist ein Kanban?

Aufgabe 6.12

Nennen Sie die sieben Arten der Verschwendung!

Aufgabe 6.13

Was bedeutet „kaizen", welcher deutsche Begriff wird dafür verwendet?

Literatur

Abele, E., Kluge, J., Näher, U. (Hrsg.): Handbuch Globale Produktion. Hanser, München (2006)

Andelfinger, V., Hänisch, T. (Hrsg.): Industrie 4.0: Wie cyber-physische Systeme die Arbeitswelt verändern. Springer Gabler, Wiesbaden (2017)

Blom, H.: Interkulturelles Management, 2. Aufl. nwb, Herne, Berlin (2004)

BMBF (Hrsg.): Industrie 4.0 Innovationen für die Produktion von morgen, 2. Aufl. BMBF, Bonn (2015)

BMBF (Hrsg.): Umsetzungsempfehlungen für das Zukunftsprojekt Industrie 4.0. BMBF, Bonn (2013)

Brunner, F.: Japanische Erfolgskonzepte, 4. Aufl. Hanser, München (2017)

Choi, F.D.S.: International accounting and finance handbook, 2. Aufl. Wiley, New York (1997)

Dickmann, P., et al.: Elemente moderner, schlanker Produktionssysteme. In: Dickmann, P. (Hrsg.) Schlanker Materialfluss mit Lean Production, Kanban und Innovationen, 3. Aufl., S. 1–178. Springer, Berlin, Heidelberg (2015)

Dombrowski, U., et al.: Aspekte der Fabrikplanung für die Ausrichtung auf Industrie 4.0. In: Reinhart, G. (Hrsg.) Handbuch Industrie 4.0: Geschäftsmodelle, Prozesse, Technik, S. 169–190. Hanser, München (2017)

Dunning, J.H.: Toward an eclectic theory of international production – some empirical tests. J. Int. Bus. Stud. **11**(1), 9–31 (1980)

Eckert, C.: Cyber-Sicherheit in Industrie 4.0. In: Reinhart, G. (Hrsg.) Handbuch Industrie 4.0: Geschäftsmodelle, Prozesse, Technik, S. 111–136. Hanser, München (2017)

Grabow, B., Henckel, D., Hollbach-Grömig, B.: Weiche Standortfaktoren. Kohlhammer, München (1995)

Hänisch, T.: In: Andelfinger, V., Hänisch, T. (Hrsg.) Industrie 4.0: Wie cyber-physische Systeme die Arbeitswelt verändern, S. 9–32. Springer Gabler, Wiesbaden (2017)

Hofstede, G., Hofstede, J.G., Minkov, M.: Cultures and organizations – software of the mind: intercultural cooperation and its importance for survival, 3. Aufl. McGraw-Hill, New York (2010)

Lanz, R., Miroudot, S.: Intra-firm trade: patterns, determinants and policy implications. OECD Trade Policy Papers, No. 114. OECD Publishing, Genf (2011)

LEGO (Hrsg.): Group annual report 08 (2008)

Lewis, R.D.: When cultures collide. N. Brealey, London (1996)

Liker, J.K.: Der Toyota-Weg. 14 Managementprinzipien des weltweit erfolgreichsten Automobilkonzerns, 7. Aufl. FinanzBuch, München (2016)

Mankiw, N.G., Taylor, M.P.: Grundzüge der Volkswirtschaftslehre, 4. Aufl. Schäffer-Poeschel, Stuttgart (2008)

Meier, H. (Hrsg.): Einführung in das Internationale Management. nwb, Herne, Berlin (2004)

Neuhaus, R.: Produktionssysteme: Aufbau, Umsetzung, Missverständnisse. In: Institut für angewandte Arbeitswissenschaft (Hrsg.) Produktionssysteme – Aufbau, Umsetzung, betriebliche Lösungen. Bachem, Köln (2008)

Nyhuis, P., et al.: Veränderung in der Produktionsplanung und -steuerung. In: Reinhart, G. (Hrsg.) Handbuch Industrie 4.0: Geschäftsmodelle, Prozesse, Technik, S. 31–50. Hanser, München (2017)

OECD (Hrsg.): OECD.Stats. http://stats.oecd.org. Zugegriffen: 24.Oktober 2013

Ohno, T.: Das Toyota-Produktionssystem. Campus, Frankfurt am Main, New York (2009)

Peren, F.W., Clement, R.: Globale Standortanalyse. Harv. Bus. Manag. **6/1998**, 70–77 (1998)

Perkins, J.: Bekenntnisse eines Economic Hit Man. Riemann, München (2007)

Pindyck, R.S., Rubinfeld, D.L.: Mikroökonomie, 6. Aufl. Pearson, München (2005)

Plattform Industrie 4.0: Industrie 4.0 gestalten. Wegweisend. Vernetzt. Praxisnah. BMWi, Berlin (2017a)

Plattform Industrie 4.0: Facilitating international cooperation for secure industrial Internet of things/Industrie 4.0 (2017b). http://www.plattform-i40.de/I40/Redation/DE/Downloads/Publikation/Secure-Industrial-Internet-of-Things.pdf?__blob=publicationFile&v=3. Zugegriffen: 31. Juli 2017

Przywara, R.: Von Maßen und Massen – Wie Werkzeugmaschinen die Industriegesellschaft formten. PZH-Verlag, Hannover (2006)

Schein, E.: Organizational culture and leadership, 3. Aufl. Wiley, New York (2004)

Schuh, G., Brosze, T., Brandenburg, U.: Grundlagen der Produktionsplanung und -steuerung. In: Schuh, G., Stich, V. (Hrsg.) Produktionsplanung und -steuerung: 1. Grundlagen der PPS, 4. Aufl., S. 11–293. Springer, Berlin (2012)

Shingo, S.: Das Erfolgsgeheimnis der Toyota-Produktion. Eine Studie über das Toyota-Produktionssystem – genannt die „Schlanke Produktion", 2. Aufl. VMI, Landsberg (1993)

Toyota: Toyota production system (2017). http://www.toyota-global.com/company/vision_philosophy/toyota_production_system. Zugegriffen: 28. Juli 2017

Trompenaars, F., Hampden-Turner, C.: Riding the waves of culture: understanding cultural diversity in business, 3. Aufl. N. Brealey, London (2012)

UNCTAD: World investment report. United Nations Publications, Genf (2013)

Weigel, U., Rücker, M.: Praxisguide Strategischer Einkauf. Springer Gabler, Wiesbaden (2013)

Weyer, S., et al.: Die SmartFactory für individualisierte Kleinserienfertigung. In: Reinhart, G. (Hrsg.) Handbuch Industrie 4.0. Geschäftsmodelle, Prozesse, Technik, S. 691–707. Hanser, München (2017)

Wiendahl, H.-P.: Betriebsorganisation für Ingenieure, 8. Aufl. Hanser, München, Wien (2014)

Wöhe, G., Döring, U., Brösel, G.: Einführung in die Allgemeine Betriebswirtschaftslehre, 26. Aufl. Vahlen, München (2016)

Womack, J., Jones, D., Roos, D.: The machine that changed the world: the story of lean production. Harper Collins, New York (1990)

Vertrieb 7

Der Vertrieb sorgt dafür, dass Produkte und Dienstleistungen zu den Kunden und im Gegenzug Erlöse ins Unternehmen gelangen. Für die Kunden sind die Vertriebsmitarbeiter das sichtbare Zeichen eines Unternehmens. Neben der Qualität des Angebots ist daher die Qualität des Vertriebs das zweite Unterscheidungsmerkmal, welches über Kauf oder Nichtkauf entscheidet.

Vertrieb wird gelegentlich auch als **Distribution**, also wörtlich „Verteilung" bezeichnet. Dieser Begriff passt nicht gut zu einer aktiven Kundenansprache und wird daher hier nicht benutzt. Die Begriffe Vertrieb und Verkauf werden umgangssprachlich und teilweise auch in der Marketing-Wissenschaft synonym gebraucht. Hier wird eine genaue Definition verwendet:

- **Verkauf** beinhaltet die Verkaufsvorgänge unmittelbar im Rahmen der Kundenbearbeitung.
- **Vertrieb** umfasst den Verkauf sowie alle Maßnahmen zur Warenbereitstellung.

Der Vertrieb beinhaltet also

- das **Vertriebssystem** (Verkaufsform, Vertriebsorganisation, Vertriebssteuerung),
- die **Vertriebspartnerpolitik** (Vertriebskanal-, Absatzwegpolitik),
- den **Verkauf** (Gewinnung, Pflege und Bindung von Kunden).

Die **Vertriebslogistik** ist in der Praxis meist nicht dem Vertrieb unterstellt, sondern den Produktionswerken, und wird daher an dieser Stelle nicht behandelt.

Kunden können entweder Unternehmen (B2B) oder Privatpersonen (B2C), gelegentlich auch öffentliche Körperschaften (B2A) sein. Die mit dem B2B-Verkauf verbundenen Tätigkeiten sind in Abb. 7.1 zusammengefasst.

© Springer Fachmedien Wiesbaden GmbH 2018
A. Daum, W. Greife und R. Przywara, *BWL für Ingenieurstudium und -praxis*,
https://doi.org/10.1007/978-3-658-20467-9_7

Prozessschritt	Aufgabe
Markterkundung	Suche nach Kunden und/oder Erzeugung von Kundenaufmerksamkeit (z. B. Internet)
Informations-beschaffung	Beschaffung von Informationen über handelnde Personen, Wirtschaftsdaten etc.
Kunden-ansprache	Erstkontaktierung des Kunden
Produkt-präsentation	Präsentation, Suche nach Lösungen, um Kundenziele zu erreichen
Einwand-behandlung	Überwindung psychologischer und sachlicher Kaufhindernisse
Closing	Abschluss des Kaufvertrags, unterstützt durch geschicktes Verhalten des Verkäufers
Nachbereitung, Wartung, Service	Vermeidung von Kaufreue, Vorbereitung von Anschlussaufträgen

Abb. 7.1 Verkaufsprozess. (Nach Kotler (1999b), S. 705)

In den folgenden Unterkapiteln werden die mit dem B2B-Vertrieb verbundenen organisatorischen Maßnahmen, der Verkaufsprozess, die Verhandlungsführung, die Angebotsgestaltung einschließlich rechtlicher Grundlagen und schließlich die Vertriebssteuerung behandelt.

7.1 Vertriebsorganisation

Mit der Wahl der Absatzwege und der Organisationsform trifft ein Unternehmen eine sehr bedeutende Entscheidung für seinen Markterfolg. Mit der Wahl der Absatzkanäle wird zunächst eine strategische Entscheidung getroffen, die dann in Form einer geeigneten Organisation umgesetzt wird.

7.1.1 Absatzkanäle

Unternehmen steht eine Vielzahl von Möglichkeiten offen, sich an die Kunden zu wenden (Abb. 7.2). Dieses kann geschehen, indem das Unternehmen selbst in Erscheinung tritt (direkter Vertrieb) oder indem die Gestaltung der Vertriebswege Fremdunternehmen überlassen wird (indirekter Vertrieb). Nur im indirekten Vertrieb übernehmen die Zwischenhändler ein Eigentum an der Ware.

Der direkte Vertrieb kann entweder durch eigene **Verkaufsorgane** (Innen-, Außendienst einschließlich Tochtergesellschaften) oder durch den sog. **gebundenen Vertrieb** abgewickelt werden. Darunter fallen beispielsweise:

Abb. 7.2 Übersicht über mögliche Absatzwege. (Nach Weis (2012), S. 435)

- **Handelsvertreter** (§ 84 ff. HGB). Sie vermitteln selbständig kontinuierlich für ein Unternehmen Geschäfte oder schließen diese in dessen Namen ab. Ihre Vergütung wird individuell ausgehandelt und kann variable und fixe Bestandteile enthalten.
- **Kommissionäre** (§ 383 ff. HGB). Sie kaufen und verkaufen in eigenem Namen für die Rechnung des beauftragenden Unternehmens, erwerben also kein Eigentum an den Waren. Sie erhalten eine umsatzabhängige Vergütung (Kommission).
- **Handelsmakler** (§ 93 ff. HGB). Sie vermitteln fallweise zwischen zwei Vertragsparteien und haben die Interessen beider Partien zu berücksichtigen, von denen sie i. d. R. anteilig entlohnt werden.
- **Vertragshändler** mit Lieferantenbindung.
- **Franchise-Systeme**.[1]

Die Wahl des Vertriebssystems wird von einer Reihe von Faktoren beeinflusst. Die Vorteile des indirekten Vertriebs liegen in seinen geringen unmittelbaren Kosten (Fixkosten); nachteilig ist die mangelnde Kontrolle über den Verkauf und damit auch über den Endpreis. Letztlich wird ein Teil der Wertschöpfung in fremde Hände gegeben, was sich in geringerem Risiko, aber auch geringeren Gewinnchancen niederschlägt. Selbst ein Vertriebsnetz aufzubauen führt zwar möglicherweise zu höheren Erlösen, ist aber mit hohen Fixkosten und Investitionen verbunden (Abb. 7.3).

---

[1] Vgl. Winkelmann (2013), S. 306, und Weis (2012), S. 449 ff.

Abb. 7.3 Vertriebskosten mit eigenen Mitarbeiter und Absatzmittlern

Die Art der zu verkaufenden Produkte und die Anzahl der Kunden beeinflussen die Wahl des Vertriebssystems. Je breiter und tiefer und je exklusiver das Verkaufsprogramm eines Herstellers ist, desto eher wird er versuchen, eigenständig zu agieren.

- Im Investitionsgüterbereich, gerade beim Verkauf teurer Anlagen und Maschinen, sind die Produkte in der Regel besonders erklärungsbedürftig und erfordern zusätzlich genau abgestimmte Kundendienstleistungen. Da die Anzahl der Kunden meist eher gering ist, dafür aber der Umsatz je Verkauf hoch, spricht vieles dafür, den Vertrieb eigenständig durchzuführen, um die Kontrolle über das Geschäft ausüben zu können.
- Sind dagegen, wie beispielsweise im Lebensmittelbereich, sehr viele Kunden mit Gütern von jeweils nur geringem Wert zu beliefern, wäre der Aufbau eigener Vertriebskanäle mit großer Wahrscheinlichkeit unwirtschaftlich.

Beispiel

Der Vertrieb von Automobilen wird häufig indirekt über ein zweistufiges System aus wenigen Großhändlern und vielen Einzelhändlern abgewickelt. Die Volkswagen AG deckt im deutschen Inlandsmarkt selbst die Großhandelsebene ab und führt ausgewählte Vertragshändler sehr eng. Auslandsmärkte werden dagegen über Generalimporteure (also Großhändler) beliefert, die die dortigen lokalen Händler auswählen.

Es gibt demnach kein Patentrezept für eine ideale Gestaltung der Vertriebskanäle, sondern nur Entscheidungen auf der Basis der individuellen Situation einer Unternehmung (Kunden, Produkte, Größe, Kapitalkraft, Konkurrenzsituation).[2]

---

[2] Vgl. Weis (2012), S. 434 f.

Im Investitionsgüterbereich spielt der indirekte Vertrieb nur eine sehr geringe Rolle. Beispielsweise werden einfache Werkzeugmaschinen und Baumaschinen bisweilen über Baumärkte vertrieben. Ebenfalls über den Handel werden standardisierte Erzeugnisse wie Normteile (z. B. Schrauben), Werkzeuge o. Ä. vertrieben, was mittlerweile überwiegend per E-Commerce abgewickelt wird.

Messen bleiben im Industriegüterbereich wichtige Treffpunkte ganzer Industriezweige (vgl. Abschn. 2.6.4).

Wichtigster Absatzweg gerade bei erklärungsbedürftigen und komplexen Maschinen und Anlagen ist immer noch der Vertrieb über Reisende und/oder Handelsvertreter.[3] Kleinere Anbieter agieren möglicherweise nur aus ihrem Stammsitz heraus, während mittlere und größere Unternehmen sehr umfangreiche Vertriebsnetze aufbauen.

7.1.2 Organisationsformen

Die Vertriebsorganisation ist der festgelegte Rahmen für Strukturen und Abläufe im Vertrieb. Grundsätzliches zur Struktur- und Ablauforganisation eines Unternehmens wird in Kap. 9 (Personal) erläutert. Hier wird auf vertriebstypische Organisationsformen eingegangen, die auf Kundenorientierung und Kostenoptimierung abzielen. Vertriebliche Organisationseinheiten können nach folgenden Prinzipien aufgeteilt werden:

- Verrichtungsprinzip, d. h. Gliederung nach Tätigkeitsfeldern:
  - funktionale Organisation;
- Objektprinzip, d. h. Gliederung nach Regionen, Produkten, Kundengruppen o. Ä.:
  - gebietsorientierte Organisation,
  - produktorientierte Organisation,
  - kundenorientierte Organisation,
  - Matrixorganisation;
- Prozessprinzip, d. h. Gliederung nach kundenorientierten Prozessen.[4]

Funktionale Gliederung
Hier wird der Vertrieb aus der Innensicht des Unternehmens aufgeteilt in Spezialfunktionen einzelner Mitarbeiter, beispielsweise in Kalkulation, Angebotserstellung, Auftragsabwicklung, Außendienst etc. Die Mitarbeiter sind spezialisiert tätig und fühlen sich als Experten, haben aber keinen ganzheitlichen Blick auf den Kundenvorgang und können kaum eigenständig Entscheidungen fällen. Den Überblick besitzt nur die Vertriebsleitung, der sämtliche Funktionen unterstellt sind.

Die funktionale Gliederung in reiner Form ist heute nur noch bei kleineren Unternehmen anzutreffen, die eine sehr geringe Produkt- und Kundenvielfalt aufweisen.[5]

---

[3] Vgl. Weis (2012), S. 436 f.
[4] Vgl. Winkelmann (2013), S. 107.
[5] Vgl. Weis (2010), S. 120.

Gebietsorientierte Organisation

In einer rein gebietsorientierten Organisation verkauft ein bestimmter Verkäufer bzw. ein bestimmtes Team alle Produkte an alle Kunden einer Region. Damit wird eine intensive Marktbearbeitung ermöglicht, der Markt wird überschneidungsfrei bearbeitet, enge Kundenbeziehungen aufgebaut und – auch durch Konkurrenz zwischen den Gebieten – eine relativ kostengünstige Marktbearbeitung ermöglicht.

Allerdings ist es bei einem breiten Produkt- und/oder Kundenspektrum schwierig, den unterschiedlichen Anforderungen gleichermaßen gewachsen zu sein. Routinetätigkeiten stehen im Vordergrund, Verkäufer bauen sich eigene kleine Reiche auf, worunter die Innovationskraft und Einheitlichkeit der Unternehmung leiden.

Verkäufer neigen möglicherweise dazu, sich auf für sie bequeme Produkte zu konzentrieren. Gerade bei komplexen und diversifizierten Produkten bietet sich daher eine rein regionale Gliederung nicht an.[6]

Produktorientierte Organisation

Hier verkauft ein Verkäufer nur bestimmte Produkte bzw. Produktlinien ungeachtet der regionalen Zuordnung. Bei sehr heterogenem und dazu komplexem Produktprogramm ist es sinnvoll, dass sich Verkäufer spezialisieren. Dies wirkt häufig motivierend, da sich die Verkäufer als Experten fühlen. Sinnvoll ist eine produktorientierte Organisation insbesondere dann, wenn das Unternehmen ohnehin in Divisionen aufgeteilt ist.

Nachteilig ist der Mehraufwand, der durch parallele Besuche mehrerer Verkäufer bei einzelnen Kunden entsteht, und ein erhöhter Koordinationsaufwand.[7]

Kundenorientierte Verkaufsorganisation

Für die kundenorientierten Verkaufsorganisation werden Verkaufsabteilungen für bestimmte Kundengruppen, z. B. Kunden verschiedener Industriesektoren wie Metall-, Elektro-, Fahrzeug- chemische Industrie, gebildet. So können bestimmte Kundeneigenheiten und -bedürfnisse gezielt bedient werden; Marktveränderungen werden rasch bemerkt.

Nachteilig sind die relativ hohen Verkaufskosten durch parallele Tätigkeit. Geeignet ist die kundenorientierte Organisation nur, wenn sich die Kunden eindeutig segmentieren lassen.[8]

Matrixorganisation

Nur nach einem Kriterium strukturierte Vertriebsorganisationen haben den Vorteil eines klaren Aufbaus und eindeutiger Vorgesetztenbeziehungen. Mit den Anforderungen des Marktes sind sie in der Realität aber meist nur bedingt vereinbar, so dass kombinierte Formen der Objektorientierung, beispielsweise Gliederungen nach Produkt und Region und zusätzlich nach Funktionskriterien, gewählt werden.

---

[6] Vgl. Weis (2010), S. 121 f.
[7] Ebda., S. 122 ff.
[8] Ebda., S. 124 f.

Abb. 7.4 illustriert eine entsprechende Organisation eines mittelständischen Unternehmens. Im Wesentlichen ist der Vertrieb matrixförmig (Produkt/Region) aufgebaut, wobei einzelne Funktionen wie Werbung und Ersatzteilservice als Stabstellen zuarbeiten.

Mit der Matrix ist der Nachteil einer nicht eindeutigen Vorgesetztenbeziehung einzelner Mitarbeiter verbunden, die mehreren Herrschenden gleichzeitig dienen müssen. In der Praxis sollte eine vernünftige Regelung getroffen werden, wer jeweils das entscheidende Wort spricht.[9] In der beispielhaft dargestellten Matrix (Abb. 7.4) hat die operative Verantwortung die jeweilige Regionsleitung; die Produktverantwortlichen unterstützen bedarfsweise.

Beispiel

Abb. 7.4 zeigt die vor einigen Jahren bestehende Vertriebsstruktur des mittelständischen Unternehmens Beumer/Beckum mit ca. 900 Mitarbeitern. Im Wesentlichen entspricht sie einer Matrix aus produktspezifischer und geographischer Zuordnung.

Beumer hat für seine drei Produktlinien ein komplexes Geflecht des direkten Vertriebs aufgebaut. Dieser wird international in starkem Maße durch gebundene Partner (Handelsvertretungen) abgewickelt. In den stärksten Ländermärkten auf fast allen Kontinenten wurden Tochtergesellschaften gegründet.

Abb. 7.4 Vertriebsstruktur der Firma Beumer/Beckum im Jahr 2002

---

[9] Vgl. Winkelmann (2013), S. 111 f.

Prozessorientierte Organisation

Das Prozessprinzip tritt neben die klassischen Organisationsformen. Mit einer prozessorientierten Organisation wird versucht, den Kunden so schnell wie möglich mit den
notwendigen Informationen, Dokumenten und Produkten zu versorgen. Das bedeutet

- parallele Vorgangsbearbeitung im Team statt zeitraubender sequenzieller Abarbeitung,
- computergestützte Workflows,
- Abbau von Schnittstellen und Vorgängen ohne Wertschöpfung.[10]

Das Prozessprinzip stellt hohe Anforderungen an die Mitarbeiter. Jede/r muss die wesentlichen Bestandteile sämtliche Verkaufsvorgänge präsent haben, um adäquat arbeiten
zu können. Vorgesetztenbeziehungen sind nicht leicht zu realisieren. Insofern hat sich das
Prozessprinzip als alleiniges System fast nirgends durchgesetzt. Prozesselemente werden
aber mehr und mehr auch in den Vertrieb eingebaut, um schnelle Reaktionszeiten auf Anfragen zu gewährleisten.

Key Account Management

Key Account Management bedeutet die gezielte Ansprache von Großkunden mit über-
ragenden Umsatzanteilen, für die eigene Mitarbeiter abgestellt werden. Üblich ist das
beispielsweise bei Automobilzulieferern für bestimmte Fahrzeughersteller, aber auch bei
Herstellern von Lebensmitteln für große Handelskonzerne. Bisweilen sind die Grenzen zu
einer kundenorientierten Organisation fließend.[11]

Großkundenbetreuer werden parallel zur eigentlichen Vertriebsorganisation eingesetzt
und sind zentrale Ansprechpartner für zukünftige Entwicklungen, Projekte, Kaufentschei-
dungen, aber auch im Tagesgeschäft, beispielsweise bei auftretenden Qualitätsmängeln.

7.2 Verkauf von Maschinen und Anlagen

Typische Charakteristika des Investitionsgütergeschäfts liegen in der hohen Komplexität
der Güter (Maschinen und Anlagen), ihrer damit einhergehenden Erklärungsbedürftigkeit
und der oftmals großen räumlichen Distanz zwischen Anbieter und Nachfrager begründet.
Daraus resultiert ein großer Zeitbedarf für den Verkauf von Maschinen und Anlagen. Der
Verkaufszyklus kann sich von Wochen bis zu mehreren Jahren erstrecken, beispielsweise
für den Vertrieb von Kraftwerken.

> **Beispiel**
>
> Ein deutsches Konsortium unter Beteiligung der Unternehmen Krupp Elastomertech-
> nik und Continental AG wurde von dem iranischen Staatsunternehmen Kerman Tires
> 1998 gebeten, ein Lkw-Ganzstahlreifenwerk (Wert ca. 50 Mio. €) anzubieten. 1999

---

[10] Vgl. Winkelmann (2013), S. 112 f.
[11] Vgl. Weis (2010), S. 123.

wurde eine gemeinsame Absichtserklärung (*Letter of Intent – LOI*) sowie ein Vertrag über Wissenstransfer (*Technical Assistance Contract – TAC*) unterzeichnet. Bis zur endgültigen Bestellung der Anlagen vergingen aus politischen und firmenpolitischen Gründen fünf weitere Jahre, die Auslieferung und Inbetriebnahme erfolgte schließlich bis 2006.

7.2.1   Beschaffungsphasen

Modellhaft kann der Ablauf eines solchen Geschäfts in typische Phasen aufgespalten werden, wobei diese aus der Sicht des Anbieters wie des Nachfragers beschrieben werden können. Im Folgenden werden drei praxisrelevante Ablaufmodelle erläutert.

Buygrid-Modell

Bereits 1967 stellten *Faris, Webster* und *Wind* ihr Beschaffungsphasenmodell vor, welches die in Abb. 7.5 aufgeführten Kaufphasen enthält. Alle Phasen werden vollständig normalerweise nur bei einem Neugeschäft durchlaufen. Wird das Produkt ähnlich (Modifikation) oder unverändert (Wiederholkauf) erneut eingekauft, kann auf vorherige Analysen und Erfahrungen zurückgegriffen werden. Die einleitenden Kaufphasen entfallen dementspre-

Kaufphasen	Kaufarten		
	Neugeschäft	Modifikation	Wiederholkauf
1. Vorwegnahme oder Erkennen eines Problems (Bedürfnisses) und einer allgemeinen Lösungsmöglichkeit		--	--
2. Bestimmung der Eigenschaften und Mengen der benötigten Produkte		--	--
3. Beschreibung der Eigenschaften und Mengen der benötigten Produkte		--	--
4. Suche und Bewertung potenzieller Produktquellen		--	--
5. Einholen und Analyse von Angeboten		(--)	--
6. Bewertung der Angebote, Lieferantenauswahl		(--)	--
7. Auswahl eines Bestellverfahrens			
8. Leistungs-Feedback und Leistungsbewertung			

Abb. 7.5 Das Buygrid-Modell nach *Webster/Wind*. (Webster/Wind (1972), S. 24)

chend. Dies berücksichtigend, erweiterten *Webster* und *Wind* ihr ursprüngliches Modell zu einer nach Kaufarten differenzierenden Matrix.[12]

Das Modell von *Webster* und *Wind* weist einige zeitbezogene Charakteristika auf. So wird die technische Lösung offenbar stets vom einkaufenden Unternehmen entwickelt, was sich dann eine Bezugsquelle für die gefundene Lösung sucht. Eine partnerschaftliche Zusammenarbeit mit Lieferanten, an die sogar wesentliche Entwicklungskompetenzen verlagert werden, erschien um 1970 offenbar noch undenkbar.

Beschaffungsphasenmodell nach Backhaus

Das in Abb. 7.6 vorgestellte Phasenkonzept nach *Backhaus* berücksichtigt die mögliche Zusammenarbeit mit Lieferanten bereits in der Phase vor der konkreten Anfrage. Wird beim Nachfrager ein Problem erkannt, so nimmt er eventuell schon Kontakt zu Lieferanten auf, von denen er Hilfe bei der Lösung erwarten könnte. Erste Konzepte werden ausgearbeitet und auf Machbarkeit geprüft.

Auf der Basis erfolgversprechender Lösungsansätze wird ein Lasten- und Pflichtenheft erstellt. Es enthält in strukturierter Form nach VDI/VDE-Richtlinie Nr. 3694 die technische Problemdefinition (Lastenheft) und die Realisierungsanforderungen bzw. die Lösungskonzeption (Pflichtenheft). Lasten- und Pflichtenheft dienen als Grundlage der Anfragen bzw. Ausschreibungsunterlagen.

1. **Voranfragenphase**
   - Problemerkennung beim Nachfrager
   - Erste (informell veranlasste) Aktivitäten bei potenziellen Lieferanten
   - Machbarkeitsstudien
   - Erstellung von Anfragen bzw. Ausschreibungsunterlagen

2. **Angebotserstellungsphase**
   - Angebotserstellung, Rückfragen
   - Angebotsunterbreitung
   - Angebotsbeurteilung

3. **Kundenverhandlungsphase**
   - Verhandlungen
   - Auftragsvergabe

4. **Projektabwicklungsphase**
   - Realisierung
   - Probelauf, Inbetriebnahme
   - vorläufige Abnahme, Gefahrenübergang auf Käufer, Eintritt in die

5. **Gewährleistungsphase**
   - ggf. Mängelbeseitigung, Nachbesserungen

Abb. 7.6 Beschaffungsphasenkonzept nach *Backhaus*. (Vgl. Backhaus/Voeth (2010), S. 43 f.)

---

[12] Vgl. Richter (2001), S. 48 f.

Auch in der Angebotserstellungsphase stimmen sich Lieferanten und die Nachfrage-organisation durch Rückfragen ab. Die eingegangenen Angebote werden nach sachlichen Kriterien wie Funktionserfüllung, Wirtschaftlichkeit etc. verglichen, wobei häufig Methoden wie die Nutzwertanalyse eingesetzt werden.

Vor der Auftragsvergabe wird in der Regel mit mehreren potenziellen Lieferanten verhandelt, wobei Preise und Leistungen überprüft werden.

Die Angebote enthalten im Regelfall konkrete zeitliche Umsetzungsbedingungen und definierte Abnahmebedingungen, beispielsweise eine zu erreichende Ausbringung der Anlagen. Diese Bedingungen sind in der Abwicklungsphase zu erfüllen, um den Gefahrenübergang auf den Käufer zu bewirken und das Recht auf vollständige Bezahlung zu erhalten.[13]

Beschaffungsphasenmodell nach *Richter*
Richter gliedert den eigentlichen Beschaffungsprozess in neun Phasen, die inhaltlich im Wesentlichen den fünf Phasen des Modells nach *Backhaus* entsprechen. Die Neuerung seines Modells ist in der Einbeziehung der **Investitionspausen** nach einer erfolgten Beschaffung zu sehen. Sie ist wesentlich für das Selbstverständnis des Vertriebs von Anbietern im Investitionsgüterbereich. Lösungsbedarfs entwickelt sich nämlich nicht erst, wenn der Nachfrager sein Problem oder einen Bedarf erkennt, sondern nach und nach aus Veränderungen des Unternehmensumfelds oder des Unternehmens selbst (vgl. dazu Abschn. 2.3). Für einen erfolgreichen Investitionsgütervertrieb ist es unbedingt sinnvoll, von diesen in Investitionspausen aufkeimenden investitionswirksamen Veränderungen frühzeitig zu erfahren, sie womöglich sogar selbst zu erkennen, um dann eine Investition zu initiieren. Ein wettbewerbsentscheidender Informationsvorsprung gegenüber der Konkurrenz kann so gewonnen werden, und eine Beteiligung an Lösungskonzepten und gemeinsamen Entwicklungsprojekten wird möglich. Das ist besonders dann vorteilhaft, wenn bis zur Bestellung gar kein Konkurrent mehr einbezogen wird.

Um Investitionspausen vertrieblich zu nutzen, sollten die in den Vertrieb einbezogenen Personen der Nachfrageorganisation, beispielsweise Key-Account-Manager oder technische Spezialisten, ein Vertrauensverhältnis zu Technikern und/oder Einkäufern der Nachfrageseite aufbauen. Auch persönliche Kontakte auf Geschäftsleitungsebene können sehr hilfreich sein: Viele Geschäfte wurden und werden „zwischen Loch 17 und 18" eingeleitet.[14]

7.2.2   Macht und Vertrauen in und zwischen Organisationen

Macht kann definiert werden als das Vermögen, jemandem seinen Willen aufzuzwingen. Unilaterale Macht ist gar das Vermögen einer Seite, die andere ohne ihre Zustimmung ei-

---

[13] Vgl. Richter (2001), S. 50 f.
[14] Richter (2001), S. 51 ff.

nes besonderen Ergebnisses wegen zu unterwerfen. Die Macht des einen, der sog. **Quelle** (*source*), ist die Ohnmacht des anderen, des sog. **Ziels** (*target*).

Macht kann sinnvoll eingesetzt werden, um viele verschiedene Menschen zu koordinieren und an einem gemeinsamen Ziel arbeiten zu lassen. Macht kann aber auch missbraucht werden. Macht ist in Unternehmen und zwischen Unternehmen immer im Spiel. Das Verständnis von Machtstrukturen ist von elementarer Bedeutung für die Unternehmensführung, aber auch für den Vertriebserfolg.

Formen persönlicher Machtausübung

Entscheidungen im Buying und Selling Center sind politische Prozesse. Sie werden durch offene oder informelle Machtstrukturen geprägt. Um zu verkaufen, ist es für Anbieter wichtig, diese Strukturen zu verstehen. Folgende Machtarten werden unterschieden:[15]

(1) **Referenzmacht** (*referent power*)

   ist das Ausmaß, in welchem sich jemand (sog. Ziel) zu einem anderen (Quelle) hingezogen fühlt bzw. mit diesem identifiziert.

> **Beispiel**
>
> Ein Assistent (Ziel) bewundert den erfahrenen Geschäftsführer (Quelle) und richtet sich nach ihm aus.

(2) **Informationsmacht** (*information power*)

   ist das Herrschaftswissen, was jemand (Quelle) anderen (Ziel) voraushat.

> **Beispiel**
>
> Ein Vertriebsleiter (Ziel) hat Informationen über Kunden, die andere Bereichsleiter (Quelle) nicht besitzen.

(3) **Spezialistenmacht** (*expert power*)

   wird durch die Kompetenz einer Quelle gegenüber anderen Personen erzeugt.

> **Beispiel**
>
> Ein technischer Spezialist (Quelle) hat besondere technische Kenntnisse, die die Geschäftsleitung (Ziel) für ihre Entscheidung benötigt.

(4) **Aktivierungsmacht** (*reinforcement power*)

   besteht aus Belohnungsmacht (*reward power*) und Bestrafungsmacht (*coercive power*) einer Quelle gegenüber einem Ziel.

---

[15] Vgl. Richter (2001), S. 98 ff.

Beispiel

Der Entscheider des Buying Centers (Quelle) signalisiert dem beteiligten Einkäufer (Ziel) Unterstützung bei zukünftigen Beschaffungsprojekten, wenn dieser seiner Lieferantenauswahl zustimmt.

(5) **Legitimationsmacht** (*legitimate power*)
  der Quelle herrscht durch den organisatorischen und sozialen Rahmen.

Beispiel

Der Vertriebsleiter (Quelle) ist weisungsbefugt gegenüber den Vertriebsmitarbeitern (Ziel).

(6) **Abteilungsmacht** (*departmental power*)
  entspringt der Bedeutung eines Bereiches (Quelle) und verschafft diesem sowie seinen Mitarbeitern Abteilungsmacht gegenüber dem übrigen Unternehmen (Ziel).

Beispiel

Die Finanzabteilung (Quelle) hat Abteilungsmacht gegenüber der Marketingabteilung (Ziel), weil sie deren Budget zuteilt. Jeder einzelne Mitarbeiter der Finanzabteilung wird daher vom Marketing stets zuvorkommend behandelt.

Macht durch Informationsasymmetrien zwischen Anbieter und Nachfrager

Eine wesentliche Basis des Investitionsgütergeschäfts ist das gegenseitige Vertrauen von Anbieter und Nachfrager. Letztlich möchte der Nachfrager sicher sein, die gewünschte Leistung pünktlich und vollständig zu bekommen; der Anbieter möchte ganz sicher sein, die Gegenleistung in Form von Geld rechtzeitig zu erhalten.

Um eine vernünftige Zusammenarbeit sicherzustellen, werden Verträge geschlossen, in denen Leistung und Gegenleistung genau spezifiziert und das Vorgehen festgeschrieben wird. Verträge ersetzen aber nicht die eigentlich wesentliche Grundlage eines jeden Geschäfts, welches ja stets zum beiderseitigen Vorteil abgeschlossen wird: das Vertrauen.

Der Aufbau von Vertrauen des Nachfragers geschieht meist über längere Zeiträume. Vertrauen wird maßgeblich durch die langjährige Leistung der Anbieter und die Persönlichkeit ihrer Verkäufer beeinflusst (Abb. 7.7).

Vertrauen ist notwendig, um **Informationsdefizite** zu überbrücken, die im Investitionsgütergeschäft notwendigerweise bestehen:

(1) Zunächst hat der Anbieter einen **Informationsvorsprung**, denn er weiß, im Gegensatz zum Nachfrager, genau um die Richtigkeit seines Angebots und die Qualität seiner Lösung.

(2) Nach Abgabe des Angebots kann der Nachfrager mehrere Angebote vergleichen. Er weiß damit mehr als einzelne Anbieter.

Abb. 7.7 Vertrauen des Nachfragers als Basis des Geschäftserfolgs des Anbieters. (Nach Richter (2001), S. 101)

(3) Nach der Entscheidung kann er sich allerdings nicht ganz sicher sein, ob er sich richtig entschieden hat, denn nur der Anbieter weiß, ob er die angebotene Lösung rechtzeitig und vollständig umsetzen kann.

Im sog. *Agency*-**Ansatz** wird das handelnde Subjekt, welches einen Informationsvorsprung besitzt, als **Agent** bezeichnet. Sein ihn zwar beauftragendes, aber nur unvollständig informiertes Gegenüber ist der **Prinzipal**. In Abb. 7.8 wird die beschriebene Informationsasymmetrie zwischen Investitionsgutanbieter und -nachfrager grafisch verdeutlicht.

Ein Informationsvorsprung bedeutet also stets eine gewisse Machtposition gegenüber dem Partner. Wird diese zum Nachteil des Anderen selbstsüchtig ausgenutzt, spricht man von **Opportunismus**, d. h. einer „Verfolgung von Eigeninteressen unter Zuhilfenahme von List"[16].

Im Investitionsgütergeschäft sind vor allem folgende Fälle relevant:

- Falschauswahl (*adverse selection*),
- eigennütziges riskantes Verhalten nach Vertragsabschluss (*moral hazard*),
- überfallartige Übervorteilung nach Vertragsabschluss (*hold-up*).

Adverse Selection bedeutet, dass der Anbieter den Nachfrager wissentlich falsch oder ungenügend über das Angebot in Kenntnis setzt, welches verborgene Mängel (*hidden characteristics*) aufweist. *Adverse Selection* erfolgt vor Vertragsschluss.

---

[16] Richter (2001), S. 110.

Abb. 7.8 Rollenwandel in der Agency-Beziehung. (Nach Richter (2001), S. 109)

Beispiel

Der Inhaber einer Lkw-Flotte ist sich mangels detaillierter Informationen über die Zuverlässigkeit einer neuen Servicefirma im Unklaren.

Moral Hazard bedeutet, dass der Agent nach Vertragsschluss verborgene Handlungen (*hidden actions*) zum Nachteil des Nachfragers durchführt.

Beispiel

Ein Zulieferer baut heimlich minderwertige Bauteile in eine für den Kunden nicht einfach zu öffnende Baugruppe ein.

Hold-up geschieht durch Ausnutzung vorhandener Vertragslücken, auf die im Vorfeld bewusst hingearbeitet wurde. Es erfolgt also eine überfallartige Übervorteilung nach Vertragsschluss aufgrund verborgener Absichten (*hidden intentions*).

Beispiel

Ein Aluminiumhersteller errichtet ein neues Werk und ist auf die Energielieferungen eines benachbarten Kraftwerks angewiesen, mit dem ein Vertrag geschlossen wird. Dieser enthält eine Preisanpassungsklausel. Die Energiepreise werden nun durch den Kraftwerksbetreiber unmittelbar nach Fertigstellung des Aluminiumschmelzwerks mit Hinweis auf die Entwicklung an den Rohstoffmärkten schlagartig drastisch erhöht.

Um opportunistisches Verhalten zu verhindern, gibt es eine Vielzahl von Gegenmaßnahmen auf Anbieter- und insbesondere Nachfragerseite.

Adverse Selection, also vorvertraglichem Opportunismus, kann durch besonders sorgfältige und systematische Lieferantenauswahl (*screening*) begegnet werden. Seriöse Anbieter werden versuchen, sich durch Qualifikationsmaßnahmen (Selbstauswahl des Lieferanten) und Qualitätssicherungsmaßnahmen von schlechten Lieferanten abzugrenzen.

Gegen *Moral Hazard* kann der Nachfrager **Anreizsysteme** für hochqualitative Lieferungen einrichten, fortlaufend die Qualität, Liefertreue etc. überwachen (*monitoring*) und
auch **Qualitätsaudits** im Rahmen bestimmter **Qualitätssicherungssysteme** durchführen.
Besonders wirksam ist die sog. **Geiselnahme** des Anbieters, der spezielle, auf den Nachfrager zugeschnittene Investitionen tätigen muss. Der Anbieter kann seinem Kunden auch
freiwillig entgegenkommen, indem er sich zertifizieren lässt und in spezielle Produktionsanlagen investiert. Eine hohe Reputation des Anbieters wird er nur schwerlich durch
Moral Hazard gefährden wollen.

Auch *Hold-up* kann durch Verpflichtungen zu spezifischen Investitionen beim Partner vorgebeugt werden. Ebenso kann eine große Autorität des Prinzipals den Anbieter
von *Hold-up* abhalten. Auf Anbieterseite stehen Selbstbindung und Reputation im Vordergrund, um Vertrauen zu garantieren.[17]

7.2.3 Buying Center und Selling Center

Um Investitionsgüter erfolgreich zu verkaufen, ist es hilfreich, das Verhalten der am Kauf
beteiligten Personen genau zu verstehen. Mit steigender Komplexität der Maschinen und
Anlagen und einem hohen Wert einzelner Transaktionen können den Verkauf wie den
Einkauf nicht mehr einzelne Personen durchführen, sondern ein arbeitsteiliges Vorgehen
ist notwendig. Bei sehr großen Investitionen, z. B. dem Kauf einer Fertigungsstraße zur
Automobilherstellung, werden in den Kauf und Verkauf von Investitionsgütern sehr viele
Bereiche der verkaufenden und kaufenden Unternehmung einbezogen, beispielsweise die
Geschäftsleitung, Juristen, Forschung und Entwicklung und Einkauf sowie die Fertigung
(vgl. Abb. 7.9).

In all diesen Bereichen agieren Menschen individuell abhängig von ihrer Persönlichkeit, hierarchischen Stellung und Fachkompetenz. Sie prägen gemeinsam ein überin-
dividuelles „Verhalten" der beschaffenden und der anbietenden Unternehmung, genau wie
umgekehrt die Unternehmung ihre Mitarbeiter prägt. Das resultierende Entscheidungs- und
Informationsverhalten wird als **organisationales Verhalten** bezeichnet. Auf der Einkaufs-
seite spricht man von **organisationalem Beschaffungsverhalten**, auf der Verkaufsseite
von **organisationalem Absatzverhalten**.

Die sich projektartig und i. d. R. informell zusammenfindende Gruppe der handelnden
Personen im Beschaffungsprozess wird als **Buying Center**, die des verkaufenden Unternehmens als **Selling Center** bezeichnet. Nachfolgend werden diese Beschaffungs- bzw.

---

[17] Vgl. Richter (2001), S. 110 ff.

Abb. 7.9 Mögliche Teilnehmer am Buying- und Selling Center. (Nach Richter (2001), S. 79)

Absatzgremien genauer betrachtet und das Zusammenwirken der in ihnen handelnden Personen analysiert.

Beispiel

Es gibt auf dem Weltmarkt nur sehr wenige Hersteller von Pkw-Bremssystemen, denen ebenfalls wenige Fahrzeughersteller gegenüberstehen. Eigentlich liegt somit ein bilaterales Oligopol vor. In der konkreten Beschaffungssituation schreibt jedoch nur einer der Fahrzeughersteller seinen Bedarf aus; beispielsweise sucht VW einen Bremsenlieferanten für ein neues VW-Golf-Modell. In diesem Moment hat der Nachfrager eine monopolartige Stellung. Um seinen Auftrag buhlen mehrere Hersteller von Bremssystemen. Der Autobauer hat also, obwohl es mehr Fahrzeug- als Bremssystemhersteller gibt, die bessere Verhandlungsposition.

In die Verhandlungen sind aufgrund der sehr komplexen und speziellen Technik und der Höhe des Beschaffungsvolumens auf Angebots- wie Nachfrageseite zusätzlich zum Ver- bzw. Einkäufer mindestens weitere Techniker involviert. Es besteht also ein Buying Center und ein Selling Center.

Das Buying Center findet sich also für eine anstehende Beschaffungsentscheidung zusammen. Es ist

- problemspezifisch tätig (in eine konkrete Beschaffung involviert),
- informell konstituiert.
- kann auch Außenstehende beinhalten (z. B. Unternehmensberater),
- hat Mitglieder, die verschiedene Rollen spielen, d. h. eine bestimmte Funktion ausüben.

Nicht jeder Einkauf erfordert überhaupt ein Buying Center. Wiederholkäufe und modifizierte Einkäufe, aber auch der Kauf relativ einfacher und niederwertiger Güter können auch von qualifizierten Einkäufern allein abgewickelt werden. Im Allgemeinen gilt: Je spezieller die Beschaffung und je höher das Beschaffungsvolumen, desto mehr Personen werden in die Einkaufs- bzw. Verkaufsentscheidung einbezogen.[18]

7.2.4 Rollenmodell des Buying Centers als Schlüssel zum B2B-Vertriebserfolg

Miller/Heiman unterscheiden aus der Verkäufersicht vier maßgebliche **Rollen** im Buying Center des Investitionsgüteranbieters:

- Entscheider,
- Anwender,
- Wächter,
- Coach.[19]

Entscheider

Der Entscheider spricht das letztlich entscheidende „Ja". Wer entscheidet, hängt vom Auftragswert, der wirtschaftlichen Lage des Unternehmens und den voraussichtlichen Auswirkungen der Investition auf das Unternehmen ab. Bei kleineren Firmen kann der Inhaber der Entscheider sein, in großen Unternehmen der Vorstand, bei geringerem Anschaffungswert aber auch eine hierarchisch deutlich niedrigere Person. Entscheider müssen stets die Frage beantworten, ob der **ROI** (*return on investment*) die Investition rechtfertigt.

Anwender

Die Rolle der Anwender besteht darin, den Nutzen des Produkts für ihren speziellen Tätigkeitsbereich zu beurteilen. Sie konzentrieren sich auf Bedienerfreundlichkeit, Zuverlässigkeit, Serviceleistungen, Schulungsbedarf, Ausfallquoten, Wartung, Sicherheit o. Ä. Anwender fragen sich, was ihnen das Produkt für ihren Job bringt. Auf der Anwenderebene entscheidet sich der langfristige Geschäftserfolg, denn nur ein gutes Produkt kann zu einer dauerhaften Partnerschaft führen.

Wächter

Wächter können den Kauf zwar nicht genehmigen, aber verhindern – und sie tun das oft. Wächter prüfen das Kaufangebot auf unterschiedliche Arten, die ihrem Kompetenzbereich entsprechen. Dies kann technisch, wirtschaftlich, rechtlich, bisweilen auch zwischenmenschlich geschehen. Dementsprechend sind die Personen technische Spezialisten, Controller, Mitglieder der Rechtsabteilung, aber vielleicht auch die Sekretärin, auf deren persönliches Urteil der Chef (Entscheider) Wert legt. Der Wächter fragt: „Werden unsere Anforderungen erfüllt?" Wächter können auch externe Personen sein, z. B. Mitglieder einer Genehmigungsbehörde.

---

[18] Vgl. Richter (2001), S. 76 f.
[19] Vgl. Miller/Heiman (1999), S. 75 ff.

Coach

Der Coach ist eine Person, die einerseits die Personen innerhalb des Buying Centers gut kennt und dort Glaubwürdigkeit besitzt, andererseits besonders vertrauensvoll mit dem Verkäufer zusammenarbeitet und diesen unterstützt. Der Coach kann der Käuferorganisation entstammen, gelegentlich aber auch in der Verkäuferorganisation oder extern, beispielsweise bei einem Unternehmensberater, gefunden werden. Er beschafft und beurteilt Informationen über den aktuellen Stand der Verhandlung und die Kaufbeeinflusser. Ein Coach ist, im Gegensatz zu den anderen Rollen im Buying Center, nicht einfach vorhanden, sondern muss vom Verkäufer aufgebaut werden.

Eine Person kann auch mehrere Rollen spielen; manchmal bleiben einzelne Rollen unbesetzt. Die Rollenverteilung hängt ab von

- Hierarchie,
- Fachkompetenz,
- Informationsverhalten,
- Einflussstärke,
- Psyche,
- sozio-kulturellen Faktoren.

Aus Sicht des Anbieters ist es wichtig, die Rollen der einzelnen Mitglieder des Buying Centers zu verstehen. So wird es möglich, das organisationale Verhalten in die gewünschte Richtung zu lenken. Eine möglichst vollständige Übersicht über das Buying Center beantwortet folgende Fragen:

- Welche Personen mit welchen Funktionen gehören zum Buying Center?
- Welche sachlichen und persönlichen Interessen verfolgen die Mitglieder?
- Welches aktive und passive Informationsverhalten zeigen diese Personen?
- Welches Entscheidungsverhalten haben die einzelnen BC-Mitglieder?
- Welche Bedeutung hat jedes einzelne Mitglied in den Phasen des Kaufprozesses?[20]

Eigeninteressen als Schlüssel zum Verkaufserfolg

Die Beschaffungsentscheidung für ein Investitionsgütergeschäft erfolgt üblicherweise auf der sachlichen Basis einer Nutzwertanalyse (Kosten-Nutzen-Verhältnis) und einer Investitionsrechnung. Rein logisches und rationales Handeln ist aber auch im Investitionsgütergeschäft nicht vollständig gegeben: Alle beteiligten Individuen haben ihre persönliche und gefühlsbeeinflusste Sicht auf den Verkaufsprozess. Wichtig aus Verkäufersicht ist es, diese individuelle Wahrnehmung zu akzeptieren und zu verstehen. Alle Kaufbeeinflusser müssen daher auch individuell kontaktiert und angesprochen werden!

Um die Mitglieder des Buying Centers für den Kauf zu gewinnen, sollte der persönliche Gewinn der Kaufbeeinflusser aus dem Geschäft verstanden werden, denn dieser ist entscheidend für ihre Unterstützung. Dieser Gewinn beruht auf den Eigeninteressen. Solchen

---

[20] Vgl. Pförtsch/Godefroid (2013), S. 53 ff.

Entscheider	Anwender
· Geringe Anschaffungskosten · Hoher Return on Investment (ROI) · Finanziell vertretbar · Steigerung der Produktivität · Ertragssteigerung · Verstetigter Cash-flow · Verstärkte Flexibilität	· Zuverlässigkeit · Gesteigerte Effizienz · Arbeit besser, schneller, leichter · Leichte Einarbeitung und Anwendung · Erweiterte Fertigkeiten, vielseitiger Einsatz · Hervorragender Service · Erfüllte Leistungsanforderungen, beste Lösung
Wächter	Coach
· Produkt erfüllt Kriterien der Ausschreibung · Termingerechte Lieferung · Beste technische Lösung · Günstigstes Angebot · Hoher Nachlass · Gutes Preis-Leistungs-Verhältnis · Zuverlässigkeit	· Anerkennung · Sichtbarer Erfolg · Durchschlagendes Ergebnis · Leistet guten Beitrag · Wird als Problemlöser angesehen

Abb. 7.10   Positive Resultate für die Käufer. (Nach Miller/Heiman (1999), S. 157)

Interessen möglicherweise entsprechende Ergebnisse werden in Abb. 7.10 zusammengefasst.

Der persönliche Gewinn ist keinesfalls zu verwechseln mit dem monetären Gewinn des Verkäufers. Er ist erkennbar auch nicht für alle Rollen gleich. Natürlich ist auch die unmittelbare Bereicherung in Form von Bestechungsgeldern hier ausdrücklich nicht gemeint.

Die von den Käufern wirklich angestrebten persönlichen Gewinne können auf drei Arten ermittelt werden:

- indirekte Rückschlüsse aus Resultaten, die Käufer anzustreben scheinen, oder dem Wissen über deren Wertvorstellungen oder persönlichen Lebensstil;
- direkte Fragen an die Kaufbeeinflusser, die auf deren Haltung oder Gefühle in der Verkaufssituation abzielen;
- Befragung eines Coaches nach den Eigeninteressen der Käufer.

Selling Center als Pendant zum Buying Center

Mit steigender Komplexität der verkauften Güter werden für einen qualifizierten Verkauf mehr und mehr Fachleute herangezogen. Der Verkäufer im Außendienst, der für einfache Güter Konditionen individuell anpassen kann, tritt in den Hintergrund und dient im Anlagenverkauf hauptsächlich als Koordinator der Verkaufsaktivitäten. Die folgenden weiteren Rollen entsprechen denen des Buying Centers, allerdings in etwas abgewandelter Form:

- Entscheider fällen die Verkaufsentscheidung.
- Wächter können aus dem Controlling, der Finanz- und Rechtsabteilung, aber auch technischen Bereichen wie F&E sowie Produktion entstammen. Sie prüfen die Machbarkeit des Angebots. Aber auch den Informationsfluss beeinflussende Personen wie Assistenten oder Sekretärinnen können Wächterfunktion haben.

Außerdem halten vielfach neben dem Verkäufer weitere Personen Kontakt zum Kunden, beispielsweise technische Produktspezialisten, die sich mit Fachleuten des Nachfragers besprechen. Die Techniker des Kunden werden damit zu potenziellen Coaches. Derartige Kontakte können daher maßgeblich zum Vertriebserfolg beitragen.

7.3   Persönlicher Verkauf

Persönlicher Verkauf beinhaltet den persönlichen Umgang von Verkäufern mit Kunden. Dabei stoßen Persönlichkeiten aufeinander, die durch Veranlagung, Erziehung und Erfahrung zu dem geworden sind, was sie sind – und das kann ähnlich, aber auch sehr unterschiedlich sein. Gleichwohl sollten beide in einer Verkaufssituation vernünftig miteinander umgehen, denn ein Kaufvertrag nützt letztlich beiden Seiten, sonst würde er nicht geschlossen.

Ein klassisches Modell des Verkaufsprozess ist die bereits 1898 von *Elmar Lewis* entwickelten AIDA-Formel (Abb. 7.11). Der Verkäufer muss zunächst die Aufmerksamkeit (*attention*) eines Kunden erwecken, der günstigenfalls Interesse bekundet (*interest*), einen Kaufwunsch entwickelt (*desire*) und schließlich über die Kaufschwelle getragen wird (*action*). Für den B2B-Bereich ist diese Formel nicht hinreichend, da sie nur auf den einmaligen Verkauf zielt, während das Geschäftsinteresse doch in einer langfristigen Zusammenarbeit liegen sollte. Es müsste also über den Einmalverkauf hinaus gelingen, nachhaltige Kundenzufriedenheit (*satisfaction*) zu erwecken und so eine Kundenbeziehung aufzubauen, die von Verbundenheit (*loyality*) mit dem Lieferanten geprägt ist.

In der Praxis gelingt es viel zu selten, eine solch intensive Kundenbeziehung zu begründen. So ergab 1998 eine Studie der Unternehmensberatung *Arthur D. Little*, dass

Abb. 7.11   Erweiterte AIDA-Formel

nahezu 70 % der befragten Unternehmen ihr Lieferant vollkommen gleichgültig war. Gerade in technisch anspruchsvollen Märkten wie dem Maschinen- und Anlagenbau sollte das anders sein. Neben der technischen Kompetenz ist der systematische Aufbau guter und verlässlicher persönlicher Beziehungen des Außendienstes und der Servicebereiche eines Unternehmens zu den Kunden ein Schlüssel dafür, dass Lieferanten nicht austauschbar sind. Diese Art der Kundenpflege wird als **Kundenbeziehungsmanagement** (*customer relationship management, CRM*) bezeichnet.

Um mit anderen Menschen gut und geschickt umzugehen, ist es zunächst wichtig, ihr Verhalten zu verstehen. In den folgenden Unterkapiteln werden dazu psychologische Grundlagen beschrieben, Kaufmotive dargelegt und je eine Kunden- und Verkäufertypologie entwickelt. Auf dieser Basis wird dann näher eine geschickte Verkaufsgesprächsführung beschrieben, die insbesondere den Umgang mit Einwänden und Konflikten beinhaltet, zum Verkaufsabschluss hinführt (*closing*) und den Käufer mit dem Gefühl verabschiedet, einen guten Kauf gemacht zu haben.

Im B2B-Verkauf beeinflussen organisationales Verhalten und eine rationale Entscheidungsgrundlage die Verkaufssituation. Dennoch können auch für den Umgang mit Industriekunden die wesentlichen Erkenntnisse sinngemäß angewendet werden.

7.3.1 Psychologische Grundlagen

Als Grundlage der psychologischen Betrachtung wird hier die Transaktionsanalyse verwendet. Diese Methode wurde von *Eric Berne* auf der Basis gängiger psychologischer Ansätze (insb. Freud) entwickelt. Die gut auf Vertriebssituationen adaptierbare Methode zeichnet sich aus durch

- klare Verbindung verhaltenspsychologischer Ansätze und der Tiefenpsychologie,
- hohe Praxisorientierung, verbunden mit schnellen Erfolgen,
- einen einfachen, anschaulichen Wortschatz.

Transaktionen

Grundlage des hier vorgestellten transaktionsanalytischen Modells ist eine Kategorisierung der sog. Ich-Zustände.

Auch der erwachsene Mensch verhält sich nicht stets erwachsen-rational (**Erwachsenen-Ich**), sondern verhält in bestimmten Situationen sehr kindlich-emotional (**Kind-Ich**), bisweilen aber auch aus tiefer innerer Überzeugung – da ungeprüft in der Kindheit übernommen – schulmeisterlich-belehrend, ohne wirklich über die Dinge nachzudenken (**Eltern-Ich**).[21]

Wenn Menschen mit anderen Menschen kommunizieren, nehmen sie situativ einen gewissen Ich-Zustand an und richten sich an ein bestimmtes Ich ihres Gegenübers. Die Ant-

---

[21] Vgl. Clarkson (1996), S. 18.

Tab. 7.1 Ich-Zustände und Verhaltensmerkmale in Verkaufsgesprächen. (In Anlehnung an Weis (2003), S. 84 ff.)

Ich-Zustand	Steuerungs-mechanismen	Verhalten	Nonverbale Kommunikation	Typische Redewendungen
EL (Eltern-Ich) Aus den ersten fünf bis sechs Lebensjahren unge-prüft übernommene oder aufgezwungene Muster werden abgespult.	Normen Gebote Verbote Maximen	auto-matisch	Gerunzelte Stirn Hochgezogene Brauen Gerümpfte Nase Verschränkte Arme Missbilligende Blicke Väter-/Mütterliche Haltung	„Sie dürfen nicht ..." „Grundsätzlich sollen ..." „Es empfiehlt sich ..."
ER (Erwachsenen-Ich) Die zielgerichtete Nutzung von Reizen und Informatio-nen beginnt im Babyalter, es folgt Reflexionsfähigkeit.	Rationale Ausein-andersetzung mit der Realität	überlegt	Entspannt Mit Blickkontakt Lebhaft	„Wie hoch ist Preis .. „Ich finde (glaube) ..." „Wahrscheinlich ..." „Meiner Meinung ..." „Möglich."
KI (Kind-Ich) Impulse, die in der Kind-heit zu bestimmten Reak-tionen geführt haben, wer-den im Erwachsenenalter unbewusst so oder ver-feinert wiedergegeben.	Gefühlsmäßige Reaktion auf Ereignisse	intuitiv angepasst spontan/ natürlich	Emotional, von weinerlich bis zum Lachen, Wutanfällen, Achselzucken, Drohgebärden	„Prima!" „Ich will unbedingt ..." „Dies ist alles sehr traurig ..."

wort erfolgt ebenfalls aus einem gewissen Ich-Zustand an einen bestimmten Ich-Zustand des Gegenübers.

In der Übersicht (Tab. 7.1) werden die Ich-Zustände charakterisiert und aufgezeigt, woran sie nonverbal und verbal erkannt werden können.

Entsprechen sich die Ich-Zustände der handelnden Personen bei beiden Botschaften, so spricht man von einer **parallelen Transaktion**. Beispielhaft wird dies in Abb. 7.12 gezeigt, wo sich Verkäufer und Käufer auf der Ebene des Erwachsenen-Ichs austauschen.

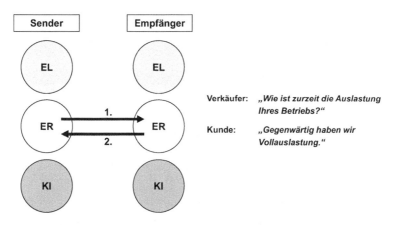

Abb. 7.12 Parallele Transaktion

Nicht immer verlaufen Transaktionen parallel. Häufig wird auch in Verkaufsgesprächen die Sachebene verlassen. Es kann dann leicht zu Missverständnissen kommen, wie Abb. 7.13 zeigt. Der von einem Verkäufer sachlich angesprochenen Kunde fühlt sich, womöglich weil sein Betrieb gerade schlecht läuft, „auf den Schlips getreten" und sagt als Antwort im übergetragenen Sinne: „Du, du, das tut man nicht!" Er kreuzt damit die Ebene des Erwachsenen-Ichs, indem er aus dem Eltern-Ich an das Kind-Ich appelliert.

Als Verkäufer ist es wichtig, jetzt nicht patzig-emotional zu reagieren, also wie ein trotziges Kind, sondern den Kunden ins Erwachsenen-Ich zurückzubringen. Beispielsweise könnte der Verkäufer sagen: „Es tut mir leid, ich wollte sie keinesfalls ausfragen, sondern lediglich einige Eckdaten für unsere Systemlösung abklopfen, um diese angemessen zu dimensionieren. Welchen Durchsatz erwarten Sie denn in der kommenden Zeit?"

Der Umgang mit einer offensichtlichen **gekreuzten Transaktion** ist nicht immer leicht, aber doch möglich. Schwieriger ist es, wenn die wahren Gedanken eines Gesprächspartners verborgen bleiben, wie das in Abb. 7.14 der Fall ist. Derartige **verdeckte Transaktionen** machen das Verhandeln generell schwierig, weil die Verhandlungspartner im Nebel herumstochern.

Bisweilen kann der Grund einer verdeckten Transaktion im internationalen Geschäft auch einfach sein, dass Botschaften aufgrund eines unterschiedlichen kulturellen Hintergrunds anders verpackt und verstanden werden. Sie sind also nur scheinbar verdeckt, für einen Menschen mit gleichem kulturellem Hintergrund oder Wissen aber durchaus verständlich.

Zusammenfassend lässt sich feststellen: Für Verkaufsverhandlungen ist es in der Regel hilfreich, wenn diese soweit wie möglich auf der Ebene des Erwachsenen-Ichs vollzogen werden, d. h. die Kommunikation sollte sich auf der Ebene des Erwachsenen-Ichs bewegen. Dazu sollte der Verkäufer seine Äußerungen soweit wie möglich aus dem Erwachsenen-Ich-Zustand steuern und seine Eltern- und Kind-Ich-Anteile zu kontrollieren

Abb. 7.13 Gekreuzte Transaktion

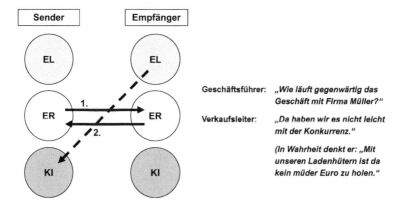

Abb. 7.14 Verdeckte Transaktion

versuchen. Sinnvolle Verkaufsgespräche beinhalten demnach möglichst viele parallele Transaktionen.[22]

Grundhaltungen

Grundhaltungen sind in der frühen Entwicklungsphase entwickelte Überzeugungen über uns selbst, unsere Mitmenschen und die Welt, die uns umgibt. Grundeinstellungen stellen die Haltung dar, die wir einnehmen, wenn es um den Wert geht, den wir uns (Ich) und unseren Mitmenschen (Du) zuschreiben.

Die Transaktionsanalyse beschreibt vier idealtypische Grundhaltungen:[23]

Ich bin o. k.	Du bist o. k. (o. k. – o. k.)	gesund
Ich bin o. k.	Du bist nicht o. k. (o. k. – nicht-o. k.)	paranoid
Ich bin nicht o. k.	Du bist o. k. (nicht-o. k. – o. k.)	depressiv
Ich bin nicht o. k.	Du bist nicht o. k. (nicht-o. k. – nicht-o. k.)	schizoid

Im Grunde sagt *Berne* mit der o. k.-o. k.-Haltung dasselbe wie die Bibel, nämlich: „Liebe Deinen Nächsten wie Dich selbst."[24] Er war offenbar ein unverbesserlicher Optimist, denn er ging davon aus, dass jeder Mensch zu einer entsprechenden Haltung fähig sei.[25]

Nur die erste Grundhaltung (o. k. – o. k.) ist dementsprechend geeignet für den Aufbau dauerhafter Vertriebsbeziehungen. Die anderen sind kontraproduktiv, ja gefährlich:

---

[22] Vgl. Weis (2003), S. 86 ff.
[23] Vgl. Clarkson (1996), S. 31.
[24] 3. Mose 19, 18 bzw. Mt. 22, 39.
[25] Vgl. Clarkson (1996), S. 31 f.

- Der Mitarbeiter macht sich klein und seine Firma/sein Produkt schlecht (nicht-o. k. – o. k.),
- evtl. zusätzlich sogar den Partner (nicht-o. k. – nicht-o. k.),
- oder er ist überheblich und überhöht sich selbst (o. k. – nicht-o. k.).[26]

7.3.2 Käufer- und Kaufmotive

Es gibt drei Komponenten, die einen Kunden veranlassen können, etwas Bestimmtes zu kaufen:

- Der **Bedarf** entscheidet über das Produkt.
- **Wünsche** entscheiden über die Variante des Produkts oder der Dienstleistung.
- **Motive** sind dauerhafter als akute Wünsche.

Beispiel

Der Kunde braucht ein neues Auto, weil das alte kaputt ist. → Bedarf

Das Auto soll Ledersitze haben und mindestens 200 PS. → Wünsche

Der Kunde legt Wert auf gehobenen Lebensstandard, strebt nach Prestige. → Motiv

Extrem übersteigerte Motive wirken stärker als der rationale Verstand. Geschickte Verkäufer nutzen dies, indem sie zunächst die Kundenmotivation herausfinden und dann ihre Verkaufsargumente darauf abstimmen. Dies gilt im Bereich privater Endkunden, kann aber, neben Sachargumenten, auch im B2B-Bereich genutzt werden. Beispielhaft werden nachstehend einige **Kaufmotive** aufgeführt und der Umgang mit Kunden einer entsprechenden Motivlage beschrieben.

Gewinnstreben
erkennt der Verkäufer daran, dass der Kunde sich besonders für Zahlen interessiert, vorgerechnet haben will und nachrechnet. Betrügerische Finanzberater nutzen das Phänomen und bringen die klügsten Leute mit windigen Anlagegeschäften um ihr Geld.

Sparsamkeit
ist mit dem Gewinnstreben eng verwandt. Verkäufer erkennen einen Sparsamen daran, dass er zuerst den Preis wissen will. Hier muss der Verkäufer die Grundregel, zuerst mit Nutzen, dann mit dem Preis zu kommen, umdrehen. Der Sparsame ist Schnäppchenjäger, den man mit Billigversionen, Gelegenheiten und Ausverkäufen locken kann.

---

[26] Vgl. Schulze (2002), S. 148.

Prestige-/Luxusstreben

erkennt man als Verkäufer daran, dass empfindlich auf jeden Preishinweis reagiert wird. Diese Kunden ärgert das Gefühl, der Verkäufer unterstellt ihnen, sie müssten über Geld nachdenken. Der Verkäufer überzeugt damit, dass sich dieses Produkt nicht jeder leisten kann, dass es in den richtigen Kreisen im Trend liegt.

Weitere Kaufmotive können sein:

- Selbstverwöhnung (Ansprache z. B.: „Das können Sie sich doch gönnen!"),
- Bequemlichkeit (Ansprache z. B.: „Wir machen das für Sie!"),
- Tatendrang (Ansprache z. B.: „vielfältige Funktionen"),
- Spaß, Unterhaltung, Erlebnis (z. B. Autoauslieferung in der Autostadt),
- Liebe und Zuwendung (intensives Kundengespräch),
- Gutes tun (Ansprache z. B.: „geringer Schadstoffausstoß"),
- Sicherheit, Selbsterhaltung (Ansprache z. B. durch Referenzen),
- Abenteuerlust, Risikobereitschaft (Ansprache z. B. an Pionierkunden),
- Autonomie und Selbstbehauptung (Ansprache z. B. durch Kampf um Rabatte).[27]

Die besten Argumente sind nutzlos oder sogar kontraproduktiv, wenn sie das falsche Motiv ansprechen! So wird ein nach Prestige strebender Kunde von einem besonders günstigen Preis eher abgestoßen sein. Daher muss vor der Argumentation die Motivation des Kunden erst erkannt werden. Wie macht man das?

Schlechte Verkäufer brennen vor Eifer, das Produkt anzupreisen. Gute Verkäufer bemühen sich dagegen, ihre Kunden zum Reden zu bringen. Dieses geht gut mit offenen Fragen: „Was erwarten Sie von . . . ?", „Worauf legen Sie besonderen Wert?", „Welche Vorstellungen haben Sie?", „Was haben Sie mit . . . vor?" Danach hören diese Verkäufer gut zu und beobachten. Manches lässt sich auch aus Kleidung und Verhalten erschließen.

Es reicht, die wichtigsten Motive zu erkennen. Erst wenn der Kunde „sich leer geredet" hat, mit den für ein bestimmtes Motiv zurechtgelegten Argumenten beginnen. Professionelle Vorbereitung umfasst eine Antwort auf *alle* möglichen Motive.

Beispiel

Bequemlichkeit „Wir liefern frei Haus."
Sparsamkeit   „Es ist kein Pflegeaufwand notwendig."

. . .

---

[27] Vgl. Kellner (2002a); S. 162 ff.

Bei der Argumentation ist Folgendes zu beachten:

- Sprechen Sie niemals ein Motiv offen an.

Beispiel

Falsch: „Wie ich sehe, sind Sie ein sicherheitsorientierter Mensch."
Richtig: „Mit diesem Produkt kann gar nichts schiefgehen."

- Schließen Sie nicht von eigenen Motiven auf die des Kunden.

Beispiel

Vielleicht sind Sie sparsam Mensch und halten die kostengünstigste Variante für die beste. Das kann ihr Kunde ganz anders sehen. Womöglich beleidigt ihn sogar Ihr Hinweis auf ein Sonderangebot!

Verlassen Sie sich nicht auf Vorurteile.

Beispiel

Gehen Sie nicht grundsätzlich davon aus, dass ältere Kunden sicherheitsbedürftig, junge Zahnärzte risikofreudig und Buchhalterinnen sparsam sind.[28]

7.3.3 Kundentypen

Motive und Kundentyp beeinflussen das Verkaufsgespräch maßgeblich. Wie gerade dargestellt, sollten die Motive die Verkaufsargumente bestimmen. Der Typ des Kunden sollte die Art der Kommunikation und des Umgangs mit ihm bestimmen.

Kein Kunde kann sich seine Rolle – den Kundentyp – aussuchen, in der er auftritt. Diese Rollen liegen im Kern der Persönlichkeit. Durch Erziehung, Konvention und Lebenserfahrung gelingt es uns teilweise, die Rollen durch bewusstes Verhalten zu überdecken. Im Stress, Ärger und in unbedachten Momenten kommt das wahre Temperament durch.

Verkäufer sollten sich daher nie auf den ersten Eindruck verlassen. Wichtig: Auch wenn der Kunde sein Gesicht hinter einer Maske verbirgt, sind ihm am angenehmsten immer die Verkäufer, die zu seinem Typ passen – und umgekehrt.

Basistypen
Das Auftreten von Menschen kann anhand der Gegensatzpaare sachlich vs. emotional und ruhig, zurückhaltend vs. dominant, lebhaft beschrieben werden (siehe Abb. 7.15):

---

[28] Vgl. Kellner (2002a), S. 170 f.

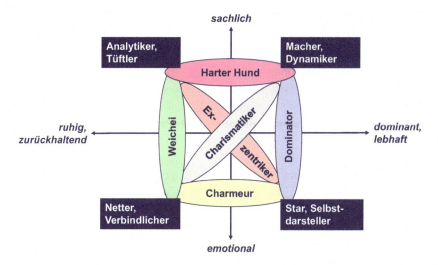

Abb. 7.15 Kundentypologie. (In Anlehnung an Kellner (2002b), S. 179)

- Emotionalen Kunden ist, eher als sachlichen, die Freude über das Produkt anzumerken, manchmal auch eine Zuneigung zum Verkäufer.
- Dominante Kunden ziehen im Gegensatz zu ruhigen eher die Gesprächsführung an sich.

Aus der Kombination der Eigenschaften ergeben sich vier Grundmuster, die wiederum zu weiteren Typen kombiniert werden können. Die Basistypen werden nachfolgend beschrieben.

Analytiker

hat eine ernste, manchmal fast abweisende Ausstrahlung. Ein Analytiker vergisst nicht! Man sollte wie folgt mit ihm umgehen:

- Kein „Small Talk", er will nicht plaudern.
- Keine Anpreisung des Angebots, das wirkt auf ihn unsachlich und abstoßend manipulativ.
- Reine Fakten- und Informationsvermittlung: Detaillierte Funktionserklärung, Preisanalyse
- Keinen Druck machen, sonst zieht sich der Analytiker zurück.
- Auch nicht drängeln, wenn Kunde schweigt. Er braucht diese Bedenkzeit. Er entscheidet souverän selbst.

Dynamiker bzw. Macher

hat ein forsches Auftreten. Es hört sich fast wie eine Anweisung an, wenn er Sie um Beratung bittet. Der Macher hat keine Geduld für ausführliche Detailerklärungen. Daher:

- Kommen Sie sofort zum Nutzen.
- Fassen Sie in sehr kurzen Sätzen zusammen, warum Sie ihm Ihr Angebot empfehlen.
- Beschränken Sie sich nicht nur auf ein einziges Angebot. Der Macher wählt gerne aus.
- Der Macher zieht sich bei Druck nicht zurück.
- Er sollte lediglich kurz (!) die notwendigen Fakten vermittelt bekommen.
- Er hört, anders als der Analytiker, gerne auch eine klare Empfehlung, an die er sich aber nicht notwendigerweise hält. Sagen Sie z. B.: „Ich empfehle Ihnen ... "

Verbindlicher

hat eine liebenswürdige Ausstrahlung. Er lächelt, fragt höflich, ob Sie für ihn Zeit haben, ob es Ihnen keine Mühe macht, ihm dieses oder jenes noch zu zeigen.

- Der Verbindliche lässt sich gerne von Ihnen für ein Angebot begeistern.
- Er möchte beraten werden.
- Er verlässt sich auf seine Menschenkenntnis.
- Missbrauchen Sie sein Vertrauen niemals! Verkaufen Sie ihm nur etwas, wenn Sie glauben, dass es für ihn gut ist.
- Achten Sie darauf, dass er bei Ihrem Unternehmen einen festen Ansprechpartner hat.

Der Verbindliche scheint der einfachste Kunde zu sein, fast trottelig kann er wirken. In Wahrheit ist er der anspruchsvollste und wertvollste zugleich:

- Ein verbindlicher Kunde, der sich getäuscht sieht, wird nie wiederkommen und alle Bekannten und Freunde vor Ihnen warnen. Der verbindliche Kunde wird dabei den offenen Konflikt meiden und einfach gehen. Sie merken also gar nicht, wenn Sie ihn enttäuscht haben.
- Der zufriedene Verbindliche empfiehlt Sie dagegen allen Freunden und Bekannten weiter.

Star

Ein Star hat eine sehr kommunikative Art. Er kommt Ihnen in der Regel sehr liebenswürdig entgegen und plaudert gern über Themen, die nichts mit dem aktuellen Anlass zu tun haben – das neue Auto, den tollen Urlaub, die Kinder, die sich in der Schule so gut machen ...

- Der Star braucht Zuhörer und Bewunderer. Tun Sie ihm den Gefallen!
- Bekunden Sie durch Fragen Interesse. Der Star liebt es, anderen Tipps zu geben, beispielsweise Szenetipps über Berliner Cocktailbars. Das gibt ihm ein Gefühl der Überlegenheit.
- Sie sollten nach einem lockeren Beginn allerdings recht bald zur Sache kommen, das heißt konkret fragen, was er heute von Ihnen will.

- So intensiv der Star plaudert, so schnell hat er Sie nach Ende des Gesprächs vergessen.[29]

Reklamationsverhalten

Bei einer Reklamation ist der Kunde meist im Ärger und Stress zugleich. Er reagiert daher verstärkt nach dem Verhaltensmuster, das zu seinem Temperament passt. Da Reklamationen zum Alltag des Ingenieurs gehören, wird nachfolgend der das Verhalten und der Umgang mit bestimmten Kundentemperamenten geschildert.

Der Macher

ist im ersten Moment am schwersten zu ertragen. Er kann cholerisch werden. Er haut mit der Faust auf den Tisch und kann laut, pauschalierend, beleidigend und sogar ordinär werden. (In Wahrheit hat sich der cholerische Macher durch seine Art jetzt in eine ungünstige, weil etwas peinliche Position gebracht – Sie sollten ihm dankbar dafür sein!)

Versuchen Sie nicht, den Macher zu beruhigen; er braucht das „Dampfablassen". Legen Sie seine Worte nicht auf die Goldwaage: Wenn er sich ausgetobt hat, kann man mit ihm ganz vernünftig über eine Lösung reden. Dann kann er sich sogar entschuldigen, und die Kundenbeziehung ist fester als vorher.

Der Analytiker

wird niemals laut. Er beschwert sich nicht spontan im Ärger, er hat sich bereits schlau gemacht, welche Rechtsansprüche er anmelden kann.

Nach bereinigter Reklamation ändert sich das Kundenverhältnis weder zum Positiven noch zum Negativen. Der Analytiker wird sagen: „Na bitte, warum denn nicht gleich so."

Der Verbindliche

beschwert sich in der Regel gar nicht. Er ist menschlich zutiefst getroffen, wenn er den Eindruck hat, mit mangelhafter Ware betrogen worden zu sein. Er will Sie niemals wiedersehen.

Wenn ihm klar ist, dass auch Sie für den Mangel nichts können, wird er sich auch nicht beschweren. Er möchte ihre Gefühle nicht verletzen, aber er traut Ihren Leistungen nicht mehr. Dabei kann er mit seinem Ärger oder seiner Enttäuschung nicht allein bleiben und wird schlecht über Sie und Ihr Unternehmen reden.

Der Verbindliche ist, wenn alles gut geht, ein treuer Stammkunde. Aber Sie müssen sich immer wieder um ihn bemühen und sehr sensibel auf leichteste Anzeichen von Unzufriedenheit reagieren. Ein verlorener Stammkunde ist ein großer finanzieller Verlust und ein Imageschaden.

Der Star

wird auch laut, aber niemals ordinär und beleidigend. Seine Reklamation hat Showcharakter. Er wird wortreich das schreckliche Drama schildern, was ihm durch Sie entstanden

---

[29] Synopse nach Kellner (2002b), S. 180 ff.

ist: „Was glauben Sie, was ich für Probleme hatte! Ich wollte gerade . . ., da geht doch plötzlich . . . "

Geben Sie ihm die Bühne! Bedauern Sie ihn. Sagen Sie, wie sehr Sie mitfühlen. Danach lässt sich mit dem Star über eine vernünftige Lösung reden. Das Kundenverhältnis ist bei ihm nach bereinigter Reklamation häufig enger als zuvor.[30]

7.3.4 Verkaufsstile

Verkäufer können in ihrer Arbeitsweise dadurch charakterisiert werden, dass sie im wohlverstandenen Eigeninteresse auf den Verkaufsabschluss hinarbeiten (**Abschlussorientierung**), dabei aber auch die Interessen des Kunden nicht aus den Augen verlieren (**Kundenorientierung**). Im Investitionsgüterbereich wird langfristiger Erfolg nur durch eine gesunde Mischung beider Orientierungen erreicht.

Anhand der Ausprägung der Merkmale Abschluss- und Kundenorientierung können verschiedene Verkäufertypen bzw. Verkaufsstile unterschieden werden, wie Abb. 7.16 zeigt. Die einzelnen Typen werden im Folgenden näher erläutert. Es ist anzumerken, dass für unterschiedliche Aufgaben im Verkauf, beispielsweise Neukundenakquisition und Beratung, durchaus Verkäufer mit sehr unterschiedlicher Merkmalsausprägung sinnvoll eingesetzt werden können.

Abb. 7.16 Verkäufertypologie. (Nach Kellner (2002c), S. 190)

---

[30] Kellner (2002c), S. 184 ff.

Passivverkäufer

Der Passivverkäufer verkauft nicht aktiv. Die Bestellung wird entgegengenommen, Ware gereicht, Geld kassiert, wie das im Supermarkt an der Kasse geschieht.

Der in Modekaufhäusern gelegentlich anzutreffende Typ „Warenbewacher" hat sogar eine feindselige Einstellung zum Kunden, denn ein Kunde bringt die mühselig hergestellte Ordnung der Kleiderbügel durcheinander und wird folglich darauf hingewiesen, nichts anzufassen.

Kundenfreund

Kundenfreunde bedürfen generell der straffen Führung. Es gibt sie in folgenden Ausprägungen:

- **Spesenritter**
  Tut dem Kunden Gutes und erhofft sich einen Kauf aus Dankbarkeit. Achtung: Aus der Einladung zum Essen leitet kein Kunde die moralische Verpflichtung zum Kauf ab. Nur der Anschein von Bestechung wird zudem mittlerweile meist streng geahndet.
- **Angstverkäufer**
  Der „Angstverkäufer" wollte eigentlich nie in den Verkauf; er hasst den Job. Hat mehr Angst vor den Kunden als Begeisterung für sein Produkt. Er kann vom Kunden unter Druck gesetzt werden und ist für den Verkauf generell ungeeignet.
- **Seelsorger**
  Verkäufer, bei dem sich jeder Kunde endlos verplaudern kann.

Drücker

Drücker prägt das schlechte Image der Verkäufer. Es gibt vier Methoden:

- **Verlockung**
  Verlockung erfolgt beispielsweise durch den Strukturvertrieb unseriöser Finanzdienstleister, die ihre Kunden „anfüttern", indem sie diese mit wenig Einsatz Gewinne erzielen lassen. Sobald der Einsatz erhöht wird, wird abkassiert.
- **Aggressiver Druck**
  Durch Drückerkolonnen an der Haustür und auf Kaffeefahrten werden Kunden in unangenehme Situationen gebracht, für die der Kauf einen Ausweg bietet.
- **Emotionale Beeinflussung**
  Dieses erfolgt durch Spendeneintreiber und Verkäufer von Waren, mit denen Bedürftigen geholfen werden soll.
- **Raffinierte Taktiken**
  Der Verstand des Kunden wird durch manipulative Gesprächstaktiken umnebelt.

Diese extreme Abschlussorientierung taugt nicht zum Aufbau von Vertriebsbeziehungen und ist daher im B2B-Bereich generell ungeeignet.

Taktierer

Taktierern sagt man Spaß am Verkaufen nach. Sie bemühen sich um Kundenzufriedenheit und den Markterfolg ihres Arbeitgebers gleichermaßen, verhandeln hart, aber fair. Sie sind in der Regel sehr erfolgreich. Auch die Kunden mögen den Taktierer. Man muss hart mit ihm verhandeln, aber er lässt sie nicht im Stich. Er repräsentiert die Stärke seines Unternehmens.

Berater

Er ist mehr als ein Verkäufer, er versteht sich als Problemlöser. Der Berater kann durchaus vom Kauf abraten, wenn er nicht vom Kundennutzen überzeugt ist. Andererseits kämpft er mit Feuereifer, wenn er erkannt hat, was gut für den Kunden ist.

Der Berater gibt Impulse für sein Unternehmen, da er Trends frühzeitig erkennt. Oft gilt für den Berater: je älter, desto besser.[31]

Vertrieb als Teamaufgabe

Gute Verkäufer gibt es überall zwischen den Extremen „Berater" und „Kaltakquisiteur". Berater kümmern sich gern intensiv und ausdauernd um ihre Kunden. Geborene Kaltakquisiteure (Kundenwerber) sind davon eher gelangweilt; sie streben schnell zur nächsten Verkaufschance. Gute Berater sind fast nie gute Kaltakquisiteure (und vice versa). Beide Profile werden gleichermaßen gebraucht.

Warnsignale im Vertrieb

Wandern zu viele Kunden ab?	Bedürfnis nach zuverlässigem Ansprechpartner oder besserem Service
Häufen sich Reklamationen?	Eventuell wird zu wenig beraten.
Wandern Stammkunden ab?	Vielleicht werden Mitarbeiter zu stark in Richtung Akquise getrieben und haben keine Zeit zur Kontaktpflege.
Bleibt der Kundenstamm zu stabil?	Unbedingt mehr Neukundenakquise treiben![32]

7.3.5 Gesprächsführung in B2B-Verhandlungen

In Verhandlungen wird üblicherweise etwas beschlossen, was die Beteiligten „gut" finden. Ob es „richtig" oder „wahr" ist, steht auf einem anderen Blatt. Ob eine Produktionsanalage

---

[31] Synopse nach Kellner (2002c), S. 190 ff.
[32] Vgl. Kellner (2002c), S. 199.

wirklich funktioniert, erweist sich erst weit nach dem Verkaufsabschluss. Wer ausschließlich auf Logik vertraut, liegt damit häufig daneben – Psychologie geht (meist) über Naturwissenschaft. Verhandlungsgeschick trägt der Gefühlsebene Rechnung und zeigt sich darin, sich auf den Gesprächspartner, seine individuellen Wünsche und momentanen Probleme einzustellen.[33]

Die **Harvard-Methode** der Verhandlungsführung wurde an der gleichnamigen amerikanischen Universität entwickelt. Die Methode zielt darauf ab, für beide Seiten möglichst befriedigende Ergebnisse zu erzielen, wenigstens aber die persönlichen Beziehungen nicht zu gefährden. Sie wird in den folgenden Beispielkästen näher erläutert.[34]

Harvard-Methode der Verhandlungsführung
Ziel ist eine Übereinkunft, die folgenden Anforderungen genügt:

- Die guten Beziehungen der Parteien bleiben erhalten.
- Möglichst Win-win-Situation: Beide Seiten nehmen mit, was sie brauchen. Wenn beide das gleiche brauchen, wird fair geteilt. (bspw. nach dem „Einer-teilt-einer-wählt"-Prinzip)
- Zeiteffiziente Verhandlung (nicht auf Positionen herumreiten!)
- Keine schlechte Übereinkunft!

Dazu wird als Vorbereitung auf Verhandlungen die „beste verfügbare Alternative" außerhalb einer Einigung im Vergleich zur „schlechten Übereinkunft" herangezogen und mit dieser verglichen, z. B. ein Konkurrenzangebot oder die Beibehaltung des Status quo.

Argumentation im B2B-Bereich
Natürlich ist gerade im technischen Bereich die Sachebene von großer Bedeutung. Entscheidungen werden oft auf Basis einer Nutzwertanalyse vorbereitet. Beeinflussende Faktoren sind

- Preis;
- Kompetenz auf technischem Gebiet:
    - Liefersicherheit,
    - Produktionserfahrung,
    - Größe,
    - weltweite Präsenz,
    - Produktinnovation,
    - Qualitätsniveau;

---

[33] Vgl. Weisbach (2002), S. 224 f.
[34] Vgl. Fisher/Ury/Patton (2009).

- Geschäftsbeziehung:
  - Bereitschaft zur Offenlegung der Kalkulation,
  - Dauer der Geschäftsbeziehung,
  - Kundenpflege auf Vorstands- und Geschäftsleitungsebene.[35]

Prinzipien der Harvard-Methode der Verhandlungsführung

Sachbezogen diskutieren → Mensch und Problem werden getrennt. Nicht auf das
Gegenüber einschießen, sondern auf das Ziel konzentrie-
ren.

Interessen abwägen → Warum-Fragen machen die Interessen bewusst. Nicht
Positionen, sondern Interessen stehen im Mittelpunkt.

Optionen suchen → Lösungsmöglichkeiten einsammeln.

Beweise erbringen → Objektive Kriterien vorlegen (z. B. gesetzliche Regelungen, ethische Normen etc.).

Aber die Sachebene ist eben auch im B2B-Bereich beileibe nicht alles. Argumente
greifen nur dann, wenn sie sowohl rational als auch emotional akzeptiert werden. Sie
sollten also nicht widerlegbar sein (rationales Gewicht) und den Bedürfnissen, Interessen und Wertvorstellungen des Gesprächspartners entsprechen (emotionales Gewicht).[36]
Insgesamt schätzen Fachleute die emotionale Komponente als meist wichtiger ein als die
harten Fakten. Das Verhältnis wird im Eisbergmodell veranschaulicht (Abb. 7.17).

Im Beispiel wird das Sachargument („… füllt 2000 Einheiten je Stunde ab …") um
eine an das Sicherheitsbedürfnis appellierende emotionale Aussage („… Ruhe mit den
leidigen Lieferengpässen") angereichert.

Vorbereitung auf Verhandlungen

Der Wurm soll dem Fisch und nicht dem Angler schmecken!

- Wer erfolgreich verhandeln will, konzentriert sich auf die Wünsche, Bedürfnisse, Er-
  wartungen, Interessen, Vorurteile und Kenntnisse des Gesprächspartners.
- Wer erfolgreich verhandeln will, verzichtet darauf, sich selbst und die eigene Überzeu-
  gung in den Mittelpunkt zu rücken!
- Wer erfolgreich verhandeln will, bereitet sich durch gezieltes Nachforschen auf den
  Gesprächspartner bestmöglich vor.

Natürlich sollte man auch sein eigenes Produkt und die Kosten- und Preissituation sehr
genau kennen.

---

[35] Vgl. Fuchs (2002), S. 281.
[36] Vgl. Weisbach (2002), S. 225.

Abb. 7.17 Eisbergmodell der Kaufentscheidung. (Nach Namokel (2002), S. 311)

Zielorientierte Verhandlungsführung

Basis der Verhandlung ist:

- sich mit Respekt zu begegnen,
- die Meinung des anderen zu akzeptieren,
- sich gegenseitig ausreden lassen,
- ein gewisses Maß an Offenheit (sonst ist das Ergebnis Glücks- und Nervensache).

Zielorientiertes Präsentieren und Erklären lässt im Anderen die Bilder entstehen, die dieser als seine eigenen annimmt und für erstrebenswert hält. **Entscheidungsfragen** (geschlossene Fragen) sind daher möglichst zu vermeiden (dieses steht im Kontrast zur landläufigen Verhandlungsführung). Sie werden nämlich zudem häufig mit „nein" beantwortet, um einer Entscheidung auszuweichen – und ein „Nein" ist schwer wieder aufzuweichen.

Geschickte Verhandlungspartner versuchen nicht, ihr Gegenüber in Grund und Boden zu reden, sondern reagieren mit aktivem Zuhören.

Häufig verstehen sich Unternehmen als **Problemlöser**. In Verhandlungen ist das aber ein ungeschickter Ansatz. Problemorientiertes Vorgehen führt zu schweren vergangenheitsorientierten Fragen:

- Was ist Ihr Problem?
- Warum haben Sie es?
- Was genau hindert Sie?
- Wo liegen die Schwierigkeiten, und was sind die Ursachen dafür?

Besser ist es, gemeinsam zu erreichende Ziele anzustreben. **Zielorientierung** führt zu einer positiven Grundeinstimmung:

- Was ist Ihr Ziel?
- Was benötigen Sie, um das Ziel zu erreichen?
- Was wird dadurch anders, wenn Sie Ihr Ziel erreicht haben?
- Was erwarten Sie von mir, damit Sie dorthin gelangen, wohin Sie wollen?

Ziel vs. Positionen

Wichtig ist es, das Ziel nicht mit dem Weg dorthin bzw. der **Methode** oder einer bestimmten **Position** gleichzusetzen. Eine Fixierung auf Methoden bzw. Positionen verdeckt den Blick auf gemeinsame Ziele und kann Konflikte auslösen.

Das berühmte Orangenbeispiel (Harvard-Methode)

Es ist eine einzige Orange in der Früchteschale. Da kommen zwei Töchter angerannt. Beide rufen: „Ich will die Orange unbedingt haben!"

(→ Position)

Was tun? Soll nun ihre Mutter die Frucht zerschneiden? Soll sie eine Münze werfen? Oder soll sie beide um die Orange kämpfen lassen?

(→ Konfliktpotenzial!)

Die Mutter fragt: „Warum wollt ihr die Orange unbedingt haben?"

(→ Interesse)

Resultat: Ein Mädchen will einen Kuchen backen und braucht dazu nur die Schale. Das andere hat Durst und möchte nur den frisch gepressten Orangensaft trinken.

Nach der Klärung der Bedürfnisse ist die Lösung plötzlich einfach:

Beide Interessen lassen sich berücksichtigen, indem eine die Schale und die andere die geschälte Orange bekommt.

(→ **Win-win-Lösung**)

Verträge werden von beiden Parteien freiwillig geschlossen. Daher führt unter den möglichen Strategien der Verhandlung (Abb. 7.18) nur der Interessenausgleich, also ein offensives Vorgehen, welches aber die Interessen des Partners ernst nimmt, zu langfristig zufriedenstellenden Lösungen. Der Interessenausgleich kann zur Basis einer langen Kundenbeziehung werden.

Der sprachliche Nenner im Gespräch lautet: „Sie wollen X, *und* ich will Y."

Grundverkehrt wäre hier, *aber* statt *und* zu sagen. So würde der Konflikt betont, statt die Gemeinsamkeit zu suchen.

Hinter diesem sprachlichen Nenner stehen die Fragen:

- Was sind Ihre Interessen?
- Was sind meine Interessen?

Kurz gesagt zeigt sich hier wiederum die TA-Grundhaltung: „Ich bin o. k. – Du bist o. k.".

Abb. 7.18 Interessenausgleich ist dauerhaft zielführend. (Nach Weisbach (2002), S. 235)

Umgang mit Einwänden

Da es im B2B-Bereich üblich ist, Angebote zu besprechen und intensiv zu verhandeln, wäre es sehr ungewöhnlich, wenn es keine Einwände gäbe. Auf Einwände mit rhetorischen Mitteln zu agieren, also taktisch, um zu siegen oder Recht zu behalten, bringt einen nicht wirklich weiter, denn der Gesprächspartner fühlt sich behandelt, aber nicht ernst genommen. *Achtung:* Solche Verhandlungen können leicht in Beziehungskämpfe ausarten.

Viele Einwände sind zudem eine spontane Reaktion auf mangelnde Wertschätzung. Sie werden provoziert durch ungeschickte Verhandler, die sich fast ausschließlich der Frage widmen, wie sie den eigenen Standpunkt optimal darstellen können. Wird die Aufmerksamkeit auf den fremden Standpunkt gelenkt, dann allenfalls, um logische Fehler und Inkonsistenzen herauszustellen oder plump den anderen und seine Gedanken abzuwerten. Auf Selbstbehauptung ausgelegte Menschen sind zudem oft schlechte Zuhörer, denen aber selbst der geschickteste argumentative Aufbau aus dem Rhetorikseminar nicht hilft.

Typische Einwände im B2B-Bereich betreffen sowohl den Preis, der gesenkt, wie auch die Leistung, die erhöht werden soll:

- Ein Preis kann aus mehreren Gründen über dem Ziel liegen:
  - unfaires Ausspielen von Marktmacht,
  - Vergleich mit niedrigeren Qualitätsstandards,
  - Vergleich mit geringerem Serviceniveau,
  - zu hohe Kosten.
- Der Fertigungsstandort kann als falsch erachtet werden:
  - Forderung nach Niedrigkostenstandort (niedriger Preis),
  - Forderung nach Inlandsfertigung (Liefersicherheit).
- Eventuelle Qualitätsmängel zielen häufig auf notwendige Qualitätsaudits bei Sicherheitsbauteilen (z. B. Bremsen, Airbags) ab.
- Mangelnde technische Freigaben führen dazu, dass der Lieferant anhand von Musterteilen beweisen muss, dass er die Bauteileigenschaften erfüllt.[37]

Umgang mit einem angeblich zu hohen Preis

Ein Preis wird im B2B-Bereich praktisch nie akzeptiert, das gehört zum Wesen des Geschäfts!

Wichtig ist der Perspektivwechsel vom absoluten zum relativen Preis, d. h. zum Preis-Leistungs-Quotienten.

- Die Gegenleistung kann über Fakten, aber auch über subjektive Wahrnehmung argumentiert werden.
- Bei einer reinen Preisargumentation hat man als Verkäufer immer verloren!

---

[37] Vgl. Fuchs (2002), S. 282 ff.

Wichtig ist es, sich für jedes Element des Angebots ein unteres Limit zu setzen. Durch Preisbündelung kann versucht werden, **Rosinenpickerei** (*cherry picking*) zu vermeiden.[38]

Beispiel

Rosinenpickerei wird im Maschineneinkauf oft betrieben, indem eine Anlage in Baugruppen zerlegt und Teilpreise verschiedener Anbieter verglichen werden. Durch Summierung der günstigsten Teilpreise ergibt sich ein Gesamtpreis, der zum Zielpreis der Einkaufsverhandlung wird.

Preiszugeständnisse sollten nie ohne Gegenleistung gemacht werden, denn das provoziert die Gier nach weiteren Zugeständnissen.

- Preiszugeständnisse sollten stets nur in kleinen Schritten erfolgen.
- Die Zugeständnisse sollten zum Ende hin kleiner werden.

Konfliktbewältigung

Einwände können zu Konflikten werden, wenn man ihnen nicht konstruktiv begegnet. Prallen berechtigte Interessen aufeinander und jeder verteidigt seine Position und versucht den anderen zu überzeugen, dann kommt es nicht zu einer Verhandlung über Interessen, sondern zu der Kampfansage: Wer setzt sich durch?

Es gibt beinahe unvermeidliche Konfliktsituationen auf

- Sachebene (z. B. unterschiedliche Vorstellungen über Preis und Lieferbedingungen) und
- Beziehungsebene (falls bspw. ein Partner ein Machtspiel beginnt).

Machtkämpfe sind geprägt von einer Entweder-oder-Haltung. Das Ergebnis ist keine Einigung, sondern es gibt Sieger und Verlierer. Der Verlierer wird zur Rache provoziert, denn er hat das Gefühl:

- Ich bin zu kurz gekommen.
- Ich kann meine Interessen nicht durchsetzen.
- Der Andere ist stärker.
- Ich fühle mich benachteiligt.

Konflikte können also aus dem aktuellen Vorgang resultieren, aber auch Spätfolgen früherer (einseitig unvorteilhafter) Geschäftsabschlüsse sein. Bisweilen führen auch Unklarheiten oder Unstimmigkeiten innerhalb beteiligter Unternehmen zu Verstimmungen.[39]

Konflikte werden oft nicht offen ausgetragen, sondern gären unterschwellig. Dies ist indirekt erkennbar an

---

[38] Vgl. Pepels (2002), S. 294.
[39] Vgl. Fuchs (2002), S. 285 f.

- Terminverschiebungen,
- ausweichenden Aussagen,
- Ausflüchten/Ausreden,
- unklarem Informationsverhalten bis hin zur Informationsverweigerung,
- Widersprüchen zwischen verbalen und nonverbalen Aussagen,
- Stillstand bei der Klärung nicht sonderlich komplizierter Sachfragen.[40]

Schlechtes Konfliktlösungsverhalten

Schlechtes Konfliktlösungsverhalten entzweit die Verhandlungspartner dauerhaft:

- Der Konflikt wird nicht offen ausgetragen, sondern verdrängt. Es gibt keinen Gewinner, nur Verlierer.
- Ein Partner zieht sich zurück (flieht). Es kommt zu gar keinem Geschäftsabschluss.
- Ein Partner unterwirft sich, wird somit zum Verlierer, der andere zum Gewinner.
- Es wird gekämpft. Ein Partner gewinnt, der andere verliert (und sinnt auf Rache).
- Die Partner einigen sich. Bei einem Kompromiss 20:80 gibt es allerdings nur einen Teilgewinn.
- Die Konfliktlösung wird nach oben delegiert, zum Beispiel an ein Gericht.

Geschicktes Konfliktlösungsverhalten

Geschicktes Konfliktlösungsverhalten lässt die Tür für ein späteres unbelastetes Wiedersehen offen. Wichtig ist es, die Unklarheit offen anzusprechen, seinen Eindruck von der Situation zu formulieren, klare Fragen zu stellen. Ergo:

- Beide Seiten benennen offen ihre Interessen.
- Die Parteien verhandeln über eine beidseitig tragbare Lösung.
- Sie einigen sich auf einen Kompromiss oder gar Konsens.

Sollte keine für beide Seiten tragbare Lösung gefunden werden können, beenden die Verhandlungspartner das Gespräch im Einvernehmen so, dass keine Seite einen Gesichtsverlust erleidet.[41]

Merke: Verträge beruhen auf Freiwilligkeit, sie lassen sich keinesfalls erzwingen!

Harvard-Antworten auf mangelnde Fairness

- Faule Tricks in Verhandlungen sofort direkt ansprechen, um ihnen den Wind aus den Segeln zu nehmen.

---

[40] Vgl. Fuchs (2002), S. 287 ff.
[41] Ebda., S. 286.

- Nicht unter Druck setzen lassen, um zu einer Einigung zu gelangen. Ggf. die Verhandlungen abbrechen, bis Gegenseite zu sachlicher Verhandlungsart zurückfindet.
- (Auch über die Verhandlungsart kann verhandelt werden.)
- Bei persönlichen Angriffen diesen ausweichen und gleichzeitig auf sachliche Aspekte hinweisen. Verhandlungen auf die Sachebene zurückführen.
- Bei absurden oder schwer annehmbaren Forderungen:
  - hypothetisch akzeptieren, dies laut gesprochen evaluieren und die inakzeptablen Konsequenzen erläutern,
  - den anderen um Rat fragen für die eigenen Unannehmbarkeiten, oder
  - einen unabhängig entscheidenden Dritten (Mediator) hinzuzuziehen.

7.3.6   Verhandlungsabschluss

Am Ende der Verhandlung gibt es eine Reihe von Gemeinsamkeiten, die erfolgreiche Verhandler herausstellen:

- Sie nennen die relevanten Vorteile noch einmal.
- Sie wiederholen die positiven Bemerkungen, die der Verhandlungspartner selbst gemacht hat, und bitten ihn direkt um seine Zustimmung.
- Sie nennen ihm gegebenenfalls die Vorteile, die er von der Sache und vom Zeitfaktor her hat, wenn er jetzt zustimmt.

Heikle Punkte am Schluss behandeln, wenn auf allen anderen Gebieten bereits Übereinstimmung erzielt worden ist und keiner die Verhandlung mehr scheitern lassen möchte. Nur nicht schon am Anfang aus einer Mücke einen Elefanten machen!

Besonders Mutige fragen am Schluss einfach offensiv: „Welche Punkte sind noch offen?"[42]

Beispiel

Hinweis: Bei mehreren Gesprächspartnern auch die Stilleren genau beachten. Es gilt der Merksatz aller Verkäufer: „Der Schweiger ist fast immer der Entscheider!"

Vielen Verkäufern fällt der Abschluss (*closing*) besonders schwer, denn er entscheidet über Erfolg und Misserfolg sämtlicher vorangegangener Bemühungen. Die Angst vor dem Abschluss überträgt sich auf den Kunden.

Eigentlich ist der Abschluss doch aber ganz einfach, wenn vorher alles gut verlaufen ist. Warum soll nun aus dem Nichts eine Schwierigkeit auftauchen? Dennoch ist es eine

---

[42] Nach Weisbach (2002), S. 235 ff.

kleine Kunst für sich, den Abschluss zu finden (was mancher Torjäger gern bestätigen wird).

Beispiel

In einer Verhandlung um einen Großauftrag (ca. ein halber Jahresumsatz) einer Spezialmaschinenfabrik hatte der Vertriebsleiter im Beisein seines Geschäftsführers den Vertrag mit dem Kunden ausverhandelt. Gerade wollten sich beide Seiten darauf die Hand geben, da ließ sich der Geschäftsführer mit den Worten hören: „Ach, und in die Maschine könnte auch noch ein tolles Extra-Feature eingebaut werden, nämlich die Ferndiagnose über das Internet!"

Der Kunde fragte sich, warum an dieser Stelle noch ein weiteres Argument angeführt wurde. War die Maschine etwa doch zu teuer? Der magische Moment war unwiderruflich dahin – die Verhandlung geriet in Stocken, erstreckte sich noch über Wochen und führte bei zwar gleichem Preis zu einer erheblichen Aufstockung der zu liefernden Leistung.

Closing-Techniken

Es gibt kochrezeptartige Abschlusstechniken, um den Kunden über die letzte Schwelle zu bugsieren. Diese Techniken dürfen aber nicht kochrezeptartig benutzt werden, sondern ihr Erfolg hängt von der situativ richtigen Anwendung ab. Je komplexer das Geschäft, desto weniger erfolgversprechend sind solche Techniken. Insbesondere im B2B-Bereich sind sie schwieriger anzuwenden, da organisationales Verhalten dominiert.

Statt den Kunden zum Abschluss zu nötigen, ihn also zu manipulieren, ist es besser, von ihm gesendete Botschaften zu erkennen, die auf eine Abschlussbereitschaft schließen lassen. Solche Signale können sprachlicher und körpersprachlicher Natur sein.

Nonverbale Signale der Kaufbereitschaft

Im Gegensatz zu allen anderen körpersprachlichen Signalen können wir die Botschaft unserer Augen nicht beeinflussen. Sehen wir etwas Angenehmes, erweitert sich die Pupille. Sehen wir Unangenehmes, zieht sie sich zusammen. Blickkontakt muss also gehalten werden, aber ohne den Kunden in unangenehmer Art zu fixieren. Daher ist auf peripheres Sehen auszuweichen.

Auch die Stimme verändert sich mit der seelischen Verfassung. Unter Stress wird sie höher. Hören Sie genau hin, Sie werden merken, ob den Kunden noch Zweifel plagen.

Die restliche Körpersprache läuft synchron mit Auge und Stimme. Sie gibt häufig noch verstärkende Signale der Kaufbereitschaft, z. B. Nicken, Lächeln, Sich-nach-vorn-Beugen, das Produkt in die Hand nehmen.

Verlassen Sie sich auf Ihre natürliche Wahrnehmung. Die unbewusste Interpretation ist zumeist richtig![43]

---

[43] Vgl. Namokel (2002), S. 312 f.

Verbale Kaufsignale

Verbale Signale der Kaufbereitschaft sind Äußerungen, bei denen erkennbar ist, dass der potenzielle Käufer sich gedanklich bereits nach dem Kauf befindet. Der Kunde sagt beispielsweise:

- „Wenn wir gleich 500 Stück bestellen, erwarten wir Ihre Lieferung frei Haus und ein Zahlungsziel von sechs Monaten."
- „Die Frage der Gewährleistung müsste so geregelt sein, dass uns für mindestens 24 Monate keine Kosten entstehen."
- „Können Sie liefern, wenn wir innerhalb der nächsten Woche bestellen würden?"
- „Wie würde sich der Preis verändern, wenn wir gleich den ganzen Jahresbedarf ordern?"
- „Wären die Montagekosten in dem Preis enthalten, den Sie genannt haben?"

Das bedeutet: Wenn Du, Verkäufer, mir diesen Wunsch erfüllst, hast Du mein Vertrauen und damit meinen Auftrag. Nutzen Sie diese Gelegenheit! Machen Sie den Sack zu. Sagen Sie etwa:

„Sie verlangen da eine Menge von mir. Wenn ich Ihnen noch einmal ein Stück entgegenkomme, sind wir uns dann einig?"

Vermeiden Sie jetzt unnötigen Druck, führen Sie keine neuen Argumente mehr ins Feld. Lenken Sie den Kunden nicht mehr von der endgültigen Entscheidung ab.[44] Schweigen Sie eisern! Warten Sie die Antwort ab, selbst wenn es scheinbar ewig dauert.

Vermeidung von Kaufreue

Der Kunde muss nach der Entscheidung das Gefühl haben und mit nach Hause nehmen, einen Gegenwert zu erhalten, der dem Preis mindestens entspricht. Ist der Wert allerdings viel zu hoch, entsteht auch Misstrauen: „Da kann etwas nicht stimmen, entweder die Qualität ist nicht o. k., oder der Laden ist bald pleite."

Die Balance zwischen Preis und Leistung muss also stimmen. Um dem Kunden diese Sicherheit zu geben, machen Sie zum Abschluss Aussagen, die die Richtigkeit der Entscheidung bekräftigen und eine angenehme Perspektive aufzeigen.

Beispiel

Sagen Sie zum Beispiel: „Wir haben heute wirklich alle wichtigen Fragen geklärt und, so glaube ich, eine fundierte Entscheidung getroffen. Ihre Entschlossenheit, das Problem jetzt anzugehen, wird sich in Zukunft auszahlen. Ich freue mich auf die weitere gemeinsame Arbeit und danke Ihnen für den Auftrag."[45]

---

[44] Vgl. Namokel (2002), S. 313 f.
[45] Ebda., S. 318 f.

7.4   Angebote und Verträge

Angebote und Verträge werden in ihren wesentlichen Bestandteilen durch das Bürgerliche Gesetzbuch (BGB) und das Handelsgesetzbuch (HGB) rechtlich geregelt. Das BGB und das auf kaufmännische Tätigkeit bezogene HGB sind Teil des Privatrechts, also des Teils der gesamten Rechtsordnung Deutschlands, welcher die Beziehungen der Personen zueinander auf der Grundlage ihrer Gleichberechtigung und Selbstbestimmung regelt. Das geschieht überwiegend durch die Zuweisung von Rechten und Pflichten. Zum Privatrecht gehören daneben u. A. auch das Wechsel- und Scheckrecht und Teile des Arbeitsrechts.

Es ist wichtig zu verstehen, dass die in Deutschland geltenden Rechtsnormen in anderen Ländern nicht verbindlich sind. Bei internationalen Geschäften ist eine eingehende Beschäftigung mit ausländischen Rechtsnormen und internationalen Gepflogenheiten unabdingbar. Dabei sollte stets die Hilfe von Experten, am besten mit den jeweils betroffenen Rechtskreisen vertrauten Spezialisten, in Anspruch genommen werden.

7.4.1   Rechtsgrundlagen

Bedarf eine Person zur Verfolgung ihrer Ziele der Mitwirkung einer anderen Person, muss sie sich in der Regel mit dieser über deren Mitwirkungsverpflichtung und die von ihr zu erbringende Leistung einigen. Eine solche Einigung ist ein Vertrag.[46]

- Der Vertrag bindet die daran beteiligten Personen, die im Vertrag gegebenen Zusagen einzuhalten.
- Eine nachträgliche Änderung des Vertrages ist nur mit Zustimmung aller Vertragspartner möglich.
- Der Vertrag begründet ein vertragliches Schuldverhältnis. Aufgrund eines solchen Schuldverhältnisses kann eine Person von einer anderen ein Tun oder Unterlassen verlangen.

Beispiel

Schließen V (Verkäufer) und K (Käufer) einen Kaufvertrag über ein Buch, so hat V gegenüber K einen Anspruch auf Zahlung des vereinbarten Kaufpreises (BGB § 433 Abs. 2). K hat gegen V einen Anspruch auf Übergabe und Übereignung des gekauften Buches (BGB § 433 Abs. 1).

Ein Vertrag entsteht durch übereinstimmende **Willenserklärungen** zweier Personen. Wesentlich ist dabei der tatsächlich vorhandene Wille derjenigen, die eine Willenserklärung abgeben.

---

[46] Dieser Abschnitt basiert auf Eisenhardt (1997) und dem BGB bzw. HGB.

Willenserklärungen

Der Tatbestand einer Willenserklärung besteht aus

- einem objektiven Teil (Kundgabe des Willens) und
- einem subjektiven Teil (dem Willen).

Meist ist keine bestimmte Form vorgeschrieben, in der Personen ihren Willen, eine Rechtsfolge herbeizuführen, äußerlich erkennbar machen müssen. Es ist allerdings erforderlich, dass der Wille des Erklärenden verstanden werden kann. Formen der Willenserklärungen sind:

- mündlich,
- schriftlich,
- konkludentes (schlüssiges) Verhalten.

Beispiel

K betritt einen Bäckerladen und sagt zu Bäcker B: „Zehn Brötchen, bitte!" Wortlos packt B zehn Brötchen in die Tüte und übergibt sie dem K.

Hiermit bringt er zum Ausdruck, dass er eine Rechtsfolge, nämlich das Zustandekommen eines Kaufvertrags zwischen ihm und K, herbeiführen will. B hat durch konkludentes Verhalten eine Willenserklärung abgegeben, mit der er einen Kaufvertrag zustande kommen lassen will.

Der subjektive Tatbestand kann in folgende Bestandteile untergliedert werden:

- Handlungswille,
- Erklärungsbewusstsein,
- Rechtsfolgewille (= Geschäfts-, Rechtsbindungswille).

Der Handlungswille (= Betätigungswille) bezieht sich auf die Vornahme der Erklärungshandlung. Er ist der Wille, einen Erklärungsakt vorzunehmen. Demjenigen, der etwas unbewusst tut, beispielsweise auf einer Versteigerung von einer Wespe gestochen wird und deshalb den Arm hochreißt, fehlt der Handlungswille. Er gibt also keine Willenserklärung ab.

Das Erklärungsbewusstsein ist das Bewusstsein, überhaupt eine rechtsgeschäftliche Erklärung abzugeben. Wer beispielsweise in dem Glauben, ein Glückwunschschreiben zu unterzeichnen, einen Vertrag unterschreibt, dem fehlt das Erklärungsbewusstsein.

Der Rechtsfolgewille (Geschäftswille) ist in der auf die Herbeiführung eines bestimmten rechtsgeschäftlichen Erfolges gerichteten Absicht des Erklärenden zu sehen. Ein Rechtsfolgewille ist in der Regel dann gegeben, wenn ein wirtschaftliches Interesse vorliegt.

Vertragsentstehung

Das **Angebot** (BGB: der **Antrag**) ist eine Willenserklärung, mit der sich jemand, der den Vertrag abschließen möchte, an einen anderen wendet und die zukünftigen Vertragsbedingungen in einer Weise vollständig so zusammenfasst, dass der andere, ohne inhaltliche Änderungen vorzunehmen, durch ein bloßes „Ja" (die Annahmeerklärung) den Vertrag entstehen lassen kann.

Derjenige, der ein Angebot abgibt, kann dieses nicht mehr einseitig widerrufen oder den Inhalt abändern. Die Entscheidung darüber, ob ein Vertrag zustande kommt oder nicht, liegt nun allein beim Empfänger.

Die **Annahme** ist die Erklärung, mit der sich derjenige, an den das Angebot gerichtet ist, mit dem Inhalt des Angebots einverstanden erklärt. Mit der Erklärung der Annahme ist der Vertrag zustande gekommen.

Angebot und Annahme werden häufig nicht ausdrücklich, sondern konkludent erklärt.

Wesentliche Angebotsbestandteile

Regelungsbedürftig sind:

- die Partner des Vertrages,
- Leistung und Gegenleistung,
- der Geschäftstyp, wie z. B. Kaufvertrag, Mietvertrag (ergibt sich in der Regel aber aus Leistung und Gegenleistung).

Nicht alle Einzelheiten müssen stets bereits aus dem Angebot erkennbar sein. Laut BGB kann die Bestimmung der Leistung oder Gegenleistung dem Vertragspartner oder einem Dritten überlassen werden (§§ 315 ff.)

Die Invitatio ad offerendum

Ein Angebot ist eine bindende Willenserklärung. Eine **Aufforderung zur Abgabe eines Angebots** (*invitatio ad offerendum*) ist keine bindende Willenserklärung. Entscheidend sind Erklärungsbewusstsein und Rechtsfolgewille.

Beispiel

Zeitungsanzeigen sind in der Regel keine bindenden Angebote, sondern Aufforderungen an mögliche Kunden, ihrerseits Angebote an den Werbenden abzugeben; es fehlt der Rechtsfolgewille.

Schaufensterauslagen sind, auch wenn sie mit einer Preisauszeichnung versehen sind, keine bindenden Angebote.

Das Wirksamwerden von Willenserklärungen (Angeboten, Annahmeerklärungen)

Die mit einer Willenserklärung beabsichtigte Rechtsfolge tritt erst zu dem Zeitpunkt ein, in dem die Person, der gegenüber die Erklärung abzugeben ist, die Möglichkeit hat, diese Erklärung wahrzunehmen. Willenserklärungen sind deshalb i. d. R. empfangsbedürftig:

- Eine Willenserklärung unter Anwesenden wird sofort mit ihrer Abgabe wirksam (telefonische Willenserklärungen sind Erklärungen unter Anwesenden).
- Empfangsbedürftige Willenserklärungen werden in dem Moment wirksam, in dem sie dem Empfänger zugehen (bei Geschäftsleuten innerhalb üblicher Geschäftszeiten).
- Eine Willenserklärung ist zugegangen, wenn sie in verkehrsüblicher Weise so in den Machtbereich des Empfängers gelangt ist, dass dieser unter normalen Verhältnissen die Möglichkeit hat, sie zur Kenntnis zu nehmen.
- Eine Willenserklärung wird nicht wirksam, wenn dem Empfänger vor deren Zugang oder gleichzeitig ein Widerruf zugeht (§ 130 Abs. 1 S. 2).
- Auch der Widerruf ist eine empfangsbedürftige Willenserklärung.

Beispiel

A bestellt schriftlich bei dem Weinhändler W 100 Flaschen Moselwein. Noch am selben Tag bereut er die Bestellung und schreibt an W, er möchte seine Bestellung rückgängig machen. W findet am nächsten Tag in seinem Briefkasten die Bestellung und den Widerruf des A.

Der Widerruf ist damit gleichzeitig mit der Willenserklärung zugegangen, auf die er sich bezog. Infolgedessen ist die Bestellung gemäß § 130 Abs. 1 S. 2 nicht wirksam geworden.

Annahme

Ein Angebot unter Anwesenden (auch telefonisch) kann gemäß § 147 Abs. 1 nur sofort angenommen werden.

Ein an einen Abwesenden gerichtetes Angebot kann bis zu dem Zeitpunkt angenommen werden, in dem der Antragende die Antwort unter regelmäßigen Umständen erwarten darf (§ 147 Abs. 2).

- Die Annahmefrist setzt sich zusammen aus der Zeit, die benötigt wird, um das Angebot zum Empfänger zu befördern, dem Zeitraum der Bearbeitung einschließlich Überlegung und der Zeit, in der die Annahmeerklärung zum Antragenden geschickt wird.
- Nach § 148 kann der Antragende für die Annahme eine Frist setzen.
- Die verspätete Annahme führt nicht zum Vertragsschluss, stellt aber nach § 150 Abs. 1 ein neues Angebot dar, welches nun der ursprünglich Antragende annehmen muss.

Erweiterungen, Einschränkungen oder sonstige Änderungen stellen keine Annahme, sondern ein neues Angebot dar (§ 150 Abs. 2).

Ein Vertrag entsteht auch bei nicht ausdrücklicher Annahme gemäß § 151 dann, wenn der Wille des Annehmenden nach außen deutlich in Erscheinung tritt.

Formzwang

Wird die rechtlich vorgeschrieben Form nicht eingehalten, ist das Rechtsgeschäft nichtig.

Rechtgeschäfte unterliegen nur dann dem Formzwang, wenn

- das Gesetz eine bestimmte Form vorschreibt,
- die Parteien eine bestimmte Form vereinbaren.

Beispiele für Formerfordernisse:

- Die **einfache Schriftform** ist gewahrt, wenn eine Urkunde von dem Aussteller eigenhändig durch Namensunterschrift unterzeichnet wird (§ 126). Bedarf ein Vertrag der Schriftform, müssen die Parteien auf derselben Urkunde unterzeichnen. Die einfache Schriftform ist u. A. erforderlich bei Bürgschaftserklärung, Kreditvertrag, Mietvertrag länger als ein Jahr. Ein Telefax wahrt die Schriftform nicht, da die Unterschrift nicht eigenhändig ist.
- Die **notarielle Beurkundung** ist die Niederschrift über die Verhandlung vor einem Notar, die ihn und die Beteiligten genau bezeichnet. Sie ist nötig u. A. bei Eheverträgen, Grundstücksgeschäften, Gesellschafterverträgen.

Kaufmännisches Bestätigungsschreiben

Schweigen gilt nicht als Zustimmung – mit einer bedeutenden Ausnahme: das Schweigen auf ein **kaufmännisches Bestätigungsschreiben** (beruhend auf Gewohnheitsrecht gemäß § 346 HGB; Bezug auf § 362 HGB).

- Ein echtes kaufmännisches Bestätigungsschreiben fixiert den Inhalt eines bereits mündlich, telefonisch o. ä. abgeschlossenen Vertrags, um etwaige Missverständnisse, Unklarheiten oder Unstimmigkeiten auszuräumen.
- Ein Kaufmann (und das ist im Rechtssinn jeder im Namen einer Firma Tätige, auch wenn er nicht Kaufmann gelernt hat), der ein Bestätigungsschreiben widerspruchslos hinnimmt, bringt dadurch grundsätzlich seine Zustimmung mit dem Inhalt des Schreibens zum Ausdruck.
- Das gilt auch dann, wenn es gegenüber dem mündlich Vereinbarten abändernde oder ergänzende Bestimmungen enthält.

Eine **Auftragsbestätigung** ist dagegen die Annahmeerklärung auf ein Angebot in Form einer Bestätigung. Weicht die Bestätigung vom Angebot ab, ist sie gemäß § 150 Abs. 2 als Ablehnung in Verbindung mit einem neuen Angebot zu sehen. Das Schweigen des Adressaten darauf ist grundsätzlich keine Annahmeerklärung.

Wichtig im internationalen Vertrieb ist, dass das kaufmännische Bestätigungsschreiben nur in einigen wenigen Ländern gebräuchlich ist. In England, Spanien und auch nach dem UN-Kaufrecht gibt es keine entsprechenden Regeln.[47]

---

[47] Vgl. Altmann (2001), S. 164.

Nichtigkeit von Rechtsgeschäften

Wird eine der Anforderungen an das Zustandekommen von Verträgen nicht erfüllt, so ist das angestrebte Rechtsgeschäft entweder nichtig (§ 142), schwebend unwirksam oder anfechtbar.

Nichtigkeit kann vorliegen bei:

- Geschäftsunfähigkeit desjenigen, der eine Willenserklärung abgegeben hat,
- Formverstoß,
- Verstoß gegen ein gesetzliches Verbot (§ 134),
- Sittenwidrigkeit (§ 138).

Anfechtbarkeit kann Vorliegen wegen unbewusster Nichtübereinstimmung von Wille und Erklärung (Irrtum) sowie Willensbeeinflussung durch arglistige Täuschung und widerrechtliche Drohung:

- Erklärungs- oder Inhaltsirrtum,
- Irrtum über verkehrswesentliche Eigenschaften einer Person oder Sache,
- arglistige Täuschung,
- Drohung (ein künftiges Übel in Aussicht stellen).

7.4.2 Inhalt von Angeboten

Die Vertragsgestaltung ist im internationalen Vertrieb besonders wichtig, da die Partner unterschiedliche rechtliche Regelungen kennen und es leicht zu Missverständnissen kommen kann. Es ist daher erforderlich, alle Aspekte des Geschäfts genau schriftlich zu vereinbaren. Vom Angebot bis zum Vertrag ist nur noch die einfache Zustimmung des Kunden erforderlich. Bereits das Angebot muss daher mit großer Sorgfalt ausgearbeitet werden.

In größeren Unternehmen stehen den Mitarbeitern des technischen Vertriebs, die oft Ingenieure sind, Kaufleute und Juristen zur Seite. In kleineren Unternehmen ist das meist nicht der Fall, so dass, falls „Neuland" betreten wird, externe Beratung unumgänglich wird.

Export- und Importverträge sollten möglichst standardisiert werden, um Überprüfungskosten und Risiken zu minimieren. Auch sollte, in Anbetracht der Vielzahl der zu regelnden Konditionen (Tab. 7.2), mit Checklisten gearbeitet werden.[48]

Die Vielzahl der kaufmännischen und formalen Aspekte kann hier nicht erschöpfend behandelt werden. Nur einige besonders wichtige Punkte werden eingehend behandelt, nämlich die Liefer- und Zahlungsbedingungen.

Vorab noch eine Anmerkung zu den Allgemeinen Geschäftsbedingungen (AGBs). In Deutschland sind diese keine vertragswesentlichen Bestandteile! Trotz eines Einigungs-

---

[48] Vgl. Altmann (2001), S. 164 ff.

Tab. 7.2 Wichtige Vertragsbestandteile. (Nach Altmann (2001), S. 165)

Kaufmännische Aspekte	Formale Aspekte
▪ Vertragspartner (Verkäufer, Käufer)	▪ Sprache
▪ Ware (Art, Qualität, Menge etc.)	▪ Rechtswahl
▪ Kaufpreis, Währung	▪ Erfüllungsort
▪ Lieferbedingungen (ggf. Incoterms)	▪ Gerichtsstand
▪ Lieferzeit	▪ Eigentumsvorbehalt
▪ Zahlungsbedingung	▪ AGBs
▪ Ggf. Liefervorbehalt	▪ Garantien
▪ Endverbleib	▪ Gewährleistungen
	▪ Verzugszinsen
	▪ Vertragsstrafen
	▪ Schiedsklausel
	▪ „Force majeure"-Klausel
	▪ Salvatorische Klausel

mangels kann ein Vertrag zustande kommen. Es gelten dann die gesetzlichen Bestimmungen. Sollten zufällig einige Punkte der AGBs beider Verhandlungspartner übereinstimmen, so treten diese an die Stelle der entsprechenden Gesetzesregelungen.

Im Ausland sind dagegen oft die AGBs ganz normale Vertragsbestandteile. Die sog. *exemption clauses* müssen also mit ausgehandelt werden, sonst werden sie nicht wirksam.[49]

Lieferbedingungen

Lieferbedingungen dienen der Aufteilung der mit einem Liefervertrag verbundenen Kosten, Gefahren und Pflichten auf den Käufer und den Verkäufer.

Grundsätzlich gilt Vertragsfreiheit. Gebräuchlich sind aber im internationalen Handel die als Incoterms (*International Commercial Terms*) bezeichneten internationalen Handelsklauseln. Sie werden seit 1936 von der Internationalen Handelskammer in Paris veröffentlicht. Derzeit gelten die Incoterms 2010.

Es gibt auch andere, z. T. ähnliche Lieferklauseln von nur lokaler Bedeutung, z. B. die American Foreign Trade Definitions (AFTD). Um Verwechselungen zu vermeiden, sollte man z. B. schreiben „FOB ICC-INCOTERMS 2010".

Incoterms regeln folgende Punkte:

(1)   Lieferung vertragsgemäßer Waren/Zahlung des Kaufpreises;
(2)   Lizenzen, Genehmigungen, Formalitäten;
(3)   Beförderungs- und Versicherungsvertrag;
(4)   Lieferung/Abnahme;

---

[49] Vgl. Altmann (2001), S. 173 f.

(5)   Gefahrenübergang;
(6)   Kostenteilung;
(7)   Benachrichtigung des Käufers/des Verkäufers;
(8)   Liefernachweis, Transportdokument;
(9)   Prüfung, Verpackung, Kennzeichnung der Ware;
(10) Sonstige Verpflichtungen.

Um eine sinnvolle Auswahl einer Lieferklausel zu treffen, ist es sinnvoll, sich zunächst mit den logistischen Herausforderungen eines Exports einer Maschine oder Anlage in ein weit entferntes Land vertraut zu machen. Der Transportweg ist in Abb. 7.19 dargestellt.

(1) Die im Exportland produzierte Maschine wird verpackt und verladen.
(2) Die Maschine wird auf dem Landweg in einen Hafen gebracht.
(3) Sie wird für den Export verzollt und gelangt dann ins Steuerausland, den Freihafen.
(4) Die Maschine wird auf das Schiff umgeladen.
(5) Sie wird über See transportiert.
(6) Sie wird angelandet.
(7) Sie wird im Importland verzollt.
(8) Im Importland erfolgt ein Transport auf dem Landweg.
(9) Die Maschine wird am Zielort entladen.

Letztlich müssen alle mit der Lieferung verbundenen Kosten vom Kunden getragen werden. Von daher sollten Lieferbedingungen nicht genutzt werden, um noch „den letzten Euro" aus einem Verkauf herauszuquetschen, sondern einvernehmlich so gestaltet werden,

Abb. 7.19 Typischer B2B-Transportweg

dass der Transport sicher, günstig und möglichst wenig aufwändig abgewickelt werden kann.

Natürlich hat jede Seite ein Interesse daran, Risiken abzuwälzen. Vorzugsweise sollte das jedoch durch eine gute Versicherung auf Dritte (hier: die Versicherungsgesellschaft) geschehen. Eine solche Versicherung ist in den Incoterms nur ausnahmsweise als Standard vorgesehen.

In der Praxis kennt sich der Verkäufer meist besser im Exportland aus, der Käufer besser im Importland. Von daher erscheint es häufig sinnvoll, die Abwicklung der Zollformalitäten im Exportland dem Exporteur zu überlassen, die im Importland dagegen dem Importeur. Die Wahl des Schiffs sollte besprochen werden. Manchmal hat entweder der Exporteur oder der Importeur besonders gute Verbindungen zu einer Reederei und kann den Transport günstig arrangieren.

Ein Überblick über mögliche Lieferbedingungen ist in Tab. 7.3 gegeben. Es gibt vier Gruppen an Klauseln, wobei nur die erste nicht die Verzollung der Ware durch den Exporteur beinhaltet, der aber immerhin für eine seefeste Verpackung zuständig ist. Umgekehrt ist nur bei der Klausel DDP der Käufer nicht für den Importzoll zuständig.

Eine Besonderheit bieten die C-Klauseln. Sie sind sog. Zwei-Punkt-Klauseln, d. h. Gefahrenübergang und Kostenübernahme fallen auseinander. Zwar bestellt und bezahlt der Exporteur den Schiffs- bzw. Weitertransport, aber die Gefahr geht schon bei der vorherigen Übergabe auf den Importeur über.[50]

Tab. 7.3 Überblick INCOTERMS

Incoterm / Transportweg	Gefahrenübergang	Versicherung V	Sonstiges
E-Klausel (*E-Term*)			
EXW: Ex Works	Werksgelände Verkäufer		(See-)Verpackung: V
F-Klauseln (*F-Terms*)			Zollabfertigung: V
FCA: Free Carrier	nach Verladung (Container)	(x)	„Containerklausel"
FAS: Free Alongside Ship*	Schiffskai	(x)	insb. für Schüttgut
FOB: Free on Board*	nach Verladung (Schiff)	(x)	
C-Klauseln (*C-Terms*)			
CFR: Costs and Freight*	nach Verladung (Schiff)	(x)	Seefrachtkosten: V
CIF: Costs, Insurance, Freight*	nach Verladung (Schiff)	x	Seefrachtkosten: V
CIP: Carriage and Insurance Paid to	Übergabe an 1. Frachtführer	x	Frachtkosten: V
D-Klauseln (*D-Terms*)			
DAT: Delivered at Terminal	vereinbartes Terminal	(x)	
DAP: Delivered at Place	Ort vor Ausladung	(x)	
DDP: Delivered Duty Paid	Zielort im Importland	(x)	Zollabfertigung: V

K = Käufer, V = Verkäufer; x = Versicherungspflicht (x) = ratsame freiwillige Versicherung; *nur für Seeweg

---

[50] Vgl. Altmann (2001), S. 227 ff.

Zahlungsbedingungen

Ausgangspunkt der Auswahl geeigneter Zahlungsbedingungen ist das jeweilige „kaufmännische Optimum" beider potentieller Vertragspartner:

- Der Importeur möchte am liebsten die Ware möglichst früh erhalten, dafür aber so spät wie möglich (am liebsten gar nicht) zahlen.
- Der Exporteur möchte am liebsten die Zahlung möglichst früh erhalten, dafür aber so spät wie möglich (am liebsten gar nicht) liefern.

Auswahl von Zahlungsbedingungen

Zahlungsbedingungen sollten möglichst so gestaltet werden, dass dennoch sowohl Leistung als auch Gegenleistung angemessen erbracht werden. Bei Anlagengeschäften werden daher häufig komplizierte Konditionen (Zug-um-Zug, entsprechend dem Baufortschritt) vereinbart. Die wechselseitige Besicherung ist von entscheidender Bedeutung für das Gelingen, kostet aber auch viel Geld.

Mögliche Zahlungsbedingungen im internationalen Vertrieb von Maschinen und Anlagen zeigt Abb. 7.20. Außer bei extrem gut eingespielten Kundenbeziehungen sollten sich Exporteure nicht auf Konditionen einlassen, bei denen die Gefahr einer Nichtabnahme der Ware droht. Dies ist aber außer bei einer Vorauszahlung, die dem Kunden in der Regel schwer zu vermitteln sein dürfte, nur bei einem vernünftig abgefassten Dokumenten-Akkreditiv (*documentary letter of credit, L/C*) der Fall. Diese recht komplizierte Zahlungsbedingung wird daher, da sie durchaus üblich ist, nachstehend näher erläutert.

Dokumenten-Akkreditiv (L/C)

Die Sicherheit im internationalen Warenverkehr kann durch die beiden Vertragspartner allein nicht erbracht werden. Beide müssen sich dritter Parteien (i. d. R. Banken und/oder Versicherungen) bedienen, um die gewünschte Sicherheit zu erlangen. Im Falle des L/C

Abb. 7.20 Zahlungsbedingungen im internationalen Vertrieb

wird diese Sicherheit durch mindestens eine zahlungsfähige Bank des Vertrauens erlangt, die anstelle des Käufers bei Einhaltung bestimmter Bedingungen (Übergabe definierter Dokumente) zur Zahlung verpflichtet ist. Das Rechtsgeschäft ist ein vom eigentlichen Kaufvertrag losgelöstes abstraktes Zahlungsversprechen, welches die Akkreditivbank ausspricht.

Im internationalen Geschäft ist die Akkreditivbank dem Verkäufer meist nahezu unbekannt; er kann ihre Zahlungsfähigkeit schlecht einschätzen. Dieses kann aber seine Hausbank, sofern sie international tätig ist wie beispielsweise die Deutsche Bank. Sie sollte das Akkreditiv bestätigen, d. h. dafür bürgen, um im Falle einer Nichtzahlung der Akkreditivbank gesichert zu sein. Nur ein **bestätigtes Akkreditiv** gibt die gewünschte Sicherheit.[51]

Das Vorgehen beim Dokumenten-Akkreditiv wird im Folgenden erläutert, wobei der Ablauf dem Pfeildiagramm (Abb. 7.21) entspricht.

(1) Ein Kaufvertrag mit Akkreditivklausel wird geschlossen.
    Der Exporteur sollte darauf bestehen, dass das Akkreditiv bei einer erstklassigen, vom Verkäufer akzeptierten Bank ausgestellt wird, ggf. auch auf Prüfung/Akzeptanz durch seine Hausbank.
(2) Der Importeur beantragt Akkreditiveröffnung (einschließlich Festlegung umfangreicher Dokumentation).
(3) Eine Eröffnungsanzeige wird an Korrespondenzbank (Avisbank) im Exportland geschickt.
(4) Der Exporteur erhält die Mitteilung über die Akkreditiveröffnung von der Avisbank. Damit hat der Importeur seine Zahlungsverpflichtung gegenüber dem Exporteur erfüllt.
(5) Nach Avisierung und Prüfung des Akkreditivs veranlasst Exporteur den Warenversand.
(6) Der Exporteur reicht der Avisbank die vereinbarten Versand-, Begleit- und sonstigen Dokumente ein. Diese müssen exakt übereinstimmen und in sich widerspruchsfrei sein.
(7) Die Avisbank prüft streng auf Form und Inhalt. Falls keine Beanstandungen erfolgen, a) wird ausgezahlt und b) die Dokumente werden an die Akkreditivbank weitergeleitet. Gleichzeitig wird diese mit der ausgezahlten Summe belastet.
(8) Die Akkreditivbank prüft, a) schreibt der Avisbank den Betrag gut, b) händigt dem Käufer die Dokumente aus.
(9) Der Käufer wird mit dem Akkreditivbetrag belastet, falls nicht vorher (2) geschehen.

---

[51] Bis 2007 gab es auch das widerrufliche Akkreditiv, das auf Betreiben des Käufers jederzeit geändert werden konnte, und zwar ohne Information des Verkäufers. Das Akkreditiv musste deshalb ausdrücklich als unwiderruflich (*irrevocable*) bezeichnet werden, denn nur dann gab es wirklich die gewünschte Sicherheit.

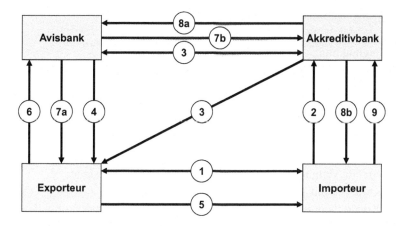

Abb. 7.21 Vorgehen beim *Letter of Credit (L/C)*

Für den Käufer verbleibt ein Risiko der nicht korrekten Lieferung. Es kann dadurch verringert werden, dass eine Inspektion vor der Lieferung vereinbart wird. Das darüber vom mit der Inspektion beauftragten Sachverständigen erstellte Gutachten (***pre-shipment certificate***) kann zum Bestandteil der der Bank einzureichenden Dokumente gemacht werden.[52]

Nachteilig bei einem Akkreditiv ist, dass die beteiligten Banken für das übernommene Risiko eine Vergütung beanspruchen, die von einigen Promille bis Prozent der Kaufsumme reichen kann.

Bei deutschen Exporten in sehr risikobehaftete Länder bestehen Banken außerdem oft auf einer (teuren) staatlichen Überbesicherung per Exportkreditversicherung (sog. **Hermesdeckung**, benannt nach der in staatlichem Auftrag abwickelnden Versicherungsgesellschaft Euler Hermes). Die Hermesdeckung setzt wiederum eine 15 %-ige Anzahlung voraus. Durch die Besicherung werden die Transaktionskosten insgesamt sehr stark erhöht.

7.4.3   Gestaltung von Angeboten

Der Aufwand bei der Erstellung eines Angebots gerade im Maschinen- und Anlagenbau kann sehr hoch sein (bis zu ca. 5 % des Auftragswerts). Ein Angebot ist weit mehr als eine Auflistung technischer und kaufmännischer Details. Angebote sollten nicht nur inhaltlich korrekt sein, sondern auch optisch gut gemacht, um den Kunden wirklich zu beeindrucken.

---

[52] Vgl. Altmann (2001), S. 262 ff.

Das Angebot hat folgende Funktionen:

- Marketingfunktion
  - Das Angebot ist eine Visitenkarte des Unternehmens. Es sollte aus Kundensicht ansprechend und leicht verständlich sein.
- Kaufmännische Funktion
  - Qualität, Preis, Zahlungsbedingungen, Lieferzeit werden definiert.
  - Varianten sollten klar aufgezeigt (z. B. Lieferbedingungen EXW, FCA, CIF) werden.
  - Paketpreise verhindern „Rosinenpickerei" technischer Einkäufer.
- Rechtliche Funktion
  - Nach deutschem Recht bindet das Angebot, daher ist formale Korrektheit erforderlich.
  - Bei Unsicherheiten der Vertragserfüllung sollte man diese verdeutlichen, z. B. durch Formulierungen wie „unverbindlich", „Lieferung vorbehalten" (keine Lieferung bei unmöglicher Beschaffung), „Zwischenverkauf vorbehalten" (Verkauf an andere vor Annahme des Angebots zulässig).
  - Unbedingt Befristung einfügen, denn Rahmenbedingungen wie Wechselkurse sind veränderlich.
- Administrative Funktion
  - Potentieller Kunde im Ausland benutzt Angebot eventuell, um Importlizenzen bzw. Devisenzuteilungen zu erhalten. Dann Angebot als sog. Pro-forma-Rechnung gestalten.[53]

Investitionsgüterangebote sollten modular aufgebaut werden, um Standardbestandteile (Textbausteine, Zeichnungen o. Ä.) verwenden zu können. Ein Angebot enthält typischerweise (möglichst getrennt) folgende Elemente:

- Anschreiben mit Lieferbedingungen,
- Preisübersicht (ggf. mit Varianten),
- Beschreibungen des Lieferumfangs,
- Zeichnungen,
- technische Daten.

Die einzelnen Angebotspositionen sollten nummeriert werden, so dass Preisübersicht, Beschreibungen, Zeichnungen und technische Daten leicht einander zugeordnet werden können.

---

[53] Vgl. Altmann (2001), S. 161 ff.

Investitionsgüterangebote sollten mit Checklisten erarbeitet werden. Sie berücksichtigen in der Regel nicht nur die Maschine bzw. Anlage selbst, sondern auch:

- Abnahmebedingungen (*dry test, wet test*),
- Inbetriebnahme,
- Serviceleistungen wie Schulungen (Art, Umfang, Preis),
- Ersatzteillieferungen,
- „Nebensächlichkeiten" wie Transport und Unterbringung der Monteure.

7.5 Vertriebssteuerung

Unternehmen leben davon,

- für den Kunden wertvoll zu sein, um
- vom Kunden geldwerte Leistungen zu erhalten.

Im herkömmlichen **Vertriebscontrolling** wird ausschließlich der letztgenannte Aspekt beleuchtet, d. h. der ermittelte Erfolg wird in Bezug zum damit verbundenen Aufwand gesehen. Vertriebscontrolling umfasst:

- das Ergebnis der Verkaufstätigkeit,
- die Tätigkeit der Verkäufer,
- die Verkäuferbeurteilung.

Kundenwert

Ein neuartiger Ansatz versucht den Mehrwert, den ein Lieferant seinem Kunden sichert, zu beschreiben. Der sog. Kundenwert (*customer value*) ist definiert als der Barwert aller zu erwartenden Einsparungen und Mehreinnahmen, die ein Kunde aufgrund der Kooperation mit einem Unternehmen erzielt.

Dieser Kundenwert wird während des mehrjährigen Vertriebsprozesses nach und nach realisiert. Aus der Zusammenarbeit resultiert eine Beziehungsqualität, die sich aus Kundennähe, Kundenzufriedenheit und Kundenbindung zusammensetzt. Es gibt Ansätze, beispielsweise die von *Smidt/Marzian*, auch diese Bereiche mess- und damit handhabbar zu machen.[54]

Wesentliche Aufgaben der **Verkaufsergebnisrechnung** sind:

- Zuordnung der Einnahmen aus der Verkaufstätigkeit,
- Überwachung der Kosten für die Verkaufsaufgabe,

---

[54] Vgl. Smidt/Marzian (2002).

- segmentgerechte Zuordnung der Kosten,
- Gewinn- oder Deckungsbeitragsermittlung als Messgröße für den Produkterfolg.

Die Zuordnung der Kosten ist vielfach diffizil. Eine Unterscheidung kann erfolgen nach:

- Verkaufsvorbereitung (Besuche, Spesen, Info-Material, Telefonkosten, Porti, Angebotserstellung, Messen, Ausstellungen),
- Verkaufsabwicklung (Provisionen, Prämien, Gehalt, Lagerkosten, Versand, Verpackung, Fracht, Fakturierung),
- Verkaufsmanagement (Gehälter, Büromaterial, Mieten, Abschreibungen, Berichtswesen).

Vertriebscontrolling gleicht die Vorgaben der Planung (Soll-Werte) mit aktuellen Ist-Werten ab und versucht, daraus sinnvolle Schlüsse zu ziehen (Abb. 7.22). Das ist nicht immer leicht, denn Planabweichungen können gerade im Vertrieb vielfältige Ursachen haben, beispielsweise:

- allgemeine Entwicklung (Konjunktur, Politik, Recht, Demographie),
- Produkt, Leistung (Qualität, Form, Gewicht, Verpackung, Preis, Service),
- Marketing (Werbung, Verkaufsförderung, Vertriebswege),
- Konkurrenz (Marketing, Produkte, Service, Preise),
- Verkauf (mangelnde Qualifikation, fehlende Motivation, zu wenige Verkäufer, zu schlechte Bezahlung).

Erfahrungsgemäß werden aus Sicht des Managements schlechte Umsatzzahlen stets dem Verkauf, gute dagegen der allgemeinen Konjunkturlage zugeschrieben. Verkäufer sehen das dagegen genau umgekehrt.

Abb. 7.22 Allgemeiner
Management-Regelkreis

Vertriebssteuerung umfasst die Bereiche:

(1) Ergebnisrechnung, Kennzahlenermittlung,
(2) Verkaufsberichtssystem, Verkäuferbewertung,
(3) Kundenzufriedenheitsmessung.

Sie bedient sich bestimmter Darstellungsformen (Werkzeuge), die dem allgemeinen Controlling entlehnt sind, aber speziell auf vertriebliche Erfordernisse zugeschnitten werden. Im Folgenden werden die Themenfelder

- Vertriebsplanung (Soll-Vorgaben),
- Vertriebliches Kennzahlensystem (Strukturvorgabe),
- Verkaufsberichtssystem, Verkäuferbeurteilung (Ist-Erfassung),
- Messung der Kundenzufriedenheit (Ist-Erfassung),
- Selbststeuerung mit dem Vertriebstrichter (Soll-Ist-Vergleich)

beleuchtet.

7.5.1 Vertriebsplanung

Die Vertriebsplanung umfasst eine Vielzahl möglicher Planungsprozesse (Abb. 7.23). Der Aufwand der Umsetzung hängt nicht zuletzt von der unternehmerischen Grundausrichtung und der sich daraus ergebenden Struktur des Vertriebsnetzes ab.

Abb. 7.23 Planungsprozesse im Vertrieb. (Nach Weis (2010), S. 89)

Im Folgenden wird der wichtigste Bestandteil der Vertriebsplanung in einem technisch geprägten Unternehmen, nämlich dessen Marketing- bzw. Vertriebsjahresplanung, vorgestellt.

Hierarchie der Planungsprozesse

Die Vertriebsplanung ist Teil der unternehmerischen Gesamtplanung und damit Teil der unternehmerischen Zielpyramide, wie sie in Kap. 2 vorgestellt wurde. In Analogie dazu ergibt sich die in Abb. 7.24 gezeigte Hierarchie der vertrieblichen Planungsprozesse in einem Unternehmen.

Es wird deutlich, dass sich die Vertriebsplanung im taktisch-operativen Bereich bewegt und dabei aus der Gesamtstrategie der Unternehmung abgeleitete strategische Vorgaben versucht umzusetzen.

Vertriebliche Planungsprozesse können differenziert werden nach

- zeitlichen Aspekten (kurz-, mittel-, langfristige Planung),
- geographischen Aspekten (Welt-, nationale, regionale, Gebietsplanung),
- Umfang (Gesamt-, Teil-, Konstitutiv-, Maßnahmenplanung),
- Anlass (Einführungs-, Aktions-, Relaunchplanung etc.),
- organisatorischen Aspekten (z. B. Planung je Gesellschaft oder Geschäftseinheit).

Die Jahresplanung wird regelmäßig durchgeführt. Sie geht von relativ sicheren Rahmenbedingungen aus und basiert in weiten Teilen auf langjährigen Erfahrungen in Märkten. Gleichwohl bleibt, gerade in sehr stark konjunkturzyklusabhängigen Bereichen wie

	Planungs-system	Dauer	verantwort-lich	Aufgabe	Problematik
Unternehmensphilosophie ↓		lang-fristig	Top-Management	Identität, Werte	
Unternehmensstrategie ↓	**Strategische Planung**	ca. 10 Jahre	Top-Management	Innovationen, Produkt-programm	Prognose
Vertriebsstrategie ↓					
Vertriebsplanung	**Taktische Planung**	max. 3 Jahre	Top-/Middle-Management	Investitionen, Veränderung des Leistungs-potentials	Exakte Festlegung von Werten
	Operative Planung	max. 1 Jahr	Middle-/Lower Management	optimale Nut-zung der Möglichkeiten	optimale Koordination aller Fakto-ren

Abb. 7.24 Hierarchie der Planungsprozesse. (Nach Weis (2010), S. 90)

Abb. 7.25 Vorgehen bei der Vertriebsplanung. (Nach Weis (2010), S. 109)

dem Maschinen- und Anlagenbau, ein großes Maß an Unsicherheit über die tatsächliche Realisierbarkeit als umsatzwirksam angenommener Projekte.[55]

Eine vertriebliche Jahresplanung wird zunächst in den einzelnen Teileinheiten einer Unternehmung auf der Basis eines Preis-Mengen-Gerüsts durchgeführt. Die Ergebnisse werden dann konsolidiert zu einer vorläufigen Planung (Bottom-up-Ansatz, siehe Abb. 7.25).

Die vorläufige Vertriebsplanung wird verglichen mit den Vorgaben der Geschäftsleitung (Top-down-Ansatz). Deren Vorgaben sind naturgemäß ehrgeizig, während erfahrene Vertriebsleute im Normalfall eher eine vorsichtige Planung abgeben. Es kommt also zu Konflikten, die im Dialog abgebaut werden müssen, bis man sich schließlich auf eine einheitliche Planung verständigt hat. Die Vertriebsziele müssen dabei meist deutlich nach oben korrigiert werden.

Inhalte eines Marketing- und Vertriebsplans
Die wesentlichen Inhalte eines vollständigen Marketing- und Vertriebsplans sind in Tab. 7.4 zusammengefasst. Die Planung richtet sich vor allem nach:

- Absatzmarkt (Marktpotenzial, Marktwachstum, Marktstellung, voraussichtliche Entwicklung),
- Marketingstrategie (eigenen beabsichtigten Maßnahmen) und dem
- Verhalten der Konkurrenz.

---

[55] Vgl. Weis (2010), S. 106.

Tab. 7.4 Inhalte eines Marketingplans. (Nach Kotler (1999b), S. 96)

Abschnitte	Inhalt
1. Zusammenfassung, Inhaltsverzeichnis	Kurzüberblick für das Management
2. Gegenwärtige Marktlage	Hintergrunddaten und -informationen zu Markt, Produkt, Absatzwegen, allgemeiner branchenbezogener Wirtschaftslage
3. Situationsanalyse	SWOT
4. Ziele	Umsatz/Gewinn, Marktposition/-anteil
5. Strategie zur Zielerreichung	Marketing-Ausrichtung
6. Maßnahmenplan	Einzelmaßnahmen zur Zielerreichung
7. Plan-GuV (Gewinn- und Verlustrechnung)	Vorschau auf das Ergebnis der Planperiode
8. Steuerung	Überwachung der Umsetzung

Der Marketing- und Vertriebsplan ist eine vollständige Planung der Erlösseite einer Unternehmung. Er bezieht die Planung weiterer Bereiche wie F&E und Produktion als Kostenposition und Ausgangspunkt der Planung ein.

Das in der Vertriebsplanung erarbeitete Preis-Mengen-Gerüst ist die Grundlage der Plan-Gewinn- und Verlustrechnung. Die Details der Umsatz- und Ergebnisziele, also das vollständige Preis-Mengen-Gerüst mit den damit verbundenen Kosten und sich daraus ergebenden Gewinnen bzw. Deckungsbeiträgen, sind dem Plan als Anlage beigefügt.

Folgende Fragen sollte ein Top-Manager stellen, um einen Business-Plan zu beurteilen:

- Enthält der Plan einige wirklich neue Chancen? Wurden auch größere Risiken beleuchtet?
- Zeigt der Plan eindeutig Zielmarktsegmente und das damit verbundene Potential auf?
- Werden die Kunden in jedem Segment unser Angebot als überlegen betrachten?
- Wie groß ist die Wahrscheinlichkeit, dass die aufgezeigten Ziele erreicht werden?
- Was würde der den Plan erstellende Manager eliminieren, wenn sein Budget nur 80 % des angefragten betrüge?
- Was würde der den Plan erstellende Manager hinzufügen, wenn ihm 120 % des Budgets zur Verfügung gestellt würde?[56]

7.5.2 Vertriebliche Kennzahlen

Ein vertriebliches Kennzahlensystem dient dazu, den Vertrieb operativ zu führen. Es bietet eine übersichtliche Grundlage für die Vertriebsleitung, das laufende Geschäft zu beurteilen, Abweichungen zum Plan festzustellen und Gegenmaßnahmen einzuleiten. Es wird

---

[56] Vgl. Kotler (1999a), S. 176.

damit zur Grundlage von Management-Regelkreisen. Das vertriebliches Kennzahlensystem richtet sich auf folgende Aspekte:

- Rentabilität (ROI), gesamt sowie produktspezifisch,
- Kaufleistungen der Kunden (ABC-Analyse),
- Ausschöpfung des Absatzpotenzials.

Vertriebliche Rentabilitätsanalyse
Die Rentabilitätsanalyse folgt dem klassischen DuPont-Schema, welches bereits in Kap. 3 (Controlling) vorgestellt wurde.

ABC-Analyse
In einem Unternehmen werden meist ca. 80 % des Umsatzes mit 20 % der Kunden erzielt. Insofern greift das Pareto-Prinzip. Mit einer ABC-Analyse werden die Kunden in wichtige A-Kunden, weniger wichtige B-Kunden und eher unwichtige C-Kunden eingeteilt. Die Prozentzahlen sind nicht eindeutig festgelegt, sondern sollten situativ gewählt werden (vgl. Abb. 7.26).

Vorteile der ABC-Analyse liegen in der

- Trennung des Wesentlichen vom Unwesentlichen,
- Lenkung auf Bereiche mit hohen Ergebnisauswirkungen,
- Aufwand-/Kostenreduzierung durch Aufdeckung von Einspar- und Vereinfachungspotentialen,
- Erhöhung der Managementeffizienz durch gezieltere Vorgehensweise.

Abb. 7.26 ABC-Analyse der Kunden eines Maschinenbaubetriebs

Abb. 7.27 Umsatz-Deckungsbeitrags-Analyse. (Nach Becker (1994), S. 127)

Gefahren sind darin zu sehen, dass die ABC-Analyse ausschließlich in der Rückschau fungiert. Entwicklungen bleiben systematisch unberücksichtigt. Fast jeder A-Kunde war in der Vergangenheit auch einmal C-Kunde, hätte dann aber konsequenterweise nur stiefmütterlich behandelt werden dürfen und wäre dann verprellt worden.

Umsatz-Deckungsbeitrags-Analyse

Eine Weiterentwicklung der ABC-Analyse und ein hervorragendes Werkzeug zur übersichtlichen Darstellung der Umsatz- und Ergebnisbringer eines Unternehmens ist die in Abb. 7.27 gegebene Umsatz-Deckungsbeitrags-Analyse. Hier werden gleichzeitig die Umsatzanteile je Produktgruppe (alternativ: Kundengruppe) und die erzielten Deckungsbeiträge in Prozent vom Verkaufserlös dargestellt.

Im Beispiel ist zu erkennen, dass das mit P 6 bezeichnete Produkt rund ein Drittel zum Unternehmensumsatz beiträgt, aber nur einen relativ geringen Deckungsbeitrag erwirtschaftet. Das könnte ein Indiz für eine notwendige Senkung der Herstellkosten sein. Der Absatz der gewinnstarken Produkte P 1 und P 2 sollte dagegen unbedingt ausgebaut werden.

Kennzahlen zur Ausschöpfung des Absatzpotenzials

Typische Kennzahlen zur Ausschöpfung des Absatzpotentials beziehen eine betriebswirtschaftliche Kerngröße, d. h. Umsatz, Kosten, Gewinn, Deckungsbeitrag, auf eine weitere Größe. So können Analysen der Verteilung der Umsätze etc. getätigt werden; beispielsweise werden die Umsätze gewissen Kundengruppen zugeordnet.

Derartige Kennzahlen sind:

- Kosten je Tag,
- Kosten je Besuch,
- Kosten je Auftrag,
- Kosten je Kunde und Besuch,
- Kosten pro Umsatz,
- Umsatz Soll/Ist,
- durchschnittlicher Deckungsbeitrag,
- Neukunden Soll/Ist.

Weitere Kennzahlen können aus dem Zeit- bzw. Mitteleinsatz für bestimmte Marketing-
und Vertriebsmaßnahmen gewonnen werden. Beispiele sind:

- Werbekosten/Umsatzänderung,
- Verteilung der Verkäuferarbeitszeit (für Verkäufer/Verkäufer-Vergleiche) auf Verkaufsgespräch, Anreise und Sonstiges.

7.5.3 Verkaufsberichtssystem, Verkäuferbeurteilung

Außendienstmitarbeiter sind häufig auf sich allein gestellt und damit das einzige sichtbare
Zeichen des Unternehmens. Sie können nicht permanent beobachtet und gesteuert werden.
Der angemessene Weg zur Personalführung ist deshalb im Regelfall das *Management by
Objectives*, also eine Kombination aus Zielvereinbarungen, Selbstorganisation und Eigen-
motivation (vgl. Kap. 9).

Außendienstmitarbeiter sollten sich selbst kritisch bei ihrer Arbeit betrachten und diese
Arbeit systematisch in Berichten dokumentieren, die zeitnah zu erstellen sind. Insbesondere sollte das unmittelbare **Kundenfeedback** beschrieben werden.

Typische Berichte sind:

- Besuchsberichte (Unternehmen, Gesprächspartner, Anlass, Dauer, Ergebnis, Kon-
kurrenz-informationen, Reklamationen, nächste Schritte), siehe Beispiel Abb. 7.28
(Selbstbericht);
- Tages-, Wochenberichte (Anzahl der besuchten Kunden, Aufträge, Neukunden, Mo-
natsberichte, Gesprächszeit, Fahrzeit, zurückgelegte Entfernung);
- Marktberichte (Informationen über den Markt für die Vertriebsleitung);
- Sonderberichte (Reklamationen, Kundenvorschläge, Veränderungen beim Kunden,
Marktveränderungen).

Eine regelmäßige Verkäuferbeurteilung sollte halbjährlich oder jährlich erfolgen. Sie
kann wie folgt durchgeführt werden:

Kriterium: Vorbereitung	gut	mittel	schlecht
1. Wie habe ich die Tagestour vorbereitet?			
2. Wie habe ich den Besuch vorbereitet?			
Kriterium: Besuch			

3. Wie habe ich mich im Verkaufsgespräch verhalten?
    3.1   bei Gesprächseröffnung?
    3.2   Argumentation?
    3.3   bei Einwandbehandlung?
    3.4   bei Kaufvorschlag?
    3.5 beim Besuchsabschluss?			

Kriterium: Kenntnisse			

4. Wie waren meine Kenntnisse für das Verkaufsgespräch?
    4.1   Kundenkenntnisse?
    4.2   Marktkenntnisse?
    4.3   Produktkenntnisse?
    4.4 Wettbewerbssituation?			

5. Wurden Verkaufshandbuch, Salesfolder, Preislisten, Produktmuster, Prospekte etc. richtig eingesetzt?			
Kriterium: künftiges Verhalten			
6. Was sollte in Zukunft anders aussehen?			

Abb. 7.28 Muster für den Selbstbericht zu einem Kundenbesuch. (nach Weis (2010), S. 417)

- Selbstkontrolle,
- Besuchsbegleitung,
- Allgemeine Tätigkeitskontrolle,
- Kundenzufriedenheitsmessung.

Anlassspezifische Beurteilungen erfolgen ergänzend bei sinkender Verkaufsleistung, verlorenen Kunden, Zunahme der Reklamationen und allgemein unzureichendem Verhalten.[57]

7.5.4 Messung der Kundenzufriedenheit

Durch **Kundenbefragung** kann die

- Globalzufriedenheit,
- Wiederkaufabsichten,
- Zufriedenheitsfaktoren (Produkt, Service, Verkauf, Konditionen),
- Unzufriedenheitsfaktoren,
- Weiterempfehlungsabsichten,
- Beschwerderaten (auch aus Betriebsstatistik zu entnehmen)

---

[57] Vgl. Weis (2010), S. 415 ff.

Customer Questionnaire

Client/Plant:_____   Date:_____

Please answer the following questions. You will help us improve our service!

		Yes	No		
1.	Do you know your contact person(s) at FMF?	☐	☐		

		Exc.			Poor
2.	Does FMF assure prompt response to your inquiries?	☐	☐	☐	☐
3.	Are your technical questions answered appropriately?	☐	☐	☐	☐
4.	Does FMF ensure on-time delivery?	☐	☐	☐	☐
5.	How do you rate the clearness and accuracy of documents submitted (e. g. invoices)?	☐	☐	☐	☐
6.	How does FMF react in case of problems/complaints?	☐	☐	☐	☐
7.	What is the performance of our after-sales service?	☐	☐	☐	☐
8.	How do you rate the quality of our products?	☐	☐	☐	☐
9.	Does FMF come up with new ideas?	☐	☐	☐	☐
10.	Do you get information about latest technical improvements?	☐	☐	☐	☐
11.	How do you rate FMF as a partner for new technical developments in your plant?	☐	☐	☐	☐

Which kinds of improvements would you suggest? Which additional services should be rendered?

_____
_____
_____Thank you!

Abb. 7.29 Beispiel für einen Kundenfragebogen

ermittelt werden.

Eine ausführliche schriftliche Kundenbefragung sollte nicht zu häufig, d. h. höchstens alle ca. drei Jahre, erfolgen. Sehr wichtig ist es, Kunden persönlich anzusprechen, und ihnen eine rasche Bearbeitung des Fragebogens auch optisch zu suggerieren. Nur so ist eine hinreichende Rücklaufquote zu erzielen. Der Kundenfragebogen sollte daher sorgfältig gestaltet werden, übersichtlich sein und möglichst Ankreuzfragen enthalten.

Abb. 7.29 zeigt einen durch ein Unternehmen eingesetzten Kundenfragebogen. Mit diesem Bogen wurde eine recht hohe Rücklaufquote von ca. 20 % erzielt. Die Fragen zielten ab auf die Beurteilung der Vertriebstätigkeit (1–6), Produktqualität (7) und Innovationsorientierung (8–11) des Unternehmens. Ergänzend zu den Entscheidungsfragen wurden mit einer abschließenden offenen Frage Verbesserungsvorschläge eingeholt.[58]

7.5.5 Selbststeuerung mit dem Vertriebstrichter

Der Vertriebstrichter ist ein verbreitetes Modell, um Vertriebsprozesse zu verdeutlichen und zu steuern. Mit ihm wird dargestellt, wie sich eine Vielzahl begonnener Vertriebsaktivitäten letztlich zu einer wesentlich geringeren Zahl an Aufträgen verengt (Abb. 7.30).

---

[58] Vgl. Weis (2010), S. 425 f.

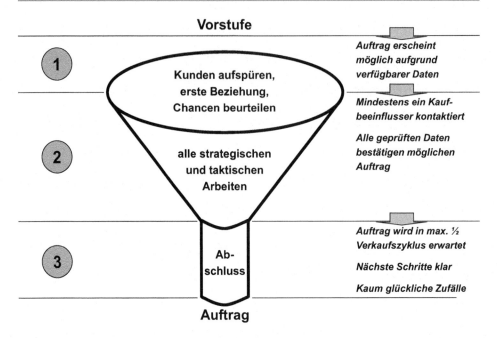

Abb. 7.30 Vertriebstrichter. (Nach Miller/Heiman (1999), S. 219)

Durch den Vertriebstrichter wird der Verkaufsprozess in eine Vorphase der Marktson-dierung und drei aktive Verkaufsphasen eingeteilt. Die einzelnen Phasen und insbesondere die damit verbundenen Vertriebsaufgaben werden im Folgenden näher dargestellt.

Vorstufe
In der Vorstufe sucht der Vertrieb nach Daten und Informationen, um potentielle Kunden mit Anforderungen zu finden, zu denen Produkte und Dienstleistungen des Unternehmens passen.
Dieses kann geschehen durch:

• aktive Suche entsprechend bestimmten Segmentierungskriterien (Branche, Region, Anlagenbestand etc.) oder
• Schaffung der Voraussetzungen, um vom Kunden kontaktiert zu werden (z. B. Internet-Auftritt).

Erste Stufe
Um in die erste Stufe zu gelangen, zeigen Daten und Informationen eines Verkaufs-vorgangs an, dass ein Produkt zu einer Kundenanforderung passt. Erkennbar wir das beispielsweise durch folgende Sachverhalte:

- Interessent fordert Prospekt an.
- Produktionsanlagen eines potentiellen Kunden sind veraltet.
- Zeitungsbericht über Expansionspläne eines potentiellen Kunden lässt Bedarf vermuten.

Der Verkäufer muss diese Informationen verifizieren und dazu mindestens einen Kaufbeeinflusser des Kunden kontaktieren. So kann er Expansionsvorhaben oder ein aktuelles Problem beim Kunden feststellen.

Zweite Stufe
Wurden die Informationen durch Kontakt zu einem Kaufbeeinflusser verifiziert und der Kunde plant eine Expansion oder hat ein aktuelles Problem, erreicht der Verkaufsvorgang die zweite Stufe des Vertriebstrichters.

Die Aufgaben des Verkäufers liegen nun darin, sämtliche Kaufbeeinflusser (Mitglieder des Buying Centers) zu identifizieren. Diese werden dann direkt oder über Dritte kontaktiert und ihre Haltung zum Projekt festgestellt. Die Interessen der Kaufbeeinflusser müssen herausgefunden werden, um ihnen dann individuell zu verdeutlichen, dass und wie das Angebot ihren Eigeninteressen dient.

Dritte Stufe
Stehen die Kaufbeeinflusser geschlossen hinter dem Angebot und ist anzunehmen, dass Unsicherheiten oder Glück keine Rolle mehr spielen dürften, d. h. der Auftrag kommt zu 90 %-iger Wahrscheinlichkeit im halben durchschnittlichen Verkaufszyklus (= Dauer des Vertriebsprozesses), so gelangt er in die dritte Stufe.

Verkäufer erledigen dort Abschlussarbeiten wie z. B.:

- Last-Minute-Einwände entkräften,
- Unklarheiten beseitigen,
- Auftragsbestätigung und nötige Unterschriften einholen.[59]

Zeitmanagement mit dem Vertriebstrichter
Der Vertriebstrichter kann dabei helfen, durch Zeiteinteilung für eine kontinuierliche Unternehmensauslastung zu sorgen. Dabei sollte berücksichtigt werden:

- Anzahl der Aufgaben je Verkaufsvorgang,
- Umsatzvolumen der bearbeiteten Aufträge,
- produktbezogene Faktoren (z. B. Auslastung ihrer Fertigung),
- Investitionen in die Zukunft,
- Absatzschwankungen.

---

[59] Vgl. Miller/Heiman (1999), S. 218 ff.

Es ist dafür zu sorgen, dass weder das Tagesgeschäft vernachlässigt wird noch der Vertriebstrichter austrocknet. Das zeitliche Verhältnis der Aufgaben ist branchen- und firmenspezifisch und letztlich erfahrungsbasiert zu ermitteln. Wichtig ist die alltäglich richtige Prioritätensetzung. Sie sollte folgender Reihenfolge entsprechen:

(1) Verkaufsvorgänge auf dritte Ebene abschließen (den Erfolg sichern).
(2) Neukunden ausfindig machen und Erfolgsaussichten bewerten (verhindern, dass Trichter austrocknet).
(3) Tätigkeiten der zweiten Trichterebene ausführen (angenehmste Tätigkeit zuletzt machen!).

Beispiel

Den Ingenieuren sei abschließend an dieser Stelle gebeichtet: Das Trichtermodell ist physikalisch betrachtet natürlich Unfug! Letztlich kommt alles, was oben in einen realen Trichter gestopft wird, unten wieder heraus – und im Vertrieb ist genau das nicht der Fall. Nur ein Bruchteil der angefangenen Verkaufsvorgänge wird am Ende umsatzwirksam.

In der deutschen Werkzeugmaschinenindustrie wurde 2005 nur aus ca. jedem fünfzehnten Angebot ein Auftrag!

(Wegen seiner Anschaulichkeit hat das Trichtermodell dennoch weite Verbreitung gefunden.)

7.6 Übungsaufgaben

Aufgabe 7.1

Sie sind Vertriebsleiter eines deutschen Maschinenbauunternehmens. Sie stehen vor der Frage, entweder eine eigenständige Tochtergesellschaft in Südostasien zu gründen oder den Vertrieb einem lokalen Handelshaus zu überlassen, welches durch eine umsatzabhängige Provision entlohnt wird. Wie kommen Sie zu einer Entscheidung für eine der beiden Varianten?

Aufgabe 7.2

Sie sind Vertriebsleiter eines deutschen Unternehmens für Großanlagen der chemischen Industrie, welches weltweit tätig ist. Dieser Industriezweig wird national (z. B. BASF) und weltweit (z. B. Dow Chemical) von wenigen sehr großen Unternehmen beherrscht. Die chemische Industrie ist durch die nachstehend gezeigten Tätigkeitsfelder gekennzeichnet.

Chemiesparte D	Umsatz 2006 (Mio. €)
Anorganische Grundchemikalien	9833
Petrochemikalien und Derivate	21.882
Polymere	25.882
Fein- und Spezialchemikalien	32.623
Pharmazeutika	29.326
Wasch- und Körperpflegemittel	10.017

Welche Organisationsform des Vertriebs schlagen Sie vor, welche nicht? Begründen Sie.

Aufgabe 7.3
Welcher wesentliche Unterschied besteht zwischen dem Beschaffungsphasenmodell nach Richter und Backhaus? Welche vertriebliche Bedeutung hat dieser Unterschied?

Aufgabe 7.4
Wozu dient der Agency-Ansatz, wenn er im Investitionsgüterbereich angewendet wird? Welche Gefahr wird verdeutlicht?

Aufgabe 7.5
Ein großer Fahrzeughersteller kauft eine umfangreiche Produktionsanlage. Wer kauft, wer verkauft (Kaufakteure)?

Aufgabe 7.6
Was ist ein Buying Center? Welche Akteure nehmen daran teil?

Aufgabe 7.7
Welchen Einfluss sollten Käufer- und Kaufmotive sowie der Kundentyp auf das Verkaufsgespräch haben?

Aufgabe 7.8
Welche Eigenschaften sollte ein geeigneter Verkäufer im B2B-Bereich haben?

Aufgabe 7.9
Welche Ebenen werden im B2B-Verkaufsgespräch berührt?

Aufgabe 7.10
Wie sollte man im Verkaufsgespräch mit Einwänden umgehen?

Aufgabe 7.11

Zwei befreundete Firmeninhaber treffen sich abends zu Geschäftsverhandlungen. Der eine sagt zum anderen: „Ich liefere dann zum nächsten Monatsersten einen Tieflader X-998 ab Werk, Kostenpunkt 180.000 € zzgl. Mehrwertsteuer." Der andere sagt daraufhin: „So machen wir das!" Anschließend trinken beide noch einige Gerstenkaltschalen.

Am nächsten Morgen ist sich der zweite alkoholbedingt nicht mehr ganz sicher über den Inhalt des Gesprächs. Vorsorglich schickt er ein Schreiben an seinen Freund: „Hiermit bestätige ich die gestern mündlich vereinbarte monatliche Lieferung eines Tiefladers durch Deine Firma frei Haus in meinen Betrieb zum Preis von 180.000 € incl. MwSt." Der Freund reagiert darauf nicht.

Welcher rechtliche Zustand besteht?

Aufgabe 7.12

Wie sollten Lieferbedingungen möglichst gestaltet werden?

Aufgabe 7.13

Was ist bei der Auswahl von Zahlungsbedingungen im internationalen Geschäft zu beachten?

Aufgabe 7.14

Warum entstehen während der Vertriebsplanung meist Konflikte im Unternehmen?

Aufgabe 7.15

Nennen Sie drei typische Werkzeuge, mit denen vertriebliche Kennzahlen auch optisch dargestellt werden können.

Aufgabe 7.16

Wie können Sie eine Vielzahl von Vertriebsprozessen übersichtlich steuern?

Literatur

Altmann, J.: Außenwirtschaft für Unternehmen. Lucius & Lucius, Stuttgart (2001)
Backhaus, K., Voeth, M.: Industriegütermarketing, 9. Aufl. Vahlen, München (2010)
Becker, J.: Strategisches Vertriebscontrolling. Kohlhammer, Wiesbaden (1994)
BGB: Bürgerliches Gesetzbuch. 63. Aufl., München (dtv) (2009)
Clarkson, P.: Transaktionsanalytische Psychotherapie. Herder, Freiburg (1996)
Eisenhardt, U.: Recht für Wirtschaftswissenschaftler I – Grundlagen des Bürgerlichen Rechts. Fernuniversität Hagen, Hagen (1997)
Fisher, R., Ury, W., Patton, B.: Das Harvard-Konzept, 23. Aufl. Campus, Frankfurt am Main (2009)
Fuchs, H., Fuchs-Brüninghoff, E.: Einwandbehandlung und Konfliktüberwindung. In: Pepels, W. (Hrsg.) Handbuch Vertrieb, S. 275–292. Hanser, München (2002)
HGB: Handelsgesetzbuch. 48. Aufl., München (dtv) (2009)

Kellner, H.: Käufermotive und Kaufmotive. In: Pepels, W. (Hrsg.) Handbuch Vertrieb, S. 159–171. Hanser, München (2002a)

Kellner, H.: Kundentypen. In: Pepels, W. (Hrsg.) Handbuch Vertrieb, S. 173–185. Hanser, München (2002b)

Kellner, H.: Verkäufermentalitäten und Verkaufsstile. In: Pepels, W. (Hrsg.) Handbuch Vertrieb, S. 187–199. Hanser, München (2002c)

Kotler, P.: Kotler on marketing. Simon & Schuster, New York (1999a)

Kotler, P.: Marketing management. Simon & Schuster, New York (1999b)

Miller, R.B., Heiman, S.E.: Strategische Verkaufen. VMI, Landsberg (1999)

Namokel, H.: Closing. In: Pepels, W. (Hrsg.) Handbuch Vertrieb, S. 309–319. Hanser, München (2002)

Pepels, W. (Hrsg.): Handbuch Vertrieb. Hanser, München (2002)

Pepels, W.: Preisargumentation. In: Pepels, W. (Hrsg.) Handbuch Vertrieb, S. 293–308. Hanser, München (2002)

Pförtsch, W., Godefroid, P.: Business-to-Business-Marketing, 5. Aufl. Kiehl, Ludwigshafen (2013)

Richter, H.P.: Investitionsgütermarketing. Hanser, München (2001)

Schulze, H.: Beziehungsmanagement – Vertrieb als persönlicher Kontakt zwischen Menschen. In: Pepels, W. (Hrsg.): Handbuch Vertrieb. S. 137–157. Hanser, München (2002)

Smidt, W., Marzian, S.: Brennpunkt Kundenwert. Springer, Berlin (2002)

Webster, F.E., Wind, Y.: Organizational buying behavior. Prentice-Hall, Englewood Cliffs (1972)

Weis, H.C.: Verkaufsgesprächsführung, 4. Aufl. Kiehl, Ludwigshafen (2003)

Weis, H.C.: Verkaufsmanagement, 7. Aufl. Kiehl, Ludwigshafen (2010)

Weis, H.C.: Marketing, 16. Aufl. Kiehl, Ludwigshafen (2012)

Weisbach, C.-R.: Verhandlungsführung. In: Pepels, W. (Hrsg.) Handbuch Vertrieb, S. 223–240. Hanser, München (2002)

Winkelmann, P.: Marketing und Vertrieb – Fundamente für die Marktorientierte Unternehmensführung, 8. Aufl. Oldenbourg, München (2013)

Investition und Finanzierung

8

8.1 Begriff der Investition

Der Begriff stammt aus dem lateinischen „*investire*" und bedeutet im betriebswirtschaftlichen Zusammenhang das Einkleiden eines Unternehmens mit Sach-, Finanz- und immateriellem Vermögenswerten.

In der Unternehmensbilanz zeigt die Aktivseite Investitionen im Sinne der Mittelverwendung. Die Passivseite zeigt dagegen die Finanzierung der Investitionen im Sinne der Mittelherkunft (siehe Abschn. 8.3).

In der Investitionsrechnung, die zur Beurteilung von Investitionen erforderlich ist, spielt die Bilanzierung keine Rolle. Ein Unternehmen könnte in die Bildung seiner Mitarbeiter investieren wollen – die wirtschaftliche Vorteilhaftigkeit müsste dann von dem Unternehmen beurteilt werden. Mitarbeiter, häufig als das „wichtigste Kapital" des Unternehmens bezeichnet, werden nicht in der Bilanz eines Unternehmens aktiviert, d. h. sie tauchen auf der Aktivseite nicht auf.

Als Investitionsarten lassen sich neben den immateriellen Investitionen die Sachinvestitionen und die Finanzinvestitionen unterscheiden. Als Sachinvestitionen können je nach Investitionszeitpunkt in einem Unternehmenslebenszyklus differenziert werden:

- Gründungsinvestitionen,
- Erweiterungsinvestitionen,
- Rationalisierungsinvestitionen,
- Ersatzinvestitionen.

Während die drei erstgenannten Investitionsarten die Kapazität des Unternehmens ausweiten, erhöht sich diese bei Ersatzinvestitionen nicht.

Des Weiteren ist eine liquiditätsorientierte Perspektive festzustellen. Eine Investition kann als eine **Zahlungsreihe** definiert werden, die mit einer **Auszahlung** beginnt. Im

© Springer Fachmedien Wiesbaden GmbH 2018
A. Daum, W. Greife und R. Przywara, *BWL für Ingenieurstudium und -praxis*,
https://doi.org/10.1007/978-3-658-20467-9_8

Lebenszyklus der Investition werden Einzahlungen als eine Zahlungsreihe erwartet, damit sich die Investition für den Investor lohnt.

Die für die Investition erforderliche **Finanzierung** ist eine Zahlungsreihe, die aus Unternehmenssicht mit einer Einzahlung beginnt. Der Finanzier erwartet im Lebenszyklus der Investition Auszahlungen vom Unternehmen zur Bedienung seiner Verzinsung und zur Rückzahlung des finanzierten Geldbetrages.

Bei dem Abgleich beider Zahlungsreihen wird erwartet, dass **Nettoeinzahlungen** (als ein Zahlungsüberschuss) entstehen. Die Nettoeinzahlungen auf eine Investition sind der Saldo aus zukünftigen Auszahlungen und Einzahlungen.

Beispiel

Ein Investor tätigt zum heutigen Zeitpunkt eine Investition mit dem Kauf einer Maschine und zahlt dafür einen bestimmten Betrag aus. Er erwartet auch zukünftig Auszahlungen im Sinne von zahlungswirksamen Instandhaltungs- und Betriebsaufwendungen (11.000 € pro Periode). Gleichermaßen erwartet der Investor zusätzliche zahlungswirksame Umsatzerlöse, also Einzahlungen auf die Investition (20.000 € pro Periode). Die Nettoeinzahlungen betragen als Saldo aus Einzahlungen und Auszahlungen in den nächsten Perioden jeweils 9000 €.

Diese zahlungsorientierte Sicht ist in der Wirtschaft vorherrschend, hat aber auch Nachteile.[1] Nicht zahlungswirksame Bedingungen wie z. B. Lärm oder Umweltbelastungen bleiben bei der Entscheidung unberücksichtigt. Aus solchen Zahlungsüberschüssen lassen sich bei der Bewertung der Vorteilhaftigkeit eines Investitionsobjekts Entscheidungen herleiten.

Eine **Investitionsbeurteilung** ist von der Investitionssituation abhängig:

- Lohnt sich ein Investitionsobjekt für den Investor, oder lohnt es sich nicht?
- Welches von mehreren alternativen Investitionsobjekten ist für den Investor am vorteilhaftesten?
- Wann ist der richtige Zeitpunkt, um ein „altes" Investitionsobjekt durch ein „neues" Investitionsobjekt zu ersetzen?

Im Rahmen der Investitionsbeurteilung sind folgende **Phasen eines Investitionscontrollings** festzustellen:

(1) Planung,
(2) Realisation,
(3) Kontrolle,
(4) Steuerung.

---

[1] Vgl. hierzu Kruschwitz (2014), S. 4 f.

In der **Planungsphase** wird die Notwendigkeit einer Investition festgestellt. Es werden operative Ziele festgelegt, die eine Investition für die Unternehmung erfüllen soll. Die Investition wird aus den strategischen Zielen der Unternehmung abgeleitet. Um eine Entscheidung zu treffen, ob eine Investition durchgeführt wird, müssen einige Prämissen geklärt sein:

- Prognose über die Entwicklung der Zahlungsströme im Investitionszeitraum,
- zeitliche Verteilung der Zahlungen,
- Höhe der Zahlungen,
- Verzinsungsanspruch des Investors an das von ihm eingesetzte Kapital.

Prämissen, die eine Investitionsrechnung obsolet werden lassen können, sind etwa Präferenzen gegenüber einem Investitionsobjekt, die nicht auf die monetäre Bewertung zurückzuführen sind. Solche Präferenzen können z. B. in einer Marken- oder Unternehmenstreue für ein Investitionsobjekt bestehen.

Aus der Bewertung eines Investitionsobjektes oder mehrerer Investitionsobjekte wird je nach Beurteilungskriterien eine Entscheidung hergeleitet: Die Investition wird durchgeführt, oder die Investition wird nicht durchgeführt.

In der **Realisationsphase** wird die Investition umgesetzt, und es werden die prognostizierten Nettoeinzahlungen in das Unternehmen erwartet. Hand in Hand mit der Realisationsphase geht die **Kontrollphase**.[2] Es wird geprüft, ob die prognostizierten Einzahlungen und Auszahlungen eintreten. Bei Abweichungen sind **Steuerung**smaßnahmen zu ergreifen, die zu einer Realisierung des geplanten Investitionserfolgs führen. Haben sich die Prämissen so stark verändert, dass nicht mehr von dem Erreichen des geplanten Investitionserfolgs auszugehen ist, sind die Investitionsziele anzupassen. Ist eine Anpassung der Investitionsziele nicht möglich und ist von einer Veränderung der Prämissen in der Zukunft nicht auszugehen, bleibt nur die **Desinvestition**. Unter der Desinvestition wird die Liquidation der Investition verstanden. Der Investor trennt sich von seinem Investitionsobjekt. Dieser Controllingzyklus ist Bestandteil jeder Investition.

Jede Investitionsentscheidung wird bei bestehender **Unsicherheit** zukünftiger Entwicklungen gefällt. Mit **Eintrittswahrscheinlichkeiten** lässt sich eine Einschätzung vornehmen.

8.2   Verfahren der Investitions- und Wirtschaftlichkeitsrechnung

Zur Bewertung von Investitionsalternativen sind **unterschiedliche Verfahren** möglich:

- Nutzwertanalyse,
- statische Investitionsrechenverfahren,
- dynamische Investitionsrechenverfahren.

---

[2] Vgl. Kruschwitz (2014), S. 4 f.

In der Praxis lässt sich feststellen, dass unterschiedliche Investitionsbeurteilungsverfahren nebeneinander angewendet werden. Die Investitionsentscheidung soll damit fundiert werden.

8.2.1 Nutzwertanalyse

Die **Nutzwertanalyse** ist ein Verfahren, das ohne monetäre Größen bei der Beurteilung auskommt. Es handelt sich um ein Verfahren, mit dem die Vorteilhaftigkeit mehrerer Investitionsalternativen verglichen wird. Je Alternative wird ein Punktwert, der sog. Nutzwert ermittelt, so dass eine quantitative Auswahl der vorteilhaftesten Variante ermöglicht wird.[3] Wegen der Punktvergabe wird dieses Verfahren im Controlling als ein **Scoring-Modell** bezeichnet.

Voraussetzung für diese Verfahren ist die Kenntnis der verschiedenen Investitionsalternativen. Ein einfaches, nicht ganz so ernst zu nehmendes Beispiel (Partnerwahl) soll nachfolgend den Aufbau vermitteln (Tab. 8.1).

Die heiratslustige Erna sucht einen Partner für ein gemeinsames Leben. Vier potenzielle Partner zieht sie in die engere Wahl: (A)lexander, (B)ernd, (C)laus, (D)irk. Sie bewertet die potenziellen Partner je Eigenschaft auf einer Punkteskala von 1 (Eigenschaft wird überhaupt nicht erfüllt) bis 10 (Eigenschaft wird überdurchschnittlich erfüllt).

Ergebnis dieser Nutzwertanalyse: Claus wäre der ideale Partner.

Erna hätte in diesem Beispiel die für sie bedeutsamen Eigenschaften sämtlich gleich gewichtet, also keine besondere Bedeutung für einzelne Eigenschaften im Verhältnis zu den anderen Eigenschaften bestimmt. Dies wäre jedoch denkbar, wenn sie der jeweiligen Eigenschaft ein Gewicht beimisst. Dies ist in Tab. 8.2 geschehen.

Durch die Gewichtung der einzelnen Kriterien ergibt sich eine veränderte Auswahlsituation. Das Beispiel soll die Bedeutung der Wahl der zu bewertenden Eigenschaften, die Wahl des Bewertungsmaßstabes, die Auswahl der Alternativen und die Durchführung der Ermittlung des Nutzwertes verdeutlichen.

Tab. 8.1 Partnerwahl. (In Anlehnung an Däumler/Grabe (2014), S. 38)

	A(lexander)	B(ernd)	C(laus)	D(irk)
Tüchtig	1	9	8	3
Gutaussehend	10	2	5	4
Gebildet	5	2	9	7
Vermögend	8	3	6	2
Sexy	5	8	9	9
Häuslich	9	9	2	3
Punktwert	**38**	**33**	**39**	**28**

---

[3] Vgl. Blohm/Lüder/Schaefer (2012), S. 152 ff.; Götze (2014), S. 14 ff.

Tab. 8.2 Partnerwahl mit Gewichtung

	Gewichtung	A(lexander)		B(ernd)		C(laus)		D(irk)	
		Wert	Punkte	Wert	Punkte	Wert	Punkte	Wert	Punkte
Tüchtig	10 %	1	0,10	9	0,90	8	0,80	3	0,30
Gutaussehend	30 %	10	3,00	2	0,60	5	1,50	4	1,20
Gebildet	25 %	5	1,25	2	0,50	9	2,25	7	1,75
Vermögend	5 %	8	0,40	3	0,15	6	0,30	2	0,10
Sexy	10 %	5	0,50	8	0,85	9	0,90	9	0,90
Häuslich	20 %	9	1,80	9	1,80	2	0,40	3	0,60
Punktwert		**38**	**7,05**	**33**	**4,75**	**39**	**6,15**	**28**	**4,85**

Die Nutzwertanalyse abstrahiert von monetären Werten einer Investition. Die folgenden Verfahren stellen dagegen gerade diese in den Betrachtungsmittelpunkt. Auch bei diesen Verfahren könnte die Nutzwertanalyse hilfreich sein: Die unumgängliche **Festlegung des Kalkulationszinssatzes** ließe sich mit einer Nutzwertanalyse unterstützen.[4]

8.2.2 Statische Investitionsrechnungsverfahren

Statische Investitionsrechenverfahren betrachten jeweils eine Durchschnittsperiode oder eine repräsentative Periode. Dadurch werden diese Verfahren in der Durchführung vereinfacht. Als statische Investitionsrechenverfahren lassen sich unterscheiden:

- Kostenvergleichsrechnung,
- Gewinnvergleichsrechnung,
- Rentabilitätsvergleichsrechnung,
- Amortisationsrechnung.[5]

Die **Kostenvergleichsrechnung** orientiert sich in ihrer Durchführung an der Kosten- und Leistungsrechnung. Sie stellt die gesamten Kosten (variable und fixe) der verschiedenen Alternativen gegenüber. Dafür müssen die Investitionsalternativen hinsichtlich ihrer Leistungskriterien vergleichbar sein. Es ist die Investitionsalternative am vorteilhaftesten, die die geringsten Kosten verursacht. Das nachfolgende Bespiel führt die Investitionsentscheidung des Autovermieters an. Es wird die folgende Kostensituation zur Entscheidungsauswahl unterstellt (Tab. 8.3).

Aus der Kostenvergleichsrechnung wird deutlich, dass der Appolon das kostengünstigste Fahrzeug unter den gewählten Alternativen darstellt. Die **relative Vorteilhaftigkeit** des Fahrzeugs wird damit deutlich.

Um die **absolute Vorteilhaftigkeit** einer Investitionsalternative zu bestimmen, müsste es eine konkrete Vorgabe für maximal zu verursachende Kosten geben. Es wäre vorstell-

---

[4] Vgl. Däumler/Grabe (2014), S. 39 f.
[5] Vgl. z. B. Götze (2014), S. 56 ff.; Wöhe/Döring (2016), S. 526 ff.

Tab. 8.3 Kostenvergleichsrechnung bei Fahrzeugwahl

Kostenarten	Fahrzeugtypen		
	Corsica	Apollon	Siesta
Fixe Kosten:			
Anschaffungspreis (brutto)	18.200,00 €	20.450,00 €	18.600,00 €
Zinsen p.a. (Zinssatz 9%)	1.638,00 €	1.840,50 €	1.674,00 €
Abschreibung pro Monat	2 %	1,8 %	3 %
Abschreibungsbetrag p.a.	4.368,00 €	4.417,20 €	6.696,00 €
Haltedauer je Fahrzeug	6 Monate	6 Monate	4 Monate
Frachtkosten p.a.	940,00 €	151,20 €	244,80 €
Versicherung p.a.	1.800,00 €	1.800,00 €	1.800,00 €
Kfz-Steuer	befreit	befreit	157,00 €
Gesamtkosten p.a.	**8.746,00 €**	**8.208,90 €**	**10.571,80 €**
Gesamtkosten pro Monat	**728,83 €**	**684,08 €**	**880,98 €**
Variable Kosten:			
Wagenpflege durchschnittlich bei ca. 60 Pflegeeinheiten	1.320,00 €	1.320,00 €	1.320,00 €
Öl-Service (ab 12.000km)	64,00 €	64,00 €	keiner
Durchschnittlicher Reparaturaufwand	150,00 €	150,00 €	225,00 €
Gesamtkosten p.a.	**1.534,00 €**	**1.534,00 €**	**1.545,00 €**
Gesamtkosten pro Monat	**127,83 €**	**127,83 €**	**128,75 €**
Gesamtkosten fix&variabel			
Pro Fahrzeug p.a.	**10.280,00 €**	**9.742,90 €**	**12.116,80 €**
Pro Fahrzeug pro Monat	**856,67 €**	**811,91 €**	**1.009,73 €**

bar, dass eine Kostenvorgabe existiert (z. B. Vorgabe der Geschäftsleitung), dass 500 €
pro Monat an Gesamtkosten eines Fahrzeugs nicht überstiegen werden dürfen. Dies wäre
in dem vorliegenden Beispiel ein Ausschlusskriterium für alle Investitionsalternativen, da
jedes Fahrzeug diesen Betrag übersteigt.

Die Ergebnisse einer Investitionsbeurteilung sind jeweils aus der Perspektive des jeweiligen Unternehmens nachzuvollziehen und aus diesem Grund nicht zu verallgemeinern.

Die **Gewinnvergleichsrechnung** orientiert sich ebenfalls an der Kosten- und Leistungsrechnung. Neben den Kosten werden die Leistungen (mit Absatzpreisen) bewertet.
Der Saldo dieser beiden Größen ergibt den betrieblichen Gewinn, der zur Entscheidung
heranzuziehen ist. Diese Rechnung macht nur Sinn, wenn sich die Leistungen der jeweiligen Investitionsalternativen voneinander unterscheiden. Im anderen Fall würde diese
Rechnung zu demselben Ergebnis kommen wie die Kostenvergleichsrechnung.

Zurück zum Beispiel: Kann in der Autovermietung davon ausgegangen werden, dass
jedes Kleinfahrzeug (unabhängig von der Marke) in der Vermietung denselben Stückpreis
erzielt (angenommene 0,50 €/km) und die gleiche Leistung erbringt (4000 km/Monat),

Tab. 8.4 Gewinnvergleichsrechnung bei Fahrzeugwahl mit gleichem Umsatz

	Fahrzeugtypen		
	Corsica	Apollon	Siesta
Umsatzerlöse	2.000,00 €	2.000,00 €	2.000,00 €
- Gesamtkosten	856,67 €	811,91 €	1.009,73 €
= Gewinn	**1.143,33 €**	**1.188,09 €**	**990,27 €**

dann wären die Umsatzerlöse bei den drei Alternativen identisch (Tab. 8.4). Darüber hinaus wäre das Investitionsergebnis identisch mit der Kostenvergleichsrechnung.

Bei unterschiedlichem Umsatz je Fahrzeug sähe das Ergebnis dieser Vergleichsrechnung anders aus. Dies setzt voraus, dass die Kunden unterschiedliche Präferenzen haben und der Umsatz daher unterschiedlich hoch sein wird (Tab. 8.5).

Die **Rentabilitätsrechnung** orientiert sich an einer relativen Größe, da sie bei der Rentabilität den Gewinn einer Investitionsalternative in das Verhältnis zum investierten (in dem Investitionsobjekt gebundenen) Kapital setzt. Damit wird die vorher betrachtete Gewinnvergleichsrechnung um die Größe des investierten Kapitals erweitert. Der Gewinn allein ist für manchen Investor nicht ausschlaggebend, da er für sein zu investierendes Kapital die beste Verzinsungsmöglichkeit sucht. Die Rentabilität ist die entscheidende Größe.

Bei dem gewählten Beispiel (Tab. 8.6) ist für die Entscheidung eine Aussage über das zu investierende Kapital erforderlich. Über die **Anschaffungsauszahlung** ist eine Größe vorhanden, die als zu investierendes Kapital zu bezeichnen ist. Das Verhältnis von Gewinn zu Kapital (hier: Anschaffungsauszahlung im Sinne des zu zahlenden Preises) ergibt die jeweilige Rentabilität eines Fahrzeugs.

Bei den ermittelten Rentabilitäten wird deutlich, welches Fahrzeug für die Autovermietung unter dem Gesichtspunkt einer optimalen Verzinsung der Investition bei relativer Vorteilhaftigkeit auszuwählen wäre.

Auch hier kann eine absolute Vorteilhaftigkeit einer Investitionsalternative aus der Sicht des Investors gefordert werden. Wie eingangs zu diesem Kapitel formuliert, ist für jede Investition eine Finanzierung erforderlich. Die Kapitalgeber erwarten für ihr zur Verfügung gestelltes Kapital eine Verzinsung. Je nach Vergleichsmaßstab werden die

Tab. 8.5 Gewinnvergleichsrechnung bei Fahrzeugwahl mit unterschiedlichem Umsatz

	Fahrzeugtypen		
	Corsica	Apollon	Siesta
Umsatzerlöse	1.800,00 €	2.000,00 €	2.200,00 €
- Gesamtkosten	856,67 €	811,91 €	1.009,73 €
= Gewinn	**943,33 €**	**1.188,09 €**	**1.190,27 €**

Tab. 8.6 Rentabilitätsvergleichsrechnung bei Fahrzeugwahl mit unterschiedlichem Umsatz

Fahrzeugtypen

	Corsica	Apollon	Siesta
Einkaufspreis (eingesetztes Kapital)	18.200,00 €	20.450,00 €	18.600,00 €
Umsatzerlöse	1.800,00 €	2.000,00 €	2.200,00 €
- Gesamtkosten	856,67 €	811,91 €	1.009,73 €
= **Gewinn**	**943,33 €**	**1.188,09 €**	**1.190,27 €**
Rentabilität (Gewinn : Einkaufspreis)	**5,18 %**	**5,81 %**	**6,4 %**

individuellen Verzinsungsansprüche eines Kapitalgebers unterschiedlich ausfallen. Der Verzinsungsanspruch des Kapitalgeber bzw. Investors wird als **Mindestverzinsung** verstanden.

Vorgabe der Geschäftsleitung des Autovermieters könnte sein, dass ein Kleinwagen mindestens 10 % Verzinsung auf das eingesetzte Kapital erwirtschaften muss. Dies wäre in dem vorliegenden Beispiel ein Ausschlusskriterium für alle Investitionsalternativen. Sie müssten also mindestens 10 % Mindestverzinsung erwirtschaften. Darüber hinaus würden die drei Investitionsalternativen miteinander verglichen.

Kommt es dem Investor auf die Geschwindigkeit des Rückflusses des investierten Kapitals an, ist die **Amortisationsrechnung** zur Investitionsbeurteilung heranzuziehen. Der Investor ermittelt aus dem investierten Betrag als Auszahlung und den periodischen (in der Regel, jährlichen) Rückflüssen als Einzahlungen die Zeit, innerhalb welcher das Geld zurückgeflossen ist. Je schneller einem Investor das Geld wieder für neue Investitionen zur Verfügung steht, umso positiver wird das bewertet. Die Zeit, die bis zum gesamten Rückfluss der ausgezahlten Mittel in der Unternehmung benötigt wird, ist als Amortisationszeit zu bezeichnen.

Im in Tab. 8.7 zusammengefassten Beispiel wird eine Amortisationsrechnung beispielhaft durchgeführt. Die Anschaffungsauszahlung für ein Investitionsobjekt beträgt 100.000 €, die Nutzungsdauer 6 Jahre.

Tab. 8.7 Amortisationsrechnung (Werte in €); Anschaffungsauszahlung 100.000 €

Jahre	Jährliche Netto-einzahlungen	Kumulierte Netto-einzahlungen	Kum. Nettoeinzahlungen – Anschaffungsauszahlung
1	−10.000	−10.000	−110.000
2	+30.000	+20.000	−80.000
3	+30.000	+50.000	−50.000
4	+40.000	+90.000	−10.000
5	+50.000	+140.000	+40.000
6	+40.000	+180.000	+80.000

In der rechten Spalte wird deutlich, dass sich das Investitionsobjekt zwischen dem vierten und fünften Jahr bezahlt macht. Wird von einem gleichmäßigen Zahlungsanfall ausgegangen, wird sich die Investition nach 4,2 Jahren amortisiert haben (durch lineare Interpolation abzuleiten aus $-10.000\,€$ am Ende des vierten Jahres, $+40.000\,€$ am Ende des fünften Jahres).[6]

8.2.3   Dynamische Investitionsrechnungsverfahren

Bei den vier aufgezeigten statischen Verfahren (Kostenvergleichs-, Gewinnvergleichs-, Rentabilitäts-, Amortisationsrechnung) wird von der Gleichwertigkeit der Liquidität ausgegangen, gleichgültig ob sie heute oder in einem Jahr auf ein Investitionsobjekt anfällt. Zur Verfügung stehende Liquidität ist jedoch je nach Zeitpunkt unterschiedlich zu bewerten. Steht ein Betrag von $10.000\,€$ heute im Verhältnis zu einem Betrag von $10.000\,€$ in zwei Jahren zur Verfügung, müsste der Betrag heute höher bewertet werden. Denn bei einem Betrag von $10.000\,€$ erst in zwei Jahren muss der Investor zwei Jahre auf eine Verzinsung verzichten. Darüber hinaus verliert das Geld innerhalb von zwei Jahren an Kaufkraft, so dass mit einem Betrag von $10.000\,€$ in zwei Jahren weniger zu kaufen sein wird als mit demselben Betrag heute.

Das folgende Beispiel der **Aufzinsung** und der **Abzinsung** über mehrere Perioden (Jahre) im Rahmen einer **Zinseszinsrechnung** soll dies verdeutlichen.

Grundlagen der dynamischen Investitionsrechnung
Mithilfe des **Aufzinsungsfaktors** wird berechnet, welchen Wert ein heute zum Zinssatz i angelegter Betrag in n Jahren hat.

$$\text{Aufzinsfaktor}_n = (1 + i)^n \tag{8.1}$$

Damit ergibt sich

$$\text{Endkapital K}_n = \text{Anfangskapital K}_0 \cdot (1 + i)^n \tag{8.2}$$

Beispiel

Werden $250.000\,€$ Anfangskapitel zu einem Zinssatz von $5\,\%$ über drei Jahre angelegt, so ergibt sich der Endwert zu

$$K_3 = 250.000\,€ \cdot (1 + 5\,\%)^3 = 289.406{,}25\,€$$

Mithilfe des **Abzinsungsfaktors** wird berechnet, welchem heutigen Wert ein in n Jahren fälliger Betrag heute entspricht.

$$\text{Abzinsfaktor}_n = (1 + i)^{-n} \tag{8.3}$$

---

[6] Vgl. hierzu Däumler/Grabe (2014), S. 225 ff.

Damit ergibt sich der als **Barwert** bezeichnete heutige Wert zu

$$\text{Barwert } K_0 = \text{Endkapital } K_n \cdot (1 + i)^{-n} \qquad (8.4)$$

Beispiel

Wird ein in drei Jahren fälliges Endkapital von 289.406,25 € zu einem Zinssatz von
5 % auf den heutigen Tag abgezinst, so ergibt sich ein Barwert von

$$K_0 = 289.406{,}25 \,\text{€} \cdot (1 + 5\,\%)^{-3} = 250.000 \,\text{€}$$

Dynamische Investitionsrechenverfahren tragen der zu erwartenden Verzinsung des
Kapitals Rechnung. Sie sind bei einer mehrperiodigen Betrachtung von Investitionen und
deren Zahlungsströmen sinnvoll und werden von großen, aber auch vielen mittelständischen Unternehmen für größere Investitionsvorhaben als Kalkulationsgrundlage genutzt.
Die drei gängigen Verfahren sind die

- Kapitalwertmethode,
- Methode des internen Zinsfußes,
- Annuitätenmethode.

Mit ihnen gelangt man zur jeweils gleichen Aussage über die Vorteilhaftigkeit einer
Investition, wie noch gezeigt werden wird. Das Ergebnis wird aber unterschiedlich dargestellt.

Kapitalwertmethode

Bei **Kapitalwertmethode** werden sämtliche Netto-Einzahlungen zukünftiger Perioden
des Investitionsobjektes auf den heutigen Tag abgezinst. Als Zinssatz zur Abzinsung (dem
Kalkulationszinsfuß) wird die Mindestverzinsungserwartung des Investors verwendet.

Welche Mindestverzinsungserwartung hat der Investor an sein Investitionsobjekt? Der
Investor wird mindestens den Betrag erwirtschaften wollen, den er bei einer risikolosen
Investition hätte erzielen können. Als Vergleichswert kann ein langfristiges risikoloses
Staatspapier gelten. Abhängig vom Standort und sonstigen potentiellen Risikofaktoren
des jeweiligen Investitionsobjekts wird der Investor einen zusätzlichen Risikozuschlag
erwirtschaften wollen.[7]

Bei der Kapitalwertmethode werden die Auszahlungen und Einzahlungen der gegenwärtigen und zukünftigen Perioden ermittelt. Diese werden mit dem Kalkulationszinsfuß
des Investors auf den Tag der Entscheidung abgezinst. Die abgezinsten Beträge zeigen
unter den gewählten Prämissen die **Barwerte** aller zukünftigen Einzahlungen E_t und aller
zukünftigen Auszahlungen A_t. Die Saldierung beider Barwerte ergibt den **Kapitalwert**

---

[7] In der Industrie sind jährliche Mindestverzinsungen von 20 % bei einer Laufzeit von fünf Jahren eine gängige Größenordnung. Dazu kommen Risikozuschläge, die je nach Investitionsart und -region
im zweistelligen Prozentbereich liegen können.

(*net present value NPV*) der Investition. Ist der Kapitalwert gleich 0, wird sich die Investition genau mit dem erwarteten Zinssatz verzinsen. Die Investition ist für den Investor lohnenswert.

Als Formel ausgedrückt ergibt sich für den Kapitalwert (NPV):

$$NPV = \sum_{t=0}^{n} (E_t - A_t) \, (1 + i)^{-t} \tag{8.5}$$

Ist der Kapitalwert positiv, wird die Verzinsung des Investitionsobjektes über dem erwarteten Kalkulationszinsfuß des Investors liegen. Ist der Kapitalwert negativ, wird der erwartete Zinssatz nicht erreicht. Die Einzahlungen reichen nicht aus, den Verzinsungsanspruch des Investors zu befriedigen. Die Investition lohnt sich für den Investor nicht.

Beispiel

Ein Betrieb plant den Kauf einer Maschine zum Preis von 10.000 €.

Die Lebensdauer der Maschine wird auf vier Jahre geschätzt.

In jedem Jahr werden Einzahlungen von 5000 € erwartet.

Die jährlichen Betriebs- und Instandhaltungsauszahlungen werden mit 3000 € veranschlagt.

Nach Ablauf der vier Jahre kann ein Restwert von 4000 € realisiert werden.

Lohnt sich diese Investition auf der Basis der Kapitalwertmethode bei einem Kalkulationszinssatz (= Verzinsungsanspruch des Investors an sein investiertes Kapital) von 6 %?

Jahr	Netto-Einzahlung (€)	Abzinsfaktor	Barwert (€)
0	−10.000	$1,06^{-0} = 1$	−10.000,00
1	2000	$1,06^{-1} = 0,943396$	1886,79
2	2000	$1,06^{-2} = 0,889996$	1779,99
3	2000	$1,06^{-3} = 0,839619$	1679,24
4	6000	$1,06^{-4} = 0,792094$	4752,57
Kapitalwert			98,59

Der Investor erhält sein investiertes Kapital zurück, eine Verzinsung von 6 % und darüber hinausgehend 98,59 €. Das bedeutet, dass er mehr als 6 % Verzinsung auf sein Investitionsobjekt erwirtschaftet.

„Für risikobewusste Investoren ist es wichtig, den Einfluss von Zinsänderungen auf den Barwert des Rückzahlungsstromes einer Investition zu kennen."[8] Dies ist die Aufgabe der sog. Sensitivitätsanalyse. Mit ihr wird überprüft, wie sich die Änderung einzelner Eingangsgrößen, wie z. B. die des Kalkulationszinssatzes, auf die Vorteilhaftigkeit einer Investition auswirkt.[9] Typischerweise werden die Eingangsgrößen um einen gleichen Wert

---

[8] Trautmann (2007), S. 85.
[9] Vgl. Götze (2014), S. 388 ff.; Wöhe/Döring (2016), S. 504 ff.

prozentual erhöht bzw. gesenkt (bspw. +/−10 %) und die Auswirkungen auf den Kapital-wert vergleichend betrachtet.

Methode des interne Zinsfußes

Die **interne Zinsfußmethode** ermittelt den effektiven Zins eines Investitionsobjektes un-ter der Berücksichtigung mehrperiodiger Ein- und Auszahlungen. Der **interne Zinsfuß** (*internal rate of return IRR*) ist der Kalkulationszinssatz, der zu einem NPV von Null führt. In Analogie zu Gl. 8.5 wird die IRR wie folgt berechnet:

$$\sum_{t=0}^{n} (E_t - A_t) \, (1 + IRR)^{-t} = 0 \qquad (8.6)$$

Näherungsweise lässt sich das Ergebnis mit der sog. *Regula falsi* ermitteln. Dabei sind zwei Zinssätze und zwei Kapitalwerte erforderlich, um die Steigung einer Kurve zu ermit-teln. Das folgende Beispiel (Abb. 8.1) soll diesen Sachverhalt verdeutlichen.

Beispiel

Ein Unternehmer plant eine Investition über acht Jahre, die bei einer Anschaffungszah-lung von 30.000 € und jährlichen Betriebsausgaben von 3200 € pro Jahr 8000 € an Einzahlungen erbringt. Der Unternehmer erwartet einen Restwert von 3600 €.

Welche Rendite weist diese Investition auf? Lohnt sie sich bei einem Kalkulations-zinsfuß von 8 %?

Abb. 8.1 Beispielhafte Kapitalwertkurve

Beispiel

(1) Mit einem Verzinsungsanspruch von $0,06 = 6\,\%$ erhält ein Investor in diesem Beispiel einen Kapitalwert in Höhe von 2066 €. Dieser Punkt kann in das Koordinationskreuz (mit den Kapitalwerten C_0 auf der y-Achse und den Zinssätzen auf der x-Achse) eingezeichnet werden.

(2) Bei einer Verzinsung von $0,08 = 8\,\%$ „erhält" der Investor einen negativen Kapitalwert von -471 €.

(3) Bei einem Verzinsungsanspruch von $0,10 = 10\,\%$ sinkt der Kapitalwert auf -2713 €.

(4) Die Verbindung dieser Punkte ergibt die Kapitalwertkurve. Der Schnittpunkt mit der x-Achse ist der interne Zinsfuß, also die effektive Verzinsung.

Die Aussage zur Vorteilhaftigkeit der Investition ist letztlich die gleiche wie bei der Kapitalwertmethode. Übertrifft in einer Berechnung der interne Zinsfuß (IRR) die Zinserwartung des Investors, so würde sich bei der auf dasselbe Beispiel angewendeten Kapitalwertmethode ein positiver Kapitalwert (NPV) ergeben. Bei nicht ausreichendem internen Zinsfuß ergäbe sich ein negativer NPV, bei exakt erreichter Zinsvorgabe definitionsgemäß $NPV = 0$.

Annuitätenmethode

Bei der **Annuitätenmethode** werden die einzelnen Zahlungen auf Jahresebene als sog. Annuität betrachtet. Diese werden auch als **Rente** bezeichnet. Als Beispiel wird bei der Erläuterung dieser Methode in der Literatur häufig die „Verrentung" einer Lebensversicherung verwendet. Die Auszahlung eines einmaligen Betrages wird unter Berücksichtigung von Zins und Zinseszins über einen bestimmten Zeitraum gleichmäßig verteilt.

Übersteigen die jährlichen durchschnittlichen Einzahlungen (auf ein Investitionsobjekt) die jährlichen durchschnittlichen Auszahlungen (eines Investitionsobjektes), ist eine Investition vorteilhaft. Bei der Differenzierung von mehreren Investitionsalternativen ist die Alternative am vorteilhaftesten, die den höchsten jährlich durchschnittlichen Zahlungsüberschuss pro Jahr erwirtschaftet.

Bei dieser Methode gilt, dass die jährlichen Einzahlungen und die jährlichen Auszahlungen auf ein Investitionsobjekt Jahr für Jahr stets gleichmäßig hoch sind. Das ist dann der Fall, wenn z. B. über Liefer- oder Dienstleistungsverträge gleichmäßig Leistungen erbracht werden und dafür gleichmäßig Zahlungen ein- bzw. ausgehen. Diese Geschäftsfälle sind in vielen Unternehmen und Organisationen anzutreffen, die ein „gleichmäßiges" Geschäft betreiben. Als Beispiel könnten Versicherungsunternehmen mit gleichmäßigen Einzahlungen von Versicherungsnehmern gelten.

Allerdings ist dies auch der Fall, wenn zur Vereinfachung der Planung und Steuerung durchschnittliche jährliche Zahlungen gebildet werden. Unterschiedlich hohe Zahlungen werden so im Durchschnitt zu gleich hohen Zahlungen vereinfacht.

Neben den gleichmäßigen Ein- und Auszahlungen über den Investitionszeitraum müssen auch die einmaligen Zahlungen auf den gesamten Investitionszeitraum verteilt werden, um die (jährliche) Annuität zu bilden. Eine einmalige Zahlung ist etwa die Auszahlung für den Kauf des Investitionsobjektes am Anfang des Investitionszeitraumes. Eine weitere einmalige Zahlung ist die Einzahlung für den Verkauf des Investitionsobjektes am Ende des Investitionszeitraumes (sog. Restwert). Denkbar wäre aber auch eine Auszahlung am Ende des Investitionszeitraumes, wenn das Investitionsobjekt Entsorgungskosten verursacht.[10]

Eine einmalige Auszahlung K_0 am Anfang des Investitionszeitraums über den Zeitraum n mit Zins und Zinseszins in gleichmäßigen Zahlungen g wiederzugewinnen, ermittelt der sog. **Kapitalwiedergewinnungsfaktor KWF$_n$**.

$$g = K_0 \cdot KWF_n \quad \text{mit} \quad KWF_n = \frac{i \cdot (1 + i)^n}{(1 + i)^n - 1} \tag{8.7}$$

Um eine einmalige Einzahlung am Ende des Investitionszeitraumes über den gesamten Investitionszeitraum in gleichmäßige Zahlungen abzuzinsen, wird der sog. **Restwertverteilungsfaktor RVF$_n$** genutzt. Auch er ist Teil einer finanzmathematischen Formel, die sich wie folgt darstellen lassen:

$$g = K_n \cdot \frac{i}{(1 + i)^n - 1} = K_n \cdot RVF_n \tag{8.8}$$

So ist es auf einfache Art möglich, Zahlungen in Annuitäten umwandeln. Profitabel ist eine Investition dann, wenn die durchschnittlichen jährlichen Einzahlungen die durchschnittlichen jährlichen Auszahlungen übersteigen. Die mithilfe der Annuitätenrechnung gewonnenen Aussagen zur Vorteilhaftigkeit einer Investition sind identisch zu denen aus der Kapitalwertmethode bzw. der Methode des internen Zinsfußes. Letztlich handelt es sich um drei Arten der Darstellung einer im Kern gleichen Sache.

Annuitätenrechnungen werden typischerweise im Banken- und Versicherungsbereich angestellt. Beispielsweise werden Immobilienkredite in regelmäßigen, i. d. R. monatlichen Zahlungen getilgt. Im Industriebereich wird dagegen meist der Kapitalwert und/oder der interne Zinsfuß berechnet. Mit den gezeigten Formeln lassen sich die regelmäßigen Zahlungen in Barwerte überführen und umgekehrt. Daher lassen sich die Berechnungen ineinander überführen und führen zu gleichen Aussagen über die Vorteilhaftigkeit einer Investition.

Berechnung der dynamischen Amortisationszeit

Die Berechnung der **dynamischen Investitionszeit** (*break-even time BET*) wird analog zur Berechnung der statischen Investitionszeit durchgeführt. Allerdings werden statt der

---

[10] Denkbar sind auch einmalige Ein- oder Auszahlungen mitten im Investitionszeitraum, z. B. für einen Neuerwerb von Rechnern nach drei Jahren bei einer Gesamtinvestitionsdauer von fünf Jahren. Eine solche Auszahlung muss zunächst auf den Zeitpunkt 0 aufgezinst und das Ergebnis dann gleichmäßig über den KWF in Annuitäten verwandelt, d. h. auf den Investitionszeitraum verteilt werden.

einfachen Netto-Einzahlungen jeweils zum Kalkulationszinssatz abgezinste Barwerte verwendet. Der unterjährige Nulldurchgang des NPV wird über lineare Interpolation aus den bekannten unmittelbaren Vorläufer- und Nachfolgerwerten für volle Jahre berechnet.

8.2.4 Praxis der Investitionsrechnung

In der Praxis werden häufig verschiedene der genannten Verfahren gleichzeitig vor der Durchführung einer Investition angewendet, um eine Investitionsentscheidung aus unterschiedlichen Blickwinkeln zu fundieren.[11]

Ist die Investitionsentscheidung für ein Objekt getroffen, sollte die Investitionsrechnung weiterhin verfolgt werden. Es muss in regelmäßigen Abständen kontrolliert werden, ob die geplanten mit den tatsächlichen Ein- und Auszahlungen übereinstimmen. Treten größere Abweichungen zwischen den Plan- und Istwerten auf, stellt sich möglicherweise eine Investition als nicht (mehr) lohnend heraus. Es ist über die **Desinvestition**, den Ausstieg aus einem Investitionsobjekt, auch vor dem Ende der geplanten Laufzeit zu entscheiden. Die kontrollierenden und steuernden Bewertungsmaßnahmen sind (neben der Planung) die Aufgaben eines **Investitionscontrollings**.[12]

8.3 Begriff der Finanzierung

Die Investition stellt die Anlage von Finanzmitteln dar, die **Finanzierung** steht für die Beschaffung von Finanzmitteln. Eine Bilanz (siehe Abb. 8.2) mit Vermögens- und Kapitalseite lässt sich als Finanzmittelbeschaffung und Finanzmittelverwendung darstellen:

$$\text{Finanzmittelbeschaffung} = \text{Finanzierung} \quad = \text{Passiva}$$
$$\text{Finanzmittelverwendung} = \text{Investition} \quad\quad = \text{Aktiva}$$

Neben der Notwendigkeit von Finanzmitteln für Investitionen sind andere Gründe für Finanzierungen denkbar. Hierzu zählt die Beschaffung von Finanzmitteln für laufende Ausgaben wie Personal- oder Materialausgaben. Diese Mittel werden durch den Verbrauch der Ressourcen und die Bezahlung von Personal und Material aufgewendet und fließen aus dem Unternehmen ab.

Im Hinblick auf die Finanzierung stellt sich die Frage, wie viel Finanzmittel das Unternehmen selbstständig verdient, z. B. indem Gewinn erwirtschaftet wird. Dieser Gewinn steht dem Unternehmen, wenn er nicht an die Eigentümer (Eigenkapitalgeber) ausgeschüttet wird, für Investitionen und andere Ausgaben zur Verfügung. Er stellt eine Finanzierungsquelle des Unternehmens dar.

---

[11] Vgl. Däumler/Grabe (2014), S. 31 f.
[12] Vgl. zum Investitionscontrolling z. B. Eilenberger/Ernst/Toebe (2013), S. 152.

Bilanz zum 31.12.2017	
Aktiva	Passiva
Anlagevermögen Sachanlagen Immaterielle Anlagen Finanzanlagen	**Eigenkapital** Gezeichnetes Kapital Rücklagen Jahresüberschuss
Umlaufvermögen Warenvorräte Forderungen Wertpapiere Zahlungsmittel	**Fremdkapital** langfristige Verbindlichkeiten kurzfristige Verbindlichkeiten
Rechnungsabgrenzungsposten	Rechnungsabgrenzungsposten

Abb. 8.2 Beispielhafter Bilanzaufbau

Bei der Finanzierung werden Zahlungsströme in das Unternehmen hinein betrachtet, z. B. über Umsatzerlöse oder Einzahlungen von Eigen- bzw. Fremdkapitalgebern. Ebenso müssen aber auch die Zahlungsströme aus dem Unternehmen heraus betrachtet werden, z. B. als Personal-/Materialausgaben oder Auszahlungen an die Eigen- bzw. Fremdkapitalgeber. Die Zuflüsse und Abflüsse von Finanzmitteln in einer Periode werden gegenübergestellt und ergeben den sog. **Cashflow**.[13]

Es muss ermittelt werden, ob der Cashflow in einem Unternehmen in einer Periode ausreicht, den notwendigen Kapitalbedarf derselben Periode zu decken. Hier wird ein Anspruch an die Planung von Finanzmitteln gestellt. Der **Finanzmittelbestand** stellt die **Liquidität** eines Unternehmens dar. Diese muss immer ausreichend vorhanden sein, um eine Zahlungsunfähigkeit des Unternehmens (sog. **Illiquidität**) zu vermeiden. Die Illiquidität führt zur Insolvenz des Unternehmens.[14]

Ein Unternehmen kann sich auf unterschiedliche Art und Weise Finanzmittel beschaffen, wodurch die **Finanzierungskosten** bestimmt werden. Neben der Verzinsung der zur Verfügung gestellten Finanzmittel entsteht ein Beschaffungsaufwand beim Suchen, Prüfen, Verhandeln und Abschließen von Finanzierungen.

Ein weiteres Kriterium ist die **Bonität** (Kreditwürdigkeit). Ein potenzieller Schuldner wird nach seiner Kreditwürdigkeit eingestuft, wodurch sich die Verzinsung bestimmt. Diese Einstufung kann individuell oder aber auch nach unternehmensübergreifenden Regeln vorgenommen werden. Es gibt Unternehmen, die sich auf die Einstufung (**Rating**)

---

[13] Vgl. Drukarczyk/Schüler (2016), S. 92 ff.; Wöhe/Bielstein (2013), S. 29 ff.
[14] Vgl. zum Insolvenztatbestand und -verfahren Drukarczyk/Schüler (2016), S. 329 ff.

Tab. 8.8 Ratingstufen der beiden weltweit führenden Ratingagenturen. (Perridon/Steiner/ Rathgeber (2017), S. 199; Wöhe/Döring (2016), S. 611)

S&P	Moody´s	Bedeutung der Symbole
AAA	Aaa	Extrem starke Zinszahlungs- und Tilgungskraft des Emittenten
AA	Aa	Sehr starke Zinszahlungs- und Tilgungskraft des Emittenten
A	A	Gute Zinszahlungs- und Tilgungskraft; der Schuldner ist aber anfälliger für negative Wirtschaftsentwicklungen als mit AAA (Aaa) oder AA (Aa) bewertete Emittenten
BBB	Baa	Ausreichende Zahlungsfähigkeit; bei negativer Wirtschafts- oder Umfeldentwicklung kann die Zinszahlungs- und Tilgungsfähigkeit stärker beeinträchtigt werden als in höheren Ratingklassen
BB	Ba	Noch ausreichende Zinszahlungs- und Tilgungsfähigkeit; es sind aber Gefährdungselemente vorhanden, die zu Abstufungen führen können
B	B	Derzeit noch ausreichende Zahlungsfähigkeit; starke Gefährdungselemente vorhanden
CCC		Starke Tendenz zu Zahlungsschwierigkeiten
CC C		Emittent mit CCC bewertet, allerdings sind die zugrundeliegenden Verbindlichkeiten nachrangig gesichert
	Caa Ca	Zins- und Tilgungszahlungen stark gefährdet oder eingestellt
CI		Zinszahlungen eingestellt
D	C	Emittent zahlungsunfähig
+/-	1,2,3	Feinabstufungen innerhalb der Kategorien

von Schuldnern spezialisiert haben.[15] Sog. **Ratingagenturen** übernehmen die Aufgabe der Einstufung potenzieller Schuldner und geben damit den Kreditoren eine Hilfestellung bei der Einstufung der Bonität. Internationale Ratingagenturen wie *A. M. Best, Standard & Poors, Moody's Investor Service, Fitch* bewerten nach Standards und vergeben verschiedene Ratingstufen.[16]

Tab. 8.8 zeigt die Ratingstufen der führenden Ratingagenturen. Wird eine Organisation danach eingestuft, ist eine Bewertung schnell möglich. Vergleichbar ist das mit einer Einstufung von Produkten und Dienstleistungen anhand der Testurteile der Stiftung Warentest oder der Sterne-Klassifizierung der internationalen Hotelwirtschaft.

---

[15] Vgl. Bank/Gerke (2016), S. 342 ff.; Perridon/Steiner/Rathgeber (2017), S. 450 f.; Wöhe/Döring (2016), S. 654.
[16] Vgl. z. B. Ratingstufen weltweit führender Ratingagenturen bei Perridon/Steiner/Rathgeber (2017), S. 211 ff.; Wöhe/Döring (2016), S. 211 ff.

8.4   Finanzierungsformen

Die Finanzierungsformen lassen sich nach der Herkunft differenzieren: aus dem Unternehmen oder außerhalb des Unternehmens. Darüber hinaus kann unterschieden werden, ob es sich um Finanzmittel von Eigenkapitalgebern oder Fremdkapitalgebern handelt, also dem Eigenkapital bzw. Fremdkapital in der Bilanz eines Unternehmens zuzurechnen sind. Es handelt sich um Alternativen der Kapitalaufbringung (Tab. 8.9).[17]

Die Wahl der Finanzierungsform hängt ab von:

- Höhe des Finanzierungsbedarfs,
- Rating des Gläubigers,
- Kosten der Finanzierung,
- Laufzeit der Finanzierung,
- Mitbestimmungsrechten,
- steuerlicher Behandlung,
- Rechtsformen.

8.4.1   Außenfinanzierung

Bei der Außenfinanzierung werden dem Unternehmen von „außen" Finanzmittel zugeführt. Das Unternehmen verfügt selbst nicht über genügend Finanzmittel, um Auszahlungen für Investitionen, z. B. den Kauf einer Maschine, oder für Aufwendungen, z. B. die Überweisung der Gehälter, zu tätigen. Die Zuführung (Einzahlung) von Finanzmitteln in das Unternehmen ist erforderlich, wenn ein Kapitalbedarf entsteht. Ein Kapitalbedarf entsteht, wenn die Finanzmittel im Unternehmen nicht ausreichen.[18]

Die Zuführung von Finanzmitteln führt zur Veränderung der Eigen- bzw. Fremdkapitalposition in der Bilanz des Unternehmens. Das Eigenkapital und/oder das Fremdkapital im Unternehmen nehmen zu, je nachdem welche Finanzierungsform gewählt wird. Dies

Tab. 8.9 Vier-Quadranten-Schema der Finanzierung

	Innenfinanzierung	Außenfinanzierung
Eigenfinanzierung	Rücklagen, Jahresüberschuss	Kapitalerhöhung
Fremdfinanzierung	Rückstellungen	Kredite

---

[17] Vgl. Däumler/Grabe (2014), S. 31 ff., Perridon/Steiner/Rathgeber (2017), S. 420 ff.

[18] Vgl. Däumler/Grabe (2014), S. 82 ff., Perridon/Steiner/Rathgeber (2017), S. 423 ff.

hat Auswirkungen auf die Finanzkennzahlen des Unternehmens, z. B. auf die Eigenkapitalquote (als das Verhältnis vom Eigenkapital zum Gesamtkapital des Unternehmens).

Unter **Eigenkapitalfinanzierung** ist die Zuführung von Finanzmitteln durch die Eigentümer des Unternehmens zu verstehen. Dies können bereits am Unternehmenskapital beteiligte Eigentümer oder aber zukünftig am Unternehmenskapital beteiligte, also neue Eigentümer sein. Eigentümer werden je nach Gesellschaftsform auch als Gesellschafter, Anteilseigner oder Aktionäre bezeichnet. Die Kapitalerhöhung ist eine typische Eigenkapitalfinanzierung. Das sog. Grundkapital einer Aktiengesellschaft oder sog. Stammkapital einer GmbH wird dadurch erhöht, dass zusätzliche Eigentumsanteile am Unternehmen „ausgegeben" werden.

Unter **Fremdkapitalfinanzierung** ist die Kapitalzuführung durch Kredite zu verstehen. Häufig wird unter dem Kreditbegriff der **Bankkredit** verstanden. Kredite stammen oft auch von Kunden oder von Lieferanten. Bei einem **Kundenkredit** zahlt eine Kunde für eine Leistung im Voraus. Das Unternehmen erhält damit Finanzmittel, die unentgeltlich zur Verfügung stehen.

Auch die gemeinsame Finanzierung einer Investition aus Eigen- und Fremdkapital ist möglich und heute üblich.

Bei einem **Lieferantenkredit** handelt es sich um eine noch nicht bezahlte Rechnung des Lieferanten. Diese Verbindlichkeiten stellen für manche Unternehmen ein erhebliches Potenzial an Fremdkapital dar. Um Zahlungen zu beschleunigen, gewähren manche Unternehmen Skonto in Höhe von 2–3 % bei Barzahlung. Ansonsten beträgt das Zahlungsziel meist 30 Tage. In Abhängigkeit vom Zahlungszeitraum und der Höhe von Skonto ist ein solcher Fremdkapitalkredit unterschiedlich teuer.

Dazu ein Beispiel:

Ein Betrieb bezieht monatlich Rohstoffe im Wert von 100.000 € von einem Lieferanten. Die Zahlungsbedingungen erlauben bei sofortiger Zahlung einen Abzug von 2 % Skonto; anderenfalls ist die Verbindlichkeit spätestens innerhalb eines Monats zu begleichen. Drei unterschiedliche Fragen stellen sich dem Unternehmen.

(1) Welchen Skontoertrag erwirtschaftet der Betrieb bzw. wie viel Fremdkapitalzinsen erspart der Betrieb pro Jahr, wenn er keinen Kredit in Anspruch nimmt?

(2) Wie hoch ist der Kredit, der dem Betrieb dauernd zur Verfügung steht, wenn er das vertraglich vereinbarte Zahlungsziel voll ausschöpft; mit welchem Zinssatz ist dieser Kredit belastet?

(3) Welcher Kredit steht dem Betrieb dauernd zur Verfügung, wenn er auf Grund seiner Machtposition das vertraglich vereinbarte Zahlungsziel jeweils um zwei Monate überschreitet und mit welchem Zinssatz ist dieser Kredit belastet?

Darauf lassen sich folgende Antworten geben:

(1) Nimmt der Betrieb keinen Kredit in Anspruch, d. h. zahlt er sofort, spart er monatlich 2 % von 100.000 €, also 2000 € an Zinsen. Er zahlt somit im Jahr 24.000 € Zinsen weniger.

(2) Schöpft er den vertraglich vereinbarten Zahlungstermin voll aus, steht ihm ein dauernder Kredit von 100.000 € zur Verfügung. Dieser Kredit kostet ihn 24.000 €, da jetzt die Zinsersparnis in gleicher Höhe anfällt. Der Fremdkapitalzins beträgt somit 24 %.

(3) Überschreitet der Betrieb auf Grund seiner Machtposition das vertraglich vereinbarte Zahlungsziel um zwei Monate, so entwickelt sich sein Kredit wie folgt:

Vom dritten Monat an steht somit dem Betrieb ein Dauerkredit in Höhe von 300.000 € zur Verfügung. Betrachtet man den Zeitraum eines Jahres ab dem 3. Monat (3. Monat– 14. Monat), entgehen dem Betrieb infolge der Kreditierung 24.000 € an Zinsersparnissen. Der Kredit von 300.000 € ist also mit 8 % Fremdkapitalzinsen belastet.

Es wird deutlich, dass für manche Unternehmen das Nicht-Bezahlen von Rechnungen ein teurer Kredit ist. Bei regelmäßigen Rechnungseingängen und der Möglichkeit, das Skonto zu nutzen bei 2 % auf 30 Tage, entspricht dies einer 24 %-igen Verzinsung pro Jahr. Anders ausgedrückt: Nutzt ein Unternehmen dies nicht, entgeht ein „Zinsgewinn" von 24 % p. a. Noch anders ausgedrückt: Ein Unternehmen, welches Skonto hier nicht ausnutzt, muss so viel Liquidität zur Verfügung haben, dass es nicht auf den einzelnen Euro Gewinn ankommt. Oder aber das Unternehmen hat keine Liquidität zur Verfügung, bekommt auch keinen Fremdkapitalkredit mehr von einem Kreditinstitut und muss daher den relativ teuren Kredit (mit 24 % Zinssatz p. a.) in Anspruch nehmen (siehe Tab. 8.10).

Eine besondere Form der Kreditfinanzierung ist das **Leasing**.[19] Es wird unterschieden, ob am Ende der Mietlaufzeit eines Objektes ein Kaufrecht oder kein Kaufrecht besteht. In der Regel bleibt das Eigentum beim Leasinggeber, die Aktivierung des Leasingobjektes erfolgt dann ebenfalls beim Eigentümer. Das sog. **Sale-and-lease-back-Verfahren** schafft

Tab. 8.10 Kreditverlauf

Kredit aus Einkauf des	Kredit im				
	1. Monat	2. Monat	3. Monat	4. Monat	5. Monat
1. Monats	100.000	100.000	100.000		
2. Monats		100.000	100.000	100.000	
3. Monats			100.000	100.000	100.000
4. Monats				100.000	100.000
5. Monats					100.000
Gesamt	100.000	200.000	300.000	300.000	300.000

[19] Vgl. Däumler/Grabe (2014), 274 ff., Bank/Gerke (2016), S. 487 f., Perridon/Steiner/Rathgeber (2017), 522 ff.; Berk/DeMarzo (2016), S. 731 ff.

freie Finanzmittel für ein Unternehmen. Ein Objekt des Anlagevermögens wird verkauft, Finanzmittel fließen dem Unternehmen zu, und der Verkäufer mietet das veräußerte Objekt von dem Käufer zurück.

8.4.2 Innenfinanzierung

Innenfinanzierung ist als die Finanzierung aus dem Unternehmen heraus zu verstehen. Finanzmittel werden im Unternehmen erwirtschaftet und stehen als Finanzmittel für Investitionen zur Verfügung. Das heißt, dass die Finanzmittel bereits im Unternehmen vorhanden sind, z. B. als Rücklagen oder Rückstellungen. Diese Finanzmittel könnten etwa auf dem Bankkonto verbucht sein.[20]

Eigenkapitalfinanzierung sind nicht ausgeschüttete (thesaurierte) Gewinne nach Steuern, die den (Gewinn-)Rücklagen zugeführt werden. Wenn sie nicht an die Eigenkapitalgeber als Gewinn im Jahr der Erwirtschaftung oder in späteren Jahren ausgeschüttet werden, stehen sie für zukünftige Investitionen im Unternehmen zur Verfügung. Sie sind dem Eigenkapital des Unternehmens zuzurechnen, da das Unternehmen sie selbst erwirtschaftet hat.

Rücklagen können auch als Kapitalrücklagen, z. B. durch Agiobeträge bei der Anteilsausgabe im Rahmen einer Kapitalerhöhung oder als gesetzliche Rücklagen, gebildet werden. Auch stille Rücklagen (sog. stille Reserven) stellen eine solche Position dar. Letztere müssten allerdings erst realisiert werden, bevor sie zur Finanzierung genutzt werden können.

Als **Fremdkapitalfinanzierung** können Rückstellungen bezeichnet werden, die vom Unternehmen für einen bestimmten Zweck zur Zahlung in der Zukunft gebildet worden sind.

Steuer-, Prozesskosten- und Garantierückstellungen sind kurz- bzw. mittelfristige Rückstellungen sind. Langfristige Rückstellungen sind beispielsweise Pensionsrückstellungen.

Erst wenn die Pensionszahlungen anstehen oder die Steuerzahlung an das Finanzamt vorgenommen werden muss, wird die Rückstellung aufgelöst, und die Finanzmittel fließen aus dem Unternehmen ab. Bis zu diesem Zeitpunkt stehen diese Mittel dem Unternehmen zu Finanzierungszwecken zur Verfügung. Das bedeutet, dass je nach Fristigkeit der Rückstellung diese Mittel für unterschiedlich lange Finanzierungsräume verwendet werden können.

Finanzierungen sind auch möglich aus **Desinvestitionen**. Ein Anlageobjekt wird z. B. verkauft, dadurch entstehen für das Unternehmen Finanzmittel. Diese Finanzmittel werden dazu verwendet, in ein neues Anlageobjekt zu investieren. Es erfolgt folglich ein Aktivtausch in der Bilanz des Unternehmens.

---

[20] Vgl. Däumler/Grabe (2014), S. 318 ff., Eilenberger/Ernst/Toebe (2013), S. 341 ff., Perridon/Steiner/Rathgeber (2017), S. 541 ff.

Auch der Verkauf von Forderungen (*Factoring*) schafft Finanzmittel. Forderungen zeichnen sich dadurch aus, dass in ihnen Finanzmittel gebunden sind. Benötigt das Unternehmen kurzfristig Finanzmittel, kann es die Forderungen an eine Factoring-Gesellschaft verkaufen. Die Factoring-Gesellschaft berechnet einen Abschlag auf den Nominalbetrag der Forderung, der sich aus Zinsen, Risiko und Administration zusammensetzt. Mit dem Verkauf erhält das Unternehmen die benötigte Liquidität mit Abschlag kurzfristig.[21]

Beispiel

Viele Ärzte übertragen ihre Forderungen an Patienten Factoringgesellschaften, die den Ärzten dafür ca. 3 % Abschlag auf die ausstehende Gesamtsumme in Rechnung stellen.

Abb. 8.3 Zeitliche Struktur der betrieblichen Planung. (Eilenberger/Ernst/Toebe (2013), S. 355)

---

[21] Vgl. Däumler/Grabe (2014), S. 302 ff.; Bank/Gerke (2016), S. 488 f., Perridon/Steiner/Rathgeber (2017), 511 ff.

8.5 Steuerung der Liquidität

Für die Steuerung der Liquidität ist eine Finanz(mittel)planung und -kontrolle erforderlich. Hat das Unternehmen eine zu hohe Liquidität (Finanzmittel), entgehen Zinsgewinne. Steht dem Unternehmen zu bestimmten Zahlungszeitpunkten zu wenig Liquidität zur Verfügung, entstehen durch die kurzfristige Ausnutzung von Überziehungskrediten hohe Zinskosten.[22] Die Steuerung der Liquidität ist eine stete Unternehmensaufgabe und wird mit der Erstellung eines **Finanzplans** gelöst.[23]

Die Erstellung eines Finanzplans kann wie in Abb. 8.3 schematisch dargestellt erfolgen.

Aus dem Absatz- und dem Umsatzplan ist der Zufluss an Einnahmen festzustellen. Durch den Kostenplan ist der Abfluss an Ausgaben ablesbar, zumindest bei den liquiditätswirksamen Kosten. Aus der Differenz wird deutlich, wie viel Gewinn für das Unternehmen entsteht. Darin dürfte ein Großteil des Liquiditätszuwachses enthalten sein. Ein Teil des entstandenen Gewinns wird an die Eigentümer ausgeschüttet. Liquidität fließt damit aus dem Unternehmen ab. Ein anderer Teil des Gewinns bleibt dem Unternehmen als Liquidität für zukünftige Investitionen oder für die Rückzahlung von Krediten erhalten.

Der **Finanzplan** umfasst die prognostizierten Einzahlungen und Auszahlungen eines Unternehmens. Durch die Gegenüberstellung der Einnahmen und Ausgaben kann der Bedarf des Unternehmens an Finanzmitteln festgestellt werden. Dies wird in Tab. 8.11 in Übersichtsform veranschaulicht.

Es wird deutlich, dass sich aus der Differenz von I. Auszahlungen und II. Einzahlungen die III. Ermittlung der Über- bzw. Unterdeckung an Finanzmitteln ergibt. Die Über- bzw. Unterdeckung erfordert IV. Ausgleichs- bzw. Anpassungsmaßnahmen, die aus Einzahlungen bzw. Auszahlungen bestehen. Insgesamt ergibt sich daraus zum Periodenende der V. Zahlungsmittelbestand nach Berücksichtigung der Ausgleichs- bzw. Anpassungsmaßnahmen.

8.6 Finanzanalyse

Die Finanzanalyse vermittelt anhand von Kennzahlen einen Eindruck über die finanzwirtschaftliche Situation des Unternehmens. Sie dient internen oder externen Betrachtern zur Bewertung bzw. Steuerung der Unternehmensfinanzen.[24] Im Rahmen der **Jahresabschlussanalyse** bzw. **Bilanzanalyse** wird mindestens zu diesem Zeitpunkt eine interne Analyse für unternehmensinternen Adressaten (z. B. Geschäftsleitung, Wirtschaftsausschuss) und externe Analyse für unternehmensexterne Adressaten (z. B. Kapitalgeber, Börse) durchgeführt.

---

[22] Vgl. zum Begriff der Liquidität z. B. Perridon/Steiner/Rathgeber (2017), S. 13 ff.

[23] Vgl. Däumler/Grabe (2014), S. 39 ff., Perridon/Steiner/Rathgeber (2017), S. 661 ff.; Kruschwitz (2014), S. 34 ff.; Olfert (2014), 64 ff.

[24] Vgl. Perridon/Steiner/Rathgeber (2017), S. 646 ff.

Eine Steuerungsgröße der Kapitalstruktur bildet z. B. die **Eigenkapitalquote**. Sie ist definiert zu:

$$\text{Eigenkapitalquote} = \text{Eigenkapital}/\text{Fremdkapital} \qquad (8.9)$$

Die vertikale Finanzierungsregel gibt an:

- Eigenkapital/Fremdkapital = 1/1 erstrebenswert,
- Eigenkapital/Fremdkapital = 1/2 solide,
- Eigenkapital/Fremdkapital = 1/3 noch zulässig.[25]

Allerdings zeigt *Wöhe*, dass die Eigenkapitalquoten in deutschen Unternehmensbranchen unterschiedlich hoch sind.[26] In manchen Branchen wären nach der o. g. Regel nur noch unsolide Unternehmen am Markt. Dies zeigt, dass die Kapitalstrukturkennzahlen

Tab. 8.11 Finanzplan. (In Anlehnung an Perridon/Steiner/Rathgeber, (2017), S. 756 f.)

	Monate			
	Jan.	Febr.	März	April

I. Auszahlungen
1. Auszahlungen für laufende Geschäfte
1.1. Gehälter
1.2. Löhne
1.3. Rohstoffe
1.4. Hilfsstoffe
1.5. Betriebsstoffe
1.6. Steuern und Abgaben
1.7. …
2. Auszahlungen für Investitionszwecke
2.1. Sachinvestitionen
        Vorauszahlungen
        Restzahlungen
2.2. Finanzinvestitionen
3. Auszahlungen im Rahmen des Finanzverkehrs
3.1. Kredittilgung
3.2. Eigenkapitalminderungen (z.B. Privatentnahmen)				

II. Einzahlungen **1. Einzahlungen aus ordentlichen Umsätzen** 1.1. Barverkäufe 1.2. Begleichung v. Ford. aus Lieferungen u. Leistungen **2. Einzahlungen aus Desinvestitionen** 2.1. Anlageverkäufe (außerordentliche Umsätze) 2.2. Auflösung von Finanzinvestitionen **3. Einzahlungen aus Finanzerträgen** 3.1. Zinserträge 3.2. Beteiligungserträge				

III. Ermittlung der Über- und Unterdeckung
        durch
        II./I.
        + Zahlungsmittelbestand der Vorperiode				

IV. Ausgleichs- und Anpassungsmaßnahmen **1. Bei Unterdeckung** 1.1. Kreditaufnahme 1.2. Eigenkapitalerhöhung 1.3. Rückführung gewährter Darlehen 1.4. Zusätzliche Desinvestitionen **2. Bei Überdeckung** 2.1. Kreditrückführung 2.2. Eigenkapitalminderung				
V. Zahlungsmittelbestand am Periodenende nach Berücksichtigung der Ausgleichs- und Anpassungsmaßnahmen				

[25] Vgl. Wöhe/Döring (2016), S. 594.
[26] Vgl. ebda, S. 595.

branchenspezifisch betrachtet werden müssen. Neben dieser vertikalen Kennzahl können auch horizontale Kennzahlen zur Finanzanalyse herangezogen werden. Horizontale Bilanzkennzahlen setzen Werte von der Aktiv- und der Passivseite miteinander in Verbindung.

Ein Beispiel stellt die „**Goldene Bilanzregel**" dar, nach der gilt:

$$(\text{Eigenkapital} + \text{langfristiges Fremdkapital})/\text{Anlagevermögen} > 1 \qquad (8.10)$$

Das Anlagevermögen soll vom langfristigen Kapital in der Unternehmung mindestens gedeckt werden. Diese Kennzahl wird als **Anlagendeckungsgrad** bezeichnet.

Aber auch Liquiditätsregeln helfen bei der Finanzanalyse. Diese sind ebenfalls horizontale Kennzahlen, die Aktiv- und Passivseite in Beziehung setzen.

Ein Beispiel stellt die **Liquidität 1. Grades** bzw. **Barliquidität** dar:

$$(\text{Zahlungsmittel}/\text{kurzfristige Verbindlichkeiten}) > 1 \qquad (8.11)$$

Die Zahlungsmittel sollen mindestens ausreichen, die kurzfristigen Verbindlichkeiten auszugleichen.

Vergleiche der Finanzanalyse-Kennzahlen zwischen Unternehmen oder mit einem Benchmark sollen die Steuerung vereinfachen. Hierbei ist zu berücksichtigen, dass es sich um gleichartige Unternehmen innerhalb einer Branche handeln sollte.[27]

8.7 Übungsaufgaben

Aufgabe 8.1

Für die Erzeugung eines Produktes stehen zwei Maschinentypen zur Verfügung:

Kostenarten	Maschinentyp 1	Maschinentyp 2
Anschaffungskosten	60.000 €	100.000 €
Nutzungsdauer	10 Jahre	10 Jahre
Fixe Kosten (inkl. Zins und Abschreibung)	18.000 €	30.000 €
Variable Kosten je Stück	8,50 €	8,00 €
Maximale Kapazität	25.000 Stück	50.000 Stück

a) Mit welchem Maschinentyp können 20.000 Stück am günstigsten hergestellt werden, wenn jede Maschine neu gekauft werden muss?

b) Bestimmen Sie rechnerisch die Produktionsmenge, von der ab die Verwendung des Maschinentyps 2 günstiger wird als die des Typs 1 (auch bezeichnet als „kritische Menge")!

---

[27] Vgl. hierzu und zu weiteren Kennzahlen z. B. Küting/Weber (2015), S. 51 ff.

c) Mit wie viel Prozent verzinst sich während der Nutzungsdauer des Maschinentyps 2 durchschnittlich das in der Maschine investierte Kapital, wenn jährlich 28.000 Stück zu 9,50 € verkauft werden können? Als durchschnittlich investiertes Kapital soll der halbe Anschaffungswert angesetzt werden.

Aufgabe 8.2

Ein Industriebetrieb will eine Maschinenstraße für 238.000 € Anschaffungswert zur Betriebserweiterung investieren. Die laufenden Einnahmen und Ausgaben werden für die Nutzungsdauer von 6 Jahren wie folgt geschätzt:

	1. Jahr	2. Jahr	3. Jahr	4. Jahr	5. Jahr	6. Jahr
Einnahmen	138.000 €	155.000 €	165.000 €	150.000 €	135.000 €	145.000 €
Ausgaben	85.000 €	105.000 €	140.000 €	130.000 €	125.000 €	25.000 €

Der Schrottwert der Anlage nach Ablauf der wirtschaftlichen Nutzungsdauer wird mit 35.000 € angesetzt.

Beurteilen Sie die Zweckmäßigkeit der Investition anhand des Kapitalwertes. Der Mindestverzinsungsanspruch der Geschäftsleitung des Industriebetriebes liegt bei 10 % pro Jahr.

Aufgabe 8.3

Welche vier Finanzierungsformen lassen sich grundsätzlich unterscheiden? Zeigen Sie dies mit Beispielen am Vier-Quadranten-Schema auf.

Aufgabe 8.4

Wovon hängt die Wahl der jeweiligen Finanzierungsform ab?

Literatur

Bank, M., Gerke, W.: Finanzierung, 3. Aufl. Kohlhammer, Stuttgart (2016)

Berk, J., DeMarzo, P.: Grundlagen der Finanzwirtschaft, 3. Aufl. Pearson, Hallbergmoos (2016)

Blohm, H., Lüder, K., Schäfer, C.: Investition, 10. Aufl. Vahlen, München (2012)

Däumler, K.-D., Grabe, J.: Grundlagen der Investitions- und Wirtschaftlichkeitsrechnung, 13. Aufl. nwb, Herne, Berlin (2014)

Drukarczyk, J., Schüler, A.: Unternehmensbewertung, 7. Aufl. Vahlen, München (2016)

Eilenberger, G., Ernst, D., Toebe, M.: Betriebliche Finanzwirtschaft, 8. Aufl. Oldenbourg, München, Wien (2013)

Götze, U.: Investitionsrechnung, 7. Aufl. Springer Gabler, Berlin, Heidelberg (2014)

Kruschwitz, L.: Investitionsrechnung, 14. Aufl. Oldenbourg, München, Wien (2014)

Küting, K., Weber, C.-P.: Die Bilanzanalyse, 11. Aufl. Schäffer-Poeschel, Stuttgart (2015)

Olfert, K.: Finanzierung, 8. Aufl. Kiehl, Ludwigshafen (2014)

Perridon, L., Steiner, M., Rathgeber, A.: Finanzwirtschaft der Unternehmung, 17. Aufl. Vahlen, München (2017)

Trautmann, S.: Investitionen, 2. Aufl. Springer, Berlin, Heidelberg, New York (2007)

Wöhe, G., Döring, U.: Einführung in die Allgemeine Betriebswirtschaftslehre, 26. Aufl. Vahlen, München (2016)

Wöhe, G., Bielstein, J., Ernst, D., Hecker, J.: Grundzüge der Unternehmensfinanzierung, 11. Aufl. Vahlen, München (2013)

Personalmanagement

9

Nachfolgend wird nach einer kurzen Erläuterung der Einbindung in die Unternehmensstrategie das Personalmanagement in seinen Funktionsbereichen dargestellt. Abschließend wird auf die arbeitsrechtlichen Rahmenbedingungen eingegangen.

9.1 Strategische Einbindung des Personalmanagements

Die Ausrichtung an einer mittel- und langfristigen Strategie ist für die betriebliche Personalarbeit besonders wichtig, weil Maßnahmen hier zum Teil einen langen zeitlichen Wirkungshorizont haben und nicht oder nur schwer reversibel sind. Dabei ist die Verzahnung von Personal- und Unternehmensstrategie zu beachten. Einerseits gibt die Unternehmensstrategie übergeordnete Ziele vor, zu deren Erreichung das Personalmanagement seinen Beitrag leisten muss. Andererseits gibt es im Personalbereich zahlreiche Restriktionen, die bei der Formulierung der Unternehmensstrategie beachtet werden müssen. Zudem hängt die Umsetzung der Unternehmensstrategie stark von den Fähigkeiten und der Motivation der Mitarbeiter ab.[1]

Dieses Verständnis des strategischen Personalmanagements stützt sich im Wesentlichen auf den Harvard-Ansatz des Human Resource Management (HRM).[2]

Der Prozess der Generierung von Personalstrategien läuft, wie aus Abb. 9.1 ersichtlich, in vier Phasen ab.[3]

Zunächst ist eine Vision zu formulieren und im Kreis der Stakeholder abzustimmen. Diese Vision beschreibt, wo der Personalbereich am Ende des strategischen Planungshorizonts stehen will. Wo der strategische Planungshorizont liegt, ist vor allem von der

---

[1] Vgl. Hentze/Kammel (2001), S. 47–48.

[2] Vgl. Beer et al. (1985). Daneben gibt es zahlreiche weitere, hier nicht weiter verfolgte Ansätze des strategischen Personalmanagements (vgl. hierzu die Übersicht bei Miebach (2017), S. 7–9).

[3] Ein ähnliches Phasenmodell wird bei der Entwicklung von *Balanced Scorecards* angewendet, vgl. Kaplan/Norton (2001), S. 66–73.

© Springer Fachmedien Wiesbaden GmbH 2018
A. Daum, W. Greife und R. Przywara, *BWL für Ingenieurstudium und -praxis*,
https://doi.org/10.1007/978-3-658-20467-9_9

Abb. 9.1 Prozess der Generierung von Personalstrategien

Branche und der Unternehmensgröße abhängig. Die Vision ergibt sich aus der Frage, welches der zentrale Beitrag der Personalbereichs zur Umsetzung der Unternehmensstrategie
ist. In Ausnahmefällen, z. B. bei der Generierung einer Personalstrategie für eine Beschäftigungsgesellschaft, kann es auch originär personalwirtschaftliche Visionen geben.

Im zweiten Schritt, der Strategiegenerierung, sind die Rahmenbedingungen zu analysieren. Die Rahmenbedingung betrieblicher Personalarbeit werden durch **externe und
interne Determinanten** geprägt, die in Tab. 9.1 dargestellt werden.

Im nächsten Schritt sind nun die strategischen Ziele zu definieren. Unter Beachtung
der Rahmenbedingungen ist zu fragen, welche Ziele erreicht werden müssen, um die Vision zu realisieren. Für jede relevante Rahmenbedingung ist zu analysieren, wie sich der
Personalbereich positionieren muss, um die angelegten Chancen zu nutzen, die Risiken
zu vermeiden und – im Falle der Rahmenbedingung „Unternehmensstrategie" – die übergeordneten Ziele zu erreichen. Dabei wird es einzelne strategische Ziele geben, die sich
nur auf *eine* Personalfunktion beziehen, wie z. B. die Sicherung des fachlichen Qualifika-
tionsniveaus. Die meisten strategischen Ziele werden sich jedoch auf mehrere oder alle
Personalfunktionen beziehen, wie z. B. das Ziel, die Personalarbeit stärker an Zielgruppen
zu orientieren.

Das so entstehende Zielsystem ist auf Konsistenz zu prüfen, und zwar sowohl sys-
temintern als auch im Verhältnis zur Vision. Konfliktäre Ziele bedürfen zumindest einer
Priorisierung. Ziele, die nicht zur Realisierung der Vision beitragen, sind entweder überflüssig, oder die Vision ist unzutreffend formuliert.

Tab. 9.1 Determinanten der Personalstrategie

Rahmenbedingungen der Personalarbeit		
Externe Determinanten		Interne Determinanten
Gesamtwirtschaftliches Umfeld: – wirtschaftliche Rahmendaten – Entwicklung sozialer Strukturen – Sozialpartner-Beziehungen	Entwicklung der Branche	Unternehmensstrategie als Orientierungsrahmen
	Technik/Organisation	
	Arbeitsmarkt	Humankapital als Potentialfaktor
	Demographischer Wandel	

Im letzten Schritt sind Maßnahmen zur Erreichung der strategischen Ziele zu definieren. Innerhalb der personalpolitischen Funktionsbereiche (z. B. Personalentwicklung, Entlohnung, Arbeitszeitmanagement) sind die verfügbaren Instrumente daraufhin zu prüfen, welchen Beitrag zur Zielerreichung sie leisten können. Häufig gibt es einen starken Zusammenhang zwischen einzelnen Zielen (z. B. Leistungsorientierung) und Instrumenten (z. B. einem leistungsorientierten Vergütungssystem). Wichtig ist, gerade in diesen Fällen, die Gesamtstrategie nicht aus den Augen zu verlieren. Daher ist jeweils vor Auswahl eines Instruments zu prüfen, wie es auf die Erreichung der übrigen Ziele wirkt und ob es die Zielwirkung anderer Instrumente beeinträchtigt oder fördert.[4]

Der demographische Wandel stellt für das Personalmanagement eine besondere Herausforderung dar. So gibt es in Deutschland und anderen Industriestaaten das Problem alternder Belegschaften, dem mit präventiver Gesundheitsförderung, altersgerechter Arbeitsplatzgestaltung und Arbeitszeitflexibilisierung begegnet werden muss. Eine weitere Herausforderung für das Personalmanagement ist die Integration von Migranten.[5]

Im Rahmen eines zeitgemäßen Diversity Management geht es nicht mehr nur darum, den gesetzlichen Anforderungen bezüglich Gleichbehandlung Genüge zu tun, sondern vielmehr die Vielfalt in der Belegschaft als Chance zu begreifen und zu nutzen.[6] Dabei spielt neben den vorgenannten Aspekten – Alter und ethnische Herkunft – die Genderthematik eine wichtige Rolle.[7] Eine weit verbreitete Leitlinie zur Umsetzung des Diversity Management ist die „Charta der Vielfalt", die bisher von 2450 Unternehmen unterzeichnet wurde.[8]

9.2 Funktionsbereiche des Personalmanagements

Für die nachfolgende Betrachtung der Aufgaben des Personalmanagements wird eine funktionsorientierte Gliederung gewählt:

- Führung,
- Entlohnung,
- Beschäftigungspolitik,
- Arbeitszeitmanagement,
- Personalentwicklung,
- Personal-Controlling.

---

[4] Vgl. Greife/Janisch (2007), S. 452–455.
[5] Vgl. Miebach (2014), S. 347–354 und 362 f.
[6] Vgl. Miebach (2014), S. 357.
[7] Vgl. Miebach (2014), S. 358–361.
[8] Vgl. Charta der Vielfalt (2017), S. 1.

Die Aufgaben werden nicht allein von den Personalabteilungen wahrgenommen. Vielmehr sind an Ihren mit Führungskräften, Mitarbeitern und Betriebsräten weitere Aufgabenträger beteiligt.

9.2.1 Führung

Führung ist die gezielte Steuerung des Verhaltens von Mitarbeitern durch Vorgesetzte.[9] Mit Führung werden folgende Ziele verfolgt:

- Leistung,
- Zufriedenheit,
- Kohäsion (Zusammenhalt innerhalb der von einem Vorgesetzten geführten Mitarbeitergruppe),
- Veränderungs- und Entwicklungsfähigkeit der Organisation.[10]

Um die Ziele in möglichst hohem Maße zu erreichen, werden in vielen Unternehmen Führungsgrundsätze festgelegt, die für alle Führungskräfte und Mitarbeiter verbindlich sind. Kernelement der Führungsgrundsätze sind in vielen Unternehmen die auf *Drucker*[11] zurückgehende Führung durch **Zielvereinbarung** (*management by objectives*). Daneben gibt es zahlreiche weitere Führungsmodelle. Wegen seiner großen Verbreitung[12] wird im Folgenden nur auf das genannte Modell eingegangen.

Ziele werden üblicherweise im Jahresrhythmus zwischen jedem Mitarbeiter und seinem Vorgesetzten vereinbart. Die Ziele dienen einerseits dem Mitarbeiter als Orientierungshilfe, um im Rahmen seiner Tätigkeit die im Sinne seines Vorgesetzten richtigen Entscheidung treffen zu können: Unter mehreren Alternativen ist diejenige zu wählen, die den höchsten Zielerreichungsgrad erwarten lässt. Andererseits ermöglichen die Ziele dem Mitarbeiter selbst wie auch seinem Vorgesetzten, die Leistung des Mitarbeiters beurteilen zu können: Der Grad der Zielerreichung ist ein Maß für die Leistung des Mitarbeiters.[13]

Zielvereinbarungsgespräche müssen vom Vorgesetzten und vom Mitarbeiter vorbereitet werden. Ein Vorgesetzter kann erst dann sinnvolle Zielvereinbarungsgespräche mit einem Mitarbeiter führen, wenn die Ziele für den eigenen Verantwortungsbereich definiert wurden.

Vorgesetzter und Mitarbeiter müssen im Vorfeld des Zielvereinbarungsgesprächs klären, zu welchen Themen sie Ziele vereinbaren wollen und welcher Grad der Zielerreichung möglich ist. Dabei geht es um den Beitrag des Mitarbeiters zur Erreichung der Abteilungs- und Unternehmensziele, den Ausbau seiner Stärken bzw. den Abbau seiner

---

[9] Vgl. Berthel/Becker (2013), S. 164.
[10] Vgl. Gmür/Thommen (2011), S. 53–56.
[11] Vgl. Drucker (1954).
[12] Vgl. Miebach (2014), S. 411 f.
[13] Vgl. Miebach (2017), S. 221.

Schwächen sowie seine weitere berufliche Entwicklung. In die Zielvereinbarung fließen die Ziele des Mitarbeiters ebenso ein wie die des Unternehmens bzw. der Organisationseinheit, für die der Vorgesetzte verantwortlich ist.

Im Zielvereinbarungsgespräch vereinbart der Vorgesetzte mit dem Mitarbeiter in einem oder mehreren Gesprächen Ziele. Zunächst werden die Ergebnisse der Vorbereitungsarbeit diskutiert. Eine wichtige Aufgabe des Vorgesetzten ist in diesem Zusammenhang, die Bedeutung der einzelnen Ziele im Gesamtzusammenhang der Unternehmensstrategie zu erläutern. Insbesondere muss der Vorgesetzte die Einordnung der Abteilungsziele in das System der Unternehmensziele deutlich machen.[14]

Mit jedem Mitarbeiter wird üblicherweise pro Jahr ein Zielvereinbarungsgespräch geführt. Bei wesentlicher Veränderung der Rahmenfaktoren müssen allerdings Zielvereinbarungen auch zwischenzeitlich angepasst werden. Die Zielvereinbarungen werden schriftlich festgehalten und bilden die Grundlage für Rückmeldungsgespräche. Zielvereinbarungen können sowohl mit einzelnen Mitarbeitern als auch mit Teams im Sinne teilautonomer Arbeitsgruppen getroffen werden.

Folgende Ziele könnten z. B. zwischen einem Vertriebsmitarbeiter und seinem Vorgesetzten vereinbart werden:

- Umsatzsteigerung im kommenden Jahr um 7 % gegenüber dem laufenden Jahr,
- Umsatzanteil der besonders zu fokussierenden Produktart x: 20 %,
- Gewinnung von 50 Neukunden,
- Verbesserung der Englischkenntnisse, so dass eine 30-minütige Produktpräsentation in englischer Sprache durchgeführt werden kann.

Inwieweit Zielvereinbarungen als wirksames Führungsinstrument eingesetzt werden können, hängt von der Qualität der vereinbarten Ziele ab. Sie sollten die in Abb. 9.2 aufgeführten Gütekriterien, deren Anfangsbuchstaben das Akronym „SMART" ergeben, erfüllen.[15]

Diese Gütekriterien bedeuten:

- *specific*: Das Ziel muss präzise beschrieben werden; für qualitative Ziele muss in Worten beschrieben werden, wann das Ziel als erreicht angesehen werden kann.
- *measurable*: Die Zielerreichung sollte möglichst messbar sein.
- *achievable*: Das Anspruchsniveau der vereinbarten Ziele muss so gewählt werden, dass die Zielerreichung möglich ist, wenn der Mitarbeiter sich Mühe gibt. Zu hoch gesteckte Ziele wirken demotivierend, weil der Mitarbeiter sie von vornherein als nicht erreichbar erkennt. Von zu niedrig gesteckten Zielen geht kein Ansporn aus.

---

[14] Zum Ablauf von Zielvereinbarungen vgl. Miebach (2017), S. 224 f.

[15] Vgl. http://www.valuebasedmanagement.net/methods_smart_management_by_objectives.html, Zugriff: 06.08.2017; Miebach (2017), S. 213.

Abb. 9.2 Gütekriterien für
Ziele (SMART)

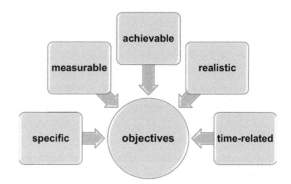

- *realistic*: Der Mitarbeiter muss einen direkten Einfluss auf die Erreichung der Ziele
  haben. Mangelnde Beeinflussbarkeit führt zur Demotivation.
- *time-related*: Es muss klar sein, bis zu welchem Zeitpunkt bzw. in welchem Zeitraum
  das Ziel erreicht sein soll.

Der Vorgesetzte gibt dem Mitarbeiter Rückmeldungen über den Zielerreichungsgrad.[16]
Diese Rückmeldungen ermöglichen es dem Mitarbeiter, seinen Standort zu bestimmen.
Sie motivieren durch Erfolgserlebnisse (für den Fall der Zielerreichung) bzw. durch Ansporn (für den Fall der Lücke zwischen Ziel und Leistung/Verhalten). Wegen ihrer Motiva-
tionswirkung sind laufende Rückmeldungen wichtig und dürfen nicht aus Bequemlichkeit
oder aus Angst vor unfruchtbaren Diskussionen unterlassen werden.

Neben den laufenden Rückmeldungen findet nach Ablauf des Zeitraums, für den Ziele
vereinbart worden sind, ein Rückmeldungsgespräch statt, in dem Vorgesetzter und Mitarbeiter den gesamten Katalog der vereinbarten Ziele durchgehen und über die Zielerreichung sprechen. Dieses Rückmeldungsgespräch bildet in der Regel auch die Überleitung
für das nächste Zielvereinbarungsgespräch.

Die Zielvereinbarung ist ein Führungsinstrument, das vor allem in dynamischen Um-
feldsituationen und bei komplexen Aufgabenstellungen erhebliche Vorteile aufweist. Voraussetzungen für die Funktionalität eines Zielvereinbarungssystems sind die saubere Umsetzung, insbesondere die Beachtung der Qualitätskriterien für Ziele, die Transparenz
des Systems für Führungskräfte und Mitarbeiter und eine entsprechende Schulung der
Führungskräfte. Ein Zielvereinbarungssystem muss mit den übrigen im Unternehmen eingesetzten personalpolitischen Instrumenten abgestimmt sein. So finden sich in einigen
Unternehmen Koppelungen von Zielvereinbarungs- und Vergütungssystemen: Die Höhe eines variablen Entgeltbestandteils hängt hier direkt vom Grad der Erreichung der
vereinbarten Ziele ab.[17] Des Weiteren muss ein Zielvereinbarungssystem mit dem Con-
trollingsystem verzahnt werden. So müssen Zielvereinbarung und Unternehmensplanung
zeitlich und inhaltlich synchronisiert werden, da in beiden Bereichen angestrebte Werte

---

[16] Vgl. Miebach (2017), S. 221.
[17] Vgl. Miebach (2017), S. 221.

für z. B. Kosten und Umsätze festgelegt werden. Außerdem können Controllingdaten zur Bestimmung der Zielerreichung genutzt werden.[18]

9.2.2 Entlohnung

Die Entlohnung ist ein klassisches Konfliktfeld, weil hier das Arbeitgeberziel der Kostenminimierung auf das Arbeitnehmerziel der Einkommensmaximierung trifft. Da es nicht möglich ist, die Höhe der Vergütung absolut gerecht festzulegen, müssen „Ersatzgerechtigkeiten" gefunden werden, auf die sich beide Parteien einigen. Das auf *Kosiol* zurückgehende Äquivalenzprinzip, das Anforderungs- und Leistungsgerechtigkeit fordert, hat breite Akzeptanz gefunden. Die Vergütung der meisten Arbeitnehmer setzt sich entsprechend aus einem anforderungsorientierten Grundgehalt und einer Leistungskomponente zusammen, die teilweise um andere Vergütungsbestandteile, wie z. B. Qualifikationszulagen ergänzt werden. Zur Vergütung zählen außerdem Sozialleistungen.[19]

Anforderungsorientierte Entgeltdifferenzierung

Grundsätze der anforderungsorientierten Entgeltdifferenzierung sind in Tarifverträgen festgeschrieben. Die Anforderungen einer Stelle sind unabhängig von der Person des Stelleninhabers zu bewerten und einer Tarifgruppe zuzuordnen. Dafür werden Verfahren der Arbeitsbewertung angewandt, die teilweise ebenfalls tarifvertraglich fixiert sind. Je nachdem, ob ein Arbeitsplatz ganzheitlich oder nach einzelnen Anforderungsarten bewertet wird, unterscheidet man summarische und analytische Arbeitsbewertungsverfahren.[20]

Gängige Verfahren der **summarischen Arbeitsbewertung** sind das Rangfolge- und das Lohngruppenverfahren. Bei der Anwendung des ersteren wird eine Liste aller im Unternehmen vorkommenden Arbeitsaufgaben erstellt und nach der Höhe der Anforderungen sortiert. Neu zu bewertenden Arbeitsaufgaben werden dann zwischen den beiden von den Anforderungen her ähnlichsten eingefügt. Für das Lohngruppenverfahren werden inhaltliche Beschreibungen der Anforderungen jeder Lohngruppe benötigt, die häufig um Richtbeispiele ergänzt werden. In vielen Tarifverträgen finden sich derartige Lohngruppendefinitionen (siehe Tab. 9.2). Die Anforderungen einzugruppierender Arbeitsaufgaben werden dann mit den Lohngruppendefinitionen verglichen und so die passende Lohngruppe ausgewählt.[21]

Zur **analytischen Arbeitsbewertung** zählen das Rangreihen- und das Stufenwertzahlverfahren. Beide gehen insofern analytisch vor, als die Anforderungen der zu bewertenden Arbeitsaufgaben getrennt nach einzelnen Anforderungsarten (z. B. erforderliche Kenntnisse, Verantwortung, Belastungen) erfasst und bewertet werden. Beim Rangreihenverfahren wird je Anforderungsart eine Rangreihe aller im Unternehmen vorkommenden Arbeits-

---

[18] Vgl. Miebach (2017), S. 221–230, Greife (2001), S. 258–260.
[19] Vgl. Berthel/Becker (2013), S. 575–578.
[20] Vgl. Miebach (2017), S. 336, Berthel/Becker (2013), S. 253.
[21] Berthel/Becker (2013), S. 254.

Tab. 9.2 Beispiel Lohngruppendefinition. (Lohn- und Gehaltsrahmen-Tarifvertrag I, Metallindustrie Nordwürttemberg/Nordbaden vom 19.06.2001, Anlage 4; laut aktuellem Rahmentarifvertrag (ERA) ist nur noch analytische Arbeitsbewertung zulässig (vgl. Entgeltrahmentarifvertrag ERA-TV Metallindustrie Baden-Württemberg vom 16.09.2003, §§ 5 und 6))

Lohngruppe 1
Arbeiten mit geringen Belastungen, die ohne vorherige Arbeitskenntnisse und ohne jegliche Ausbildung nach kurzer Anweisung ausgeführt werden können
Lohngruppe 2
Arbeiten mit geringen Belastungen, die ohne jegliche Ausbildung nach kurzer Anweisung und Übung ausgeführt werden können
oder
Arbeiten der Lohngruppe 1, jedoch mit mittleren Belastungen

aufgaben erstellt. Die Position einer Arbeitsaufgabe in jeder Rangreihe wird in einer numerischen Skala (z. B. Prozentskala) bewertet. Die einzelnen Anforderungsarten werden untereinander gewichtet. Die Summe der Produkte aller Skalenwerte einer Arbeitsaufgabe mit den Gewichtungsfaktoren ergibt den Arbeitswert der Aufgabe. Ein vor allem für außertarifliche Angestellte eingesetztes Rangreihenverfahren ist die **Hay-Methode**.[22]

Das Stufenwertzahlverfahren arbeitet ebenfalls mit Gewichtungsfaktoren je Anforderungsart. Zu jeder Anforderungsart gibt es eine Punktbewertungsskala, zum Teil mit messbaren Bezugsgrößen (z. B. Lärmpegel), überwiegend aber mit verbalen Beschreibungen

Tab. 9.3 Beispiel Stufenwertzahlen, Anforderungsart „Denken". (Entgeltrahmen-Tarifvertrag Metall- und Elektroindustrie Baden-Württemberg vom 16.09.2003, Anlage 1; die Gewichtungsfaktoren sind hier bereits in die Punktzahlen eingearbeitet)

Stufe	Beschreibung	Punkte
D 1	Einfache Aufgaben, die eine leicht zu erfassende Aufnahme und Verarbeitung von Informationen erfordern	1
D 2	Aufgaben, die eine schwerer zu erfassende Aufnahme und Verarbeitung von Informationen erfordern oder Aufgaben, die es erfordern, standardisierte Lösungswege anzuwenden	3
D 3	Aufgaben, die eine schwierige Erfassung und Verarbeitung von Informationen erfordern oder Aufgaben, die es erfordern, aus bekannten Lösungsmustern zutreffende Lösungswege auszuwählen und anzuwenden	5
D 4	Umfangreiche Aufgaben, die es erfordern, bekannte Lösungsmuster zu kombinieren	8
D 5	Problemstellungen, die es erfordern, bekannte Lösungsmuster weiterzuentwickeln	12
D 6	Neuartige Problemstellungen, die es erfordern, neue Lösungsmuster zu entwickeln	16
D 7	Neue komplexe Problemstellungen, die innovatives Denken erfordern; längerfristige Entwicklungstrends sind zu berücksichtigen	20

---

[22] Vgl. Berthel/Becker (2013), S. 255.

der Stufen (siehe Tab. 9.3). Die Punktwerte je Anforderungsart werden wie beim Stufenwertzahlverfahren mit den Gewichtungsfaktoren multipliziert, die Summe der Produkte
ist der Arbeitswert. Die Zuordnung der Arbeitswerte zu den Tarifgruppen wird in Tarifverträgen geregelt.[23]

Leistungsorientierte Entgeltdifferenzierung

Der Leistungsbezug des Lohns wird über Lohnformen hergestellt, die sich auf drei Grundmuster zurückführen lassen:

- Zeitlohn,
- Akkordlohn,
- Prämienlohn.

Beim **Zeitlohn** wird ein fester Lohn bzw. ein festes Gehalt[24] pro Zeiteinheit (Monat,
Woche, Tag oder Stunde) gezahlt. Ein direkter Leistungsbezug kann über eine Leistungszulage hergestellt werden, die z. B. vom Erreichungsgrad vereinbarter Ziele oder vom
Ergebnis einer Leistungsbeurteilung abhängen kann. Die Höhe der Leistungszulage wird
üblicherweise im Jahresrhythmus festgelegt. Sie wird in konstanten monatlichen Beträgen
oder in einem Jahresbetrag, z. B. als variables 13. Monatsgehalt, gezahlt.

Auch ohne Leistungszulage wohnt dem Zeitlohn ein allerdings indirekter Leistungsbezug inne: Der Arbeitgeber hegt eine bestimmte Erwartung an die Leistung jedes Arbeitnehmers[25] und wird sich bei deutlicher Unterschreitung fragen, ob der Arbeitsplatz richtig
besetzt ist.

Die Höhe des **Akkordlohns** ist direkt proportional zur Mengenleistung. Bei dieser
Lohnform ist es erforderlich, Vorgabezeiten zu ermitteln. Bei Erbringung der Normal-
leistung, wenn also genau die Vorgabezeit benötigt wird, erhält der Mitarbeiter den Ta-
riflohn, bei höherer Leistung entsprechend mehr. Der tariflich garantierte Mindestlohn
kann auch bei geringerer Leistung nicht unterschritten werden. Der Einsatzschwerpunkt
des Akkordlohns liegt in der industriellen Massenproduktion. Für hochautomatisierte Produktionsprozesse, bei denen der Arbeiter kaum Einfluss auf die Mengenleistung hat, ist
diese Lohnform nicht geeignet,[26] trotzdem aber als sogenannter „eingefrorener" Akkord
anzutreffen.

Beim **Prämienlohn** wird zusätzlich zum tariflich vereinbarten Grundlohn eine Prä-
mie gezahlt, deren monatlich variable Höhe sich nach einem festgelegten Schlüssel aus
einer oder mehreren objektiv messbaren Leistungsbezugsgrößen (z. B. Ausschussquote) ergibt.[27] Der Unterschied zur Leistungszulage beim Zeitlohn liegt in der objektiven

---

[23] Vgl. Bühner (2005), S. 146–148.
[24] Früher wurde die Vergütung der Arbeiter als Lohn, die der Angestellten als Gehalt bezeichnet.
Im Zuge der Einführung gemeinsamer Entgelttarifverträge für Arbeiter und Angestellte ist diese
Unterscheidung weitgehend obsolet geworden (vgl. Drumm (2008), S. 486).
[25] Vgl. Miebach (2017), S. 335.
[26] Vgl. Bühner (2005), S. 156–159, Berthel/Becker (2013), S. 583–585.
[27] Vgl. Bühner (2005), S. 159–162, Berthel/Becker (2013), S. 586 f.

Bezugsgröße im Gegensatz zur subjektiven, durch den Vorgesetzten vorzunehmenden Leistungs- bzw. Zielerreichungsbewertung bei der Leistungszulage und im kurzen zeitlichen Bezug zwischen der Leistungserbringung und der Auswirkung im Lohn. Beide Aspekte lassen aus motivationstheoretischer Sicht eine höhere Anreizwirkung des Prämienlohns erwarten.

Sonstige Lohndifferenzierungsprinzipien

Die vorstehend beschriebenen, anforderungs- und leistungsorientierten Vergütungsansätze werden zum Teil durch sonstige Lohndifferenzierungsprinzipien ergänzt oder ersetzt. Die wichtigsten Bezugsgrößen dafür sind die Qualifikation, das Alter und die Arbeitsmarktsituation.

Die **qualifikationsorientierte Entlohnung** kann die anforderungsorientierte Grundlohndifferenzierung ersetzen oder ergänzen. Im Fall des Ersatzes ist die Qualifikation des Arbeitnehmers statt der Arbeitsplatzanforderungen Bezugsgröße für die Tarifgruppenzuordnung. Die Tarifgruppe eines Arbeitnehmers ist damit unabhängig von der Tätigkeit, die er tatsächlich ausübt. Bei der die anforderungsorientierte Grundlohndifferenzierung ergänzenden Variante des Qualifikationslohns fließt die individuelle Qualifikation über Zulagen in die Vergütung ein, z. B. in Abhängigkeit von der Anzahl der beherrschten Arbeitsplätze. Ziel einer qualifikationsorientierten Entlohnung ist, Anreize für den Aufbau von Qualifikationen zu schaffen und die Flexibilität im Einsatz der Arbeitnehmer zu steigern.[28]

Das **Alter** kann in Form des Lebens- oder des Dienstalters Bezugsgröße der Entlohnung sein. Ziele einer Einbeziehung des Alters in die Vergütung sind die Bindung von Mitarbeitern und soziale Aspekte.

Die Zahlung **arbeitsmarktorientierter Vergütungskomponenten**, die in Einzelfällen unvermeidbar ist, um dringend benötigte Spezialisten rekrutieren oder ihre Fluktuation verhindern zu können, löst eine ganze Reihe von Problemen aus. Zum einen geht die Vergütungsgerechtigkeit verloren, weil zwei Mitarbeiter, die gleiche Arbeitsaufgaben mit gleicher Leistung bewältigen, nur deshalb unterschiedlich bezahlt werden, weil einer von ihnen während eines Arbeitsmarkt-engpasses eingestellt wurde. Soweit die Arbeitsmarktkomponente in die Grundvergütung einfließt, bleibt sie auch dann bestehen, wenn der entsprechende Arbeitsmarktengpass als Grund für ihre Gewährung weggefallen ist.[29]

Sozialleistungen

Sozialleistungen stehen im Gegensatz zum Lohn keine Gegenleistungen von Seiten des Arbeitnehmers gegenüber. Nach der Anspruchsgrundlage können sie in drei Kategorien gegliedert werden:

---

[28] Vgl. Greife (1990), S. 35–53 und S. 181–263.
[29] Vgl. Greife/Janisch (2007), S. 462.

- gesetzliche Sozialleistungen,
- tarifliche Sozialleistungen,
- betriebliche Sozialleistungen.[30]

Die wichtigsten **gesetzlichen Sozialleistungen** sind neben der Sozialversicherung Verpflichtungen, die Vergütung weiterzuzahlen, ohne dass Arbeitsleistungen erbracht werden, insbesondere im Urlaub, an Feiertagen und im Krankheitsfall. Im Bereich der Sozialversicherung muss der Arbeitgeber allein (Unfallversicherung) oder gemeinsam mit dem Arbeitnehmer (Renten-, Kranken-, Pflege-, Arbeitslosenversicherung) Beiträge zahlen.[31]

Tarifliche Sozialleistungen werden in Tarifverträgen festgeschrieben. Dabei geht es häufig um Erweiterungen gesetzlicher Regelungen (z. B. verlängerte Lohnfortzahlung im Krankheitsfall) oder um die Regelung vormals freiwillig gewährter Sozialleistungen einzelner Unternehmen (z. B. Fahrtkostenzuschüsse, Kinderzulagen).

Betriebliche Sozialleistungen werden vom Unternehmen freiwillig gewährt. Sie werden häufig in Betriebsvereinbarungen zwischen Unternehmensleitung und Betriebsrat vertraglich fixiert. Beispiele für betriebliche Sozialleistungen sind:

- betriebliche Altersversorgung,
- Subventionierung des Kantinenessens,
- Beihilfen in besonderen Fällen (z. B. Heirat, Geburt, Notfall),
- Dienstwagen, -wohnung,
- Betriebssport.

Im Rahmen sogenannter Cafeteria-Systeme können Mitarbeiter im Rahmen vorgegebener Budgets wählen, welche freiwilligen Sozialleistungen sie in Anspruch nehmen wollen und zwischen Direktvergütungs- und Sozialleistungskomponenten tauschen, indem z. B. auf einen Teil der aktuellen Vergütung zugunsten höherer Betriebsrentenansprüche verzichtet wird.[32]

9.2.3 Beschäftigungspolitik

Aufgabe der betrieblichen Beschäftigungspolitik ist die Deckung des Personalbedarfs, also der vom Unternehmen benötigten Mitarbeiterkapazität und -qualifikation. Die meisten größeren Unternehmen betreiben Systeme der Stellenbewirtschaftung: Bevor ein neuer Mitarbeiter eingestellt werden kann, muss eine entsprechende Planstelle eingerichtet werden.[33]

---

[30] Vgl. Miebach (2017), S. 336.
[31] Vgl. Bühner (2005), S. 177 f.
[32] Vgl. Miebach (2017), S. 341, Berthel/Becker (2013), S. 616–618.
[33] Vgl. Miebach (2017), S. 83.

In Abhängigkeit davon, ob der aktuelle Personalbestand den Bedarf über- oder unterschreitet, muss Personal beschafft oder freigesetzt werden.

Personalbeschaffung

Die Personalbeschaffung in Deutschland und vielen anderen Industrieländern wird aktuell von zwei Trends stark beeinflusst: Zum einen der Knappheit von hochqualifizierten Fach- und Führungskräften und zum anderen der Verfügbarkeit neuer Kommunikationskanäle (social media).[34] Der erstgenannte Trend führt zu einem verschärften Wettbewerb der Unternehmen auf dem Arbeitsmarkt, auch als „war for talents" bezeichnet, der letztgenannte eröffnet den Unternehmen, aber auch den Bewerbern eine Vielfalt von Möglichkeiten.

Personalbeschaffung kann aus dem Unternehmen selbst (intern) oder von außen (extern) erfolgen.[35]

Für die **interne Personalbeschaffung** kommen insbesondere folgende Instrumente in Betracht:

- Versetzungen (unter der Voraussetzung, dass im Unternehmen an anderer Stelle ein Personalüberhang vorhanden ist),
- Übernahme von Auszubildenden,
- Verlängerung befristeter Arbeitsverträge,
- Veränderung von Teilzeitarbeitsverhältnissen,
- Urlaubsverschiebungen,
- Sonderschichten und Überstunden.

Die **externe Personalbeschaffung** kann durch Einstellung neuer Mitarbeiter oder auf dem Weg der Arbeitnehmerüberlassung (Leiharbeit) erfolgen. Der wichtigste Rekrutierungsweg für Neueinstellungen ist das Internet und zwar vor allem über unternehmenseigene Bewerberportale oder unternehmensübergreifende Stellenbörsen.[36] Soziale Netzwerke haben in letzter Zeit an Bedeutung für die Personalbeschaffung gewonnen. So gibt es Netzwerke, wie z. B. XING oder LinkedIn, in denen die Nutzer ihre Profile ablegen, auf die Unternehmen dann mit Hilfe spezieller „*recruiting*"-Funktionen zugreifen können.[37] Auch andere, in erster Linie für andere Zwecke gedachte Netzwerke (z. B. facebook) werden von Unternehmen genutzt, um mit Bewerbern in Kontakt zu treten[38] und Informationen über Bewerber zu beschaffen[39]. Der Einsatz sozialer Medien (zu denen neben sozialen Netzwerken auch Wikis, Blogs und Sharing-Plattformen zählen) im

---

[34] Vgl. Petry/Vaßen (2017), S. 311 f.
[35] Vgl. Miebach (2017), S. 95–100.
[36] Vgl. Miebach (2017), S. 100 f.; Berthel/Becker (2013), S. 228–231; Kelly Services (2015), S. 4–10.
[37] Vgl. Kelly Services (2015), S. 9; Berthel/Becker (2013), S. 332.
[38] Vgl. Petry/Vaßen (2017), S. 319 f.
[39] Sog. Social media screening, vgl. Miebach (2017), S. 103 f.

Bereich Personalbeschaffung wird auch als „**Personalmarketing** 2.0" bezeichnet.[40] Dabei geht es nicht nur um die Besetzung konkreter Stellen im Unternehmen, sondern auch um die Gestaltung des Image des Unternehmens als Arbeitgeber (social media employer branding)[41] und um Bindung der eigenen Mitarbeiter (social media retention).[42]

Für die Suche von Führungskräften werden auch Personalberater (sog. *Headhunter*) eingesetzt.[43] Staatliche Arbeitsämter versuchen, Arbeitslose zu vermitteln, und können von Unternehmen, die Mitarbeiter suchen, ebenfalls angesprochen werden. Zur Rekrutierung von Hochschulabsolventen, vor allem in Fächern mit im Vergleich zur Nachfrage aus den Unternehmen geringen Absolventenzahlen wie z. B. den ingenieurwissenschaftlichen Fächern, betreiben insbesondere größere Unternehmen spezielle Programme, um spätere Bewerber schon während des Studiums auf sich aufmerksam zu machen und zu binden, z. B. durch Angebot von Praktika, Bachelorarbeiten und Präsenz auf Karrieremessen.[44]

Leiharbeitnehmer werden vor allem kurzfristig zur Deckung vorübergehenden Personalbedarfs eingesetzt. Vorteilhaft ist, dass die Beschaffung sehr schnell geht und dass es keine arbeitsvertragliche Bindung zwischen dem Unternehmen und dem Mitarbeiter gibt. Stattdessen existiert ein Arbeitsvertrag zwischen dem Mitarbeiter und dem Leiharbeitsunternehmen und ein Überlassungsvertrag zwischen letzterem und dem Unternehmen, in dem der Mitarbeiter tätig ist. Überlassungsverträge unterliegen weniger strengen Restriktionen als Arbeitsverträge, so dass ein Leiharbeitnehmer von entleihenden Unternehmen leichter wieder freigesetzt werden kann. Dieser Vorteil der Arbeitnehmerüberlassung geht mit dem Nachteil einher, dass die Leiharbeitsunternehmen ihre Kosten und Gewinnerwartungen in die für die Arbeitnehmerüberlassung verlangten Gebühren einpreisen.[45]

Personalfreisetzung

Bei der Personalfreistellung ist eine Vielzahl von Restriktionen und Interdependenzen zu beachten:

- quantitative Aspekte (Wie viel Personal kann über eine Maßnahme abgebaut werden?),
- qualitative Aspekte (Wie wirkt sich die Maßnahme auf die Qualifikationsstruktur der Belegschaft aus?),
- zeitliche Aspekte (Wie lange dauert es, bis die Maßnahme wirkt, wie lange wirkt sie?),
- rechtliche Restriktionen (Wie wirken Gesetze, Tarifverträge, Betriebsvereinbarungen usw. auf den Handlungsspielraum des Unternehmens?); wegen der großen Bedeutung des Arbeitsplatzes für die meisten Menschen sind die Restriktionen in diesem Handlungsfeld sehr stark,

---

[40] Vgl. Petry/Vaßen (2017), S. 315 f.

[41] Zum employer branding im weiteren Sinne, also über die Nutzung von social media hinaus vgl. Miebach (2017), S. 88–90.

[42] Vgl. Petry/Vaßen (2017), S. 316 f.

[43] Vgl. Miebach (2017), S. 100.

[44] Vgl. Petry/Vaßen (2017), S. 314; Kelly Services (2015), S. 19.

[45] Zur Personalbeschaffung vgl. Berthel/Becker (2013), S. 322–349 f., Drumm (2008), S. 279–293.

- ökonomische Wirkungen (Was kostet die Maßnahme, welche Einsparungen bringt sie, ist sie reversibel?),
- Unternehmensimage (Wie wirkt die Maßnahme auf den Ruf des Unternehmens?),
- gesellschaftliche Folgen (Wie wirkt die Maßnahme auf die Allgemeinheit, z. B. in Bezug auf den regionalen Arbeitsmarkt?),
- Wirkung auf die betroffenen Mitarbeiter (Welche Folgen ergeben sich, werden z. B. entlassene Mitarbeiter arbeitslos oder gibt es für sie Beschäftigungschancen?),
- Wirkung auf die nicht betroffenen Mitarbeiter (Werden sie um ihren eigenen Arbeitsplatz fürchten?); Unsicherheit bezüglich der Beschäftigungssicherheit kann einen aus Sicht des Unternehmens negativer Selektionsprozess auslösen: Arbeitnehmer mit guten Arbeitsmarktchancen verlassen das Unternehmen, obwohl es sie gern behalten hätte.

Wie die Personalbeschaffung kann auch die Personalfreisetzung intern oder extern erfolgen.

Für die **interne Personalfreisetzung** kommen neben der Versetzung Weiterbildungsaktivitäten und Maßnahmen zur temporären Reduktion der Arbeitszeit in Frage. Die Arbeitszeit kann durch Urlaubsverlagerung, Abbau von Mehrarbeit und Arbeitszeitverkürzungen reduziert werden (vgl. dazu auch Abschn. 9.2.4). Eine weitere Möglichkeit bietet die Kurzarbeit. Dabei wird für einen begrenzten Zeitraum die Arbeitszeit für alle Mitarbeiter des Unternehmens oder auch eines Unternehmensteils bei entsprechender Kürzung der Vergütung reduziert. Die Bundesagentur für Arbeit kompensiert für die Arbeitnehmer einen großen Teil des Einkommensausfalls durch Kurzarbeitergeld.

Die **externe Personalfreisetzung** reicht von der Nutzung der natürlichen Fluktuation bis zur für den betroffenen Arbeitnehmer in der Regel harten Maßnahme der Kündigung:

- Nutzung der natürlichen Fluktuation: Das Unternehmen verhält sich passiv und ersetzt Mitarbeiter nicht (Einstellungsstopp), die z. B. wegen Pensionierung das Unternehmen verlassen oder weil sie aus eigenem Antrieb das Arbeitsverhältnis kündigen.
- Nichtverlängerung befristeter Arbeitsverträge, Nichtübernahme von Auszubildenden.
- Beendigung von Leiharbeitsverträgen: Auslaufende Verträge werden nicht verlängert, bestehende gekündigt.
- Aufhebungsverträge: Arbeitsverhältnisse werden einvernehmlich beendet. Der Arbeitnehmer verzichtet dabei auf den gesetzlichen Kündigungsschutz und erhält dafür eine finanzielle Abfindung. Eine Alternative bzw. Ergänzung zur finanziellen Abfindung ist die Übernahme des Arbeitnehmers durch eine für diesen Zweck gegründete Beschäftigungsgesellschaft.
- Vorzeitige Pensionierung: Arbeitnehmer gehen vorzeitig in den Ruhestand. Die daraus resultierenden negativen Wirkungen auf die Höhe der Rente werden (teilweise) durch Leistungen des Unternehmens kompensiert. In Abhängigkeit von der jeweiligen gesamtwirtschaftlichen Situation bietet der Staat temporär Förderprogramme an (z. B. Vorruhestand, Altersteilzeit).

- Kündigung: Das Unternehmen beendet den Arbeitsvertrag durch einseitige Willenserklärung. Zahlreiche Restriktionen schränken den unternehmerischen Handlungsspielraum bei Kündigungen ein, insbesondere der allgemeine Kündigungsschutz. Daneben wirken Kündigungsschutzrechte einzelner Gruppen (z. B. Schwerbehinderte) und tarifliche oder betriebliche Beschäftigungssicherungsvereinbarungen. Eine betriebsbedingte Kündigung – daneben sind Kündigungen aus Gründen, die in der Person des Arbeitnehmers oder in seinem Verhalten liegen, möglich – erfordert die Berücksichtigung sozialer Gründe (z. B. Lebensalter, Unterhaltspflichten) bei der Auswahl der zu kündigenden Arbeitnehmer.[46]

Wenn innerhalb von 30 Tagen eine größere Zahl von Arbeitsverträgen gekündigt wird, handelt es sich um eine Massenentlassung, die bei der Bundesagentur für Arbeit angemeldet werden muss. Außerdem muss mit dem Betriebsrat ein Sozialplan vereinbart werden.[47]

9.2.4 Arbeitszeitmanagement

Das Arbeitszeitmanagement ist ein personalpolitischer Funktionsbereich, der von Zielkonflikten zwischen Arbeitsgeber und Arbeitnehmer gekennzeichnet ist.

Arbeitgeberziele sind insbesondere die bedarfsgerechte Verfügbarkeit der benötigten Personalkapazität, die Maximierung von Betriebs- (Produktion) bzw. Servicezeiten (Dienstleistung), geringe Kosten – vor allem Vermeidung von Leerkosten und Mehrarbeitszuschlägen. Auch die Mitarbeiterzufriedenheit spielt aus Arbeitgebersicht eine Rolle, zum einen, weil Zufriedenheit sich positiv auf die Arbeitsleistung auswirken kann, und zum anderen als eigenständiges soziales Ziel, weil es der Unternehmensleitung nicht gleichgültig ist, wie ihre Entscheidungen von den Mitarbeitern gesehen werden, und daher zumindest bei ansonsten aus Unternehmenssicht gleichwertigen Alternativen die gewählt wird, die eine höhere Mitarbeiterzufriedenheit erwarten lässt.

Im Mittelpunkt der **Arbeitnehmerziele** in Bezug auf die Arbeitszeit stehen die Planbarkeit der verfügbaren (Nicht-Arbeits-)Zeit, die Anpassung der Lage der Arbeitszeit an persönliche Belange und die Einkommensmaximierung. Für einen hoch motivierten Arbeitnehmer spielt auch die Aufgabenerfüllung eine wichtige Rolle: Wenn das Arbeitszeitmodell es zulässt, wird er seinen Arbeitseinsatz dem Aufgabenanfall anpassen, also z. B. auch einmal etwas länger arbeiten, wenn dies betrieblich erforderlich ist.[48]

Das Arbeitszeitmanagement hat wesentlichen Einfluss auf das vom Arbeitnehmer erlebte Verhältnis von Arbeit und Freizeit (sog. work-life-balance), wobei die klare Tren-

---

[46] Zur Personalfreisetzung vgl. Berthel/Becker (2013), S. 387–411, Drumm (2008), S. 249–273.
[47] Vgl. Volkert/Steinkamp (2009), S. 189–192.
[48] Zu den Arbeitnehmer- und Arbeitgeberzielen vgl. auch Bühner (2005), S. 186 f.

nung zwischen diesen beiden Sphären immer schwieriger wird, z. B. wenn ein Mitarbeiter auch in seiner Freizeit über sein Mobiltelefon ständig erreichbar ist.[49]

Zur Lösung dieser **Zielkonflikte** sind zahlreiche Arbeitszeitmodelle geschaffen worden. So mussten in der Industrie Lösungen gefunden werden, um die Verkürzung der Arbeitszeiten mit der betriebswirtschaftlichen Notwendigkeit in Einklang zu bringen, immer teurere Produktionsanlagen möglichst umfassend zu nutzen. Gleichzeitig sollte das Arbeitszeitmanagement zu einer kostengünstigen Anpassung der Kapazitäten an Beschäftigungsschwankungen beitragen.[50]

Grundlegende Gestaltungsfaktoren der Arbeitszeitmodelle sind die Dauer und die Lage der Arbeitszeit.[51] In den Modellen geht es im Wesentlichen darum, diese Faktoren flexibel zu handhaben, sie also den aktuellen Erfordernissen aus Unternehmenssicht (z. B. kurzfristig erforderliche Nacharbeit wegen eines Produktionsfehlers) und aus Arbeitnehmersicht (z. B. kurzfristig erforderliche Betreuung eines kranken Kindes) anzupassen. Das weitgehend unflexible Normalarbeitsverhältnis mit festen täglichen Zeiten des Arbeitsbeginns und -endes hat stark an Verbreitung verloren.

Bei flexiblen Arbeitszeitmodellen sind insbesondere die Zeitautonomie und der Ausgleichzeitraum zu regeln.

Unter **Zeitautonomie** ist zu verstehen, wer über Lage und Dauer des einzelnen Arbeitseinsatzes entscheidet. Die Spannweite reicht hier von der alleinigen Entscheidung des Arbeitgebers, z. B. bei der im Einzelhandel verbreiteten kapazitätsorientierter variabler Arbeitszeit (KAPOVAZ)[52], bei der die Arbeitseinsätze vom Arbeitgeber abgerufen werden, über Teammodelle, bei denen Teams die Arbeitseinsätze ihrer Mitglieder festlegen, bis zu Gleitzeitmodellen, bei denen allein der Mitarbeiter über Beginn, Ende und Dauer seiner Arbeitseinsätze entscheidet. Die Arbeitszeitmodelle sehen üblicherweise Grenzen für die Entscheidungsfreiheit vor, die im Übrigen auch durch rechtliche Rahmenbedingungen, vor allem das Arbeitszeitgesetz, eingeschränkt werden. Beim Modell der Vertrauensarbeitszeit wird seitens des Unternehmens auf die Erfassung der tatsächlich geleisteten Arbeitszeiten verzichtet und versucht, die Leistungsmotivation der Mitarbeiter durch Führung – häufig in Kombination mit dem Instrument „Zielvereinbarung" – und eine auf Vertrauen basierende Unternehmenskultur sicherzustellen.[53]

In Arbeitszeitmodellen müssen **Ausgleichzeiträume** festgelegt werden, in denen die tatsächlich erbrachte an die arbeitsvertraglich vereinbarte Arbeitszeit angepasst wird. So ist in Gleitzeitmodellen geregelt, dass am Monatsende das Guthaben oder Defizit auf dem Arbeitszeitkonto eines Mitarbeiters eine bestimmte Stundenzahl nicht überschreiten darf. Weit verbreitet sind auch Jahresarbeitszeitverträge, in denen der Ausgleichszeitraum ein ganzes Jahr beträgt, eine konstante monatliche Vergütung gezahlt, die Verteilung des Arbeitsvolumens auf das Jahr aber flexibel gestaltet wird. Daneben gibt es auch Langzeit-

---

[49] Vgl. Miebach (2017), S. 329–333.
[50] Vgl. Miebach (2017), S. 324 und Hartz (1994), S. 59–92.
[51] Vgl. Berthel/Becker (2013), S. 551.
[52] Vgl. Miebach (2017), S. 325.
[53] Vgl. Miebach (2017), S. 326.

modelle, die im Extremfall die gesamte Lebensarbeitszeit umfassen.[54] Langzeitmodelle bringen in Deutschland aufgrund des hohen Aufwands, den die Umsetzung steuer- und sozialversicherungsrechtlicher Regelungen verursacht, erhebliche Probleme mit sich.[55]

In Beschäftigungssicherungstarifverträgen ist für viele Tarifbezirke geregelt, dass zur Vermeidung betriebsbedingter Kündigungen durch Vereinbarung zwischen Unternehmensleitung und Betriebsrat die wöchentliche Arbeitszeit in einem bestimmten Rahmen bei proportionaler Kürzung der Vergütung reduziert werden kann.[56]

9.2.5 Personalentwicklung

Aufgaben der Personalentwicklung sind Bildung , Förderung und Organisationsentwicklung.[57]

Im Bereich der **Bildung** ist das in Deutschland stark formalisierte System der Berufsausbildung von den übrigen, als Weiterbildung bezeichneten betrieblichen Bildungsaufgaben zu trennen.

Die **Berufsausbildung** ist in Deutschland nach dem dualen System organisiert. Dabei werden allgemeinbildende, eher theoretische Inhalte in öffentlichen Berufsschulen vermittelt, während die praktische Berufsausbildung in den Unternehmen durchgeführt wird. Für beide Teile gibt es staatlich verordnete Lehrpläne. Die Prüfungen werden von den Industrie- und Handels- bzw. Handwerkskammern durchgeführt.[58]

Die **Weiterbildung** umfasst alle übrigen Aktivitäten der Kompetenzvermittlung. Nach dem Lernort kann grundsätzlich zwischen Maßnahmen am Arbeitsplatz (*on the job*), z. B. Einarbeitung, Projektarbeit, Gremienarbeit, Assistenten- und Stellvertretertätigkeit, Qualitätszirkel und außerhalb des Arbeitsplatzes (*off the job*), z. B. Vorträge, Rollenspiele, Lehrgespräche, Fallstudien, unterschieden werden.[59]

Computergestützte Wissensvermittlung (***E-Learning***) kann sowohl am als auch außerhalb des Arbeitsplatzes eingesetzt werden, auch in Kombination mit Präsenzlehre (sog. ***blended learning***).[60]

Die Weiterbildung hat in den letzten Jahren ständig an Bedeutung gewonnen, weil die betrieblichen Arbeitsaufgaben einem immer schneller von statten gehenden Wandel unterliegen. In diesem Zusammenhang wird auch vom lebenslangen Lernen gesprochen: Jeder Mitarbeiter muss seine Fähigkeiten und Kenntnisse ständig an die geänderten Anforderungen anpassen, um seine Beschäftigungsfähigkeit zu sichern.

---

[54] Zu den Arbeitszeitmodellen vgl. Miebach (2017), S. 322–325 und Berthel/Becker (2013), S. 555.
[55] Vgl. Weidinger (2008), S. 8.
[56] Vgl. Institut der deutschen Wirtschaft (2009), S. 8.
[57] Vgl. Becker (2013), S. 3–5.
[58] Vgl. Drumm (2008), S. 321–32.
[59] Vgl. Miebach (2017), S. 134 f. und Berthel/Becker (2013), S. 499–519.
[60] Vgl. Miebach (2017), S. 145–150, Back (2008), S. 208 f., Myrach/Montandon (2008), S. 193–200.

Neben Fachkompetenzen müssen im Rahmen der Weiterbildung auch Methoden- (z. B. Problemlösungsfähigkeit) und Sozialkompetenz (z. B. Teamfähigkeit) vermittelt werden.[61]

Die **Förderung** bezieht sich im Wesentlichen auf Führungskräfte, Führungskräftenachwuchs und Fachkräfte. Dabei geht es darum, den einzelnen Mitarbeiter – seinen Wünschen und Möglichkeiten sowie dem Bedarf des Unternehmens entsprechend – in seinem beruflichen Weiterkommen systematisch zu unterstützen.[62] Die Systematik erfordert, nicht isolierte Einzelmaßnahmen (wie z. B. Seminare) aneinanderzureihen, sondern ein möglichst für den betreffenden Mitarbeiter und das Unternehmen maßgeschneidertes Programm durchzuführen. Viele Unternehmen bieten beispielsweise Förderprogramme für ihren Führungsnachwuchs an, die über mehrere Jahre laufen und neben klassischen Seminaren Instrumente wie Projektarbeit, Auslandseinsätze, Outdoor-Training[63] oder Coaching[64] beinhalten.

Zur Förderung gehört auch die Nachfolgeplanung: Das Unternehmen muss für Schlüsselpositionen, das sind vor allem strategisch wichtige Führungsinstanzen und Expertenstellen[65], für den Fall der Abwanderung des Stelleninhabers potentielle Nachfolger rechtzeitig identifizieren und durch geeignete Personalentwicklungsmaßnahmen in die Lage versetzen, die entsprechende Position auszufüllen.

Die Personalentwicklung befasst sich nicht nur mit einzelnen Personen. Im Rahmen der **Organisationsentwicklung** (OE) geht es um die gezielte Veränderung des gesamten Unternehmens oder von Unternehmensteilen. Gleichzeitig mit der Veränderung von Kompetenzen und Verhaltensweisen werden Aufbauorganisation und Geschäftsprozesse angepasst.

Systematische Personalentwicklung findet in einem sechsstufigen Funktionszyklus[66] statt (siehe Abb. 9.3).

Während die vier mittleren Phasen des Funktionszyklus von der Zieldefinition bis zur Erfolgskontrolle Elemente rationalen Handelns in jedem Tätigkeitsfeld sind, handelt es sich bei der Bedarfsanalyse und der Transfersicherung um Besonderheiten der Personalentwicklung.

Die **Bedarfsanalyse** zeigt die Deckungslücke zwischen vorhandenen und angestrebten Qualifikationen auf. Die vorhandenen Qualifikationen werden durch Qualifikations- und Potentialanalysen festgestellt. Dafür steht eine Reihe von Instrumenten, wie z. B. Mitarbeiterbeurteilungen und -gespräche sowie Testverfahren zur Verfügung.[67] Welche Qualifikationen anzustreben sind, hängt von den Zielen sowohl des Unternehmens als auch des

---

[61] Vgl. Miebach (2017), S. 123.
[62] Vgl. Miebach (2017), S. 151 f.
[63] Vgl. Miebach (2017), S. 140–145.
[64] Vgl. Miebach (2017), S. 153–159.
[65] Zu Fachlaufbahnen vgl. Miebach (2017), S. 161, Hofmann (2008), S. 301–312.
[66] Vgl. Becker (2011), S. 19–21.
[67] Vgl. Miebach (2017), S. 122–124 und Klug (2011), S. 68–83.

Abb. 9.3 Funktionszyklus
Personalentwicklung

jeweiligen Mitarbeiters ab.[68] Das wichtigste Forum zur Abstimmung dieser Ziele ist das
Mitarbeitergespräch zwischen dem Mitarbeiter und seinem Vorgesetzten, das mindestens
einmal jährlich stattfinden sollte.

Transfersicherung bedeutet, die Ergebnisse von Personalentwicklungsmaßnahmen
am Arbeitsplatz dauerhaft zu sichern. Dazu gehören Transferkontrollen, die über Fra-
genbögen, Mitarbeiter-/Vorgesetztengespräche oder Tests erfolgen können.[69] Wenn die
Kontrollen Defizite aufzeigen, sind weiter Maßnahmen aufzusetzen. Diese Maßnahmen
können aber auch schon im Rahmen der Maßnahmengestaltung angelegt werden, z. B.
in Form von Wiederholungsschulungen oder systematischem Erfahrungsaustausch zwischen den Teilnehmern einer Maßnahme. Die Transfersicherung ist wesentlich leichter,
wenn Personalentwicklungsmaßnahmen am Arbeitsplatz durchgeführt werden können.[70]

9.2.6 Personal-Controlling

Funktionen des Personal-Controllings sind Planung, Analyse/Kontrolle und Information.
Gegenstand der Kontrolle sind dabei jedoch nicht die Leistung und das Verhalten einzelner
Mitarbeiter, sondern Personalsysteme (z. B. Entgeltsysteme).

Klassische Objekte der **Planung** im Personalbereich sind Personalbestände, Arbeits-
und Ausfallzeiten sowie Personalkosten. Die Planungsfunktion umfasst nicht nur die Festlegung von Plangrößen, sondern auch die Unterstützung dezentraler Planungsaktivitä-
ten durch bereitgestellte Informationen und Planungsmethodik. Das Personal-Controlling
muss neben den o. g. klassischen Objekten weitere in die Personalplanung einbeziehen.

---

[68] Vgl. Drumm (2008), S. 339–345, Miebach (2017), S. 122 f.
[69] Vgl. Miebach (2017), S. 167 f.
[70] Vgl. Becker (2011), S. 331–374.

Dazu gehören Personalstrukturen, qualitative Aspekte und Personalsysteme. In Bezug auf Personalstrukturen geht es z. B. darum, auf der Grundlage der Personalstrategie für einzelne Belegschaftssegmente angestrebte Alters- oder Qualifikationsstrukturen zu definieren. Zu den qualitativen Aspekten der Planung gehören beispielsweise die Zufriedenheit der Mitarbeiter mit ihrer Arbeitssituation und ihre Innovationsbereitschaft. Die Planung von Personalsystemen beinhaltet die von aufgedeckten Schwachstellen, strategischen Vorgaben oder externen Einflussfaktoren ausgehende Definition des Handlungsbedarfs, die Alternativenbewertung, die Koordination des Entwicklungsprozesses sowie die Unterstützung und Kontrolle der Systemeinführung.

Die **Analyse- und Kontrollfunktion** des Personal-Controllings beinhaltet zunächst die Feststellung von Planabweichungen und die Suche nach deren Ursachen. Neben dem Plan-/Ist-Vergleich richtet sich die Analyse auf die Früherkennung von Chancen und Risiken und auf die Abgrenzung des Handlungsspielraums. Indikatoren (z. B. zu Fluktuation und Abwesenheit) geben in ihrer Entwicklung im Zeitablauf und im inter- wie intraorganisationalen Vergleich Hinweise auf Schwachstellen. Die Analyse des Personalaufwands zeigt Handlungsmöglichkeiten zur Kostensenkung bzw. zur kostenneutralen Verstärkung monetärer Anreize auf.

Die **Informationsfunktion** ist das Bindeglied zwischen dem institutionalisierten Personal-Controlling auf der einen und der Unternehmensleitung sowie den Führungskräften als personalpolitischen Akteuren auf der anderen Seite. Informationen müssen den Entscheidungsträgern bedarfsorientiert, verständlich, zielgerichtet und zeitnah zur Verfügung gestellt werden.[71]

Zur Unterstützung der Funktionen des Personal-Controllings gibt es eine Vielzahl von Instrumente, von denen nachfolgend die wichtigsten aufgeführt sind:

- Personalinformationssysteme,
- Entscheidungsunterstützungssysteme,
- Personalaufwandsanalysen,
- Personalkostenplanung,
- Mitarbeiterbefragungen.[72]

Neben dem vorstehend beschriebenen, auf den Produktionsfaktor „Personal" bezogenen und daher auch als „faktororientiert" bezeichneten Ansatz gibt es auch ein prozessorientiertes Personal-Controlling. Darunter ist das Controlling der Prozesse des Personalmanagements zu verstehen.[73] Grundsätzlich unterscheidet sich die Vorgehensweise nicht von der im Kap.   4 (Organisation) allgemein für Geschäftsprozesse beschriebenen. Das Prozesscontrolling im Personalbereich ist aber besonders wichtig, weil es hier viele Schnittstellen gibt, denn an fast allen Personalprozessen wirken Mitarbeiter, Vor-

---

[71] Vgl. Greife/Flier (2003), S. 933–935, Rosenberger (2017), S. XXVIII, Bühner (2005), S. 341–353.
[72] Vgl. Greife/Flier (2003), S. 935–945.
[73] Vgl. Bühner (2005), S. 342.

gesetzte(r) und Personalabteilung mit. Die Schnittstellen zwischen diesen Akteuren sind potentielle Ursachen für mangelnde Funktionalität und Ineffizienzen.

9.3 Arbeitsrecht

Der Handlungsspielraum im Personalmanagement wird durch das Arbeitsrecht stark eingeschränkt. Für den Ingenieur, insbesondere als Führungskraft, ist es wichtig, die relevanten rechtlichen Regelungen zu kennen.

Das Arbeitsrecht lässt sich grob in zwei Bereiche gliedern:

- **Individualarbeitsrecht**: Rechtsbeziehung zwischen einzelnen Arbeitnehmern und Unternehmen;
- **Kollektivarbeitsrecht**: Rechtsbeziehung zwischen Arbeitnehmergruppen und Unternehmen sowie Unternehmensverbänden, insbesondere Mitbestimmung und Tarifvertragsrecht.[74]

Die beiden Arbeitsrechtsbereiche werden von einer Vielzahl rechtlicher Regelungen bestimmt.[75]

9.3.1 Individualarbeitsrecht

Die Rechtsbeziehung des einzelnen Arbeitnehmers mit seinem Unternehmen unterliegt zahlreichen Gesetzen und Verordnungen, insbesondere:

- Allgemeines Gleichbehandlungsgesetz,
- Altersteilzeitgesetz,
- Arbeitnehmer-Entsendegesetz,
- Arbeitnehmerüberlassungsgesetz,
- Arbeitsplatzschutzgesetz,
- Arbeitsschutzgesetz,
- Arbeitsstättenverordnung,
- Arbeitszeitgesetz,
- Berufsbildungsgesetz und Ausbildungsverordnungen zu einzelnen Berufen,
- Bundesurlaubsgesetz,
- Bürgerliches Gesetzbuch,
- Entgeltfortzahlungsgesetz,
- Gesetz für die gleichberechtigte Teilhabe von Frauen und Männern an Führungspositionen in der Privatwirtschaft,

---

[74] Vgl. Berthel/Becker (2013), S. 679–681.
[75] Vgl. dazu die Übersicht bei Berthel/Becker (2013), S. 688.

- Jugendarbeitsschutzgesetz,
- Kündigungsschutzgesetz,
- Mutterschutzgesetz,
- Schwerbehindertengesetz,
- Sozialgesetzbuch,
- Teilzeit- und Befristungsgesetz.

Neben diesen Gesetzen und Verordnungen kommt dem **Arbeitsvertrag** zwischen dem individuellen Arbeitnehmer und seinem Unternehmen entscheidende Bedeutung zu. Aus dem Arbeitsvertrag und anderen Rechtsnormen (Gesetze und Verordnungen, Tarifverträge, Betriebsvereinbarungen) ergeben sich für beide Seiten Rechte und Pflichten. Die arbeitsvertraglichen Hauptpflichten sind die Erbringung der Arbeitsleistung und ihre Vergütung. Daneben gibt es für beide Seiten zahlreiche Nebenpflichten und -rechte, wie z. B. die Pflicht zur Zeugniserstellung und das Recht auf Einsicht in die Personalakte.

Änderungen des Arbeitsvertrages, bspw. die Änderung des im Vertrag festgelegten Arbeitsortes, bedürfen der Kündigung des alten (sog. Änderungskündigung) und des Abschlusses eines neuen Arbeitsvertrages.

Die ordentliche **Kündigung** eines Arbeitsvertrages ist an Fristen gebunden, die sich aus dem Bürgerlichen Gesetzbuch und ggf. abweichenden Regelungen in Tarif- oder Arbeitsvertrag ergeben und unternehmensseitig nur aus den o. g. Gründen möglich. Eine außerordentliche Kündigung dagegen erfolgt fristlos mit sofortiger Wirkung, ist aber an das Vorliegen wichtiger Gründe gebunden wie z. B. Diebstahl oder Urlaubsantritt ohne Genehmigung.

Arbeitsverträge können auch von vornherein befristet abgeschlossen werden. Die Befristungsmöglichkeiten sind gesetzlich eingeschränkt.[76]

Aus dem Arbeitsvertrag ergibt sich ein **Weisungsrecht** (auch: Direktionsrecht) des Arbeitgebers: Er kann die Einzelheiten der zu erbringenden Arbeitsleistung nach Ort, Inhalt und Zeit konkretisieren und ist dabei an die rechtlichen Rahmenbedingungen, insbesondere den Arbeitsvertrag, gebunden.[77] Die Nichtbefolgung einer zulässigen Weisung ist eine Arbeitsverweigerung. Sie ist ein Grund für eine verhaltensbedingte Kündigung, wenn es sich um einen Wiederholungsfall handelt und der Arbeitnehmer für die vorherige Arbeitsverweigerung eine Abmahnung erhalten hat.[78]

Vor allem für den Entwicklungsingenieur wichtig ist das Recht bezüglich seiner Arbeitsergebnisse. Eigentümer eines Produkts ist grundsätzlich nicht der Arbeitnehmer, der es gefertigt hat, sondern das Unternehmen. Erfindungen , die ein Arbeitnehmer im Rahmen seines Beschäftigungsverhältnisses gemacht hat, muss er seinem Arbeitgeber melden, der dann entscheidet, ob er sie verwerten will, insbesondere, ob er ein Patent anmelden

---

[76] Zum Arbeitsvertrag vgl. Volkert/Steinkamp (2009), S. 53–68.
[77] Vgl. Volkert/Steinkamp (2009), S. 69–71.
[78] Vgl. Volkert/Steinkamp (2009), S. 161 f.

will. Der Arbeitnehmer hat im Fall der Verwertung seiner Erfindung dafür einen Vergütungsanspruch.[79]

9.3.2 Kollektivarbeitsrecht

Mitbestimmung

Mitbestimmung der Arbeitnehmer findet auf der Unternehmens- und der Betriebsebene statt. Unter „Betrieb" ist dabei der Ort der Leistungserstellung, also z. B. ein Werk zu verstehen, während ein Unternehmen eine rechtliche Einheit, z. B. eine GmbH ist.

Die **unternehmerische Mitbestimmung** wird im Aufsichtsrat des Unternehmens ausgeübt. Soweit es sich bei dem Unternehmen nicht um eine Aktiengesellschaft handelt, die ohnehin über einen Aufsichtsrat verfügt, muss ein entsprechendes Gremium eingerichtet werden, um die Mitbestimmungsrechte der Arbeitnehmer umsetzen zu können.

Neben dem nur für einen Industriezweig relevanten Montanmitbestimmungsgesetz ist die unternehmerische Mitbestimmung im Betriebsverfassungsgesetz von 1952 und im Mitbestimmungsgesetz geregelt.

Die Mitbestimmung nach dem *Betriebsverfassungsgesetz von 1952* betrifft Kapitalgesellschaften mit mehr als 500 Mitarbeitern. Die Eigentümerseite stellt zwei Drittel, die Arbeitnehmerseite ein Drittel der Aufsichtsratsmitglieder.

Das **Mitbestimmungsgesetz** gilt für Kapitalgesellschaften mit mehr als 2000 Mitarbeitern. Der Aufsichtsrat hat hier eine gerade Anzahl Mitglieder, die paritätisch von beiden Seiten gestellt werden. Um Pattsituationen zu vermeiden, hat der Aufsichtsratsvorsitzende, der vom gesamten Aufsichtsrat, im Streitfall von den Eigentümervertretern allein, gewählt wird, bei Stimmengleichheit eine Doppelstimme. Unter den Arbeitnehmervertretern ist ein leitender Angestellter.[80]

Die **betriebliche Mitbestimmung** ist im Betriebsverfassungsgesetz von 1972 geregelt. Das wichtigste Mitbestimmungsorgan ist der Betriebsrat, der durch die Arbeitnehmer mit Ausnahme der leitenden Angestellten auf vier Jahre gewählt wird. Ein Betriebsrat kann in jedem Betrieb mit mindestens fünf Mitarbeitern gebildet werden, wenn die Arbeitnehmer dies wünschen. Aufgabe des Betriebsrats ist die Mitbestimmung bei Entscheidungen des Arbeitgebers in sozialen, personellen und wirtschaftlichen Angelegenheiten. Dazu gehören z. B.:

- Personalbeschaffung und -auswahl,
- Kündigungen,
- Berufsbildung,
- tarifliche Eingruppierung,
- Arbeitsgestaltung.[81]

---

[79] Vgl. Volkert/Steinkamp (2009), S. 156 f.
[80] Vgl. Drumm (2008), S. 37–40.
[81] Vgl. Berthel/Becker (2013), S. 684–695.

Die Intensität der Mitbestimmung des Betriebsrats ist je nach Themengebiet sehr unterschiedlich und reicht vom bloßen Informationsrecht, z. B. zur wirtschaftlichen Lage des Unternehmens, über Vetorechte, z. B. bei der Bestellung eines Ausbilders, bis hin zu – allerdings wenigen – Initiativrechten, bei denen der Betriebsrat nicht nur auf eine Maßnahme der Unternehmensleitung reagieren, sondern Maßnahmen erzwingen kann, wie z. B. bei der Aufstellung von Personalauswahlrichtlinien.[82]

In Streitfällen zwischen Betriebsrat und Unternehmensleitung kann zur Entscheidungsfindung entweder das Arbeitsgericht angerufen oder eine **Einigungsstelle** eingesetzt werden. Dabei handelt es sich um ein paritätisch von Betriebsrat und Unternehmensleitung gebildetes Gremium mit neutralem Vorsitzenden.

Die Unternehmensleitung muss dem Betriebsrat die Wahrnehmung seiner Aufgaben ermöglichen. In größeren Unternehmen müssen dazu Betriebsratsmitglieder bei Weiterzahlung der Bezüge von der Arbeit freigestellt werden. Der Betriebsrat muss mindestens viermal pro Jahr eine Betriebsversammlung durchführen, in der er die Arbeitnehmer über seine Arbeit unterrichtet.

Ein Betriebsrat muss einen Wirtschaftsausschuss bilden, der von der Unternehmensleitung regelmäßig über die wirtschaftliche Lage des Unternehmens informiert wird.

In Unternehmen mit mehreren Betrieben gibt es weitere Betriebsratsgremien: Ein Gesamtbetriebsrat muss gebildet werden, wenn es in mehreren Betrieben eines Unternehmens Betriebsräte gibt. Er ist dann Verhandlungspartner der Unternehmensleitung, während sich die einzelnen Betriebsräte mit regionalen Angelegenheiten befassen. Ein Konzernbetriebsrat kann gebildet werden, wenn mehrere Unternehmen in einem Konzern verbunden sind.

Da die leitenden Angestellten vom Betriebsrat nicht vertreten werden, können sie ein eigenes Gremium mit betriebsratsähnlichen Funktionen, den Sprecherausschuss , bilden. Die Mitbestimmungsrechte des Sprecherausschusses sind an die des Betriebsrats angelehnt, aber deutlich schwächer.[83]

Tarifvertragsrecht

Tarifverträge werden zwischen Gewerkschaften als Vertretungen der Arbeitnehmer auf der einen Seite und Arbeitgeberverbänden auf der anderen Seite abgeschlossen und gelten innerhalb einer Branche (z. B. Metallindustrie) für eine Region (z. B. Nordwürttemberg/Nordbaden), bei kleineren Branchen auch für das gesamte Bundesgebiet. Weil somit für alle Unternehmen der Branche und Region derselbe Tarifvertrag gilt, spricht man auch vom Flächentarifvertrag. Daneben gibt es Haustarifverträge zwischen Gewerkschaft(en) und einzelnen Unternehmen.

Flächentarifverträge gelten nur für Mitgliedsunternehmen des jeweiligen Arbeitgeberverbands, es sei denn, sie sind von der Bundesregierung für allgemein verbindlich erklärt worden. Auf Arbeitnehmerseite gelten sie formell nur für Gewerkschaftsmitglieder, fak-

---

[82] Vgl. Berthel/Becker (2013), S. 685 f.
[83] Vgl. Drumm (2008), S. 40–43.

tisch aber in der Regel für alle, weil in den individuellen Arbeitsverträgen auf Tarifverträge Bezug genommen wird.

Tarifverträge gelten meist nicht für Arbeitnehmer, deren Vergütung über der höchsten Tarifgruppe liegt. Diese Mitarbeiter werden als „außertarifliche Angestellte", kurz „AT" bezeichnet.

Die im Grundgesetz geregelte Tarifautonomie verbietet es dem Staat, in Tarifverträge einzugreifen.

Mantel- und Rahmentarifverträge regeln Grundsatzangelegenheiten wie Arbeitszeit, Urlaub, Vergütungsmodelle. In Entgelttarifverträgen, die kurze Laufzeiten von einem bis zu wenigen Jahren haben, wird die Höhe der Vergütung vereinbart.[84]

9.4 Übungsaufgaben

Aufgabe 9.1
Welche Ziele werden mit der Führung verfolgt?

Aufgabe 9.2
Wer sind die Teilnehmer von Zielvereinbarungsgesprächen?

Aufgabe 9.3
Welche Gütekriterien müssen Ziele erfüllen?

Aufgabe 9.4
Zu welchen Bezugsgrößen sollte nach dem Äquivalenzprinzip die Lohnhöhe proportional sein?

Aufgabe 9.5
Wie wird die Anforderungsgerechtigkeit der Entlohnung verfahrenstechnisch umgesetzt?

Aufgabe 9.6
Nennen Sie die drei Grundmuster von Lohnformen!

Aufgabe 9.7
Zu welcher Bezugsgröße ist beim Akkordlohn die Lohnhöhe proportional?

Aufgabe 9.8
Was ist unter einem Prämienlohn zu verstehen?

---

[84] Vgl. Volkert/Steinkamp (2009), S. 17–21.

Aufgabe 9.9
Was ist der wesentliche Unterschied zwischen Lohn und Sozialleistungen?

Aufgabe 9.10
Welche drei Arten von Sozialleistungen gibt es?

Aufgabe 9.11
Was ist ein Cafeteria-System?

Aufgabe 9.12
Welche Restriktionen sind bei der Personalfreisetzung zu beachten?

Aufgabe 9.13
Was ist unter „Kurzarbeit" zu verstehen?

Aufgabe 9.14
Welche Aufgaben hat die Personalentwicklung?

Aufgabe 9.15
In welchen Stufen findet systematische Personalentwicklung statt?

Aufgabe 9.16
Worauf erstreckt sich das Weisungsrecht des Arbeitgebers?

Aufgabe 9.17
Auf welchen Ebenen gibt es eine Mitbestimmung der Arbeitnehmer?

Aufgabe 9.18
In welchem Gremium wird die unternehmerische Mitbestimmung ausgeübt?

Aufgabe 9.19
In welchem Gesetz ist die betriebliche Mitbestimmung geregelt?

Aufgabe 9.20
Welches ist das wichtigste Gremium der betrieblichen Mitbestimmung?

Literatur

Back, A.: E-Learning strategisch verankern. In: Thom, N., Zaugg, R. (Hrsg.) Moderne Personal-entwicklung – Mitarbeiterpotenziale erkennen, entwickeln und fördern, 3. Aufl., S. 207–230. Gabler, Wiesbaden (2008)

Becker, M.: Systematische Personalentwicklung – Planung, Steuerung und Kontrolle im Funktions-zyklus, 2. Aufl. Schäffer-Poeschel, Stuttgart (2011)

Becker, M.: Personalentwicklung. Bildung, Förderung und Organisationsentwicklung in Theorie und Praxis, 6. Aufl. Schäffer-Poeschel, Stuttgart (2013)

Beer, M., Spector, B., Lawrence, P., Mills, D.Q., Walton, R.: Human resource management: a gene-ral manager's perspective. Free Press, New York (1985)

Berthel, J., Becker, F.G.: Personal-Management – Grundzüge für Konzeptionen betrieblicher Perso-nalarbeit, 10. Aufl. Schäffer-Poeschel, Stuttgart (2013)

Bühner, R.: Personalmanagement, 3. Aufl. Oldenbourg, München (2005)

Charta der Vielfalt e. V.: Diversity in deutschen Unternehmen (2017).   https://www.charta-der-vielfalt.de/fileadmin/user_upload/beispieldateien/Downloads/Studien/Factsheet_Studie_Diversity_in_Deutschland_CdV.pdf, Zugegriffen: 19. Aug. 2017

Drucker, P.: The practice of management. Harper Collins, New York (1954)

Drumm, H.J.: Personalwirtschaft, 6. Aufl. Springer, Berlin (2008)

Gmür, M., Thommen, J.-P.: Human Resource Management: Strategien und Instrumente für Füh-rungskräfte und das Personalmanagement in 13 Bausteinen, 3. Aufl. Versus, Zürich (2011)

Greife, W.: Der Beitrag des Qualifikationslohns zur Flexibilität industrieller Arbeit: Alternativen zur anforderungsorientierten Entlohnung in modernen Produktionsprozessen. Peter Lang, Frank-furt/Main (1990)

Greife, W.: Zielvereinbarung. In: Brecht, U. (Hrsg.) Praxis-Lexikon Controlling, S. 258–260. mo-derne industrie, Landsberg (2001)

Greife, W., Flier, G.-R.: Personal-Controlling in einem Versicherungsunternehmen. In: Steinle, C., Bruch, H. (Hrsg.) Controlling. Kompendium für Ausbildung und Praxis, 3. Aufl., S. 933–946. Schäffer-Poeschel, Stuttgart (2003)

Greife, W., Janisch, R.: Wertorientiertes Personalmanagement. In: Schäfer, B. (Hrsg.) Handbuch Regionalbanken, 2. Aufl., S. 447–474. Gabler, Wiesbaden (2007)

Hartz, P.: Jeder Arbeitsplatz hat ein Gesicht: Die Volkswagen-Lösung. Campus, Frankfurt/Main (1994)

Hentze, J., Kammel, A.: Personalwirtschaftslehre: 1. Grundlagen, Personalbedarfsermittlung, -be-schaffung, -entwicklung und -einsatz, 7. Aufl. Haupt, Bern (2001)

Hofmann, H.: Fachlaufbahnen, dargestellt am Beispiel von IBM Research. In: Thom, N., Zaugg, R. (Hrsg.) Moderne Personalentwicklung. Mitarbeiterpotenziale erkennen, entwickeln und för-dern, 3. Aufl., S. 301–316. Gabler, Wiesbaden (2008)

Kaplan, R., Norton, D.: Die strategiefokussierte Organisation: Führen mit der Balanced Scorecard. Schäffer-Poeschel, Stuttgart (2001). aus dem Amerikanischen von Horváth, P. und Kralj, D.

Kelly Services: The hiring process report 2015 (2015).   https://www.kellyservices.de/de/unternehmen/publikationen/arbeitsmarkttrends/der-hiring-process-report-2015-deutschland/, Zugegriffen: 13. Febr. 2015

Klug, A.: Analyse des Personalentwicklungsbedarfs. In: Ryschka, J., Solga, M., Mattenklott, A. (Hrsg.) Praxishandbuch Personalentwicklung. Instrumente, Konzepte, Beispiele, 3. Aufl., S. 35–91. Gabler, Wiesbaden (2011)

Kurzarbeit. Noch einige Hemmnisse. iwd **6/2009**, 8 (2009)

Miebach, B.: Soziologische Handlungstheorie. 4. Aufl. VS, Wiesbaden (2014)

Miebach, B.: Handbuch Human Resource Management: Das Individuum und seine Potentiale für die Organisation. Springer, Wiesbaden (2017)

Myrach, T., Montandon, C.: Blended Learning. In: Thom, N., Zaugg, R. (Hrsg.) Moderne Personalentwicklung. Mitarbeiterpotenziale erkennen, entwickeln und fördern, 3. Aufl., S. 191–206. Gabler, Wiesbaden (2008)

Petry, T., Vaßen, M.: Personalmarketing 2.0 – State of the Art. In: Rosenberger, B. (Hrsg.) Modernes Personalmanagement : Strategisch – operativ – systemisch, 2. Aufl., S. 310–324. Springer Gabler, Wiesbaden (2017)

Rosenberger, B. (Hrsg.): Modernes Personalmanagement: Strategisch – operativ – systemisch, 2. Aufl. Springer Gabler, Wiesbaden (2017)

Volkert, W., Steinkamp, T.: Personalmanagement für Ingenieure. Oldenbourg, München (2009)

Weidinger, M.: Langzeitkonten im Abseits. Personal **4/2008**, 8–9 (2008)

Qualitäts- und Umweltmanagement 10

Die Themen „Qualitätsmanagement" und „Umweltmanagement" werden in einem Kapitel abgehandelt, weil sie eng miteinander verwandt sind und weil das vom Ansatz her jüngere Umweltmanagement einen großen Teil der Methodik aus dem Qualitätsmanagement übernommen hat.

10.1 Qualitätsmanagement

Die Wettbewerbsfähigkeit eines Unternehmens wird entscheidend von der Qualität seiner Produkte bestimmt. Die Leistungserbringung an Hochlohnstandorten ist häufig bei ausschließlicher Betrachtung der Herstellkosten und damit auch die Angebotspreise nicht wettbewerbsfähig. Nur über die Qualität, neben der Zeit bis zur Lieferung, können sich entsprechende Unternehmen am Absatzmarkt behaupten.

Da in vielen Branchen den Zulieferern ein großer Wertschöpfungsanteil zukommt, gewinnt darüber hinaus das Vertrauen in die Qualitätsfähigkeit der Zulieferer an Bedeutung.[1]

Qualität ist der Grad, in dem ein Satz inhärenter Merkmale Anforderungen erfüllt.[2] „Inhärent" bedeutet, dass die Merkmale dem Produkt oder der Leistung innewohnen. Die relevanten Anforderungen werden im Wesentlichen vom Kunden gestellt, es kann aber auch andere Anforderungssteller geben, z. B. gesetzliche Anforderungen des Staates.

Das Thema „Qualitätsmanagement" wird in den beiden folgenden Unterkapiteln dargestellt, indem zunächst ausgewählte Instrumente und anschließend umfassende Systeme des Qualitätsmanagements erläutert werden, in denen die einzelnen Instrumente Anwendung finden.

---

[1] Vgl. Geiger/Kotte (2008), S. 23–27.
[2] Vgl. DIN EN ISO 9000:2005, Kap. 3.1.1.

© Springer Fachmedien Wiesbaden GmbH 2018
A. Daum, W. Greife und R. Przywara, *BWL für Ingenieurstudium und -praxis*,
https://doi.org/10.1007/978-3-658-20467-9_10

10.1.1 Ausgewählte Qualitätsmanagement-Instrumente

Im Qualitätsmanagement wird eine Vielzahl von Instrumenten genutzt, aus denen im Folgenden eine Auswahl vorgestellt wird (siehe Abb. 10.1).

Qualitätsregelkarte

Die Qualitätsregelkarte ist ein klassisches Instrument zur statistischen Überwachung von Fertigungsprozessen (*SPC: statistical process control*). Ein zu prüfender Parameter (z. B. der Durchmesser einer Bohrung) wird an Stichproben überprüft. Die Prüfergebnisse werden in ein Diagramm, die Qualitätsregelkarte, eingetragen. Die Lage der Prüfergebnisse im Verhältnis zu Warn-, Eingriffs- und Toleranzgrenzen lässt Rückschlüsse auf die Grundgesamtheit, also z. B. das Fertigungslos, aus dem die Stichprobe gezogen wurde, zu und gibt Auskunft über die Beherrschung des Fertigungsprozesses. Vom Betrachter erkennbar und per Software auswertbar sind neben der Überschreitung von Grenzen auch auffällige Verläufe wie z. B. ein stetig steigender Trend der Prüfergebnisse. Hier kann bereits vor Erreichen des Grenzwerts Handlungsbedarf erkannt und mit entsprechenden Maßnahmen (z. B. Änderung der Maschineneinstellung) frühzeitig gegengesteuert werden.[3]

In Qualitätsregelkarten wird auch die Streuung der Prüfergebnisse dargestellt. Häufig anzutreffen sind Xquer-s-Karten, bei denen zu jeder Stichprobe der Mittelwert (Xquer) der Prüfergebnisse in ein Diagramm und deren Standardabweichung in ein zweites eingetragen wird. In dem Beispiel in Abb. 10.2 wurden die oberen und unteren Eingriffsgrenzen (OEG/UEG) für den Mittelwert jeweils zweimal überschritten und die obere Eingriffsgrenze für die Standardabweichung einmal. Die entsprechenden Stichprobenwerte sind in dem Diagramm als Kreise dargestellt. „UTG" und „OTG" sind die Toleranzgrenzen.

Die Bezeichnung „Karte" geht auf die Zeit zurück, in der die Prüfergebnisse von Hand in Diagramme eingetragen wurden.[4] Heute erfolgt die graphische Darstellung üblicher-

Abb. 10.1 Ausgewählte Qualitätsmanagement-Instrumente

---

[3] Vgl. Linß (2011), S. 305–363.
[4] Vgl. Binner (1996), S. 175 f.

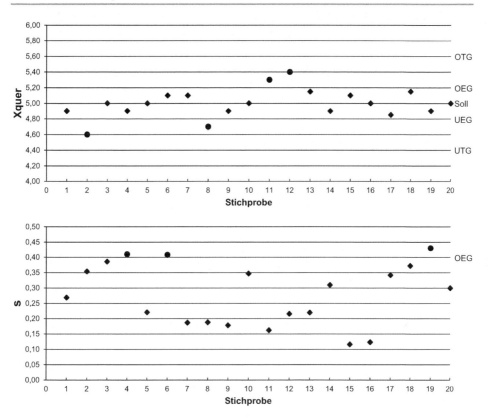

Abb. 10.2 Beispiel Qualitätsregelkarte für ein Spaltmaß

weise durch Computerprogramme, die häufig mit einer elektronischen Messwerterfassung verknüpft sind.

Aus den Stichprobenergebnissen können als **Fähigkeitskennzahlen** bezeichnete kritische Werte abgeleitet werden, deren Ermittlung gerade in der Automobilindustrie häufig von Kunden. Diese Kennzahlen werden in der laufenden Serienproduktion ermittelt (Prozessfähigkeit), vor Serienanlauf (vorläufige Prozessfähigkeit) oder nach Inbetriebnahme einer neuen Maschine (Maschinenfähigkeit). Zur Ermittlung der Prozessfähigkeit wird die vorgegebene Toleranzbreite (Differenz zwischen oberer und unterer Toleranzgrenze) durch das Sechsfache der Standardabweichung der Stichprobe dividiert. Ein Prozess ist fähig, wenn die Kennzahl mindestens 1,33 beträgt.[5]

Ishikawa-Diagramm

Das Ishikawa-Diagramm (auch Ursache-Wirkungs- oder Fischgrätendiagramm genannt) ist ein Instrument zur systematischen Suche nach Problemursachen. Das zu lösende Pro-

---

[5] Vgl. Schulze (2014), S. 704–710.

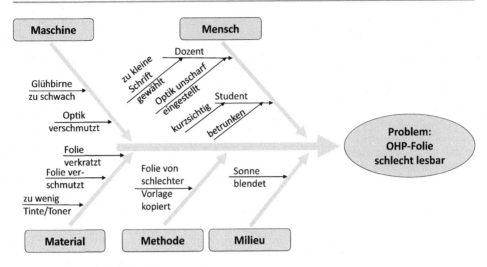

Abb. 10.3 Beispiel Ishikawa-Diagramm

blem wird an die Hauptgräte geschrieben. Dann wird in den Bereichen „Mensch", „Maschine", „Material", „Methode" und „Milieu" (gemeint ist damit die Arbeitsplatzumgebung) nach Ursachen für dieses Problem gesucht, die als „Fischgräten" in das Diagramm eingetragen werden (siehe Abb. 10.3). Die Ursachen für Qualitätsprobleme sind häufig in diesen Bereichen zu finden. In Abhängigkeit vom zu lösenden Problem kann es sinnvoll sein, andere Bereiche zu wählen. Wenn zusätzlich die Bereiche „Management" und „Messung" berücksichtigt werden, spricht man auch von der 7-M-Methode.[6]

Die Vorteile der Arbeit mit dem Ishikawa-Diagramm liegen darin, dass es zur systematischen Ursachensuche anleitet, was die Wahrscheinlichkeit, Problemursachen zu übersehen, verringert. Außerdem ist die Methodik wegen der Visualisierung der Ergebnisse für Gruppenarbeiten sehr gut geeignet.

Pareto-Diagramm/ABC-Analyse

Das Pareto-Diagramm wird im Rahmen des Qualitätsmanagements eingesetzt, um Qualitätsmängel oder Fehlerursachen nach ihrer Wichtigkeit zu gruppieren und daraus dann Prioritäten für Gegenmaßnahmen ableiten zu können. Dem Ansatz liegt die Pareto-Verteilung – auch als 80/20-Regel bezeichnet – zugrunde, die besagt, dass die meisten (80 %) Probleme auf wenige (20 %) Ursachen zurückgehen (vgl. Abschn. 3.2.1).

Zur Erstellung eines Pareto-Diagramms müssen zunächst die Fehlerarten bzw. -ursachen definiert werden. Dabei ist es meistens erforderlich, Gleichartiges zusammenzufassen (z. B. Zusammenfassung der vier Fehlerarten „Teil zu kurz, zu lang, zu dünn, zu dick" zu „Maßabweichung"). Anschließend ist das Kriterium für die Wichtigkeit der Fehler festzulegen (z. B. Fehlerhäufigkeit oder Fehlerkosten). Nun werden die relativen Beiträge der

---

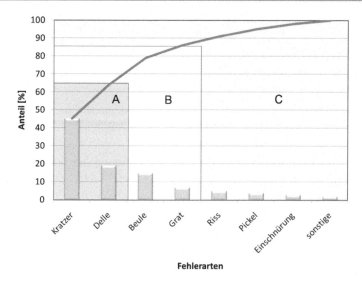

Abb. 10.4 Beispiel Pareto-Diagramm

einzelnen Fehlerarten bzw. -ursachen in Bezug auf das Wichtigkeitskriterium errechnet
und die Fehlerarten bzw. -ursachen entsprechend sortiert. In dem Pareto-Diagramm wird
dieser Anteil einzeln und kumuliert dargestellt (siehe Abb. 10.4).[7]

Für die Klasseneinteilung kann eine Unterscheidung gemäß 80/20-Regel in „wichtig"
und „unwichtig" oder eine Aufteilung in drei Klassen (A, B, C) erfolgen, wobei die Klas-
sengrenzen abhängig von der Verteilung gewählt werden und häufig bei 70 und 90 %
liegen.[8] Wenn drei Klassen verwendet werden, bezeichnet man die Methodik auch als
ABC-Analyse.

FMEA
Die **FMEA** (*failure mode and effects analysis*, **Fehlermöglichkeits- und -einflussana-
lyse**) ist ein präventives QM-Verfahren zur systematischen Analyse von:

- Fehlern,
- Fehlerursachen,
- Risiken.

Mögliche Fehler werden nach ihrer Auftretens- und Entdeckungswahrscheinlichkeit
sowie ihrer Bedeutung analysiert und priorisiert. Für die wichtigsten bzw. über einem
Schwellenwert der Risikopriorität liegenden Fehler wird nach geeigneten Gegenmaßnahmen gesucht, nach deren Umsetzung eine erneute Risikobewertung stattfindet.

---

[7] Vgl. Schmitt/Pfeifer (2015), S. 520 f.
[8] Vgl. Erlach (2010), S. 132.

Eine FMEA kann sich auf Produkte oder auf Prozesse (insbesondere Produktionsprozesse) beziehen. Der Analysefokus kann dabei auf dem Gesamtobjekt, also dem kompletten Produkt oder Prozess liegen – in diesem Fall spricht man von einer System-FMEA – oder einem Teilobjekt (Einzelteil oder Baugruppe eines Produkts, einzelner Prozessschritt).[9]

Die FMEA beginnt mit der Analyse der Struktur des Untersuchungsobjekts (z. B. Baugruppen und Teile, aus denen ein Produkt besteht). Im Anschluss werden die Funktionen der einzelnen Strukturelemente analysiert.[10]

Aus den Funktionen des zu untersuchenden Objekts lassen sich mögliche Fehler ableiten: Ein Fehler liegt vor, wenn eine Funktion nicht oder schlecht erfüllt wird. Zu den Fehlern müssen nun mögliche Ursachen gesucht werden, z. B. mit Hilfe eines Ishikawa-Diagramms. Die Fehler und ihre Ursachen werden in eine Tabelle eingetragen (siehe Tab. 10.1).

Die Fehler werden nun entsprechend ihrer **Bedeutung (B)** in einer Zehnerskala bewertet. Je schwerwiegender ein Fehler ist, desto mehr Bewertungspunkte werden vergeben. Gemäß VDA 4, Teil 2 sind für einen Fehler an einem Automobilteil, der zu einem Sicherheitsrisiko, zur Nichterfüllung gesetzlicher Vorgaben oder zum Liegenbleiben des Fahrzeugs führt, neun oder zehn Punkte zu vergeben, bei sehr geringer, nur vom Fachpersonal erkennbaren Funktions-beeinträchtigung dagegen ein Punkt.

Die **Auftretenswahrscheinlichkeit (A)** der einzelnen Fehlerursachen wird ebenfalls in einer Zehnerskala bewertet. Dabei werden für hohe Wahrscheinlichkeiten hohe Punktzahlen vergeben, gemäß VDA zehn Punkte für 500.000 ppm (*parts per million*), also einem Defekt bei jedem zweiten Teil, und ein Punkt für ein ppm.

Schließlich ist die **Entdeckungswahrscheinlichkeit (E)** zu bewerten. Dabei geht es um die Wahrscheinlichkeit, dass ein Fehler entdeckt wird, bevor seine Auswirkungen eintreten, ein Produktionsfehler also vor Auslieferung an den Kunden. Entsprechend sind hier hohe Wahrscheinlichkeiten gut (geringe Punktzahl) zu bewerten, gemäß VDA mit einem

Tab. 10.1 Prozess-FMEA am Beispiel Wachsbeschichtung von Autotürhohlräumen (Ausschnitt). (in Anlehnung an: SAE J1739, S. 37)

Objekt-funktion	Fehler	Fehler-folgen	Fehler-ursachen	Verhütung Prüfung	A	B	E	RPZ	Maßnahmen…	Stand nach Umsetzung…
Korro-sions-schutz	Wachs-schicht fehlt oder zu dünn	Türblech rostet durch	Sprühkopf verstopft	Prüfmuster sprühen bei Schichtbeginn	4	7	3	84		
			Sprühkopf deformiert	präventive Wartung	2	7	4	56		
			falsches Wachs	Laborprüfung Wareneingang	2	7	1	14		

---

[9] Vgl. Theden, P., Colsman (2017).
[10] Vgl. Schmitt/Pfeifer (2015), S. 561 f.

Punkt bei einer Entdeckungswahrscheinlichkeit von 99,99 % und mit zehn Punkten bei einer Entdeckungswahrscheinlichkeit von 90 % oder weniger.

Die drei Bewertungszahlen werden nun miteinander multipliziert. Das Produkt, die Risikoprioritätszahl (RPZ) kann zwischen 1 und 1000 liegen.[11]

Maßnahmen zur Verringerung des Fehlerrisikos können sich einerseits auf die Vermeidung der Fehlerursachen richten, indem z. B. für ein Teil, dessen Verschleiß zu einem Fehler führt, ein anderer Werkstoff gewählt wird, andererseits auf eine Erhöhung der Entdeckungswahrscheinlichkeit, z. B. über zusätzliche Qualitätsprüfungen. Die Bedeutung eines Fehlers kann nur in wenigen Fällen beeinflusst werden, z. B. indem der Hersteller eines Produkts eine Versicherung abschließt, aus der der Kunde bei Auftreten eines Fehlers entschädigt wird.

Die Maßnahmen werden in die FMEA-Tabelle eingetragen. Nach ihrer Umsetzung wird die Risikoprioritätszahl erneut ermittelt, um zu erkennen, ab weiterer Handlungsbedarf besteht.

5S-Methodik

Die 5S-Methodik ist ein einfacher Ansatz, um auf Arbeitsplatzebene die Voraussetzungen für qualitativ hochwertige Arbeit zu schaffen und das Qualitätsbewusstsein zu fördern. Es ist in fünf Schritten vorzugehen. Die japanischen Bezeichnungen der fünf Schritte beginnen alle mit dem Buchstaben „S", wenn man sie in lateinischen Buchstaben darstellt:

- *Seiri* (sortieren): Am Arbeitsplatz nicht benötigte Werkzeuge und Materialien werden entfernt.
- *Seiton* (aufräumen): Den am Arbeitsplatz benötigten Werkzeugen und Materialien werden feste Plätze zugewiesen.
- *Seisō* (säubern): Die Reinigung des Arbeitsplatzes ist Teil der täglichen Arbeit.
- *Seiketsu* (standardisieren): Arbeitsabläufe werden geregelt.
- *Shitsuke* (Selbstdisziplin halten): Die geschaffenen Standards werden durch Selbstdisziplin eingehalten.[12]

Die 5S-Methodik wirkt sich unmittelbar auf Materialbestände, Arbeitsproduktivität und Arbeitsbedingungen aus und aktiviert die Mitarbeiter.[13]

8D-Report

Der 8D-Report ist ein Formular zur Reklamationsbearbeitung, hinter dem ein standardisierter Prozess steht, der aus acht Schritten („Disziplinen") besteht. Die Ergebnisse jedes einzelnen Schrittes werden im 8D-Report dokumentiert:[14]

---

[11] Vgl. Schmitt/Pfeifer (2015), S. 563 f.
[12] Vgl. Schmitt/Pfeifer (2015), S. 514–516, Gapp/Fisher/Kobayashi (2008), S. 566 f.
[13] Vgl. Gapp/Fisher/Kobayashi (2008), S. 575 f.
[14] Vgl. Schmitt/Pfeifer (2015), S. 537 f.

- D1: Team für die Problemlösung zusammenstellen
- D2: Problem beschreiben
- D3: Sofortmaßnahmen festlegen
- D4: Fehlerursache(n) feststellen
- D5: Abstellmaßnahmen planen
- D6: Abstellmaßnahmen dauerhaft einführen
- D7: Wiederauftreten verhindern
- D8: Teamleistung würdigen.[15]

Die Methodik zielt darauf ab, Fehler dauerhaft zu beseitigen.

Poka-Yoke

Der Ausdruck „*Poka-Yoke*" kommt aus dem Japanischen und bedeutet „Vermeidung zufälliger Fehler".[16] Durch Vorbeugemaßnahmen, vor allem bei der Konstruktion von Produkten und Vorrichtungen und im organisatorischen Bereich, sollen Fehler unmöglich gemacht werden.[17] So kann z. B. bei elektrischen Steckverbindern durch Nasen und entsprechende Nuten verhindert werden, dass ein Stecker falsch herum oder in eine falsche Buchse gesteckt wird.

Durch Poka-Yoke lassen sich vor allem folgende Fehlerursachen abstellen:

- Vergessen,
- Verwechseln,
- Vertauschen,
- Missverständnisse,
- Lesefehler,
- Kommunikationsmängel.[18]

QFD

Quality Function Deployment (QFD) ist ein präventives (vorbeugendes) Instrument des Qualitätsmanagements, das vor allem in der Produktentwicklung eingesetzt wird. QFD unterstützt bei der Umsetzung von Kundenanforderungen in Produktmerkmale.[19]

Die Ergebnisse werden in einem System von Tabellen dargestellt, das an die Form eines Hauses erinnert und daher als *House of Quality* bezeichnet wird (siehe Abb. 10.5). Die Kundenanforderungen finden sich in den Zeilen des Tabellensystems und die Produktmerkmale in den Spalten. In der mittleren Tabelle werden beide zusammengeführt: Hier werden die Beziehungen zwischen Produktmerkmalen und Kundenanforderungen dargestellt. Über die zahlenmäßige Bewertung der Bedeutung der einzelnen Kundenanforderungen und der Wirkung des einzelnen Produktmerkmals auf die Kundenanforderungen

---

[15] Vgl. VDA (2017), S. 7.
[16] Vgl. Hering/Triemel/Blank (2013), S. 264.
[17] Vgl. Binner (1996), S. 181.
[18] Vgl. Hering/Triemel/Blank (2013), S. 265.
[19] Vgl. Schmitt/Pfeifer (2015), S. 585.

Abb. 10.5 House of Quality

wird die Wichtigkeit jedes einzelnen Produktmerkmals ermittelt. Im dreieckigen „Dach"
des Tabellensystems werden die Wechselwirkungen der Produktmerkmale abgebildet.[20]

Das *House of Quality* wird in zehn Arbeitsschritten aufgebaut:

(1) Kundenanforderungen ermitteln und Bedeutung gewichten (Skala: 1 = sehr gering ... 10 = sehr hoch)

(2) Wettbewerbsvergleich anstellen (Skala: 1 = schlecht ... 5 = sehr gut)

(3) Verkaufsschwerpunkte ermitteln (Skala: 1,5 = wichtiger, 1,2 = mittlerer, 1 = kein
Schwerpunkt)

(4) Produktmerkmale (Funktionen) festlegen (Frage: Wie können die Kundenanforderungen erfüllt werden?), technische Zielwerte für die Produktmerkmale festlegen

(5) Wirkungen der Produktmerkmale auf die Kundenanforderungen ermitteln (Skala:
1 = wenig, 3 = mittel, 9 = stark), Wichtigkeit der Produktmerkmale ermitteln durch
Multiplikation der Bedeutung der Kundenanforderungen mit der Wichtigkeit der
Produktmerkmale

(6) Wechselwirkung der Produktmerkmale ermitteln (Frage: Wie ändert sich ein Produktmerkmal, wenn ein anderes verändert wird?)

(7) Für jedes Produktmerkmal Vergleichsdaten der Wettbewerber beschaffen

(8) Schwierigkeitsgrad der Realisierung je Produktmerkmal abschätzen (Skala: 1 = sehr
einfach ... 10 = sehr schwierig)

(9) ggf. Zusatzinformationen eintragen

---

[20] Vgl. Linß (2011), S. 194–213; Boutellier/Biedermann (2014), S. 445–447.

(10) Auswertung: Hier geht es vor allem um die Schwerpunktsetzung für die Produktent-
      wicklung, also z. B. um Produktmerkmale, die für den Kunden besonders wichtig
      sind, Chancen bieten, um sich von der Konkurrenz abzuheben bzw. eine Lücke zu
      schließen; positive Wechselwirkungen mit anderen Produktmerkmalen aufweisen,
      geringe Schwierigkeiten bei der Realisierung erwarten lassen.[21]

Qualitätszirkel

Qualitätszirkel sind kleine, üblicherweise aus drei bis zehn Mitarbeitern bestehende Gruppen, die zu festen Terminen regelmäßig zusammenkommen, um Qualitätsprobleme zu
lösen. Häufig werden sie bereichsübergreifend zusammengesetzt, um die Kommunikation
zwischen Mitarbeitern zu ermöglichen, die im Tagesgeschäft keine Berührung miteinander haben. In diesem Fällen bietet der Qualitätszirkel ein Forum, um Qualitätsprobleme
zu lösen, deren Ursachen nicht in dem Bereich liegen, in dem sie auftreten (Beispiel: In
der Fertigung bearbeitete Teile können auf unterschiedliche Arten in Transportbehälter
gelegt werden. In der Montage werden die Teile bei der Entnahme aus den Behältern zum
Teil beschädigt, wenn sie in einer bestimmten Weise angeordnet waren). Häufig können
derartige Probleme von Qualitätszirkeln schnell gelöst werden, weil ein Mitglied in der
Lage ist, durch einfache Veränderungen Probleme in anderen Bereichen abzustellen.

Die personelle Besetzung von Qualitätszirkeln muss sich nicht zwangsläufig an der
Wertschöpfungskette orientieren. Auch die Besetzung nur mit Mitarbeitern eines Bereichs
(z. B. einer Montagelinie) kann sinnvoll sein, ebenso wie beispielsweise die mit Mitarbeitern aus Vertrieb, Entwicklung, Fertigung und Montageaußendienst: In beiden Fällen
zwingt der Qualitätszirkel dazu, sich regelmäßig „an einen Tisch" zu setzen und über gemeinsame Qualitätsprobleme und deren Lösung zu sprechen.[22]

Wegen seiner großen Wirksamkeit wird der Qualitätszirkel-Ansatz inzwischen auch
außerhalb des Qualitätsmanagements angewandt. So gibt es vergleichbare Gruppen, die
im Rahmen des kontinuierlichen Verbesserungsprozesses gegenüber den Qualitätszirkeln
erweiterte Aufgabenstellungen haben und sich auch mit Kosten und Zeiten beschäftigen.

10.1.2   Qualitätsmanagementsysteme

Der Einsatz isolierter Qualitätsmanagement-Instrumente reicht nicht aus, um die Qualität von Produkten und Prozessen zu gewährleisten. Dazu müssen die Instrumente in
einen konzeptionellen Rahmen, ein Qualitätsmanagementsystem, eingebettet werden. Die
für Industriebetriebe wichtigsten Qualitätsmanagementsysteme werden nachfolgend erläutert:

---

[21] Die beschriebene Vorgehensweise geht auf das American Supplier Institute (http://amsup.com/
qfd/index.htm) zurück. Daneben gibt es alternative Ansätze, vgl. Schmitt/Pfeifer (2015), S. 588.
[22] Vgl. Geiger/Kotte (2008), S. 188 f.; Linß (2011), S. 628 f.

- ISO-9000-Normenreihe,
- Total Quality Management,
- EFQM,
- Six Sigma.

ISO-9000-Normenreihe

Die ISO-9000-Normenreihe besteht aus folgenden Normen:

- DIN EN ISO **9000**:2015 Qualitätsmanagementsysteme – Grundlagen und Begriffe,
- DIN EN ISO **9001**:2015 Qualitätsmanagementsysteme – Anforderungen,
- DIN EN ISO **9004**:2017 Qualitätsmanagement – Qualität einer Organisation – Anleitung zum Erreichen nachhaltigen Erfolgs.

Im Mittelpunkt steht dabei die Norm DIN EN ISO 9001:2015, weil sie die Grundlage für Zertifizierungen ist. Eine Organisation (also z. B. ein Unternehmen, aber auch eine Hochschule oder ein Krankenhaus), kann ihr Qualitätsmanagementsystem von einer akkreditierten Zertifizierungsstelle anhand dieser Norm auditieren lassen und erhält im Erfolgsfall ein für drei Jahre gültiges Zertifikat. Innerhalb des dreijährigen Gültigkeitszeitraums führt die Zertifizierungsstelle jährliche Überwachungsaudits durch.

Zertifiziert wird nicht die Produktqualität, sondern das Qualitätsmanagementsystem. Unter der Annahme, dass ein Unternehmen, welches über ein zertifiziertes Qualitätsmanagementsystem verfügt, seine Prozesse beherrscht und entsprechend in der Lage ist, den Anforderungen der Kunden entsprechende Produkte zu liefern, ergibt sich ein indirekter Bezug zur Produktqualität. Dieser indirekte Ansatz ist vor allem wichtig für die Automobilindustrie, in der die Zulieferer einen hohen Wertschöpfungsanteil haben und viele Teile und Baugruppen in exakter zeitlicher Synchronisation ans Montageband des Automobilherstellers liefern (***JIT: just in time***). Bei dieser Art der Lieferung ist eine klassische Wareneingangskontrolle beim Automobilhersteller nicht mehr möglich; er muss sich darauf verlassen können, dass das Qualitätsmanagementsystem des Zulieferers sicherstellt, dass die richtigen Produkte zum richtigen Zeitpunkt in der geforderten Qualität geliefert werden.

Die Normenreihe verfolgt einen prozessorientierten Ansatz (siehe Abb. 10.6): Der Produktrealisierungsprozess wird durch den Kunden angestoßen, dessen Anforderungen der Maßstab für die Bewertung der Produktqualität sind.

Die für den **Betrieb** erforderlichen Prozesse, insb. Entwicklung, Beschaffung und Produktion, müssen vom Unternehmen beherrscht werden. Der Nachweis kann z. B. durch die Führung von Qualitätsregelkarten erfolgen. Die Norm schreibt allerdings nicht die Anwendung konkreter Qualitätsmanagement-Instrumente vor.

Im Rahmen der **Bewertung der Leistung** geht es darum, die Zufriedenheit des Kunden mit dem gelieferten Produkt zu messen, die internen Prozesse und ihre Ergebnisse zu überwachen und entsprechende Korrektur- und Vorbeugungsmaßnahmen durchzuführen.

Abb. 10.6 Prozessorientiertes Qualitätsmanagementsystem. (In Anlehnung an DIN EN ISO 9001:2015, Kap. 0.3)

Zur **Führung** gehören die Verantwortung für Umsetzung der Maßnahmen und die Steuerung des Qualitätsmanagementsystems, insb. die Definition von Qualitätszielen und -politik sowie die Bewertung des Systems. Darüber hinaus muss die Unternehmensleitung vom Kunden regelmäßig Rückmeldungen über dessen Zufriedenheit mit den Leistungen des Unternehmens einholen.

Die **Planung** beinhaltet die Bereitstellung der für das Funktionieren des Qualitäts-managementsystems erforderlichen Infrastruktur. Dazu gehören z. B. die Arbeitsumge-bung jedes einzelnen Mitarbeiters und die im Unternehmen eingesetzte Qualitätsmana-gementsoftware. Ein weitere wichtige Ressource ist das Mitarbeiterpotentials, und zwar sowohl bezüglich der Personalkapazität, die für die Durchführung der Qualitätsmana-gementaufgaben ausreichen muss als auch bezüglich der Qualifikation: Die Mitarbeiter müssen über die für ihre Aufgaben erforderlichen Fähigkeiten verfügen und die Wichtig-keit des Qualitätsmanagements richtig einschätzen können.[23]

Der prozessorientierte Ansatz bewirkt eine **fortlaufende Verbesserung**, weil im Ideal-fall jeder einzelne Geschäftsprozess nach Durchführung ausgewertet wird und daraus Verbesserungsmaßnahmen abgeleitet werden.

Die Norm stellt eine Reihe von **Dokumentationsanforderungen**: Qualitätspolitik und -ziele müssen schriftlich fixiert sein, das Qualitätsmanagementsystem muss in einem Handbuch beschrieben sein, bestimmte Verfahren müssen dokumentiert sein, die für die Sicherstellung einer wirksamen Prozessplanung, -durchführung und -steuerung erforder-lichen Dokumente müssen ebenso wie Aufzeichnungen zum Nachweis der Konformität

---

[23] Vgl. Wagner (2017), S. 132–134.

mit den Anforderungen und des wirksamen Funktionierens des QM-Systems vorhanden sein.[24]

Das **Qualitätsmanagementhandbuch** muss mindestens den Anwendungsbereich des Qualitätsmanagementsystems (ganzes Unternehmen oder einen Teilbereich) nennen, die Dokumentation zu bestimmten Verfahren und eine Beschreibung der Wechselwirkung der Prozesse des Qualitätsmanagementsystems beinhalten.[25]

Die Norm stellt Anforderungen an den Umgang mit dokumentierten Informationen (z. B. Konstruktionszeichnungen, Stücklisten oder Prüfprotokolle), die einer sog. Lenkung (engl. *control*) unterliegen. Darunter ist zu verstehen, dass es ein geregeltes Genehmigungsverfahren gibt, dass die Dokumente laufend bewertet und aktualisiert werden und ihr Bearbeitungsstatus erkennbar ist, dass ihre Lesbarkeit und die Verfügbarkeit der jeweils gültigen Fassung sichergestellt wird und dass veraltete Dokumente, soweit sie nicht vernichtet werden können (z. B. alte Zeichnung), gekennzeichnet sind.[26]

Unternehmensintern muss regelmäßig – im Allgemeinen einmal jährlich – überprüft werden, ob das Qualitätssystem der Norm entspricht und ob es bestimmungsgemäß angewendet wird (**interne Audits**).[27]

Als fehlerhaft erkannte Produkte müssen gekennzeichnet werden. Ebenso muss vermieden werden, dass sie versehentlich ausgeliefert werden oder im Betrieb in nachgelagerte Produktionsprozesse gelangen.[28]

Für die Steuerung der Prozesse soll die Methode „Planen-Durchführen-Prüfen-Handeln" (engl. Plan-Do-Check-Act, **PDCA**) angewendet werden. Darunter ist ein auf Shewart und Deming[29] zurückgehender Optimierungsansatz zu verstehen, der aus folgenden Schritten besteht:

- Plan: Analyse des Ist-Zustands, Identifikation von Verbesserungspotentialen, Konzeption von Maßnahmen
- Do: Pilotierung der Maßnahmen in einem kleinen Bereich (z. B. einzelner Arbeitsplatz)
- Check: Prüfung der Wirksamkeit und bei Bedarf Anpassung der Maßnahmen
- Act: flächendeckende Umsetzung der Maßnahmen.[30]

Wenn das Problem damit noch nicht zufriedenstellend gelöst ist, wird der Zyklus erneut gestartet.

---

[24] Vgl. DIN EN ISO 9001:2015, Kap. 4.
[25] Vgl. DIN EN ISO 9001:2015, Kap. 4.3 und 4.4.
[26] Vgl. DIN EN ISO 9001:2015, Kap. 7.5.3.
[27] Vgl. DIN EN ISO 9001:2015, Kap. 9.2.
[28] Vgl. DIN EN ISO 9001:2015, Kap. 8.7.
[29] US-amerikanische Begründer des Qualitätsmanagements: William Edwards Deming (1900–1993), Walter Andrew Shewart (1899–1967).
[30] Vgl. ASQ (2017).

Die Norm empfiehlt die Anwendung der PDCA-Methode bei der Steuerung von (Einzel-)Prozessen in folgenden vier Schritten:

- Planen des Prozesses
- (laufende) Durchführung des Prozesses
- Prüfen: Überwachen bzw. Messen der Prozessleistung
- Handeln: Verbesserungen umsetzen, soweit notwendig.[31]

Die Norm fordert weiterhin ein **risikobasiertes Denken**. Die konkrete Ausgestaltung des Risikomanagements hängt davon ab, wie schwerwiegend die Folgen der Auslieferung fehlerhafter Produkte bzw. die Erbringung fehlerhafter Dienstleistungen sind. Die Anwendung der Risikomanagementnorm ISO 31000 ist nicht obligatorisch.[32]

Interessierte Parteien, die für ihr Qualitätsmanagementsystem relevant sind, müssen identifiziert und deren Anforderungen, die für ihr Qualitätsmanagementsystem relevant sind, ermittelt werden. [33] Interessierte Parteien sind z. B. Kunden, Eigentümer, Mitarbeiter, Lieferanten, Banken oder die Gesellschaft. Die Norm greift mit der seit 2015 geforderten Einbeziehung der Interessen dieser Parteien einen Ansatz des weiter unten beschriebenen EFQM-Modells auf.

Das Unternehmen entscheidet selbst, welche interessierten Parteien relevant sind. Dabei geht es um Personen oder Organisationen,

- die eine Entscheidung oder Tätigkeit im Unternehmen beeinflussen können,
- die davon beeinflusst sein können,
- die sich davon beeinflusst fühlen können.

Im ersten Fall muss die Person oder Organisation als interessierte Partei im Qualitätsmanagement berücksichtigt werden, wenn sie die Produktqualität beeinflussen kann.[34]

Da die Normforderung der DIN EN ISO 9001 für die Automobilindustrie in vielen Bereichen zu wenig konkret sind, wurde von dieser Branche mit der **IATF 16949:2016** (früher: ISO/TS 16949) ein auf der Norm aufbauenden Standard geschaffen, die die bis dahin existierenden Qualitätsmanagementvorgaben der einzelnen Hersteller bzw. der nationalen Verbände weitgehend ablöste. Mit diesem Standard werden folgende Ziele verfolgt:

- kontinuierliche Verbesserung,
- Fehlerverhütung,

---

[31] Vgl. DIN EN ISO 9001:2015, Kap. 0.4.
[32] Vgl. DIN EN ISO 9001:2015, Kap. 0.5.
[33] Vgl. DIN EN ISO 9001:2015, Kap. 4.2.
[34] Vgl. DIN EN ISO 9001:2015, Anhang A3.

- Umsetzung spezifischer Anforderungen der Automobilindustrie,
- Reduzierung von Schwankungen und Verschwendung in der Wertschöpfungskette.[35]

IATF 16949:2016 weist dieselbe Struktur auf wie die DIN EN ISO 9001.[36] Die gestellten Anforderungen beziehen sich auf folgende Bereiche:

- Kontext der Organisation,
- Führung,
- Planung,
- Unterstützung,
- Betrieb,
- Bewertung der Leistung,
- Verbesserung.[37]

Vor allem der Bereich der Produktrealisierung ist in der IATF 16949:2016 sehr detailliert geregelt, z. B. bezüglich der Freigabe von Produktionsteilen durch den Automobilhersteller[38] oder der verbindlichen Vorgabe, die FMEA-Methodik anzuwenden.[39]

TQM

Total Quality Management (TQM) ist ein ganzheitlicher (*engl.: total*), qualitätsorientierter Unternehmensführungsansatz, in dessen Fokus nicht die Produktqualität steht, sondern die gesamte Kundenbeziehung zuzüglich sozialer Aspekte. Der Ansatz ist als Weiterentwicklung früher, auf die Produktqualität beschränkter Qualitätsmanagementkonzepte zu verstehen: Das Qualitätsmanagement soll sich nicht mehr auf den Produktionsbereich beschränken, sondern alle Mitarbeiter des Unternehmens einbeziehen.

Der TQM-Ansatz besteht aus folgenden Elementen:

- Führen mit Zielen: Durch Zielvereinbarungen soll jedem Mitarbeiter sein Beitrag zu Erreichung der Unternehmensziele klar werden.
- Kundenorientierung des gesamten Unternehmens: Auch jenseits der unmittelbaren Leistungserstellung muss die Kundenzufriedenheit beachtet werden, um z. B. zu vermeiden, dass ungerechtfertigte Mahnungen trotz sehr guter Produktqualität den Kunden unzufrieden machen.
- interne und externe Kunden-Lieferantenbeziehungen: Auch die von der Wertschöpfungskette weit entfernte Personalabteilung soll sich als Lieferant verstehen, der sich systematisch mit der Qualität seiner Leistungen für die Kunden „Fachabteilung" und „Mitarbeiter" beschäftigen muss.

---

[35] Vgl. IATF (2017).
[36] Vgl. Strompen (2017), S. 12.
[37] Vgl. Strompen (2017), S. 13.
[38] Vgl. Sondermann (2014), S. 396.
[39] Vgl. Schmitt/Pfeifer (2015), S. 560.

- Null-Fehler-Programme: Fehler sollen nicht von vornherein als unvermeidbar angesehen werden. Wenn Fehler auftreten, sollen die Fehlerursachen gesucht und möglichst dauerhaft abgestellt werden, statt die Schuldigen zu bestrafen.
- Arbeiten in Prozessen: Nicht Produkte stehen im Fokus des Qualitätsmanagements, sondern die Gesamtheit der Prozesse im Unternehmen.
- Kontinuierliche Verbesserungen mit Messgrößen: Alle Strukturen und Prozesse müssen ständig auf Verbesserungsmöglichkeiten überprüft werden.
- Verbesserung als Aufgabe jeder Stelle im Unternehmen: Für Verbesserungen sind nicht nur die Führungskräfte oder die Organisationsabteilung zuständig, sondern alle Mitarbeiter im Unternehmen.[40]

In die aktuelle ISO-9000-Normenreihe sind viele TQM-Elemente eingeflossen.

EFQM

Die *European Foundation for Quality Management (EFQM)* hat 1988 ein auf den Grundsätzen des TQM basierendes Modell aufgebaut und seitdem ständig weiter entwickelt, mit dem die Qualitätsorientierung von Unternehmen bewertet werden kann.

Konzeptelemente des EFQM-Modells sind:

- Nutzen für Kunden schaffen,
- eine nachhaltige Zukunft schaffen,
- organisatorische Fähigkeiten entwickeln,
- Kreativität und Innovation fördern,
- mit Vision, Inspiration und Integrität führen,
- mit Agilität managen,
- erfolgreich sein durch Menschen,
- hervorragende Ergebnisse nachhaltig erzielen.[41]

Für die Bewertung von Unternehmen gibt es 32 Kriterien, die in neun Kriteriengruppen zusammengefasst werden, wie in Abb. 10.7 dargestellt. Sie sind nochmals in die Bereiche „Befähiger" (*enabler*) und „Ergebnisse" (*results*) gruppiert. Über alle Kriterien hinweg sind insgesamt maximal 1000 Bewertungspunkte erreichbar.

Bei den Ergebnissen werden nicht nur klassische Ergebniskennzahlen wie z. B. die Eigenkapitalrentabilität verwendet, sondern das Unternehmen wird auch aus Sicht der Kunden, Mitarbeiter und der Gesellschaft bewertet.

Mit den Befähiger-Kriterien wird gemessen, wie das Unternehmen seine Hauptaktivitäten abwickelt. Ein Unternehmen, das in diesem Bereich gut ist, wird langfristig auch gute Ergebnisse erzielen.[42]

---

[40] Vgl. Hummel/Malorny (2017).
[41] Vgl. EFQM (2017a).
[42] Vgl. EFQM (2017b).

Abb. 10.7 EFQM-Modell. (In Anlehnung an: EFQM (2017b))

Mit dem EFQM-Modell können Unternehmen eine Selbstbewertung durchführen. Es dient auch als Bewertungsraster für den auf europäischer Ebene verliehenen EFQM-Excellence-Award und den deutschen Ludwig-Erhard-Preis.[43]

Six Sigma

Six Sigma ist eine Methodik zur Prozessoptimierung, die ihren Ursprung im Qualitätsmanagement hat. Die Methodik wurde zunächst bei Xerox und Motorola entwickelt und dann unter der Leitung von Jack Welch bei General Electric sehr erfolgreich umgesetzt.[44]

Ziele der Anwendung der Six-Sigma-Methodik sind:

- Verschwendung, Nacharbeit und Fehler vermeiden,
- Kundenzufriedenheit erhöhen,
- Rentabilität und Wettbewerbsfähigkeit steigern.

Eine zentrale Rolle spielt die objektive Bewertung von Prozessen mit statistischen Verfahren. Dahinter steht der Grundgedanke, dass es schwierig ist, in einem Prozess gute Ergebnisse (z. B. verkaufsfähige Produkte) zu erzielen, wenn die Eingangsparameter (z. B. Toleranzen der beschafften Bauteile) stark schwanken. In Six-Sigma-Projekten werden diese Schwankungen statistisch ausgewertet und es wird versucht, ergebnisrelevante Schwankungen zu minimieren. Das führt nicht nur zu einer besseren Prozessbeherrschung und höheren Qualität der Ergebnisse (Produkte), sondern auch zu Kostensenkungen, weil z. B. Nacharbeit eingespart werden kann. Die Bezeichnung der Methodik geht auf die mit ihr verbundene Vision zurück: Angestrebt wird eine 6σ-Qualität, die einer Ausschussquote von 3,4 ppm (parts per million) entspricht.

---

[43] Vgl. Malorny/Dicenta (2014), S. 370–373.
[44] Vgl. Köhler/Frank/Schmitt (2014), S. 258 f.

Abb. 10.8 Six-Sigma-Projekt-
phasen (DMAIC)

Bei Six-Sigma-Projekten wird üblicherweise eine Vielzahl von Prozessen gleichzeitig bearbeitet. Dafür bedarf es einer klaren Rollenverteilung und eines Standardablaufs für die Projektphasen (siehe Abb. 10.8).

In der *Define*-**Phase** geht es darum, das einzelne Projekt klar abzugrenzen und ein quantitatives, an den Anforderungen des (Prozess-)Kunden orientiertes Ziel zu formulieren. Six-Sigma-Projekte sollten nicht länger als ein halbes Jahr laufen.

Die *Measure*-**Phase** beschäftigt sich mit der Messung der Prozessqualität und der auf sie wirkenden Einflussgrößen. Soweit möglich, werden Kennzahlenvergleiche mit ähnlichen Prozessen in anderen Unternehmen durchgeführt und Prozessfähigkeitsanalysen erstellt.

Gegenstand der *Analyze*-**Phase** ist die Auswertung der in der vorigen Phase erhobenen Daten. Die Zusammenhänge zwischen Einflussgrößen und Prozessqualität werden analysiert, es wird versucht, Ursache-Wirkungs-Beziehungen zu identifizieren und damit den Prozess zu verstehen.

In der *Improve*-**Phase** werden auf der Grundlage der in der Analyze-Phase aufgedeckten Zusammenhänge Verbesserungsvorschläge erarbeitet und umgesetzt.

In der letzten, der *Control*-**Phase**, werden die erzielten Projektergebnisse mit den gesteckten Zielen abgeglichen.[45]

Die Bezeichnung der Rollen in Six-Sigma-Projekten orientiert sich an asiatischen Kampfsportarten:

- *Champion:* Projektauftraggeber;
- *Master Black Belt:* Berater für Management und Projektleiter, Ausbilder für Projektmitarbeiter;
- *Black Belt:* Projektleiter;
- *Green Belt:* Projektmitarbeiter.[46]

---

[45] Vgl. Köhler/Frank/Schmitt (2014), S. 264–274.
[46] Vgl. Köhler/Frank/Schmitt (2014), S. 261–263.

Master Black Belt und Black Belt arbeiten üblicherweise ausschließlich im Six-Sigma-Bereich, während die übrigen Beteiligten daneben weiter ihre Linienaufgaben wahrnehmen.

10.2 Umweltmanagement

Der Stellenwert des Umweltmanagements ist in den letzten Jahren ständig gestiegen. Im Rahmen der Produktionsprozesse beeinträchtigen Unternehmen die Umwelt zum Teil erheblich, indem sie Emissionen verursachen und Ressourcen verbrauchen. Im Zuge der Schärfung des Umweltbewusstseins in der Gesellschaft achten z. B. Kunden und Mitarbeiter immer stärker darauf, wie ein Unternehmen mit der Umwelt umgeht. Verschärfte Umweltschutzvorschriften schränken den Handlungsspielraum der Unternehmen ein und belegen umweltschädliches Verhalten mit Kosten.

Mit der europäischen Öko-Audit-Verordnung EMAS (*Eco Management and Audit Scheme*) und der Norm DIN EN ISO 14001:2015 (im Folgenden kurz ISO 14001) für Umweltmanagementsysteme gibt es zwei relevante Vorschriften für das Umweltmanagement, neben denen eine Vielzahl spezifischer Vorschriften zum Umweltschutz (z. B. die Technische Anleitung zur Reinhaltung der Luft – TA Luft) steht. Objekt der ISO 14001 ist das Umweltmanagementsystem des Unternehmens. EMAS bezieht zusätzlich die tatsächliche Beeinflussung der Umwelt durch das Unternehmen ein. Die Forderungen der ISO 14001 sind in EMAS integriert.[47]

Folgende Umweltschutzaspekte sind für Umweltmanagementsysteme relevant:

- Emissionen in die Atmosphäre,
- Ableitungen in Gewässer,
- Flächenverbrauch,
- Verunreinigung von Böden,
- Verbrauch von Rohstoffen und natürlichen Ressourcen,
- Energieverbrauch,
- Freisetzung von Energie inkl. Lärm,
- Erzeugung von Abfall.[48]

Für den Aufbau und den Betrieb eines Umweltmanagementsystems gibt die Norm ein Phasenmodell vor (siehe Abb. 10.9).

In der ersten Phase wird die **Umweltpolitik** durch die Unternehmensleitung festgelegt, die sich in diesem Zusammenhang verpflichten muss, die geltenden rechtlichen Verpflichtungen einzuhalten, Umweltbelastungen zu vermeiden und das Umweltmanagement ständig zu verbessern. Die Erklärung zur Umweltpolitik muss öffentlich zugänglich sein.[49]

---

[47] Vgl. Förtsch/Meinholz (2014), S. 125 f.
[48] Vgl. DIN EN ISO 14001:2015, Anhang A6.1.2.
[49] Vgl. DIN EN ISO 14001:2015, Kap. 5.2.

Abb. 10.9 Phasenmodell
Umweltmanagement

Die **Umweltmanagementplanung** soll sicherstellen, dass dem Unternehmen die relevanten Umweltaspekte und rechtlichen Verpflichtungen bekannt sind. Im Rahmen der Planung werden konkrete Ziele festgelegt (z. B. „Senkung des Energieverbrauchs um 10 %"). Zu den Zielen werden Maßnahmen definiert, denen jeweils Verantwortliche, Ressourcen und Termine zugeordnet werden.[50]

Die **Umweltziele** müssen im Einklang mit der Umweltpolitik stehen, messbar sein (sofern machbar), überwacht, vermittelt und (soweit erforderlich) aktualisiert werden.[51]

Die Gesamtheit der Maßnahmen bilden das Umweltprogramm, das für ein Industrieunternehmen typischerweise folgende Themenbereiche abdeckt:

- Effizienz des Gefahrstoff- und Materialmanagements,
- Entwicklung von Produkten, um deren Umweltauswirkungen bei der Herstellung, im Gebrauch und in der Entsorgung zu minimieren,
- Abfallbilanzierung und neue Wege zur Weiterverwendung von Abfallen,
- Erhöhung des Recyclinganteils und der -fähigkeit,
- Energieverbrauche und Menge an CO_2-Emissionen,
- Luftreinhaltung und Reduzierung der absoluten Schadstoffmengen,
- Verbesserungen im Wasserhaushalt,
- Prozessänderungen und neue Verfahren zur Erhöhung der Produktausbeute,
- Altlasten, Bodensanierungen und Erwerb von Grundstucken,
- Not-, Störfallplanung und Reduzierung von Prozessrisiken und -auswirkungen,
- Personalentwicklung und Forderung des Umweltbewusstseins bei Mitarbeitern,
- Unterstützung von Lieferanten und Dienstleistern,
- Logistikmanagement und Reduzierung des Verkehrslärms.[52]

Bei **Verwirklichung und Betrieb des Umweltmanagementsystems** sind Ressourcen, Aufgaben, Verantwortlichkeiten und Befugnisse zuzuordnen. In diesem Zusammenhang ist ein Umweltbeauftragter zu ernennen. Fähigkeiten und Bewusstsein der Mitarbeiter sind den Anforderungen entsprechend zu entwickeln. Die inner- und außerbetriebliche

---

[50] Vgl. DIN EN ISO 14001:2015, Kap. 6.
[51] Vgl. DIN EN ISO 14001:2015, Kap. 6.2.1.
[52] Vgl. Förtsch/Meinholz (2014), S. 99.

Kommunikation bezüglich umweltrelevanter Themen ist sicherzustellen. Bezüglich der Dokumentation (insb. Umweltmanagementhandbuch und Aufzeichnungen) gelten dieselben Anforderungen wie für das Qualitätsmanagement. Umweltrelevante Abläufe, z. B. die Entsorgung von Gefahrstoffen, müssen geregelt werden. Für Notfälle und Gefahrensituationen muss Vorsorge getroffen und die entsprechenden Notfallmaßnahmen regelmäßig geprobt werden.[53]

Die **Überwachung** bezieht sich zum einen auf das Umweltmanagementsystem, das regelmäßigen Audits unterzogen werden muss, zum anderen auf die umweltrelevanten Abläufe im Betrieb. Hier geht es darum, Auswirkungen auf die Umwelt (z. B. Schadstoffemissionen) laufend zu messen, die Einhaltung der Rechtsvorschriften zu prüfen, im Fall von Abweichungen Korrektur- und Vorbeugemaßnahmen durchzuführen und die relevanten Ergebnisse (z. B. gemessene Emissionswerte) geordnet aufzuzeichnen.[54]

Die Unternehmensleitung muss das Umweltmanagementsystem regelmäßig einer Bewertung unterziehen, in die vor allem die Erreichung der Umweltziele, die Umweltleistung des Unternehmens, mögliche Beschwerden Externer und die Ergebnisse der internen Audits eingehen.[55] Analog zum Qualitätsmanagement wird auch im Umweltmanagement ein kontinuierlicher Verbesserungsprozess angestrebt.

Das Umweltmanagementsystem ist in einem entsprechenden Handbuch zu dokumentieren, ähnlich wie dies auch bei Qualitätsmanagementsystemen geschieht. Von der Struktur her sind die Normen ISO 9001 und ISO 14001 sehr ähnlich. In vielen Unternehmen gibt es daher integrierte Managementsysteme, die beide Bereiche umfassen,[56] zu denen dann zum Teil auch noch die Arbeitssicherheit als dritter, mit den beiden anderen eng verzahnter Themenbereich hinzukommt.[57]

EMAS fordert zusätzlich die Erstellung einer **Umwelterklärung**, die der Öffentlichkeit zugänglich gemacht werden muss. In ihr werden neben dem Unternehmen selbst die Umweltpolitik, die wesentlichen Umweltauswirkungen und das Umweltprogramm – einschließlich konkreter Ziele – erläutert. Außerdem muss sie Daten zur Umweltleistung enthalten. Die Umwelterklärung wird von einem zugelassenen Umweltgutachter testiert und das Unternehmen registriert. Das EMAS-Logo kann dann verwendet werden.[58] Die Umwelterklärung muss jährlich aktualisiert werden.[59]

---

[53] Vgl. DIN EN ISO 14001:2015, Kap. 8.2.
[54] Vgl. DIN EN ISO 14001:2015, Kap. 9.1.
[55] Vgl. DIN EN ISO 14001:2015, Kap. 9.3.
[56] Vgl. v. Ahsen (2006), S. 42–46.
[57] Vgl. Schreiber (2014), S. 214–221.
[58] Vgl. Förtsch/Meinholz (2014), S. 138–140.
[59] Vgl. Europäische Kommission (2017), Kap. 2.3.

10.3   Übungsaufgaben

Aufgabe 10.1
Was ist unter „Qualität" zu verstehen?

Aufgabe 10.2
Welche Bereiche werden im Ishikawa-Diagramm für die Suche nach Ursachen für Qualitätsprobleme vorgegeben?

Aufgabe 10.3
Wozu wird die ABC-Analyse im Qualitätsmanagement häufig eingesetzt?

Aufgabe 10.4
Was wird auf den beiden Achsen des Pareto-Diagramms dargestellt?

Aufgabe 10.5
Aus welchen drei Faktoren setzt sich die Risikoprioritätszahl bei der FMEA zusammen?

Aufgabe 10.6
Welche Objekte können Gegenstand einer FMEA sein?

Aufgabe 10.7
Warum wird eine hohe Entdeckungswahrscheinlichkeit bei der FMEA als gut angesehen?

Aufgabe 10.8
Nennen Sie die fünf Schritte der 5S-Methodik!

Aufgabe 10.9
Nennen Sie die acht Schritte, die zu einem 8D-Report gehören!

Aufgabe 10.10
Was bedeutet „poka yoke"?

Aufgabe 10.11
Was wird in der Mitte des „house of quality" dargestellt?

Aufgabe 10.12
Was ist ein Qualitätszirkel?

Aufgabe 10.13
Welche Rolle spielt der Kunde im prozessorientierten Ansatz nach DIN EN ISO 9001?

Aufgabe 10.14

Aus Sicht welcher Interessengruppen werden beim EFQM-Modell die Ergebnisse bewertet?

Aufgabe 10.15

Welcher Ausschussquote entspricht eine Six-Sigma-Qualität?

Aufgabe 10.16

Aus welchen Projektphasen bestehen Six-Sigma-Projekte?

Aufgabe 10.17

Welche Rolle kommt dem „Master Black Belt" in Six-Sigma-Projekten zu?

Aufgabe 10.18

Welche Umweltschutzbereiche sind für Umweltmanagementsysteme relevant?

Aufgabe 10.19

In welchen Phasen wird nach DIN EN ISO 14001 beim Aufbau und Betrieb eines Umweltmanagementsystems vorgegangen?

Literatur

v. Ahsen, A.: Integriertes Qualitäts- und Umweltmanagement – Mehrdimensionale Modellierung und Umsetzung in der deutschen Automobilindustrie. DUV, Wiesbaden (2006)

ASQ: Plan-Do-Check-Act (PDCA) Cycle (2017). http://asq.org/learn-about-quality/project-planning-tools/overview/pdca-cycle.html, Zugegriffen: 5. Aug. 2017

Binner, H.: Umfassende Unternehmensqualität – Ein Leitfaden zum Qualitätsmanagement. Springer, Berlin (1996)

Boutellier, R., Biedermann, A.: Qualitätsgerechte Produktplanung. In: Pfeifer, T., Schmitt, R. (Hrsg.) Handbuch Qualitätsmanagement, 6. Aufl., S. 441–465. Hanser, München (2014)

EFQM: Fundamentals concepts (2017a). http://www.efqm.org/efqm-model/fundamental-concepts, Zugegriffen: 5. Aug. 2017

EFQM: The EFQM excellence model (2017b). http://www.efqm.org/ efqm-model/model-criteria, Zugegriffen: 5. Aug. 2017

Erlach, K.: Wertstromdesign: Der Weg zur schlanken Fabrik, 2. Aufl. Springer, Berlin, Heidelberg (2010)

Europäische Kommission (Hrsg.): EMAS user's guide (2017). http://eur-lex.europa.eu/legal-content/EN/TXT/?qid=1405520310854&uri=CELEX:32013D0131, Zugegriffen: 29. Juli 2017

Förtsch, G., Meinholz, H.: Handbuch Betriebliches Umweltmanagement, 2. Aufl. Springer, Wiesbaden (2014)

Gapp, R., Fisher, R., Kobayashi, K.: Implementing 5S within a Japanese context: an integrated management system. Manag. Decis. **46**(4), 565–579 (2008)

Geiger, W., Kotte, W.: Handbuch Qualität. Grundlagen und Elemente des Qualitätsmanagements: Systeme – Perspektiven, 7. Aufl. Vieweg, Wiesbaden (2008)

Hering, E., Triemel, J., Blank, H.-P. (Hrsg.): Qualitätsmanagement für Ingenieure, 5. Aufl. Springer, Berlin (2013)

Hummel, T., Malorny, C.: Total Quality Management (TQM) (2017). http://www.qz-online. de/qualitaets-management/qm-basics/artikel/total-quality-management-tqm-258030.html, Zugegriffen: 29. Juli 2017

IATF: IATF Supplemental Bulletin (2017). http://www.iatfglobaloversight.org/wp/wp-content/ uploads/2016/12/IATF-Supplemental-Bulletin_8Aug2016_CLEAN.pdf, Zugegriffen: 29. Juli 2017

Köhler, M., Frank, D., Schmitt, R.: Six Sigma. In: Pfeifer, T., Schmitt, R. (Hrsg.) Handbuch Qualitätsmanagement, 6. Aufl., S. 253–291. Hanser, München (2014)

Linß, G.: Qualitätsmanagement für Ingenieure, 3. Aufl. Hanser, Leipzig (2011)

Malorny, C., Dicenta, M.: Funktion und Nutzen von Qualitätsauszeichnungen (Awards). In: Pfeifer, T., Schmitt, R. (Hrsg.) Handbuch Qualitätsmanagement, 6. Aufl., S. 361–382. Hanser, München (2014)

Schmitt, R., Pfeifer, T.: Qualitätsmanagement : Strategien – Methoden – Techniken, 5. Aufl. Hanser, München (2015)

Schreiber, F.: Integrierte Managementsysteme. QM-UM-SM. In: Pfeifer, T., Schmitt, R. (Hrsg.) Handbuch Qualitätsmanagement, 5. Aufl., S. 211–252. Hanser, München (2014)

Schulze, A.: Statistische Prozessregelung (SPC). In: Pfeifer, T., Schmitt, R. (Hrsg.) Handbuch Qualitätsmanagement, 5. Aufl., S. 695–711. Hanser, München (2014)

Sondermann, J.P.: Interne Qualitätsanforderungen und Anforderungsbewertung. In: Pfeifer, T., Schmitt, R. (Hrsg.) Handbuch Qualitätsmanagement, 5. Aufl., S. 387–404. Hanser, München (2014)

Strompen, P.: Die IATF 16949. Interpretation der Anforderungen der IATF 16949:2016. TÜV-Media, Köln (2017)

Theden, P., Colsman, H.: Fehlermöglichkeits- und -einflussanalyse (FMEA) (2017). http://www.qz-online.de/qualitaets-management/qm-basics/artikel/fehlermoeglichkeits-und-einflussanalyse-fmea-nach-qs-9000-270675.html, Zugegriffen: 29. Juli 2017

VDA: Definition von Fehlerursachenkategorien für das 8D-Berichtswesen V1.0 (2017). http://vda-qmc.de/fileadmin/redakteur/Publikationen/Download/8D/VDA_8D_PDF__Fehlerursachenkategorien_V1.0_DE.pdf, Zugegriffen: 29. Juli 2017

Wagner, K.W.: PQM – Prozessorientiertes Qualitätsmanagement, 7. Aufl. Hanser, München (2017)

Lösungen der Übungsaufgaben

11.1 Kapitel 2

Aufgabe 2.1

Antworten gemäß den sieben W-Fragen der Marktbeschreibung:

(1) Den Markt bilden die Reifenhersteller weltweit als Kunden, VMI und seine Konkurrenten als Hersteller, ggf. Absatzmittler.

(2) Produkte sind Reifenaufbaumaschinen, ggf. mit damit verbundenen Service- und Dienstleistungen, z. B. Ersatzteillieferung, Maschinenaufbau und -ertüchtigung.

(3) Marktpotenzial ist der Ersatz- und Erweiterungsbedarf aller Reifenhersteller weltweit.

(4) Es kauft das Buying Center des Reifenherstellers, es verkauft das Selling Center des Verkäufers.

(5) Kaufgrund ist der letztlich aus dem Bedürfnis nach Raumüberwindung abgeleitete Bedarf der Reifenhersteller nach Betriebsmitteln, um die Fahrzeugindustrie und private Endkunden mit Reifen zu versorgen.

(6) Der Kaufort ist der Verhandlungsort bzw. der Ort, an dem letztlich der Kaufvertrag unterschrieben wird (Ort der Annahme des Angebots).

(7) Der Kaufvorgang läuft gemäß den Marktspielregeln der internationalen Reifenindustrie ab. Er wird auch von den nationalen Gepflogenheiten des Käufer- und Verkäuferlandes (hier: Niederlande) beeinflusst, darunter auch die jeweilige Gesetzgebung (z. B. Sicherheits- und Umweltstandards).

Aufgabe 2.2

Das Problem besteht im hohen Preisdruck, der aufgrund der gleichen Produkte der Anbieter besteht. Eine Möglichkeit, dem zu entkommen, besteht in der Marktsegmentierung. Hier könnten beispielsweise besonders gesundheitsbewusste wohlhabende Käufer iden-

© Springer Fachmedien Wiesbaden GmbH 2018
A. Daum, W. Greife und R. Przywara, *BWL für Ingenieurstudium und -praxis*,
https://doi.org/10.1007/978-3-658-20467-9_11

tifiziert werden, die bereits sind, für hochwertige Lebensmittel mehr Geld zu bezahlen. Diese könnten mit Bio-Produkten versorgt werden.

Aufgabe 2.3
Übertriebene Marktsegmentierung kann zu sehr kleinen Stückzahlen und damit verbundenen hohen Stückkosten führen. Die erzielbaren Preise führen dann eventuell zu keinem auskömmlichen Markt.

Aufgabe 2.4
Marketing ist ein duales Führungskonzept, welches einerseits eine Unternehmensfunktion, andererseits das funktionsübergreifende Leitbild einer kundenbezogenen Unternehmensführung umfasst.

Aufgabe 2.5
Die Kundensicht wird schon in der Phase der Produktkonzeption einbezogen. Während die Märkte in Zeiten des allgemeinen Mangels vom Anbieter beherrscht wurden (Verkäufermärkte), erhielten mit wachsender Marktsättigung die Käufer immer mehr Marktmacht (Käufermärkte). Die Hersteller mussten immer genauer auf die Kundenbedürfnisse eingehen, um ihre Waren absetzen zu können.

Aufgabe 2.6
Die Marketingplanung fußt letztlich auf der Analyse der Ausgangssituation der Unternehmung, auf deren Grundlage die strategische Unternehmensplanung stattfindet. Aus dieser wird eine passende Marketingstrategie abgeleitet, die wiederum in handhabbare operative Teilziele und damit verbundene Maßnahmen (Marketing-Mix) heruntergebrochen wird.

Aufgabe 2.7
Porter unterscheidet Kostenführerschafts-, Differenzierungs- und, Nischenstrategie.

Kostenführerschaft kann durch Größenvorteile (Nutzung des Erfahrungskurveneffekts) und Nutzung rationalisierungsorientierter Prozessinnovationen erzielt werden.

Differenzierung kann durch Produktinnovation, qualitätsverbessernde Prozessinnovation sowie durch Marktsegmentierung erzielt werden.

Eine Nischenstrategie fußt immer auf einer Segmentierung, ggf. in Kombination mit Innovationen.

Zu vermeiden ist die Position „*stuck in the middle*", also stets nur Mittelmaß zu sein, weder wirklich preisgünstig noch wirklich gut.

Aufgabe 2.8
Konkurrenzstrategien hängen von der Marktsituation, insb. der Marktreife, sowie der Marktposition einer Unternehmung und der seiner Konkurrenten ab.

Der Konkurrenz kann in neu zu erschließende Teilmärkte ausgewichen werden (Wettbewerbsvermeidung), beispielsweise durch Innovationen und den Rückzug in eine Nische auf der Basis von Marktsegmentierung.

Der Wettbewerb kann oder muss sogar, gerade in reifen Märkten ist das häufig unvermeidlich, angenommen werden. Bei großer eigener Stärke kann ein Konflikt offensiv ausgetragen, bei geringerer Kraft eine Verteidigungsstrategie aufgebaut werden. Eine weitere Möglichkeit besteht darin, sich im Wettbewerb über Kooperationen zu stärken.

Aufgabe 2.9
Die vier P nach *McCarthy* beschreiben den Marketing-Mix aus Produkt- (*product*), Preis- (*price*), Kommunikations- (*promotion*) und Vertriebspolitik (*place*).

Aufgabe 2.10
Die vier P werden auf der Basis der Marktforschung festgelegt.

Aufgabe 2.11
Ein hoher Einführungspreis, um die hohe Preisbereitschaft innovativer Kunden abzuschöpfen und Pioniergewinne zu erzielen. Später kann bei wachsender Konkurrenz und größeren Marktvolumina ggf. in ein niedrigeres Preissegment gewechselt werden.

Aufgabe 2.12
Preissenkungen können überhaupt nur im elastischen Bereich der Nachfragefunktion sinnvoll sein, da sie nur dort mit Umsatzsteigerungen verbunden sind. Die durch die Preissenkung reduzierten Stückgewinne müssen über die durch größere Stückzahlen und geringere Stückkosten kompensiert werden, um die Gesamtgewinne mindestens konstant zu halten.

11.2   Kapitel 3

Aufgabe 3.1
Ausbau von Marktanteilen, Entwicklung neuer Produkte, Verwendung neuer (besserer) Technologien, Verbesserung der Produktionsprozesse, Erschließung neuer Vertriebswege.

Aufgabe 3.2
Bei dem Benchmarking geht es darum, die Erfolgsfaktoren, insbesondere der Erfolgreichsten festzustellen und sich mit ihnen zu messen. Benchmarks sind Bezugsgrößen bzw. Vergleichsstandards für die eigene Unternehmung, die sich an den Standards anderer Unternehmungen oder der Gesamtbranche orientieren. I. d. R. wird die eigene Unternehmung mit dem sog. „Klassenbesten" verglichen. Dabei kann es sich nicht nur um den stärksten Mitbewerber, sondern auch um eine branchenfremde Unternehmung handeln, die bestimmte Prozesse besonders hervorragend beherrscht.

Aufgabe 3.3

Unter dem Begriff Controllingorganisation werden in der Regel aufbau- und ablauforganisatorische Gesichtspunkte des Controllingprozesses zusammengefasst. In der Aufbauorganisation wird geklärt, an welcher Stelle im Unternehmen welche Controllingaufgaben
wahrgenommen werden. Es kann eigenständige Organisationseinheiten im Controlling
geben, z. B. eine Controllingstelle oder eine Controllingabteilung. Die Ablauforganisation
des Controllings regelt die Arbeitsbeziehungen zwischen den organisatorischen Einheiten
des Controllings sowie zwischen dem Controlling und anderen organisatorischen Einheiten.

Aufgabe 3.4

Kennzahlen werden nach absoluten Kennzahlen (z. B. Umsatz, Gewinn) und Verhältniskennzahlen (Beziehungszahlen, Gliederungszahlen, Indexzahlen) unterschieden. Betriebswirtschaftliche Kennzahlen beziehen sich auf wichtige betriebswirtschaftliche Tatbestände. Beispiele sind die Wirtschaftlichkeit, Rentabilität, Produktivität.

Aufgabe 3.5

Die Wirtschaftlichkeit eines Unternehmens, eines Projektes oder einer betriebswirtschaftlichen Einzelaktion (z. B. einzelner Kundenauftrag) wird durch eine einfache Kennzahl
ausgedrückt, die das Verhältnis vom Ertrag bzw. Leistung zum Aufwand bzw. Kosten)
darstellt. Die Wirtschaftlichkeit wird wie folgt berechnet:

a. (Ertrags-)Wirtschaftlichkeit $= \frac{\text{Erträge}}{\text{Aufwendungen}}$

b. (Kosten-)Wirtschaftlichkeit $= \frac{\text{Leistungen}}{\text{Kosten}}$

Aufgabe 3.6

Wie wird der Freie Cashflow (auch: Netto-Cashflow) ermittelt?

	Operatives Ergebnis vor Zinsen und Steuern
−	Ertragssteuern
+	Abschreibungen
+/−	Dotierung/Auflösung von Rückstellungen
=	**Brutto-Cashflow**
−	Investitionen in das Anlagevermögen
−	Erhöhung des Netto-Umlaufvermögens
=	**Freier Cashflow (Netto-Cashflow)**

Aufgabe 3.7

Ausgaben, die keine Kosten sind: betriebsfremde (Spenden), außerordentliche (Maschinenverkauf unter Buchwert) oder periodenfremde Aufwendungen (Steuernachzahlung);

- Ausgaben, die Kosten sind: verarbeitete Roh-, Hilfs- und Betriebsstoffe, Löhne und Gehälter;
- Genau umgekehrt verhält es sich mit den Einnahmen, Erträgen und Leistungen.

Aufgabe 3.8

Ein Betrieb ist eine Wirtschaftseinheit, in der Güter und Dienstleistungen erstellt werden, also beispielsweise ein Produktionswerk oder eine Vertriebsniederlassung. Ein Unternehmen kann aus mehreren Betrieben bestehen.

Aufgabe 3.9

Die Aufgaben der Kosten- und Leistungsrechnung sind: die Ermittlung des Leistungserfolges, die Kontrolle der Wirtschaftlichkeit, die Kalkulation von Preisen und die Bestandsbewertung.

Aufgabe 3.10

Kostenstellen sind Orte, an denen die zur Leistungserstellung benötigten Güter und Dienstleistungen verbraucht werden. Kostenstellen können gegliedert sein in: funktionsorientierte Kostenstellen, z. B. allgemeine Kostenstellen, Materialkostenstellen, Fertigungskostenstellen, Verwaltungskostenstellen, Vertriebskostenstellen; in raumorientierte Kostenstellen, z. B. Region Nord, Region Süd, Region Mitte; in organisationsorientierte Kostenstellen, z. B. Werke, Niederlassungen, Abteilungen, Arbeitsstellen; in rechnungsorientierte Kostenstellen, z. B. Maschine A, Maschine B, Maschine C; Großkunde I, Großkunde II, Großkunde III; Projekt 1, Projekt 2, Projekt 3.

Aufgabe 3.11

Einstufige Zuschlagskalkulation:

Materialeinzelkosten für dieses Produkt	20.000 €
Fertigungseinzelkosten (Löhne) für dieses Produkt	10.000 €
Summe der Einzelkosten	30.000 €
50 % Gemeinkostenzuschlag auf die Einzelkosten	15.000 €
Selbstkosten	45.000 €

Aufgabe 3.12

Sie wird synonym auch als kurzfristige Erfolgsrechnung oder Betriebsergebnisrechnung bezeichnet. Diese Rechnung stellt die Kosten und Leistungen für eine Abrechnungsperiode, zumeist monatlich, gegenüber und ermittelt das periodenbezogene Betriebsergebnis. Hierunter lassen sich das Gesamtkostenverfahren und das Umsatzkostenverfahren unterscheiden.

Aufgabe 3.13
Folgende Ziele werden in der Teilkostenrechnung verfolgt:

a. Ermittlung von (kurzfristigen) Preisuntergrenzen,
b. Entscheidungen über Eigen- oder Fremdfertigung,

11.3 Kapitel 4

Aufgabe 4.1
Eine Aufgabe ist eine dauerhaft wirksame Verpflichtung, bestimmte Tätigkeiten auszuführen, um ein definiertes Ziel zu erreichen.

Aufgabe 4.2
Eine Stelle ist die kleinste Organisationseinheit im Unternehmen, der ein Komplex von Aufgaben zugeordnet wird und die mit einer oder mehreren Personen besetzt wird.

Aufgabe 4.3
Ein Leitungssystem regelt Neben-, Über- und Unterordnung der Stellen.

Aufgabe 4.4
Kriterien können für die Aufgabenanalyse:

- Objekt
- Verrichtung
- Zweck
- Rang
- Phase

Aufgabe 4.5
Eine Stabsstelle ist eine Stelle ohne Weisungsbefugnis, die einer Leitungsstellen zur Unterstützung bei der Wahrnehmung von Leitungsaufgaben zugeordnet ist.

Aufgabe 4.6
Das wesentliche Merkmal der Teamorganisation ist die Selbststeuerung.

Aufgabe 4.7
Produktmanagement ist eine Form der Sekundärorganisation, bei der Produktmanager die funktionsübergreifende Verantwortung für ein Produkt bzw. eine Produktgruppe haben, insbesondere für die Funktionen Entwicklung, Produktion und Absatz.

Aufgabe 4.8
Das funktionale Organisationsmodell besitzt eine verrichtungsorientierte Organisation der obersten Leitungsebene im Gegensatz zur objektorientierten Organisation beim divisionalen Modell.

Aufgabe 4.9
Vorteile des funktionalen Organisationsmodells:

* Synergien durch größere funktionsähnliche Einheiten (z. B. Personalabteilungen),
* kleinere Zahl zu besetzender Leitungsstellen,
* bessere Koordination, kein Eigenleben von Geschäftsbereichen.

   Nachteile des funktionalen Organisationsmodells:

* oberste Leitungsebene durch operative Entscheidungen stark belastet,
* wenig unternehmerisches Denken unterhalb der Unternehmensleitungsebene,
* wirtschaftlicher Erfolg von Organisationseinheiten schwer messbar,
* Ein- und Ausgliederung von Unternehmensteilen schwierig.

Aufgabe 4.10
Eine Matrixorganisation ist ein Organisationsmodell, bei dem Aufgaben der obersten Leitungsebene unter gleichzeitiger Verwendung zweier Kriterien gegliedert werden.

Aufgabe 4.11
Ein Prozess ist eine Folge von Aktivitäten, die innerhalb einer definierten Zeitspanne nach bestimmten Regeln einen Input zielgerichtet in einen Output transformieren.

Aufgabe 4.12
Man unterscheidet Kern-, Unterstützungs- (Support-), Management(Führungs-)prozesse.

Aufgabe 4.13
Ziele der Prozessgestaltung:

* Durchlaufzeitreduzierung
* Kostensenkung
* Qualitätssteigerung
* Verbesserung der Innovationsfähigkeit

Aufgabe 4.14

Schritte der Prozessgestaltung:

- Prozessidentifikation und -abgrenzung
- Dokumentation und Analyse Ist-Prozess
- Konzeption Soll-Prozess
- Realisierung Verbesserungspotential

Aufgabe 4.15

Ansätze zur Eliminierung von Prozess-Schwachstellen:

- Outsourcing von Geschäftsprozessen
- Eliminierung von Prozessschritten
- Verbesserung von Arbeitsmethoden und -bedingungen
- Bildung von Prozessvarianten
- Optimierung der Abarbeitungsreihenfolge
- zeitliche und räumliche Optimierung
- Einrichtung von Kontrollpunkten
- Integration von Geschäftsprozessen

Aufgabe 4.16

Vier Idealtypen der Fertigungsorganisation (Organisationstypen):

- Werkstattfertigung
- Fließfertigung
- flexible Fertigungssysteme
- Baustellenfertigung

Aufgabe 4.17

Unterschied zwischen Fließ- und Werkstattfertigung: Objekt- vs. Verrichtungszentralisation.

Aufgabe 4.18 ·

Vorteile Fließ- gegenüber Werkstattfertigung:

- kürzere Durchlaufzeit
- bessere Planbarkeit von Personal- und Materialbedarf
- Spezialisierungsvorteile durch hohe Wiederholungsanzahl

Nachteile Fließ- gegenüber Werkstattfertigung:

- hohe Fixkosten
- geringe Flexibilität
- Monotonie der Arbeit

Aufgabe 4.19

Fünf Prozessgruppen des Projektmanagements nach ISO 21500:

- Initiierung
- Planung
- Umsetzung
- Controlling
- Abschluss

Aufgabe 4.20

Die zehn Themengruppen des Projektmanagements nach ISO 21500:

- Integration
- Stakeholder
- Kosten
- Kommunikation
- Inhalte
- Qualität
- Risiko
- Termine
- Ressourcen
- Beschaffung

Aufgabe 4.21

Elemente eines Projektauftrags:

- Projektziele
- Projektergebnis
- Projektorganisation
- Ecktermine
- Projektbudget
- Nachweis der Wirtschaftlichkeit (*business case*)

Aufgabe 4.22

Gruppen von Projektbeteiligten eines Produktentwicklungsprojekts im Anlagenbau:

- Auftraggeber (intern)
- Kunde (extern)
- einzelne Lieferanten
- Unternehmensleitung
- Projektleiter
- Projektmitarbeiter

- Linienvorgesetzte der Projektmitarbeiter
- Leiter Fachabteilungen
- Betriebsrat

Aufgabe 4.23

Ein Arbeitspaket ist die kleinste für Planungszwecke betrachtete Teilaufgabe.

Aufgabe 4.24

Ein Projektstrukturplan wird erstellt durch schrittweises Herunterbrechen der Projektaufgabe in Teilaufgaben.

Aufgabe 4.25

Durch unvollständigen Projektstrukturplan kann es zu Termin- und Kostenüberschreitungen kommen.

Aufgabe 4.26

Im Projektablaufplan wird die Reihenfolge der Abarbeitung der Arbeitspakete dargestellt.

Aufgabe 4.27

Möglichkeiten zur Visualisierung des Projektablaufs in Diagrammform:

- Balkendiagramm (Ganttdiagramm)
- Netzplan

Aufgabe 4.28

Ermittlung der Dauer von Arbeitspaketen im Rahmen der Planung erfolgt durch:

- Expertenbefragung
- Analogschätzung
- Kennzahlen
- Dreipunktschätzung

Aufgabe 4.29

Festlegung der Beginn- und Endzeiten der Arbeitspakete bei der Vorwärtsterminierung: so früh wie möglich.

Aufgabe 4.30

Eine Pufferzeit ist die maximal mögliche Verzögerung eines Arbeitspakets ohne Auswirkung auf Projektfertigstellungstermin.

Sie wird durch Berechnung der Differenz zwischen frühest- und spätestmöglichen Terminen eines Arbeitspakets ermittelt.

Aufgabe 4.31

Ein Meilenstein ist ein im Projektauftrag festgelegter Termin für ein wesentliches Zwischenergebnis.

Aufgabe 4.32

Projektkosten werden so geplant: für jedes Arbeitspaket Ressourcenbedarfe mit Ressourcenkostensätzen multiplizieren, dann Summierung der Kosten aller Arbeitspakete.

Aufgabe 4.33

In einer Risikomatrix ist dargestellt: Einordnung aller identifizierten Risiken nach Schadenhöhe und Eintrittswahrscheinlichkeit.

Aufgabe 4.34

In Projektsitzungen sollte mit Tagesordnungen gearbeitet werden, weil eine bessere Vorbereitung der Teilnehmer und eine leichtere Moderation (Verhinderung des Abschweifens vom Thema) ermöglicht wird.

11.4   Kapitel 5

Aufgabe 5.1

Die Jahresabschluss einer Kapitalgesellschaft besteht aus der Bilanz, der Gewinn- und Verlustrechnung, dem Anhang und dem Lagebericht.

Aufgabe 5.2

Der Jahresabschluss soll es Unternehmensbeteiligten (z. B. Aktionären, Mitarbeitern Lieferanten, Kunden, Fiskus), die nicht der Geschäftsführung angehören, ermöglichen, die für ihre Entscheidungen benötigten Informationen über die wirtschaftliche Entwicklung (Gegenwart und Zukunft) der Unternehmung zu erlangen. Diese Informationsfunktion soll der Jahresabschluss erfüllen.

Aufgabe 5.3

Sie besteht aus der Aktivseite (Vermögen) und Passivseite (Kapital). Die wesentlichen Positionen sind darin das Anlage- und das Umlagevermögen, das Eigen- und das Fremdkapital sowie die Rechnungsabgrenzungsposten. Aus der Addition der Vermögenspositionen bzw. der Kapitalpositionen ergibt sich die Bilanzsumme.

Aufgabe 5.4

Rückstellungen bilden ungewisse Verpflichtungen aus Rechtsgeschäften mit Dritten und Aufwendungen, die der bilanzierten Periode zuzurechnen sind, aber erst nach dem Abschlussstichtag zur Auszahlung kommen. Als Beispiele können Rückstellungen für Instandhaltung, Pensions- und Steuerrückstellungen oder zur Abwendung drohender Verluste aus schwebenden Geschäften angeführt werden. Gebildete Rückstellung dürfen nur dann aufgelöst werden, wenn der für ihre Bildung maßgebliche Grund weggefallen ist. Steuerrückstellungen etwa werden aufgelöst, wenn die tatsächliche Steuerzahlung erfolgt im kommenden Geschäftsjahr erfolgt ist.

Aufgabe 5.5
Die GuV stellt eine Zeitraumrechnung in Bezug auf das Geschäftsjahr dar, in der es ausschließlich Erfolgsgrößen gibt. Alle Erträge und Aufwendungen des Unternehmens werden für das Geschäftsjahr, i. d. R. das Kalenderjahr, zusammengefasst und detailliert aufgeführt. Der Saldo zwischen Aufwendungen und Erträgen stellt den Jahresüberschuss bzw. den Jahresfehlbetrag des Unternehmens dar.

Aufgabe 5.6
Die GuV wird in der Form eine T-Konto gezeichnet. Auf der rechten Seite werden die Erträge und auf der linken Seite die Aufwendungen dargestellt. Erträge können beispielhaft Umsatzerlöse, Mieterträge, Zinserträge, außerordentliche Erträge sein (jeweils mit entsprechenden Beträgen). Aufwendungen können z. B. Personal-, Material-, Zinsaufwendungen, Abschreibungen sein (jeweils mit entsprechenden Beträgen). Sind in der Gesamtrechnung die Erträge höher als die Aufwendungen wird auf der linken Seite die Position „Jahresüberschuss" als Saldo eingetragen. Übersteigen die Aufwendungen in der Summe die Erträge wird die Position „Jahresfehlbetrag" auf der rechten Seite der GuV eingetragen.

Aufgabe 5.7
Bestandteile des Jahresabschlusses nach IFRS sind:

a) Bilanz,
b) GuV-Rechnung,
c) Erläuterungen,
d) Kapitalflussrechnung,
e) Ergänzungsrechnungen und
f) ggf. Segmentberichterstattung.

Aufgabe 5.8
Ein Konzernabschluss wird aus den Einzelabschlüssen der Konzernunternehmen (Konzerntöchter) zusammengesetzt – mittels der Konsolidierung und nicht mittels bloßer Addition der Bilanzposten der jeweiligen Einzelbilanzen. Konsolidierung bedeutet in diesem Zusammenhang die Aufrechnung bzw. die Bereinigung des Konzernabschlusses um die konzerninternen Beziehungen zwischen den Konzernunternehmen.

Aufgabe 5.9

Bilanzpolitik ist die bewusste (formale und materielle) Gestaltung der Abschlüsse und Berichte mit der Absicht, vorhandene Gestaltungsspielräume zu nutzen. Bilanzpolitik wird über eine bewusste und rechtlich zulässige Beeinflussung einzelner Positionen des Jahresabschlusses bzw. des Geschäftsberichtes betrieben. Dies geschieht mit den Zielen der Steuerung der Gewinnausschüttung, der Gestaltung der Bilanzstruktur und der Reduzierung der Steuerlast, unter Berücksichtigung der Ausgewogenheit der Informationen und der Erfüllung der Publizitätsverpflichtungen der Unternehmung.

Aufgabe 5.10

Die Bilanzanalyse stellt das Gegenteil der Bilanzpolitik dar. Sie versucht mit Kennzahlen die Unternehmung aufgrund der Bilanzkennzahlen zu analysieren. Häufig wird dafür auch der Begriff der Jahresabschlussanalyse verwendet. Hierzu können sog. Horizontale und vertikale Bilanzkennzahlen gebildet werden. Horizontale Bilanzkennzahlen wären der Anlagendeckungsgrad oder ein Liquiditätsgrad. Vertikale Bilanzkennzahlen wären die Anlagenintensität oder der Eigenkapitalanteil des Unternehmens.

11.5 Kapitel 6

Aufgabe 6.1

Die beiden Gegenstände der Produktionsplanung:

- Produktionsprogramm
- Produktionsablauf

Aufgabe 6.2

Planungsschritte der Produktionsablaufplanung bei Werkstattfertigung:

- Losgrößenplanung
- Durchlaufterminierung
- Kapazitätsabgleich
- Maschinenbelegungsplanung

Aufgabe 6.3

Ermittlung der optimalen Losgröße erfolgt durch Ermittlung des Minimums der Summe aus losfixen (insb. Rüstkosten) und losgrößenproportionalen Kosten (ins. Lagerkosten).

Aufgabe 6.4

Maßnahmen zur Kapazitätsanpassung:

- Überstunden
- Kurzarbeit
- Zusatzschichten
- Schichtabbau
- Personalverlagerung
- Personaleinstellung
- Personalabbau
- Investitionen
- Stilllegungen

Maßnahmen zur Belastungsanpassung:

- Terminverlagerung
- Ausweichen
- Zusatzaufträge
- Fremdvergabe
- Instandhaltung

Aufgabe 6.5

Festlegungen im Rahmen der Maschinenbelegungsplanung:

- für jeden Arbeitsgang Auswahl einer Maschine
- für jede Maschine Festlegung der Auftragsreihenfolge

Aufgabe 6.6

Der „Lean-production"-Ansatz entstammt der Automobilindustrie.

Aufgabe 6.7

Die beiden Kernelemente des Toyota-Produktionssystems lauten:

- Just-in-Time
- Jidoka

Aufgabe 6.8

Just-in-time-Lieferung bzw. Just-in-time-Produktion bedeutet bedarfssynchrone Lieferung bzw. Produktion, keine Zwischenlagerung.

Aufgabe 6.9

Der Ausdruck „one piece flow" bezeichnet den fließenden Durchlauf jedes einzelnen Werkstücks: Es wird nach Abschluss eines Arbeitsgangs ohne Wartezeiten an der jeweils folgenden Station bearbeitet.

Aufgabe 6.10

„SMED" steht für single minute exchange of die, Werkzeugwechsel im einstelligen Minutenbereich.

Zusammenhang zur Just-in-time-Produktion: ermöglicht schnelle Auflegung kleiner Lose.

Aufgabe 6.11

Ein Kanban ist ein Informationsträger, der an der vorgelagerten Arbeitsstation die Fertigung eines Loses auslöst.

Aufgabe 6.12

Die sieben Arten der Verschwendung:

- Überproduktion
- Lagerbestände
- Mängel
- Wartezeiten
- überflüssige Transporte
- überflüssige Bewegungen
- überflüssige Verarbeitung

Aufgabe 6.13

Kaizen bedeutet ständige Verbesserung aller Abläufe im Betrieb.

Der deutsche Begriff dafür lautet kontinuierlicher Verbesserungsprozess (KVP).

Aufgabe 6.14

Marktmotivation:

- Wachstum trotz gesättigter Heimatmärkte → Wachstum außerhalb Deutschlands, z. B. in Asien
- Wachstum in schneller wachsenden bzw. profitableren Märkten → z. B. Wachstum in China
- Zugang auf geschützte Märkte → z. B. Investition in Russland
- Den Kunden folgen (z. B. Fahrzeugherstellern) → spezifische Produktionslinien für die Automobilindustrie

Kostenmotivation

- Zugriff auf günstige Ressourcen (Rohstoffe, Personal) → Indische Programmierer

Sonstige

- Know-how-Gewinnung → n/a
- Unabhängigkeit von Währungsschwankungen → Investition in Japan, um von Jen-Schwankungen unabhängig zu werden
- Unabhängigkeit von lokalen Wirtschaftsentwicklungen → Investition in Asien, um von der deutschen und US-Wirtschaft weniger abhängig zu sein
- International ausgeglichen verteilte Produktion zur Risikostreuung → teilweise Produktion in Niedriglohnländern
- Logistische Gründe → Nähe zu Zielmärkten
- Rechtliche Gründe (z. B. Verbot von Tierversuchen in bestimmten Ländern) → hier vermutlich nicht gegeben

Aufgabe 6.15
Anwendung des eklektischen Paradigmas (OLI) nach *Dunning*:

Eigentumsspezifischer Vorteil (O):

i) Bearbeitungszentren sind überlegen
ii) Spezifisches Produktions-Know-how vorhanden

Standortvorteil, Motivation der Auslandsinvestition (L):

i) Neue Absatzmärkte, z. B. in Asien
ii) Niedrigere Kosten, z. B. in China

Internalisierungsvorteil (I):

i) Spezifisches und schützenswertes Know-how vorhanden
ii) Qualitätssicherung, Angst vor Qualitätsmängel bei Outsourcing

Ausgestaltung der Investition:

i) Vollständige Tochtergesellschaft
ii) Produktionsgesellschaft

Aufgabe 6.16
Einstufiges Vorgehen nach dem Peren/Clement-Index, mehrstufiges nach McKinsey/PTW.

Der Peren/Clement-Index beinhaltet 18 Faktoren, die in drei Analysebereiche gegliedert sind:

* Faktoren, die politische und wirtschaftliche Rahmenbedingungen kennzeichnen
* Faktoren, die Kosten und Produktivität kennzeichnen
* Faktoren, die Marketing und Vertrieb betreffen

Der Peren/Clement-Index beruht auf einer Nutzwertanalyse.

Die Analyse nach McKinsey/PTW besteht aus einem Ländervergleich mit nachgeschalteter lokaler Standortanalyse.

Aufgabe 6.17
Standortfaktoren beschreiben die Eigenschaften und damit die Eignung eines Standorts für die Produktion und/oder als Absatzmarkt. Man unterscheidet:

* Harte Faktoren sind messbar und von unmittelbarer betrieblicher Relevanz. Sie bestimmen das wirtschaftliche Potenzial einer Investition.
* Weiche Faktoren sind schwierig messbar und nicht unmittelbar betrieblich relevant. Sie entscheiden aber über den tatsächlichen Erfolg bei der Umsetzung der Investition.

Ein Standortvergleich kann über ein Standortportfolio gewonnen werden, in dem alle harten und weichen Standortfaktoren zusammengefasst werden.

11.6 Kapitel 7

Aufgabe 7.1
Die Tochtergesellschaft verursacht hohe Fixkosten, aber nur geringe variable Kosten. Ihre Gründung ist mit Anfangsinvestitionen verbunden. Der Händler verursacht kaum Fix, aber vermutlich recht hohe variable Kosten.

Die Entscheidung hängt also vom erwarteten Umsatz ab (vgl. Abb. 7.2). Ist dieser sehr hoch, lohnt sich die Tochtergesellschaft, ist er eher niedrig, sollte man sich für das Handelshaus entscheiden. Außerdem ist zu beachten, dass ein cleverer Händler vermutlich seinen Umsatz nicht unbegrenzt steigen lässt, da sonst die Gefahr der Gründung einer Tochtergesellschaft o. Ä. besteht.

Aufgabe 7.2
Funktionale Organisation: aufgrund hoher Komplexität (Produkte, Regionen) ungeeignet.

Gebietsorientierung: möglich, da Kunden weltweit vorhanden, aufgrund heterogener Produkte aber sehr schwierig umzusetzen.

Produktorientierung: aufgrund heterogenen Produktprogramms geeignet, jedoch durch parallele regionale Besuche möglicherweise teuer.

Kundenorientierte Organisation: erscheint möglich, da Kundengruppen gemäß der Spartenzuordnung gebildet werden können; Kostenproblematik durch parallele regionale Besuche.

Matrixorganisation: sehr gut denkbar; Matrix aus regionaler und Kunden- bzw. Produktorientierung sehr gut machbar.

Die Prozessorientierung sollte im Sinne einer raschen Abarbeitung der Kundennachfragen in die Abläufe eingearbeitet werden.

Ein Key Account Management könnte die Basisorganisation (Matrix) ergänzen.

Aufgabe 7.3

Richter berücksichtigt im Gegensatz zu Backhaus Investitionspausen, in den sich die Probleme entwickeln. Ein geschickter Vertrieb weiß das und hält Kundenkontakt, um möglichst schon in die Problemlösung eingebunden zu werden.

Aufgabe 7.4

Mit dem Agency-Ansatz wird die Rolle von Informationsasymmetrien während des Vertriebsprozesses aufgedeckt. Der Wissensvorsprung wechselt vom Anbieter zum Nachfrager und wieder zum Anbieter. Damit besteht die Gefahr der opportunistischen Ausnutzung des Vorsprungs durch die jeweils überlegene Seite.

Aufgabe 7.5

Es kauft des Buying Center des Fahrzeugherstellers, es verkauft das Selling Center des Anlagenbauers.

Aufgabe 7.6

Ein Buying Center findet sich informell für eine Beschaffung zusammen. Es kann auch Außenstehende (z. B. Unternehmensberater) beinhalten. Die Mitglieder spielen verschiedene Rollen (Anwender, Entscheider, Wächter, Coach).

Aufgabe 7.7

Die Kaufmotive sollten die Argumentation, der Kundentyp den Umgang mit dem Kunden bestimmen.

Aufgabe 7.8

Er sollte eine Kombination aus Abschluss- und Kundenorientierung mitbringen und gut zuhören können.

Aufgabe 7.9

Sachebene (Preis, Leistung) sowie Gefühlsebene (Motivation, z. B. Sicherheit). Beide sind argumentativ zu berücksichtigen.

Aufgabe 7.10

Einwände sind unvermeidlich, z. B. der eines zu hohen Preises. Einwände sollten ernst genommen werden und nicht rhetorisch „wegdiskutiert" werden, sonst können sie zu Konflikten ausarten. Möglich ist ein Wechsel der Perspektive vom Preis auf die Leistung. Zugeständnisse sollten i. d. R. stets kontinuierlich kleiner werden.

Aufgabe 7.11

Die beiden hatten mündlich einen Vertrag geschlossen. Dieser wird durch ein echtes kaufmännisches Bestätigungsschreiben mit irrtümlich von der ursprünglichen mündlichen Vereinbarung gering abweichender Änderung (MwSt.) bestätigt. Da der andere nicht reagiert, erklärt er sich stillschweigend mit dem Inhalt des Schreibens einverstanden, welches somit gilt.

Aufgabe 7.12

Sie sollten einvernehmlich so gestaltet werden, dass ein möglichst sicherer und kostengünstiger Transport erfolgt. Die Gefahrenaufteilung sollte dabei fair erfolgen. Kaufmännische Abwicklungen, die ein spezielles Know-how eines der Partner erfordern (z. B. Zollabwicklung), sollten von diesem übernommen werden.

Aufgabe 7.13

Der Lieferant sollte sicher sein Geld, der Kunde sicher die Ware bekommen. Bei nicht eingespielter Geschäftsbeziehung müssen Dritte, i. d. R. Banken, eingeschaltet werden, die diese Sicherheit gewähren. Leider ist das mit Mehrkosten verbunden.

Aufgabe 7.14

Die auf der Basis von Eigentümererwartungen formulierten Umsatz- und Gewinnvorgaben der Geschäftsleitung sind meist ehrgeiziger als die marktbasierten Planungen der operativen Einheiten. Beide müssen in Verhandlungen abgeglichen werden.

Aufgabe 7.15

DuPont-Schema, Umsatz-Deckungsbeitragsanalyse, ABC-Analyse.

Aufgabe 7.16

Mit dem Vertriebstrichter werden begonnene, fortgeschrittene und unmittelbar vor dem Abschluss befindliche Vertriebsvorgänge klassifiziert und systematisch bearbeitet.

11.7   Kapitel 8

Aufgabe 8.1

a) Stückkosten bei Maschinentyp 1 = 18.000 € : 20.000 Stück + 8,50 €/Stück =
   9,40 €/Stück
   Stückkosten bei Maschinentyp 2 = 30.000 € : 20.000 Stück + 8,00 €/Stück =
   9,50 €/Stück
   → Mit Maschinentyp 1 kann am kostengünstigsten gefertigt werden.

b) Beide Kostenfunktionen werden in eine Gleichung gesetzt und nach der kritischen
   Menge (dem Schnittpunkt der beiden Kostenfunktionen) aufgelöst.
   $18.000 + 8,5\,x = 30.000 + 8\,x \Rightarrow x_{\text{kritisch}} = 24.000$
   Ab 24.000 Stück ist die Verwendung des Maschinentyps 2 kostengünstiger als Ma-
   schinentyp 1.

c)

	Erlöse (28.000 Stück · 9,50 €)	266.000 €
−	fixe Kosten	−30.000 €
−	variable Kosten (28.000 Stück · 8,00 €)	−224.000 €
=	Gewinn	12.000 €

$$12.000\,\text{€}/50.000\,\text{€} = 24\,\%$$

Aufgabe 8.2

	0. Jahr	1. Jahr	2. Jahr	3. Jahr	4. Jahr	5. Jahr	6. Jahr
Einnahmen		138.000	155.000	165.000	150.000	135.000	145.000
− Ausgaben	238.000	85.000	105.000	140.000	130.000	125.000	25.000
= Saldo	−238.000	+53.000	+50.000	+25.000	+20.000	+10.000	+155.000

$$\begin{aligned}
\text{Kapitalwert} = {} & 53.000 \cdot 0,909091 + 50.000 \cdot 0,826446 \\
& + 25.000 \cdot 0,751315 + 20.000 \cdot 0,683013 \\
& + 10.000 \cdot 0,620621 + 155.000 \cdot 0,564474 \\
= {} & \underline{-22.300\,\text{€}}
\end{aligned}$$

Diese Investition ist für den Industriebetrieb unzweckmäßig. Da der Kapitalwert negativ ist, wird die geforderte Mindestverzinsung nicht erreicht.

Aufgabe 8.3

	Innenfinanzierung	Außenfinanzierung
Eigenfinanzierung	Rücklagen, Jahresüberschuss	Kapitalerhöhung
Fremdfinanzierung	Rückstellungen	Kredite

Aufgabe 8.4
Die Wahl der Finanzierungsform hängt ab von:

- Höhe des Finanzierungsbedarfs,
- Rating des Gläubigers,
- Kosten der Finanzierung,
- Laufzeit der Finanzierung,
- Mitbestimmungsrechten,
- steuerlicher Behandlung,
- Rechtsformen.

11.8 Kapitel 9

Aufgabe 9.1
Mit Führung verfolgte Ziele:

- Leistung
- Zufriedenheit
- Kohäsion
- Veränderungs- und Entwicklungsfähigkeit der Organisation

Aufgabe 9.2
Die Teilnehmer von Zielvereinbarungsgesprächen sind

- Vorgesetzter
- Mitarbeiter

Aufgabe 9.3
Ziele müssen folgende Gütekriterien erfüllen:

- präzise (*specific*)
- Zielerreichung messbar (*measurable*)
- erreichbar (*achievable*)
- Zielerreichung beeinflussbar (*realistic*)
- Zeitrahmen für Zielerreichung (*time-related*)

Aufgabe 9.4
Bezugsgrößen, zu denen nach dem Äquivalenzprinzip die Lohnhöhe proportional sein sollte:

- Arbeitsanforderungen
- Leistung

Aufgabe 9.5
Verfahrenstechnische Umsetzung der Anforderungsgerechtigkeit der Entlohnung erfolgt durch Arbeitsbewertung.

Aufgabe 9.6
Grundmuster von Lohnformen:

- Zeitlohn
- Akkordlohn
- Prämienlohn

Aufgabe 9.7
Proportionale Bezugsgröße des Akkordlohns: Mengenleistung.

Aufgabe 9.8
Ein Prämienlohn ist die Zahlung monatlicher Prämien, die nach festgelegtem Schlüssel aus einer oder mehreren objektiv messbaren Leistungsbezugsgrößen berechnet wird.

Aufgabe 9.9
Der wesentliche Unterschied zwischen Lohn und Sozialleistungen: Bei Sozialleistung wird im Gegensatz zum Lohn die Vergütung ohne Gegenleistung gezahlt.

Aufgabe 9.10
Drei Arten von Sozialleistungen:

- gesetzliche
- tarifliche
- betriebliche

Aufgabe 9.11
Mitarbeiter können zwischen freiwilligen Sozialleistungen auswählen.

Aufgabe 9.12
Restriktionen bei der Personalfreisetzung:

- quantitative Wirkung (Anzahl Mitarbeiter)
- qualitative Wirkung (Auswirkung auf Qualifikationsstruktur)
- Wirkungszeit
- rechtliche Restriktionen (Gesetze, Tarifverträge, Betriebsvereinbarungen)
- Kosten und erzielte Einsparungen
- Wirkung auf Unternehmensimage
- gesellschaftliche Folgen
- Wirkung auf die betroffenen Mitarbeiter
- Wirkung auf die nicht betroffenen Mitarbeiter

Aufgabe 9.13
Kurzarbeit bedeutet

- temporäre Reduzierung von Arbeitszeit und Vergütung
- teilweiser Ausgleich des Verdienstausfalls durch Bundesagentur für Arbeit (Kurzarbeitergeld)

Aufgabe 9.14
Aufgaben der Personalentwicklung:

- Bildung
- Förderung
- Organisationsentwicklung

Aufgabe 9.15
Stufen systematischer Personalentwicklung:

- Bedarfsanalyse
- Zieldefinition
- Maßnahmengestaltung
- Maßnahmendurchführung
- Erfolgskontrolle
- Transfersicherung

Aufgabe 9.16
Das Weisungsrecht des Arbeitgebers erstreckt sich auf die Konkretisierung der zu erbringenden Arbeitsleistung nach Ort, Inhalt und Zeit.

Aufgabe 9.17
Ebenen der Mitbestimmung der Arbeitnehmer:

- Unternehmen
- Betrieb

Aufgabe 9.18
Das zentrale Gremium der unternehmerischen Mitbestimmung ist der Aufsichtsrat.

Aufgabe 9.19
Gesetz, in dem die betriebliche Mitbestimmung geregelt ist: Betriebsverfassungsgesetz (BetrVG).

Aufgabe 9.20
Das wichtigste Gremium der betrieblichen Mitbestimmung ist der Betriebsrat.

11.9   Kapitel 10

Aufgabe 10.1
Qualität bedeutet den Grad, in dem ein Satz inhärenter Merkmale Anforderungen erfüllt.

Aufgabe 10.2
Bereiche für die Suche nach Ursachen für Qualitätsprobleme im Ishikawa-Diagramm:

- Mensch
- Maschine
- Material
- Methode
- Milieu

Aufgabe 10.3
Einsatz der ABC-Analyse im Qualitätsmanagement: Gruppierung von Qualitätsmängeln oder Fehlerursachen nach ihrer Wichtigkeit und Ableitung von Prioritäten.

Aufgabe 10.4
Achsen des Pareto-Diagramms:

- x-Achse: Fehlerarten/-ursachen
- y-Achse Fehlerhäufigkeit oder -kosten

Aufgabe 10.5
Drei Faktoren der Risikoprioritätszahl bei der FMEA:

* Bedeutung
* Auftretenswahrscheinlichkeit
* Entdeckungswahrscheinlichkeit

Aufgabe 10.6
Gegenstände einer FMEA:

* Produkte
* Prozesse

Aufgabe 10.7
Hohe Entdeckungswahrscheinlichkeit gilt bei der FMEA als gut, da Fehler entdeckt wird, bevor er sich auswirken kann.

Aufgabe 10.8
Fünf Schritte der 5S-Methodik:

* sortieren
* aufräumen
* säubern
* standardisieren
* Selbstdisziplin halten

Aufgabe 10.9
Acht Schritte, die zu einem 8D-Report gehören:

* Team für die Problemlösung zusammenstellen
* Problem beschreiben
* Sofortmaßnahmen festlegen
* Fehlerursache(n) feststellen
* Abstellmaßnahmen planen
* Abstellmaßnahmen dauerhaft einführen
* Wiederauftreten verhindern
* Teamleistung würdigen

Aufgabe 10.10
Poka yoke bedeutet Vermeidung zufälliger Fehler, Ausschluss der Möglichkeit, einen Fehler zu machen, durch vor allem konstruktive Maßnahmen.

Aufgabe 10.11

In der Mitte des „house of quality" steht die Beziehung zwischen Kundenanforderungen und Produktmerkmalen.

Aufgabe 10.12

Ein Qualitätszirkel ist kleine Gruppe, die zu festen Terminen regelmäßig zusammenkommt, um Qualitätsprobleme zu lösen.

Aufgabe 10.13

Rolle des Kunden im prozessorientierten Ansatz nach DIN EN ISO 9001:

- Definition der Anforderungen an ein Produkt
- Bewertung des Produkts

Aufgabe 10.14

Interessengruppen beim EFQM-Modell:

- Eigentümer
- Kunden
- Mitarbeiter
- Gesellschaft

Aufgabe 10.15

Ausschussquote, die Six-Sigma-Qualität entspricht: 3,4 ppm.

Aufgabe 10.16

Projektphasen von Six-Sigma-Projekten:

- *Define*
- *Measure*
- *Analyze*
- *Improve*
- *Control*

Aufgabe 10.17

„Master Black Belt" ist Berater für Management und Projektleiter, Ausbilder für Projektmitarbeiter.

Aufgabe 10.18

Für Umweltmanagementsysteme relevante Umweltschutzbereiche:

- Emissionen in die Luft
- Einleitungen in Gewässer
- Abfallwirtschaft
- Bodenkontaminationen
- Verbrauch von Rohstoffen und natürlichen Ressourcen
- Nutzung von Energie
- örtliche Umwelt- und Gemeinschaftsbelange

Aufgabe 10.19

Phasen nach DIN EN ISO 14001 beim Aufbau und Betrieb eines Umweltmanagement-systems:

- Umweltpolitik festlegen
- Umweltmanagement planen
- Umweltmanagement verwirklichen und betreiben
- Umweltmanagement überwachen
- Umweltmanagementsystem bewerten

Sachverzeichnis

© Springer Fachmedien Wiesbaden GmbH 2018
A. Daum, W. Greife und R. Przywara, *BWL für Ingenieurstudium und -praxis*,
https://doi.org/10.1007/978-3-658-20467-9